JN437620

印刷工學

著/安秉烈

圖書出版 世進社

印刷工學

머 리 말

이 책은 학교에서 인쇄학을 연구하는 학생이나 또는 현장에서 인쇄분야에 종사하는 일반기술자를 대상으로 하여 능률적이고 효과적으로 인쇄의 기초지식 및 기술을 익힐 수 있도록 펴낸 것이다.

인쇄는 전분야의 종합기술로서 충분한 물리, 화학, 기계의 기초지식을 이해하고 이와 같은 지식을 자유롭게 이용할 수 있는 능력을 갖추어야 한다.

그러나 인쇄는 경험에 의하여서도 가능하다는 잘못된 인식과 인쇄기업의 영세성 때문에 오늘날 타산업의 기술에 비하여 낙후되게 되었다. 그러나 근래에 와서 무역경쟁이라는 세계적차원에서 타산업의 기술보다도 급속한 발달을 하고 또, 최신의 기계설비와 인쇄술, 지질의 고급화와 다양성으로 우리 나라도 인쇄물의 수출이 급격히 증가하는 추세이다.

그러나 인쇄분야의 기술서적은 발달추세에 미치지 못하고 있음을 통감하고 많은 기술인이 요구에 따라 미약하나마 이 책을 펴내게 된 것이다.

20여년 동안 교단에서 여러 학생들과 인쇄를 공부하는 동안 연구해 온 경험으로 미약하나마 정성을 다하여 이 책을 펴냈으나 아직도 미비한 점이 많을 것이라 생각되오니 여러 선배님들의 끊임없는 지도편달을 바라며 인쇄를 공부하고자 하는 여러분들에게 조금이나마 도움이 되었으면 합니다.

이책을 내는데 물심양면으로 협조하여 주신 도서출판 세진사 문형진 사장님께 감사드립니다.

1993年 3月

저자 安秉烈 씀

目　次

색인쇄의 재현공정

망 포지티브

분색쇄

인쇄물

제 1 장
인쇄개요

제1장 인쇄개요

인쇄는 도형이나 문자 또는 사진 같은 원고를 가지고 묘화나 사진적인 처리를 하여, 화상(Image)의 판(Plate)을 만들고 인쇄잉크를 매개체로 하여 다량의 동일 화상을 복제하는 기술을 말한다.

따라서 인쇄물을 만들기 위해서는 인쇄적성에 맞는 완전원고가 필요하다.

원고에는 활자나 사진식자 같은 문자원고, 사진이나 회화같은 시각원고, 도형이나 지도같은 반시각원고 및 보조원고 등 매우 다양하다.

이러한 원고를 가지고 여기에 알맞는 인쇄판을 만든다. 인쇄판은 원고의 종류에 따라 사용할 인쇄기계에 따라 볼록판(Relief printing plate), 평판(Lithographic printing plate), 그라비어판(Gravure printing plate) 등 다양하게 만들 수 있다.

인쇄기계를 통하여 판에 옮겨진 인쇄잉크를 종이같은 피인쇄체에 전이시켜 고착화함으로 인쇄가 완료된다.

따라서 인쇄에서 꼭 필요한

① 원고(copy)

② 인쇄판(printing plate)

③ 색재(ink)

④ 인쇄기계(printing press)

⑤ 피인쇄체(paper)를 인쇄의 5요소라고 한다.

그러나 인쇄가 발달함에 따라 어느 경우에는 인쇄판이나 잉크가 없어도 인쇄가 가능하게 되어 인쇄의 정의가 어렵게 되었다.

1—1. 인쇄의 정의

인쇄는 인류의 문화를 건설하기 위해서는 절대로 없어서는 안될 매우 중요한 산업으로, 그 공정이 대단히 복잡하여 이것을 한마디로 정의한다는 것은 어려운 문제이나, 현재의 인쇄목적이나 내용으로봐서 다음과 같이 정의할 수가 있다.

「인쇄란 직접적, 간접적으로 인류의 문화를 보다 빨리, 다량으로 싸고 정확하게 전달 보존할 목적으로, 판을 개입하여 종이나 기타의 물질 위에 잉크로서 글자나 기타의 도형등을 고정화하는 행위이다.」

전달·보존의 방법에는 눈으로 보거나, 읽거나, 귀로 듣는 여러가지 방법이 있고 또, 전달기술에는 라디오, TV, 영화사진 같은 통신매체나 영상매체가 있으나, 이것들은 이상에서 말한 인쇄의 요소와는 다른 특성을 갖고 있다.

따라서 인쇄란 위의 여러 요소를 겸비한 것이라고 할 수가 있다.

이 정의는 독일의 구텐베르크(Gutenberg, Johann Genfleisch)가 인쇄를 발명한 이래 변화하고 있지 않으나 인쇄수단으로서는 고도의 첨단 과학의 응용기술로 급속히 발달하고 있다.

인쇄하는 데는 판을 만들 필요가 있고, 제판 후 잉크를 가지고 종이 기타의 물질위에 인쇄하는 것이므로 제판은 전단계, 인쇄는 후단계이며, 제판과 인쇄는 뗄 수 없는 관계를 갖고 있다.

따라서 인쇄란 넓은 의미로 제판(plate makeing)과 인쇄를 포함하는 것이다.

1—2. 인쇄과학

인쇄기술은 응용산업이므로 여러 종류의 기초과학과 기술을 필요로 하는 산업이다. 다시 말하면 인쇄기술은 하나의 독립된 분야이기도 하지만, 모든 과학기술과 밀접한 관계가 있으므로 새로운 것을 창조하거나 낡은 것을 개조할 때에는 반드시 기초적인 과학지식과 응용능력이 있어야 한다.

또 근래 인쇄에 관한 학문분야로서 화상(Image)의 재현이나 인쇄의 적성등에 관한 연구도 다각적으로 이루어지고 있다.

화상의 재현이란 원고의 상태를 어떻게해서 지면 기타의 물질위에 표현하는 가라는 것이며, 인쇄의 적성은 판, 인압, 피인쇄체, 잉크등의 상호관계가 어떠한 상태를 갖는 것이 가장 좋은가를 연구하는 분야이다.

인쇄라는 것은 이와 같이 기초과학을 중심으로 기계공학, 전자공학등을 발판으로하여 인쇄공학·인사공학·화상공학이라는 학문적 조직, 형태가 형성하게된 것이다.

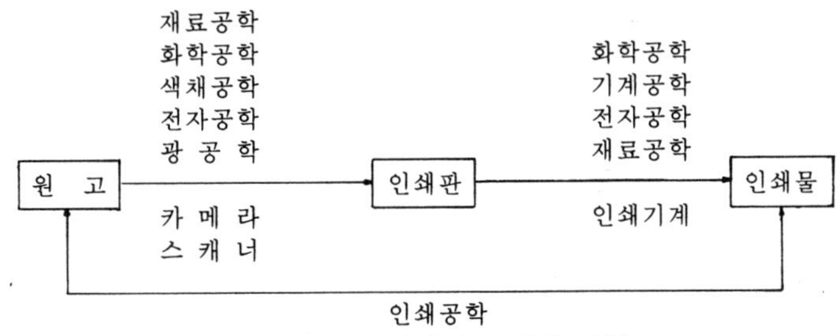

그림1—1. 인쇄의 공학적 역할

1—3. 인쇄판의 4방식

제판기술은 활자(type)의 조판(composing)이나, 석판석(litho graphic stone), 실크스크린(silk screen), 금속판 등에 직접묘화(drawing)

같은 수공적인 방법과, 사진기술을 응용한 사진제판법, 컴퓨터를 이용한 스캐너(scanner)제판법과 기계적인 제판법 등으로 분류할 수 있다. 이러한 제판법은 단독적인 것보다는 상호보완과 조합을 잘 이용하여 인쇄목적에 알맞는 제판을 하고 있다.

사진제판을photo mechanical process라고 하는 것은 광, 감광재료, 전자, 기계등의 요소를 잘 조합하고 이용하는 것이기 때문이다.

제판법의 종류에는 인쇄판의 사용목적에 따라 凸판, 평판, 凹판, 실크스크린(silkscreen)의 4가지 방식으로 크게 나눌 수가 있다.

1. 凸판 제판(Relief printing plate making)

인쇄잉크가 묻은 화선부가 잉크가 묻지 않은 비화선부 보다 판면이 凸상태로 돌출(relief)되어 있는 판을 凸판이라고 한다. 이러한 형태의 판은 목판, 활판, 아연선화凸판, 감광성수지凸판, 사진부식凸판, 지형연판(matrix·stereo type), 플라스틱판(plastic plate), 고무판(rubber plate), 전기판(electro type)같은 복제판(duplicate plate) 등이 凸판의 일종이다.

凸판 인쇄의 장점은 원판으로부터 쉽게 판을 만들 수가 있으며, 내쇄력이 크고 평압이나 원압, 윤전등의 인쇄방식에 이용할 수가 있다.

凸판을 이용한 인쇄물을 凸판인쇄물이라고 하며, 일반적으로 화선이 선명하고 정교한 인쇄에 이용된다. 판이 凸판이기 때문에 인쇄물의 뒷면에 약간의 자국이 보인다.

또한 활자의 선이나 사진판의 망점 주변부에 묻은 잉크가 강한 압력으로 잉크가 밀려 나오게 되므로 망점이나 선의 윤곽이 한층 진하게 인쇄되는데 이것을 마르지널존(marginal zone)이라고 한다.

일반적으로는 명함, 신문, 서적 등의 인쇄에 많이 사용된다.

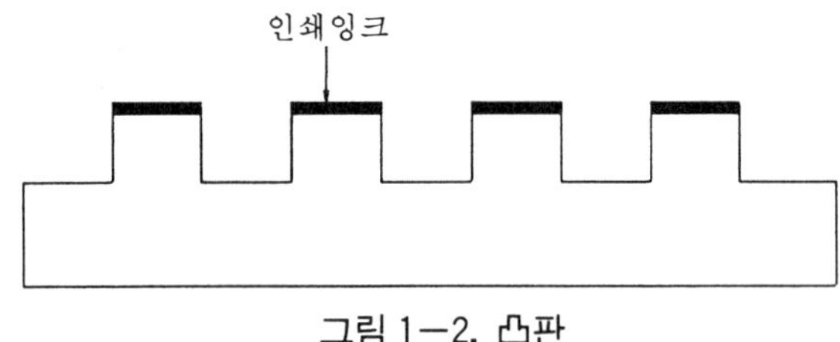

그림 1—2. 凸판

2. 평판제판(surface plate making)

평판은 화선부와 비화선부가 같은 평면위에 있고, 물과 지방과의 반발력을 이용해서 인쇄를 하는 화학적으로 제판되는 판이다. 그러나 제판재료의 발달과 인쇄기계의 발달로 물을 사용하지 않은 평판도 실용화되고 있다. 화선부의 형성은 사진제판법에 의한 빛쬠방법과 묘화, 전사방법, 전자전기이용방법 등 다양하다. 평판인쇄의 대부분은 오프셋(offset) 인쇄방식에 의한 것이 대부분이다. 평판에는 알루미늄(Al), 아연(Zn), 석판석(caco₃), 종이 등이 인쇄판 등으로 이용되며 PS판(pre sensitized plate), 와이프온판(Wipe on plate), 평凹판(deep etched plate), 다층평판(polymetal plate) 등 제판법에 의한 종류도 다양하다.

이러한 판을 사용해서 인쇄된 인쇄물은 화선이 대단히 유연하고 부드러운 면이 있으나, 한편으로는 인쇄압력이 약하고 인쇄잉크의 전이가 약하기 때문에 인쇄물의 박력이 모자라며 내쇄력이 약한 결점도 있다.

제판비가 비교적 염가이기 때문에 달력, 포스타, 팜프렛 등 광범위한 인쇄물을 제작한다.

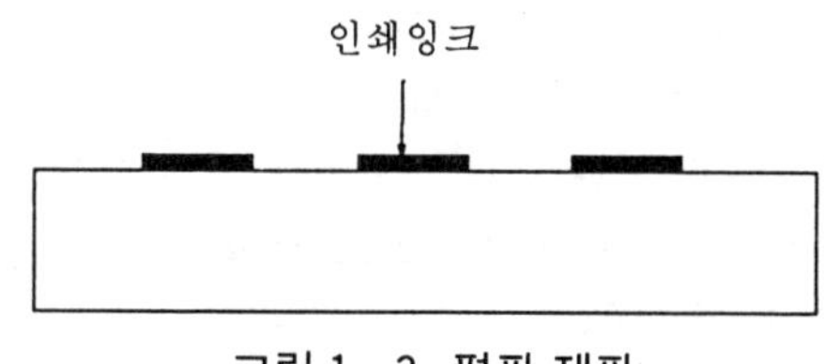

그림 1—3. 평판 제판

3. 凹판(engraving plate)제판

凹판은 수공적인 조각칼이나 기계적인 조각을 이용하는 조각凹판과 사진적인 처리를 이용한 그라비어(gravuer)로 분류할 수가 있으나, 凹판의 대부분은 그라비어 제판이 차지한다.

凹판은 凸판과 정반대의 개념으로 화선부가 비화선부보다도 판면이 낮아 오목한 부분에 잉크를 부착시켜 피인쇄체에 잉크를 전이시킨다.

따라서 처음에는 판의 화선부나 비화선부에 잉크가 묻으므로, 비화선부의 잉크를 독터(doctor)로 긁어내어 비화선부의 잉크를 제거한 후 인쇄를 한다.

그라비어판은 원고의 농담(gradation)을 재현시키기 위하여 여러 가지 제판방법을 사용한다. 제판법에는 콘벤셔널 그라비어(conventional gravure)와 망목그라비어(halftone gravure)로 나눌수가 있다.

콘벤셔널 그라비어는 화상을 구성하는 凹부분(cell)의 깊이를 변화시켜 같은 면적에서 잉크가 묻는 양을 변화시켜주는 제판법이고 망목그라비어는 다시 2가지로 분류할수가 있는데, 하나는 凹부분(cell)의 깊이를 일정하게 하고 망점면적을 달리하여 농담을 나타내는 제판법, 또하나는 망목부분(cell)의 깊이도 다르고 면적비도 달리하여 농담을 재현시키는 방법이다.

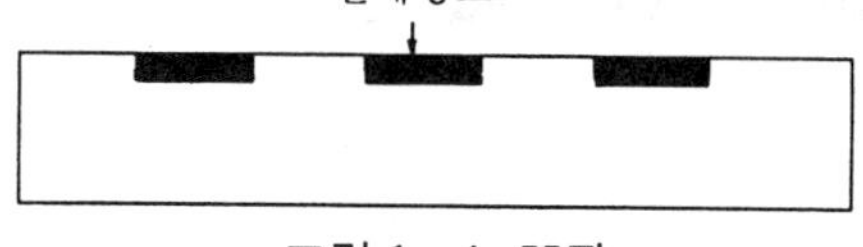

그림 1—4. 凹판

그라비어의 장점은 화상농담을 풍부하게 연속적으로 재현시킬 수 있으며, 내쇄력이 크고, 다량의 인쇄물을 얻을 수 있고, 피인쇄체로 종이는 물론 프라스틱이나 셀로판(cellophane)지같은 수지와 각종 옷감등에도 인쇄가 가능하다는 점이다.

이것은 두꺼운 잉크피막을 형성하므로 박력있는 인쇄물을 얻는다. 제판비용은 비교적 비싸며 지폐같은 유가증권이나 일반 그라비어인쇄에 많이 이용된다.

4. 실크 스크린(silk screen)

망목을 가진 스크린 위에 틀을 만들고, 스퀴이지(squeezee)나 고무로우러를 가지고 스크린의 망목을 통하여 잉크를 밀어내서 피인쇄체에 인쇄하는 방법을 스크린인쇄라고 한다.

나일론이나 테트론은 물론 금속 스크린도 사용되고 있으나, 초기에 실크(비단)를 사용했기 때문에 실크스크린이라는 명칭을 그대로 쓰고 있다. 이것은 공판의 일종이다.

제판법에는 수공적인 제판법과 사진적인 제판법이 있다.

수공적인 제판법은 틀종이를 잘라내서 실크스크린에 붙이거나, 스크린의 비화선 부분을 니스로 직접 칠하여 망목을 막아줌으로 화선부는 망목을 통하여 잉크가 전이되고, 비화선부는 잉크가 전이되지 못하게하는 인쇄법이다.

사진적인 제판법은 스크린위에 PVA(Poly Vinyl Alcohol)감광액같은 감광재료를 균일하게 칠한 후 잘 건조시켜 포지티브필름(Positive Film)과 밀착노출해서 수세 건조하며, 광경화한 부분은 레지스트(resist)를 형성하여 잉크를 차단시키므로 비화선부가 되고, 빛이 들어가지 않은 부분은 잉크가 피인쇄체에 부착되어 화선부가 된다. 또한 그라비어에서 사용하는 카본티슈(carbon tissue)를 감광화해서 스크린에 전사하고 현상하는 간접법(전사법)도 있다.

실크스크린은 설비가 간단하고 제판이 간단하기 때문에 값이 싸고 작은 량의 인쇄에 적합하고, 잉크만 적당히 선택하면 종이는 물론 금속, 유리, 합성수지 등 어떠한 피인쇄체에도 인쇄가 가능하며 판의 유연성이 좋아 곡면인쇄가 된다. 또한 잉크의 착색량이 많기 때문에 강한 색의 인쇄물이 얻어진다.

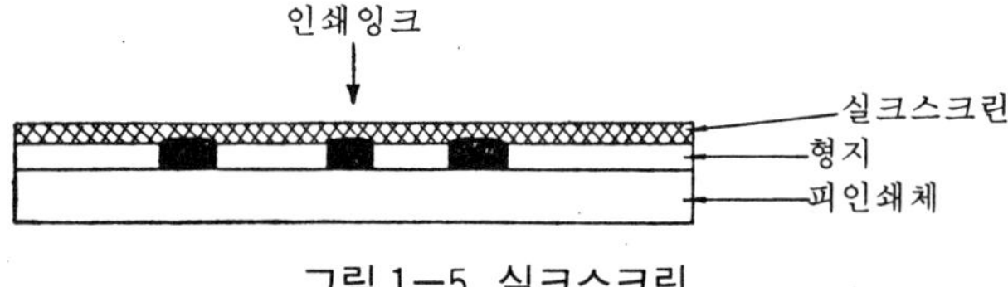

그림 1—5. 실크스크린

1—4. 인쇄기계의 3형식

1. 평압식인쇄기계(platen press)

판반(typebed)위에 인쇄판을 올려놓고 잘 고정시킨 다음 종이같은 피인쇄체를 판 위에 놓은 다음 압반(platen)으로 압력을 가하여 인쇄하는 형식이다. 이것은 구우덴베르크가 활판인쇄를 발명했을 당시에 이 형식의 인쇄기가 사용되었다.

이것은 압력을 주는 부분이나 압력을 받는 부분이 전부 평활한 판으로 되어 있어 화선부의 전면적에 균일한 압력을 주기가 어려우며 또한, 정지시간이 많으므로 인쇄속도가 느린 결점을 가지고 있다. 이것은 명함이나 작은 전표같은 인쇄면적이 적고 인쇄량이 작은 인쇄물에 적합하다.

푸우트인쇄기(foot press), 빅토리아인쇄기(victoria press), 하이델베르그(heidelberg), 르그플랜텐인쇄기등이 평압식 인쇄기에 속한다.

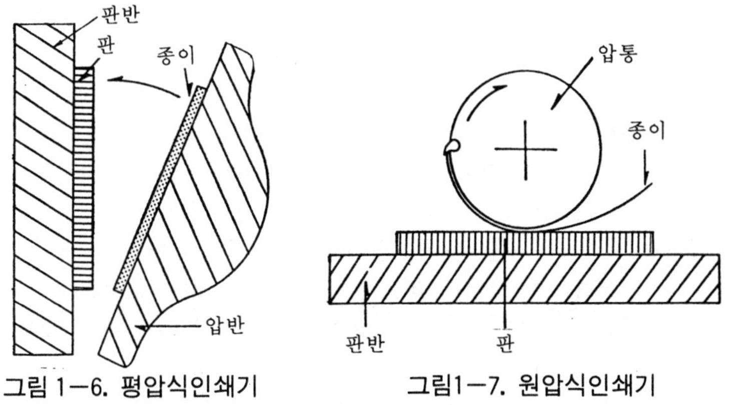

그림 1—6. 평압식인쇄기　　　그림1—7. 원압식인쇄기

2. 원압식인쇄기(cylinder press)

판반(type bed)에 판을 걸고 그것이 왕복운동을 하며 실린더(cylinder)로 되어 있는 압통(impression cylinder)밑을 통과 할 때 압통에 물려 있는 종이에 인쇄하는 형식이다. 이 형식의 기계는 평압식보다 인쇄속도가 빠르고 주로 활판인쇄에 많이 이용되고 있다. 이 형식의 대표적인 기계에는 스톱실린더인쇄기(stop cylinder press), 1회전인쇄기(single revolution press), 2회전인쇄기(two revolution press)등이 있다.

3. 윤전식 인쇄기(Rotary press)

판통(plate cylinder)과 압통이 전부 실린더(cylinder)로 되어 있으며, 판통에 인쇄판을 환형으로 감아붙이고 판통과 압통사이로 낱장종이(sheet)나 두루마리종이(roll)를 통과시켜 인쇄하는 형식으로, 압통과 판통의 접촉면이 가장 좁으므로 가장 균일한 압력을 가할 수 있다. 이러한 형식의 인쇄기를 통털어 윤전식인쇄기, 압통과 판통 사이에 고무블랭킷(blanket)를 개입시켜 간접인쇄를 하는 인쇄기를 오프셋인쇄기, 오프셋인쇄기(offset press) 중에서 종이가 두루마리로 들어가는 것을 오프셋윤전인쇄기라고 한다.

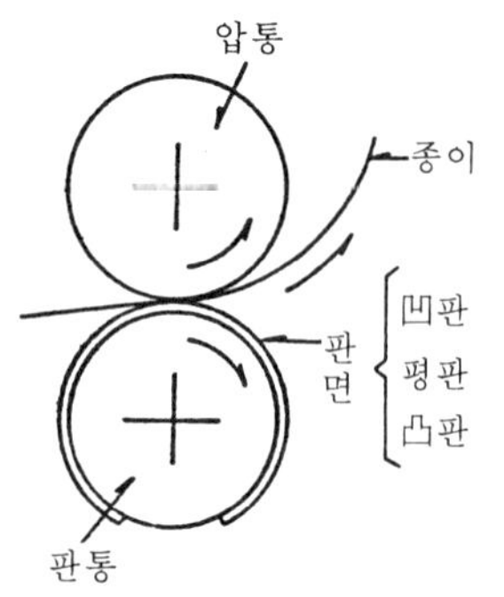

그림 1—8. 윤전식인쇄기

윤전식인쇄기에는 凸판을 사용하는 것으로 신문윤전기나 서적윤전기, 평판에서는 오프셋인쇄기와 오프셋윤전인쇄기, 凹판에서는 그라비어윤전 인쇄기등으로 분류할 수가 있다.

대부분 인쇄기는 윤전식인쇄기이며, 인쇄기는 실크스크린인쇄기 같은 특수인쇄용 인쇄기를 제외하고는 아무리 복잡한 인쇄기라 하더라도 이 세가지 형식중에 해당된다.

1—5. 사진과 인쇄

사진과 인쇄는 전달보존의 목적으로 본다면 같은 목적을 갖는 것이지만, 그 정의에서 본다면 사진은 인쇄와는 다른 것이다. 사진의 정의는 「기록보존의 목적으로서 렌즈에 의해 결상된 물체의 영상을 감광재료(필름이나 인화지 등)에 작용시켜서 그 광화학적판을 정착시키는 기술」의 총칭이다.

즉, 사진은 정보를 대량으로 전달하는 요소가 부족된 것이며 인쇄와는 취지를 달리하고 있다. 그러나 사진(인화·칼라 필름)을 원고로 해서 인쇄판을 작성하는 수단(사진제판)으로서, 인쇄물을 만들어 내는 과정중에서 꼭 있어야 할 가치를 갖고 있다. 따라서 인쇄기술중에는 사진기술이 큰 역할을 차지하고 있다. 또한 인쇄에 있어서 사진이나 회화같은 원고의 농담을 어떠한 방법으로도 잉크를 가지고 재현시키는 것은 불가능하므로, 원고의 농담을 다른방법(스크린 사용)으로 재현시키지 않으면 안된다.

즉, 사진원고가 갖는 농담을 점의 크기로 분할한 망목네거티브(half tone negative)로 제작한 다음 이것을 밀착하여 망목포지티브(halftone positive)를 만들고, 이 망목포지티브를 통하여 감광화(sensitized)한 판에 빛쬐임하여 판을 제작해서 인쇄한다. 또 이 판을 凸판으로 하는가, 평판이나 凹판으로 하는가는 그 수요에 따라 택하게 된다.

1—6. 칼라인쇄

인쇄의 목적을 보다 효과적으로 재현하는데는 단색인쇄(monochromatic printing)보다는 원고가 가지고 있는 색상(hue)을 그대로 재현시킨 인쇄물이 효과적이다. 따라서 사진이나 회화물같은 칼라의 원고가 가지고 있는 색채를 재현시키는 것은 많은 경험과 기술이 필요하며, 복잡한 인쇄공정이 필요하다.

초창기의 칼라원고 재현은 레타칭(retouching)이라는 수공적인 방법을 사용했으므로 재현효과는 기술자의 능력에 따라 달라졌다.

그 후 색분해(color separation)의 원리와 사진재료의 발다로 빛(light)과 필터(filter)를 교묘하게 이용하여 사진적으로 색분해하여 재현시키는 방법을 사용했다. 이 방법은 매우 합리적이었으며, 재현의 표준화가 상당한 수준까지 도달했었다.

그러나 첨단과학의 응용으로 컴퓨터(computer)를 이용한 전자제판(scanner)이 급속하게 발달하고 보급됨에 따라, 원고의 재현은 물론 원고의 가로 세로의 비율을 바꾸어 표현하거나, 벽돌을 쌓아올린것과 같

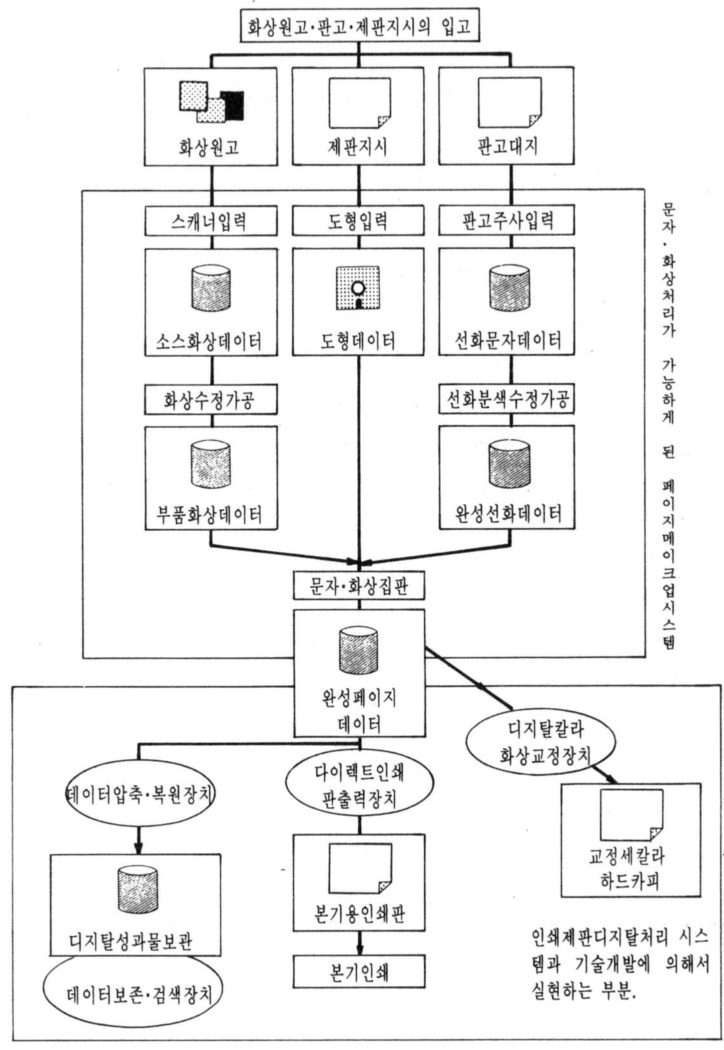

그림 1-9. 인쇄제판디지탈 시스템

은 모자이크 패턴(mosaic pattern)으로의 변환은 물론 샤프네스효과(sharpness effect), 칼라콜렉션(color collection effect)효과등을 변환시켜 창작적인 인쇄효과를 낼 수가 있으며, 더 나아가 원고에서 없는 내용을 다른 원고에서 옮겨심는 토탈스캐너(total scanner)가 일반화됨으로 사진적인 색분해는 실용성을 잃었다.

1—7. 인쇄기획

가장 좋은 인쇄물은 개개의 목적에 따라 지시된 설계도에 따라 제조된다.

이 설계도는 잉크, 종이, 판, 기계등이 서로 인쇄적성을 갖고 있지 않으면 안된다.

디자인(design)은 설계를 뜻하며 최종 인쇄물이 어떠한 형태나 어떠한 색으로 제조되는가가 설계의 단계에서 명백하게 되지 않으면 안된다.

원고는 일반적으로 소정의 크기로 제판되며 이것들의 판으로 인쇄하고 재단하며, 가공되어서 제본(bookbinding) 및 제함된다.

원고 ➡ 제판 ➡ 인쇄 ➡ 가공

위 공정의 인쇄부분은 좁은 뜻의 인쇄를 의미하고, 원고에서 가공까지의 일련공정을 넓은 뜻의 인쇄라 해석되고 있다. 따라서 인쇄의 목적·정의를 만족시키는데는 위의 원고에서 가공까지의 전체흐름과 각 공정부문을 세부적으로 기획해서 인쇄를 해야한다.

예를 들면 원고제작 하나를 보아도 주문자와의 대화가 잘 통해야 한다. 스케치에서 사진원고의 검토, 선별 등 최종 레이아웃(layout)에 이르기까지 정확하게 준비를 하지 않으면 안된다. 제판공정부문을 예로 하면 활판의 경우 문선(type picking), 식자(type setting), 사진제판, 교정등의 각 부문, 평판에서는 사진 제판, 문자조판, 교정(proof) 등, 기계나 재료뿐만 아니라 사람, 시간, 방법 등의 관계를 제판부문의 흐름에 따라 최종적으로는 어느 것을 어떻게 하면 인쇄의 목적·정의에 맞는 보다 좋은 인쇄물을 얻을 수 있는가를 고려한 다음 원활하게 작업이 진행되도록 기획·설계하지 않으면 안된다.

앞으로의 인쇄인에게는 색채, 사진등의 아름다움을 심의하는 눈이 필요하게 되며 사진촬영공정(카메라워크), 제판공정(플레이트메이킹), 인쇄공정, 가공공정등 각각 공정이 기획·설계의 지도서에 의해 작업이 순조롭게 되도록 하여야 한다.

이와 같이 지시된 인쇄물을 최종적으로 완성할 때 까지의 전체적인 관리, 운영이 필요하다.

제 2 장
인쇄의 발달

제2장 인쇄의 발달

5000년 전에 이집트(Egypt)에서는 나일강의 습지대에서 무성하게 자라는 파피루스(papyrus)라는 식물의 줄기를 사용하여 글씨나 그림을 그리는데 사용하므로, 종이의 기원을 열었다. 105년에 중국의 채륜이 발명한 제지술은 기록문화의 발달에 획기적인 역할을 했으며, 15세기경에는 전유럽에 퍼지게 되었다.

인류가 최초로 발명한 인쇄 방식은 8세기경 당나라에서 발명한 목판인쇄다. 이것은 원고를 종이에 정서하여 판목에 뒤집어 붙이고 조각칼로 조각한 다음 판면에 먹칠을 하고, 여기에 종이를 놓고 압력을 가하여 판을 찍어내는 방식이었다. 중국의 필승(1041~44)은 찰흙을 잘 다듬어서 네모진 몸체를 만들고 여기에 글자를 조각한 다음 불로 구어 흙활자를 만들었다.

1234년 고려 고종 21년에 처음으로 금속활자가 발명되었다. 금속활자는 한개의 주형으로 동일한 글자를 다량 주조할 수 있는 획기적인 방법이었다. 또한 재질이 견고하여 재사용이 가능하였다.

그러나 그 후 크게 개량되지 못하였고, 납활자에 비하여 활자 적성이 부족하기 때문에 19세기 말에는 납활자에 밀리어 자취를 감추고 말았다.

현재 사용하고 있는 납활자는 1445년 경 독일의 쿠텐베르그(J. G. Gutenberg)에 의하여 발명되었다. 그는 납활자와 더불어 목재 인쇄기계까지 만들어 인쇄의 시조가 되었다.

쿠텐베르그가 발명한 활판 인쇄술은 구조 성형이 용이한 납을 주성분으로 한 활자 합금을 사용하여, 황동제의 주형과 모형을 연구하여 다량의 활자를 정확하게 주조할 수 있었다. 또한 종이의 양면에 인쇄할 수 있는 압착기를 제작 사용하였다. 이러한 인쇄 기술은 신항로를 따라 동양에 전달되었으며 우리 나라는 1883년에 도입되었다.

2—1. 사진제판의 발달

1. 사진재료

금속 중에서 은(Ag)이 빛에 의하여 검게 변하는 것은 1세기 경부터 알고 있었으나, 염화은의 감광성은 1727년 독일의 슬쯔에(Johann, y.

Sohulze)가 발견하였고, 그 용액을 종이에 바르고 물체를 놓아서 빛에 감하게 하였다. 스웨덴의 화학자 시엘(carl scheele)이 염화은이 빛에 의하여 염소가 유리되고 금속은이 변화하는 것과 그 감광상태가 빛의 파장에 따라 다르다는 것도 발견하였다. 독일의 천문학자 하시엘(John Herschel)이 1814년에 하이포(haypo)가 정착(Fixing)작용을 하는 사실을 발견하였으나 사진에 이용하지는 못하였다.

2. 영상표현

사진적 방법을 이용한 제판법을 처음으로 시도한 사람은 불란서의 화학자 니프스(Joseph Nicephole Niepce 1765~1833)로, 그는 1811년 경부터 석판술을 연구하기 시작하여 1813년에 아스팔트(asphalt)의 감광성을 이용하여 석판석면에 화상(image)을 만들어 인쇄하였다. 그러나 이에 앞서 1798년 독일의 제네펠더(Alois Senefelder 1771~1834)는 석판 인쇄(lithography)로부터 평판인쇄의 기초를 이루었다.

독일의 대학교수인 구스타프는 1832년경에 '광선의 화학적 작용'이라는 논문을 발표하여 중크롬산카리움의 감광성에 대하여 발표를 하였다. 영국의 화학자 폰톤(Mungo ponton 1802~1880)은 1839년 5월에 그가 부회장으로 있는 스코틀랜드 공예협회에「은염류를 사용하지 않고 사진 인화를 만드는 간단한 방법에 대하여」라는 글을 보냈다.

이어서 영국의 광화학자 탈보트(William Henrgy Fox Talbot 1800~1877)는 사진조각(Photographic Engruving)을 발명하여 1852년과 1858년에 영국에서 특허를 얻었다. 연마(graining)한 구리판면에 중크롬산카리움과 젤라틴 유제(gelatin emulsion)의 혼합액을 도포하여 건조시킨 다음, 포지티브와 밀착 빛쬠하여 여기에 코발트나 수지를 산포하고 밑에서 가열하여 융착시킨 다음, 구리판을 완전히 냉각시킨 후 농도가 다른 3가지의 과염화철액으로 부식시켜 일종의 凹판을 만들었다.

3. 각종 판식의 시초

1)콜로타이프

불란서의 모테이(C. M. Tessie duMotay)와 마샬(CH.Raph Marechal)이 1865년에 구리판에 젤라틴 감광층을 만들고 여기에 네가티브(negative)를 밀착 빛쬠하여 젤라틴 층을 판면으로 하는 사진 인쇄법을 연구하였으며 이것을 포토 타이프(Photo type)라 명명하였다. 그러나 3년 후인 1868년 독일의 사진작가인 알버트(Joseph Albert 1825~1886)는 함부르크에서 개최된 제3회 독일 사진 좌담회에서 알버트 타이프(Albert type)라는 명칭으로 사진인쇄를 출품하였다.

유리판을 지지체(base)로 하고 그 위에 크롬젤라틴 감광층을 도포하고 막을 반전한 네가티브를 밀착 빛쬠한 다음 인쇄한 것이다. 1870년에 알버트는뮨헌시에 콜로타이프(collo type) 인쇄공장을 차렸으며, 1873년에는 콜로타이프인쇄기(collo type printing machine)를 설계하여 실용화에 노력하였다.

2) 선화凸판

불란서의 지로(firmin Gilloe 1820~1872)는 1850년에 일종의 아연凸판 제판법을 발명하였다. 아연판에 크레용, 먹, 또는 전사잉크 등으로 회상을 직접 그리거나 전사하여 화선에 수지, 아스필드의 분밀을 산포한 다음, 판을 산성용액에서 고정시켜 부식하여 화선이외에 부분을 부식하여 아연凸판으로 만드는 것이다.

지로는 이것을 파니코노 그라피라 하였으나 일반인들은 발명자의 이름을 따서 Gillo tage라고 했다.

그 후 선화凸판은 미국에서 기린혈(dragon's blood)법으로 연구되었다.

3) 망목판

미국의 아이브스(Frederic Ives 1856~1937)는 1876년 젤라틴 凹凸형과 석고형을 사용하는 포토스테레오 타이프법(photo-stereo type process)으로 선화 네가티브에서 사진凸판을 만들었으며, 1878년에는 연속계조의 망목판 제판법을 발명하여 하프톤(Halftone)이라는 명칭을 처음으로 사용했으며 1811년에 2종의 미국 특허를 얻었다. 1885년에는 프랭크린 학회가 주최하는 신약품전람회에 망인쇄물을 출품하는 동시에 여러 색의 크로모 석판 인쇄물을 3색판으로 복제하여 출품하였다.

그 후 레비형제(Lovis Edward and MaxLevy)의 망목스크린 완성에 서로 협조하여 1888년에 스크린 제작에 가장 중요한 조각기를 발명함으로써, 처음으로 교차선 망목스크린을 얻게 됨으로 아이브스는 처음으로 정교한 망목인쇄에 성공하였다.

한편 독일에서 사진제판을 시작한 바하(Georg Meisem boch 1842~1922)는 1879년에 단선 스크린을 투명 포지티브에 포개서 투명촬영을 하고, 중도에서 스크린 각도를 바꿔 또 다시 노광을 하여 망네가티브를 얻는 방법을 연구했다. 1881년에 암상자에 단선 스크린을 넣고 노광 도중 각도를 바꿔 두 번 노광하여 망네가티를 촬영하는 방법으로 바꿔 1782년에 영국과 독일의 특허를 얻었다.

바하의 연구에 협력하던 건축기사 슈메델(Ritter Von schmädel)이 1884년 다이아몬드 바늘의 조각기를 연구하여 약 15㎠의 유리판에 단선 스크린을 조각하고 1888년에 처음으로 2매 합친 교차선스크린을 완성시켰다. 따라서 촬영도중 스크린의 각도를 변경할 필요가 없이 노광을 한 번으로 끝나게 되었다.

4) 칼라판

1803년 경 토마스 영(Tohmas young)이 3원색 원리의 기본을 발표했으며, 영의설은 그 후 독일의 과학자 헤름홀츠(Hermann L. F von Helmholtz 1821~1894)에 의하여 3원색설이 확립되어 영헤름홀츠설로 확립시켰으며, 영국의 물리학자 다비드 부류스타(David Brewster 1781~1868)가 1831년 제2차 원색설을 발표했다. Red, Green, Blue에 대하여 마젠타, 옐로우, 시안의 3종을 원색으로 한 것이다.

이 두가지 설은 천연색 사진이나 3색판 인쇄의 가능성을 시사한 것으로, 영국의 유명한 물리학자 맥스웰(James cleric Maxwell 1831~1879)이 1861년 5월 런던 과학 연구소에서 '3원색설에 대하여'라는 실험 강연을 함으로써 가색법에 의한 3원색의 혼합으로 색채가 재현되는 것을 증명했다.

그러나 실제로 사진술을 응용한 3색판 인쇄에 대한 연구를 시작한 것은 불란서의 오오론(Louis Ducos duHauron 1837~1920)이라 할 수 있다. 그는 1869년에 '사진에 있어서의 색채'라는 저서를 발표하여 천연색 사진과 3색인쇄의 새로운 방법을 발표했다.

2—2. 인쇄기의 발달

세네펠터는 1764년 경에 석판석에 화학적인 처리를 하여 약간 돌출된 화상을 만들어내는데 성공하였으며, 1788년에 처음으로 평판인쇄를 발명하게 되었다.

무거운 석판석의 취급을 쉽게하기 위하여 세네펠터는 레버를 사용하여 인쇄압을 주는 수동 인쇄기를 만들었으며, 금속을 사용하는 평판인쇄의 가능성을 시사하였다. 19세기에는 볼록판인쇄가 평판인쇄에 비하여 우월성과 보편성을 동시에 가지고 있었으며, 평판인쇄로 미술품이나 포스터 정도의 극히 제한된 인쇄에만 사용되었다.

그러나 1900년대의 초기에 사진제판술이 급속히 발달함에 따라 오프셋 인쇄가 발명되고 개량됨에 따라 평판인쇄의 장을 열게 되었다.

1904년 루우벨(Rubel. Ira Washington)은 윤전기의 압통에 고무를 감아 붙여 석판의 직접 인쇄기보다 좋은 인쇄결과를 얻어낼 수 있는 것을 발견하여 오프셋 인쇄기를 만들게 되었다.

1856년 경에는 두루마리 종이를 사용하는 양면 동시 인쇄기가 발명되었고, 1875년 경에는 접지 장치가 도입되고 라이노 타이프(lino type)가 발명됨에 따라 규모가 큰 인쇄산업의 발판을 구축하게 되었다.

2—3. 전자제판의 발달

사진기술을 이용하지 않고 전기적으로 제판하려고 가장 먼저 시도한 사람은 미국의 피어차이드(fairchild)이다. 그는 1929년에 신문제판용으로 선폭의 굵기로 농도를 표현하는 단선식 전자제판을 시도했으나, 품질면에서는 사진적인 방법보다는 떨어지는 결과를 가져왔다.

그러나 그는 연구를 거듭하여 1932년경 이것을 점의대소로서 농담을 표현하는 망점식으로 개량하여 1935년에 피어차이드사(Fairchild camera)는 전자제판에 관한 특허를 출원하였다.

1949년 피어차일드사는 사진기술은 전혀 사용하지 않은 망목사진 凸제판기를 발표히였디.

칼라스캐너(color scanner)는 코닥사(Kodak company)와 인터캐미칼사(Interchemical company)에 의하여 개발되었으며, 코닥사는 사진마스킹(photo masking) 개념을 응용했고, 인터캐미칼사는 망점에 의한 색재현 방식을 이용하였다. 코닥사가 개발한 칼라스캐너는 타임사에 인계되어 1950년에 PDI 스캐너가 탄생되었다. 1956년 영국의 크로스필드사(cross Fild Electronic Co LTD)는 스캐너 트론(Scannertron)을 발표하였다. 이것은 미수정의 분해 네가티브에서 수정된 포지티브 혹은 망포지티브를 만들어 凸판, 평판, 그라비어(gravure) 등 각 인쇄판식에 이용하였다.

그 후 서독의 헬사(Hell co)에서 평면스캐닝 4색 동시분해가 가능한 colorgraph와 미국의 피어차일드사에서 드럼스캐닝(drum scanning) 4색동시분해인 Scan-a-color를 발표했다.

1962년에 미국의 PDI사(Printing Development Inc)의 HR형이 도입되었으며, 이것은 원주 주사식 사색 동시 분해기로서 품질면에서 우수하였으나, 이 스캐너는 대형인데다가 매우 값이 비싸서 능률적이 못되었다.

1964년 영국의 ks사(k·s·paul co)는 소형 스캐너인 k·s·paul scanner를 발표하였으며, 1965년 헬사의 chroma graphic-289로 1966년 영국의 크로스 필드사의 Diascan 200을 선두로 하여 매년 발표되었다.

스캐너 사상 큰 변화를 가져오게 한 것은 1969년 크로스 필드사의 Magne Scan 450이다. 이것은 Direct Screen을 사용한 직접 망분해 스캐너이다.

1971년 헬사에서 확대분해가 가능한 chroma graph DC-300이 발표됐으며, 후에 contact screen을 사용하지 않고 직접 망촬영이 가능하게 되었고, 전자망점 발생장치(Dot-generator)가 준비되었으며 1976년 DPI사는 종례의 PDI-MR 시리즈인 4색 동시 분해기에 Dot-generator의 컴퓨터를 추가하였다.

그 후 각 회사에서 고성능 스캐너를 계속 발명하였으며 전공정의 페이지 편집, 후공정의 터잡기 등을 처리하는 종합적 기종인 토탈 스캐너의 개발도 이루어졌다.

제 3 장
사진개요

제3장 사진개요

피사체에 카메라를 대면 피사체로부터 나온 빛은 렌즈(Lens)를 통하여 카메라의 일정한 곳에 상하좌우의 반대적 영상(image)이 생긴다. 여기에 사진감광판(필름)을 놓고 노광(exposure)하면 감광판 위에는 눈에 보이지 않는 어떤 변화가 생겨 피사체의 영상이 기록되는데, 이 영상을 잠상(latentimage)이라고 한다. 이 감광판을 현상액(developer)에 담그면 잠상 부분만 검게되어 피사체와 농도가 반대인 화상이 얻어진다. 이것을 정착액(Fixer)에 처리하면 화학적으로 안정한 상태로 되고, 다시 물로 씻고 건조하면 음화(Negative)가 얻어지며, 이러한 현상, 정착, 수세, 건조의 과정을 네거티브 작업이라고 한다. 다음에 이 네거를 인화지와 밀착 또는 확대 작업을 하면 피사체와 같은 양화(positive)를 얻는다. 이렇게 포지를 얻는 과정을 포지 작업이라고 한다. 따라서 사진은 촬영, 네거 작업, 포지 작업을 걸쳐 필요한 사진을 얻게된다.

3—1. 사진렌즈

사진촬영을 목적으로 하는 렌즈는 감광재료(sensitive film) 위에 피사체의 영상을 만드는 성질이 필요하며, 이러한 작용은 凸렌즈만이 가능하다. 일반적인 카메라는 피사체가 매우 먼 무한 거리에서 부터 가장 가까운 것으로는 초점거리의 약 10배 정도의 거리에 있도록 피사체를 대상으로 한다.

그러나 제판용 카메라(process camera)는 피사체가 매우 가깝다. 피사체를 1∶1로 촬영하는 것을 표준으로 하고 대략 1/3～3배 정도의 배율로 촬영하도록 대형 카메라로 되어 있다.

렌즈의 구면에는 여러 가지의 수차(aberration)와 색수차가 있으므로, 단 한 개의 凸렌즈로는 좋은 영상을 얻을 수 없다. 이러한 수차를 없애고 색수차를 줄이기 위하여 여러 개의 凸렌즈와 凹렌즈를 조합한 조합렌즈를 사용한다.

1. 렌즈의 초점거리(focal length)

렌즈에 평행광선이 입사하고 투과한 후 한 점에 광선이 모일 때 이 점을 초점(focus)이라고 하며, 렌즈의 중심과 초점과의 거리를 초점거리(f)라고 한다. 피사체가 렌즈에 가까워짐에 따라 초점의 위치는 렌즈에서 멀어지게 된다. 어떤 피사체에 초점을 맞추었을 때 피사체와 렌즈의 중심거리를 피사체거리, 렌즈와 영상의 거리를 영상거리라 하며, 다음과 같은 관계식을 얻을 수 있다.

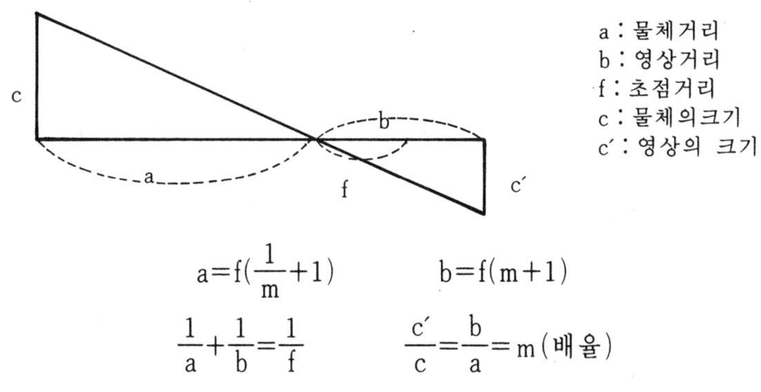

$$a=f(\frac{1}{m}+1) \qquad b=f(m+1)$$

$$\frac{1}{a}+\frac{1}{b}=\frac{1}{f} \qquad \frac{c'}{c}=\frac{b}{a}=m\text{(배율)}$$

그림 3—1. 영상거리와 물체거리 관계

표 3—1. 일반카메라와 제판카메라의 비교

비교항목	일반사진	제판용
렌즈의 초점거리	대개 30㎝~2㎝의 것을 많이 사용한다. 카메라의 원면사이즈의 대각선 크기와 같은 초점거리의 렌즈를 표준렌즈라 한다. 예를 들면 35미리 카메라에서는 5㎝이다. 또한 표준치보다 큰 것은 장초점렌즈라 한다. 반대로 작은 것은 광각렌즈로서 특별한 목적에 사용한다.	100㎝—10㎝, 원고의 크기에 따라서 적당히 선택한다.
렌즈의 밝기 (F넘버)	1 : 1.2~1 : 4정도 까지의 것을 많이 쓴다. 특히 소형카메라용은 밝은 렌즈이다. 피사체가 어두운 것, 움직이는 것을 대상으로 하기 때문에 자연히 밝은 것을 사용한다.	1 : 9~1 : 12 피사체는 움직이지 않으며 조명의 강도가 자유로이 얻을 수 있기 때문에 이 정도의 밝기로 충분하다.
렌즈의 화각	대개 100°~5°로서 렌즈의 성능이나 종류에 따라 범위가 매우 넓다. 표준렌즈에서는 약 50°이다.	본래 칫수 촬영인 경우 40°~50°
화면의 사이즈 (카메라의 크기)	대개 실용적으로서 최소는 35㎜판(24×36㎜), 최대는 카비네판(118×163㎜)이나 8절판(163×213㎜) 정도이다.	최소에서 4절판, 최대는 4×6전판(121×167㎝)도 사용하며 매우 대형이다.
피사체의 크기와 깊이 거리 등	크기와 깊이에 관한 조건은 설정되지 않았다. 일반적으로 무한대의 거리에 있는 무한의 깊이의 것을 대상으로 하고 있다.	피사체는 항상렌즈의 광축과 직교하는 평면내에 있으며 크기는 대개 최대 1.21×1.67m(4×5.5척)에서 최소에서는 2.4×3.6㎝ 정도이다.
광 원	자연광, 인공광	주로 인공광에 의한 조명(수은등, 크세논, 요소등)

2. 렌즈의 밝기(Speed of lens)

피사체에서 반사한 빛이 렌즈를 통과하여 초점을 맺을 때 초점면의 광량을 나타내는 것이 밝기이다. 밝기는 렌즈 구경(D)의 자승에 비례하고 초점거리의 자승에 역비례한다.

$$밝기=(\frac{D}{f})^2$$

D : 렌즈의 구경
f : 초점거리

또, $\frac{f}{D}$=F값(F번호)

따라서, 밝기는 F값의 자승에 역비례한다.

$$밝기=(\frac{1}{F})^2$$

렌즈를 최대구경으로 했을 때의 F번호와 일정 계열에 따른 F번호가 렌즈통에 표시되어 있고, 임의로 구경을 바꿀 수가 있으며 이것을 조리개라고 한다. 조리개(iris diaphragm)는 렌즈의 입사 광량을 조절함과 동시에 초점심도(deph of focus)도 조절할 수 있다.

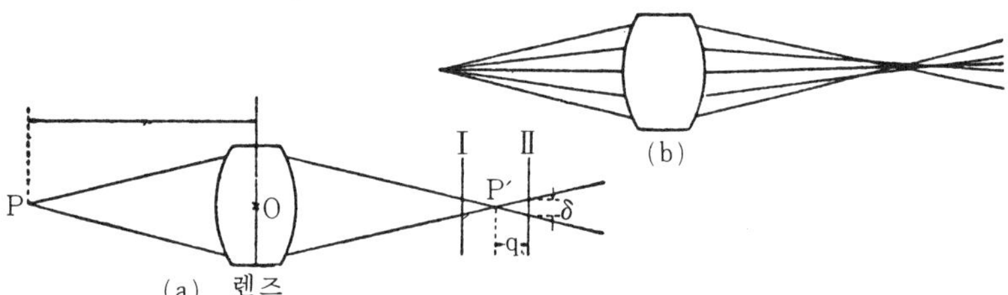

그림 3-2. 초점심도와 허용도

그림 3-2(a)는 피사체점 P를 결상하여 영상 P′를 만들고 있다. 여기에 감광막이 P′위치에서 광축과 수직하게 놓여있으면 선명한 상이 얻어진다. 그러나, 실제로 렌즈의 상은 여러 가지 수차에 의하여 광선은 한 점에 모아지지 못하고 그림 3-2(b)와 같이 원추형을 만든다. 또한, 감광재료의 입상성(grainness)이나 이리데이션(irradiation) 관계로 렌즈가 기하학적인 잠상을 만들어도, 현상 후에 얻어지는 사진상은 한 점이 아니라 감광막의 어느 두께 속에 약간 번진 크기의 상이 된다.

따라서, 렌즈는 이와 같은 광학상과 사진상을 고려하여 최소의 점상(point image)이라 할 수 있는 크기의 허용량을 정하게 되는데, 이것을 허용흐림(allowance Fog)이라고 한다.

그림 3-2(a)에서 I과 II의 범위가 허용흐림 범위라면 ±q만큼 허용량을 갖게되며, 이것을 초점심도라고 한다.

초점심도(deph of focus)는 원고의 촬영배율이 커질수록, 렌즈의 조리개를 작게 할수록 커지고, 배율이 일정한 촬영에서는 렌즈의 초점거리는 심도와 관계가 없다.

3. 수차(aberration)

렌즈의 굴절면은 만곡되어 있다. 렌즈의 광축에 대하여 매우 작은 경사로 들어오는 광선만을 추출해서 이것으로 결상하면, 단일의 파장광에서는 렌즈의 식과 잘 일치되는 상을 얻을 수 있다. 광학에서는 이 범위의 결상 부분을 근축광선영역이라고 해서 이상 렌즈라고 한다.

그러나, 이 영역의 렌즈는 조리개를 아주 작게 해서 사용하거나 화각의 작은 범위를 사용하는 것이므로, 실제로 사용할 수 있는 범위가 좁다. 실제로 요구되는 렌즈의 입사광선의 영역을 확대하면 근축광만의 결상 결과와 편차가 생긴다. 이 편차량을 수차라고 한다. 특히 단색광만을 렌즈에 입사시키면 수차의 원인은 모두가 렌즈의 굴절면이 구면 관계에서 생기는 것이기 때문에, 이것을 구면수차라고 한다.

수차에는 광축상의 구면수차(spherical aberration), 코마수차(coma aberration), 비점수차(astigmatism), 만곡수차(curvature), 왜곡수차(distortion), 색수차(color aberration)가 있다. 광축상 구면수차는 광축상에 어떤 피사체의 점이 1점으로 서지 않고 흩어지는 현상으로 렌즈의 조리개를 줄이면 이러한 현상을 줄일 수 있으며, 광학상으로는 그림 3-3(a)를 3-3(b)로 별도의 렌즈를 조합하여 보정한다.

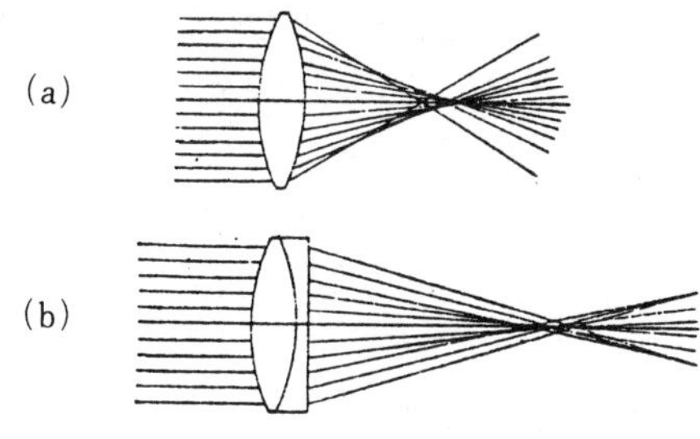

그림 3-3. 구면수차보정

코마수차는 렌즈의 광축 이외의 곳에 있는 상이 나타나는 수차로서, 혜성 모양의 후레아(flare)로서 축상 구면수차의 후레아와는 다르지만 상에 미치는 영향은 거의 같다. 이러한 후레아가 많을 때 상의 선명도와 콘트라스트(conrast)가 저하된다. 이러한 현상은 조리개를 작게 조이면 줄일 수가 있다.

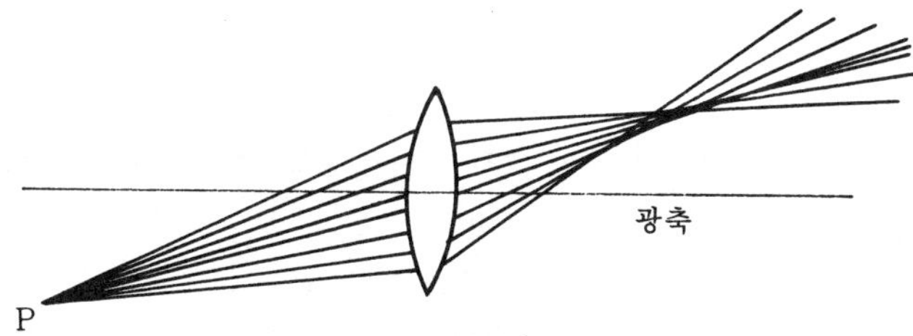

그림 3-4. 코마수차(coma aberration)

이 밖에도 제판 카메라에서 가장 중요한 것은 색수차(color aberration)이다. 렌즈를 만드는 광학 유리의 광선에 대한 굴절율은 장파장에서 단파장으로 갈수록 커진다. 따라서, 중요한 광파장의 수차의 편차를 색수차라고 한다. 이러한 수차가 크면 눈으로 관찰하는 최적초점과 촬영된 사진의 최적초점이 일치되지 않으며 특히, 3색분해 촬영에서 적필터(Red Filter)와 청필터(Blue Filter)의 초점위치의 차이로서 분해된 필름의 선예도(sharpness)에 차이가 생기는 원인이 되기도 한다.

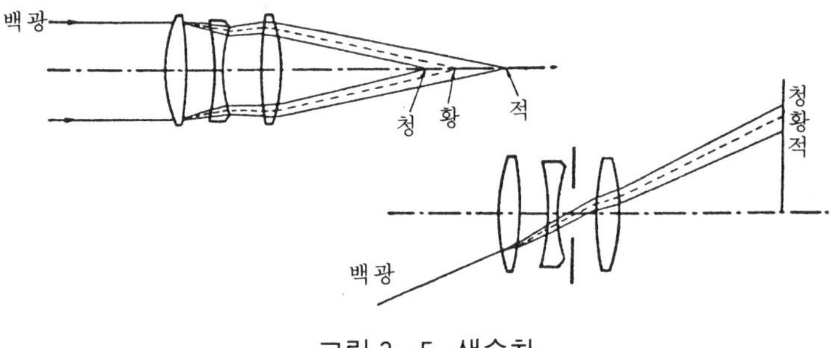

그림 3—5. 색수차

일반 사진 렌즈는 황색광과 청색광에 대한 축상 색수차를 보정하는 무색렌즈(achromat)를 사용하지만, 제판용렌즈는 그 외에 적색광에 대한 수차 보정을 해야하며, 이러한 렌즈를 아포크메트(apochromat)라고 해서 렌즈명에 아포(APO—)를 붙인다.

아포크메트렌즈는 일반적으로 스펙트럼의 C선(656.3nm), D선(589.6nm), G선(434nm)의 3개 색광을 동일 초점면에 결상하도록 설계되어 있다.

전혀 수차가 없는 렌즈가 있다하더라도 렌즈가 만드는 광점의 상은 파동성이 있기 때문에 기하학적 점상으로는 되지 않고, 중심부가 가장 강한 작은 부분과 이것을 포함하는 동심의 엷은 광환이 둘러싸고 있는 회절상(에아리디스크)을 만든다.

3—2. 제판카메라

사진제판에 이용되는 카메라는 원고제작용으로 이용되는 일반카메라와 제판용 카메라가 있다. 제판카메라는 렌즈를 이용하여 피사체(원고)를 촬영하는 것은 차이가 없으나, 사용 목적은 일반카메라와 달리 일반카메라가 입체적이며 유동적인 피사체를 촬영하는데 반하여, 평면적인 피사체인 사진원고, 회화원고, 문자원고, 도표 등을 촬영하는 것을 사용 목적으로 한다. 따라서 촬영 배율은 100%를 중심으로 하여 약간 축소하거나 확대를 하게되며, 평면적인 화상 재현의 충실한 복제가 필요하다. 또한 피사체면과 촬영면이 완전히 평행 상태에 있어야 되기 때문에, 기본적인 제판카메라의 구성은 원고를 장진하는 원고틀(copy holder)과 촬영필름을 장진하는 바쿰백(vacuum film holder)등을 렌즈 광축에 대하여 평행을 유지시켜주는 지지틀(Frame) 등으로 되어있다.

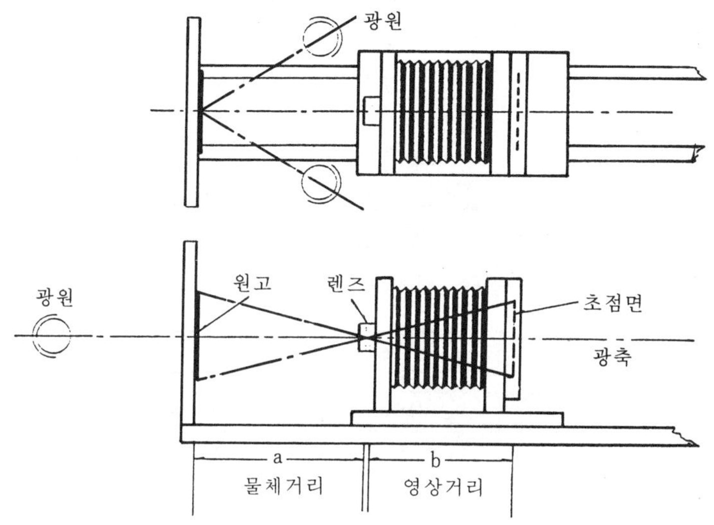

그림 3—6. 제판카메라의 기본 구조

또한, 제판카메라는 용도나 크기에 따라 사장식과 암실식, 수평식과 수직식 수동식과 전동식, 평대식과 현수식, 낱장 필름용과 로울 필름용 등으로 분류시킬 수 있다. 원고가 반사 원고(reflection copy)일 때는 이것은 반사광을 이용하므로 직접 원고틀에 부착하나, 투과 원고(transparent copy)일 때는 원고의 뒷면에서 투과광을 이용하게되므로 투과 촬영 장치가 부속되어 있다.

 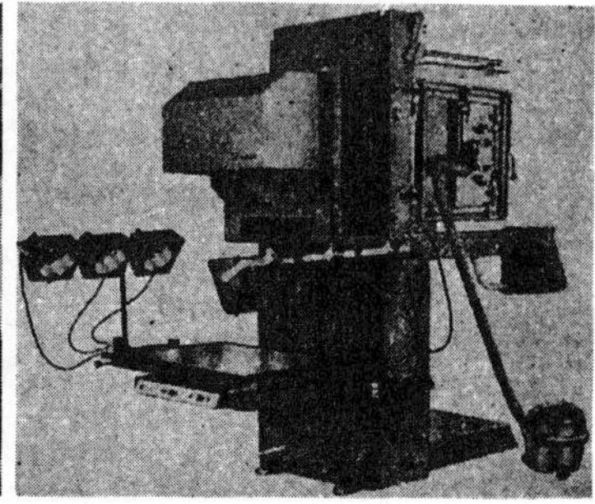

그림 3—7. 제판카메라

3—3. 광원

감광재료를 이용하는 사진 제판작업은 감광물질의 광화학반응(phto chemical reaction)을 이용하는 것이므로 이에 필요한 광원(light source)은 감광물질에 대하여 효율적인 광화학반응을 일으킬 수 있는 조건이 필수적이다. 예를 들면 청감성 필름(regular film)과 디아조(diazo) 감광성물질은 텅그스텐광에는 비효율적이며 황색광에서는 감광하지 않는다. 따라서 광원으로 가장 중요한 것은 감광물질의 광화학반응 영역과 광원의 분포가 일치하는 것이다. 그 밖에도 광속이 큰 강력한 광원과 효율적이며 전력 소비가 적은 것, 안정된 광원, 특히 색분해 광원으로서는 분광 에너지 분포가 가시전역(visible wave)에 걸쳐 균일한 것, 열선에 의한 원고의 손상이 적을 것, 광도(intensity of light) 및 색온도(color temperature)가 일정하게 유지되는 것, 노광에 의한 특성의 변화가 적은 것 등이 필요하다. 일반적으로 사용되는 광원은 백열전구, 석영요소등(quartz iodine lamp), 카본아크등(carbon arc lamp), 크세논등(xenon lamp), 수은등(mercury lamp)이다.

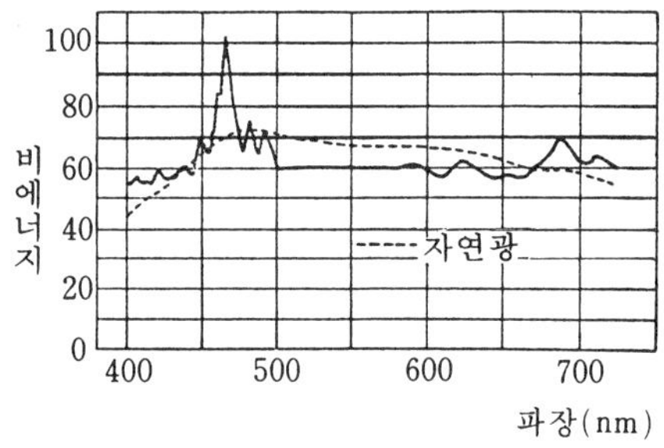

그림 3-8. 크세논광원의 에너지분포

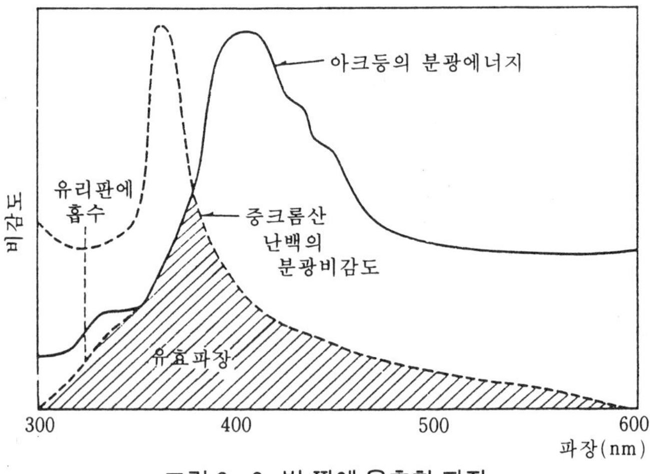

그림 3-9. 빛 쬠에 유효한 파장

최근에는 레이저(Laser)광을 이용한 사진제판기구가 증가하고 있다. 레이저는 활성 물질에 따라 고체, 기체, 반도체 등이 있으며, 사진제판에 이용하는 것은 대부분 기체 레이저이며, 칼라 스캐너에서 원고 주사나 노광부에 알곤(Ar) 레이저(488nm), He-Ne레이저(632nm) 등이 광원으로서 이용되고 있다.

3−4. 사진감광재료

사진제판에 사용되는 감광재료는 은염 감광제, 중크롬산염, 디아조화합물, 아지드 화합물, 감광성수지 및 철염 등이 있으나 은염 감광재료가 주로 사용된다.

1. 은염 감광제

할로겐(F,Cl,Br,I)과 은과의 화합물을 할로겐 화합물이라 하고, 그 중에서 AgF는 물에 녹기 때문에 은염 감광제로 사용하지 못하고 염화은(AgCl), 브롬화은(AgBr), 요오드화은(AgI)의 3가지가 은염 감광제(photosensitive meterial of silver halides)로 사용되며, 할로겐화은 단독으로 인화지나 필름 등에 사용되는 것이 아니고 실제로는 성능을 향상시키기 위하여 각각의 할로겐을 목적에 맞게 혼합하여 사용한다.

사진유제(photographic emulsion)를 만들기 위하여 이용되는 원료는 젤라틴(Gelatin), 질산은($AgNO_3$), 첨가 약품 및 감광 색소 등이며, 젤라틴의 성질에 따라 사진유제에 미치는 영향이 크므로 젤라틴의 선택은 중요하다.

네거필름은 브롬화칼륨(KBr), 요오드화칼륨(KI)이 주성분으로 이용되고, 인화지는 브롬화칼륨, 염화나트리움(NaCl)이 이용되나 콘트라스트(contrast)를 향상시키기 위하여 염화카드뮴($CdCl_2$), 염화로듐(RdCl)을 이용한다. 이 밖에도 염화암모늄(NH_4Cl), 브롬화암모늄(NH_4Br) 등이 감광주체인 할로겐화은(Agx)을 만든다.

감광성 할로겐화은은 젤라틴 용액 중에 브롬화칼륨과 염화나트리움에 질산은을 혼합하여 브롬화은과 염화은을 형성한다.

2. 감광재료의 특성곡선(characteristic curve)

감광재료를 제조한 후에 제품의 특성을 알기 위하여 하나의 기준을 만들기 위해서는 어떠한 측정 방법이 있어야 한다. 이 기준을 얻기 위하여 사진 감광 재료를 노광하고 현상된 흑화 농도(Fog density)의 관계를 정량적으로 측정하여 나타내는 곡선을 감광재료의 특성곡선이라고 한다.

흑화가 될 수 있는 광의 종류는 전자선, X−선, 자외선에서 적외선까지 넓은 파장역을 가지지만, 사진제판에서는 가시광선(400nm~700nm)에 대한 특성곡선을 말한다.

특성곡선은 그림 3−10과 같이 직각 좌표의 가로축에는 노광량의 대수값 logE를 놓고, 세로축에는 현상 후의 마무리 흑화 농도 D(Density)의 변화를 그래프에 나타내어 얻는다.

특성곡선은 일반적으로 S자형이며 감광재료의 종류, 현상조건, 그 외

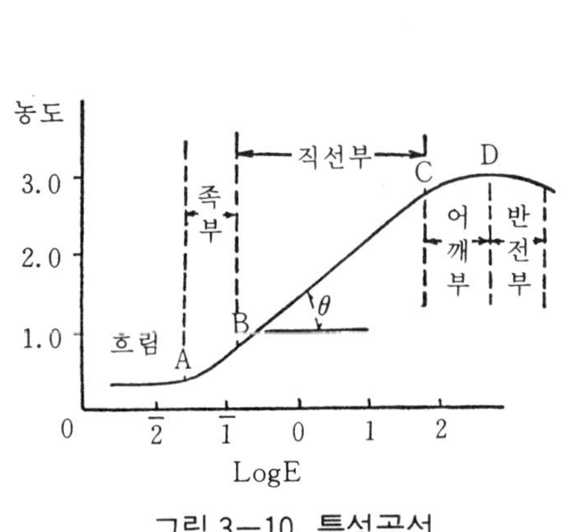

그림 3—10. 특성곡선

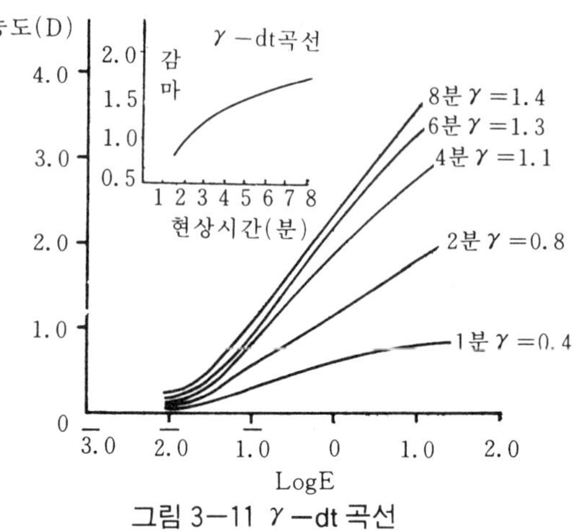

그림 3—11 γ —dt 곡선

의 영향에 의하여 조금씩 변화하며, 각 부분에는 그림과 같은 명칭이 있다. A에서 왼쪽 부분으로 노출이 주어지지 않아도 약간의 농도가 생기는 부분을 흐림 부분(Fog)이라 하고, 족부는 노출 부족 부분인 AB 부분으로 노출량이 늘어도 농도는 이것에 비례하지 않는다. 가장 중요한 부분은 직선부인 BC로서 적정 노광부라고 하며, 노출량과 농도는 서로 비례한다. 따라서 노출을 이 범위 내에서 준다면 피사체의 농도를 올바르게 재현시킬 수 있다. CD를 어깨부(shoulder)라고 하며 노출과도부분이라고 한다. D보다 우축은 노광량이 늘면 반대로 농도가 감소하고, 극단일 때는 피사체의 명암이 반대가 된다. 이러한 현상을 솔라리제이션(Solarigation)이라고 한다. 특성곡선에서 BC인 직선부와 가로축이 만드는 각을 θ 라 하고, tan θ 값을 감마값(gamma value)이라 하며 γ 의 기호로 표시하며, 이것은 사진의 콘트라스트를 나타낸다. 특성 곡선의 모양은 현상 조건에 따라 변하므로 어떤 감광재료에 대하여 현상 시간을 계단적으로 바꾸어 몇 개의 특성 곡선을 얻으면 그림 3—11과 같이 γ —dt(tim gamma curve)을 얻을 수 있다. 이 γ -dt곡선에서 감도나 콘트라스트, 흐림 등의 사진 특성을 얻을 수 있으며, 사용 목적에 알맞는 콘트라스트의 현상 시간을 찾아낼 수 있다. 또한 그림 3—11에서 2분 30초의 커브와 3분 30초의 커브를 관찰하면 logE의 값에 약 0.3의 사진농도 차이를 볼 수 있다. 이것은 현상 시간 1분의 차이에 따라 감도가 2배로 상승하고 있는 것을 의미한다. 이와 같이 현상 시간에 대응하며 사진 특성이 변화되어 나타나지만, 그 밖에 다음과 같은 현상 요인이 감광재료의 사진 특성에 영향을 준다.

① 현상액의 PH농도
② 현상액의 온도
③ 현상액의 교반
④ 현상액의 피로도
⑤ 자동현상기의 종류

1) 특성곡선의 작성

특성곡선의 작성은 감도를 측정하는 조작이므로 매우 치밀한 데이타(data)를 얻는 것이 중요하다.

E=I×T에서 조도(I)를 일정하게 하고 T(시간)을 변화시키는 시간 스케일법(time scale)과 반대로 시간을 일정하게 하고 조도를 변화시키는 강도 스케일법(intensity scale)이 있다.

실험하고자하는 필름에 투과용 스텝타브렛(step tublet, gray scale)을 밀착기에서 밀착노광하면 그림 3-12와 같은 결과를 얻을 수 있다.

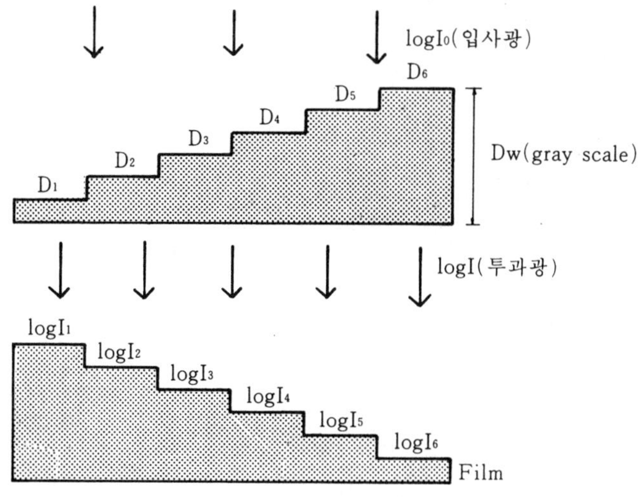

그림 3-12 그레이 스케일 투과광

실험에서 그레이스케일을 투과한 광의 강도 logI와 Dw는 $\log I = \log I_0 - Dw$가 되므로 $\log I_1 t = \log I_0 t - D_1$, $\log I_2 t = \log I_0 t - D_2$, $\log I_3 t = \log I_0 t - D_3$를 얻을 수 있다.

예를들어 그레이스케일의 $D_1 = 0.2$, $D_2 = 0.4$, $D_3 = 0.6$, $D_4 = 0.8 \cdots$ 이라하고 I_0를 64룩스(Lux), 시간을 1/20초로 했다면

$\log I_1 t = 0.305\ (0.505 - 0.2)$

$\log I_2 t = 0.105\ (0.505 - 0.4)$

$\log I_3 t = \overline{1}.905$가 되어 필요한 특성곡선을 얻을 수가 있다.

3. 사진농도

감광재료에 노광하여 현상처리하면 화상은이 생기게 된다. 이러한 화상은의 흑화 정도를 사진농도라고 하고, 초기에는 100㎠의 면적에 부착된 은(Ag)의 무게(gr)를 사용했으나, 현재는 입사광에 대한 반사광이나 투과광을 사진농도계(densito meter)로 측정한 측정값을 말한다.

사진농도(density)는 투과농도와 반사농도로 나누어진다. 사진농도는 어떤 시료에 들어가는 빛의 강도를 Io, 투과한 광의 강도를 It로 하

면, 그 때의 투과도 T(transparency)와 불투과도 O(opacity)로 나타낸다.

$$T=\frac{It}{Io}\cdots\cdots \text{투과도}$$

$$O=\frac{Io}{It}\cdots\cdots \text{불투과도}$$

투과농도 Dt는 투과도의 역수의 상용대수 또는 불투과도의 상용대수로 나타낸다.

$$Dt=\log\frac{1}{T}=\log\frac{Io}{It}$$

또, 인화지 위의 사진화상일 때도 화상면에 45°의 입사광 Io로 하고, 90°방향의 반사광을 Ir로 할 때 반사농도 Dr(Reflection density)는 다음 식으로 타나낸다.

$$Dr=\log\frac{Io}{Ir}$$

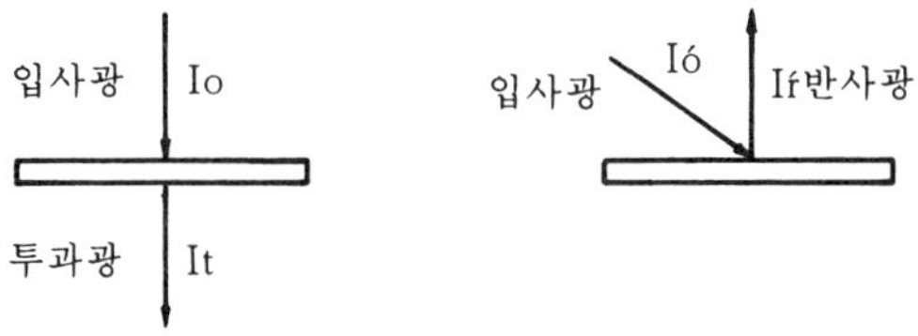

그림 3—12. 투과 및 반사

4. 감광재료의 특성

하로겐화은유제가 최적의 상태로 있다할지라도 이유제입자는 전가시광선에 대한 감광성을 갖지 못하므로 증감(sensitizing)을 시켜야 한다. 증감에는 가장효율적인 분광흡수상태로 되는 유제입자를 만드는 것으로 화학증감(chemical sensitization)이 있으며 또하나는 정상적으로 흡수하지못하는 분광영역의 파장을 흡수할 수 있도록 하는 분광증감(spectral sensitization)이다.

1) 분광증감

할로겐화은유제의 고유 감광 파장 영역은 540nm이다. 그러나 유제중에 적당한 색소를 첨가하면 감광 파장 영역을 길게 할 수 있다. 이러한 방법을 분광증감 또는 색소증감이라 하며, 분광증감된 유제는 다음과 같이 분리할 수 있다.

① 레귤러(Regular) : 비정색성, 청감성이라고도 하며, 브롬화은(AgBr) 유제의 고유 감색을 가지며 일반적으로 자외선, 청자, 청록색의 일부에 감광하나 그다지 실용성은 없다.

② 올소크로매틱(orthochromatic) : 정색성이라고 하며, 오렌지, 붉

은 색에 감광화하지 않으므로 안전등에서 작업할 수 있다.

③ 판크로매틱(Panchromatic) : 전정색성이라고 하며, 스펙트럼(spectrum)의 가시광 전역에 감광한다. 적색광에 특히 감도가 높은 적감성(슈퍼판크로)과 녹색광 감도와 적색광 감도의 비율이 시감도에 가까운 올소판크로가 있으며, 취급은 완전 암실에서 해야하나 짧은 시간이면 암녹색광을 사용할 수 있다.

④ 적외(Infra-red) : 레귤러 유제에 적외용 증감색소를 가한 것으로, 적(red)보다 파장이 긴 적외영역까지 감광화한다. 이것은 안전광(safelight)을 사용할 수 없다.

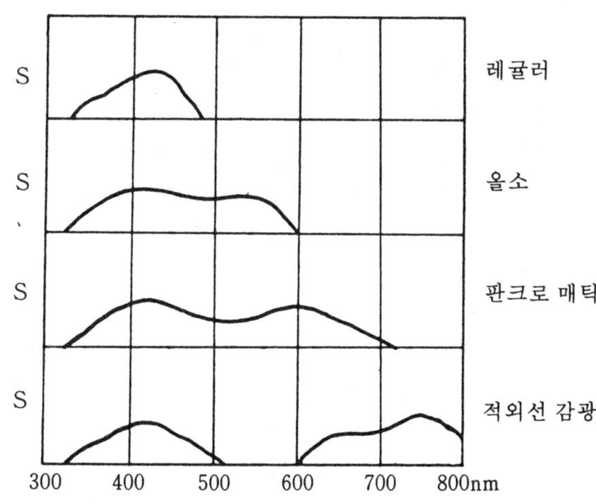

그림 3-13. 감광재료의 분광 감도곡선

2) 감광도(Sensitivity)

감도라고도 하며 인화지나 필름이 빛을 느끼는 속도를 말한다.

또한 감도는 자외선으로부터 적색까지 가시광 전역을 함유한 백광에 대한 감도를 의미하는 것이다. 따라서 감광재료의 감색성과 관련해서 촬영 또는 인화 광원의 파장 특성이 변화하면 감도도 변한다.

감광도의 표시 방법에는 ASA식(미국규격방식), DIN식(독일공업규격방식), NSG식(일본사진학회방식)등이 있다. 그러나 일반적으로 이용되는 것은 ASA식이다. SSS(ASA 200)는 SS(ASA 100)의 두배의 감광도를 가진다.

3) 콘트라스트(contrast)

콘트라스트란, 넓은 뜻으로는 상태 또는 계조라고도 말하며, 감색성과 감도와 함께 중요한 사진특성의 하나이다.

콘트라스트란 일반적으로 특성곡선의 경사도이며 감마(γ)값으로 나타낸다. 감마값이 적은 것을 연조, 큰 것을 경조라고 하며, 중요한 감광재료의 감마값은 다음과 같다.

일반 카메라용 0.6~0.7
영화용 네거티브 0.55~0.65
영화용 포지티브 2.0~2.2
X-선 간접 촬영용 1.0~1.8
밀착용 리즈필름 5.0~7.0
망촬영용 리즈필름 10.0 이상

4) 흐림(Fog)

감광재료 중에는 광을 받지 않고도 현상을 하면 흑화가 될 때가 있다. 이 흑화된 것을 흐림(Fog)이라고 한다. 이 농도는 특성곡선에서 족부 밑에 있으며, 노광량값을 0로 기준하여 흐림농도값을 나타낸다. 이 원인은 감광 유제 자체에서 오는 것도 있지만, 보존 중에 고온·고습에서 감광핵이 성장하여 흐림이 생성되기 쉽고 암모니아(NH_3), 수은(Hg) 및 유화수소(H_2S) 기체가 감광재료에 정착될 때 흐림이 생성되는 원인이 된다. 이 밖에도 광흐림, 현상흐림, 압력흐림, 마찰흐림 등이 있다.

5. 사진감광재료의 여러 현상

1) 입상성

현상된 화상의 일부를 현미경으로 확대하면 많은 입자가 불균일하게 집괴한 상태를 볼 수 있는데, 이러한 상태를 입상성(grainness)이라고 한다. 입상이 잘 보이는 것은 하이라이트부(highlight)에서 중간조까지이며 샤도우부(shadow)에서는 거의 보이지 않는다. 입상이 나타나는 모양도 현상 조건에 따라 다르다. 현상액의 알칼리가 강하든가, 현상 시간을 길게 고온 현상에 현상된 환원은은 집괴 입자의 분산 상태가 균일성을 잃어 입상성을 나쁘게 한다. 또한 정착액의 경막 작용이 강할 때도 좋지 않다.

2) 해상력(Resolving power)

미세한 평행선을 촬영한 후 네거티브 위에 어느 정도까지 분해되었는가를 검사하고, 1㎜중 몇 개의 선까지 식별되는 가를 값으로 나타낸 것이다. 해상력은 할로겐화은의 입상성에 크게 관계가 있고, 미립자일수

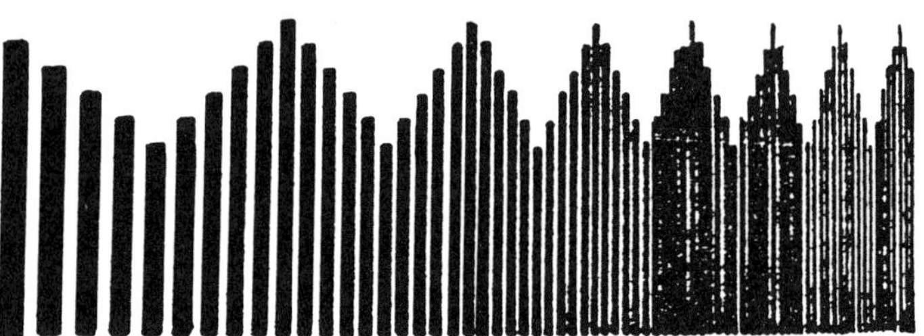

그림 3-14. 해상력 테스트 도표의 예

록 그 해상력은 양호하다. 또, 미립자의 감광재료는 일반적으로 감광도가 낮으므로 감광도가 낮은 감광재료는 해상력이 양호하게 된다. 해상력은 감광재료에 따라 좌우되는 것 이외에 렌즈의 해상력에도 좌우된다.

3) 이레이데이션(Irradiation)과 할레이션(halation)

감광막 중에는 무수한 할로겐화은 입자가 있다. 이것에 빛이 입사했을 때 결정 입자에 닿은 빛은 확산되어 다른 결정 입자에 이차 감광이 생기는데 이것을 이레이데이션이라고 한다. 이것은 감광재료의 해상력을 낮추는 원인의 한가지가 된다. 또 감광막 위에 입사한 빛이 유제층과 지지체의 계면이나 지지체와 공기의 경계에서 반사하여 거꾸로 유제에 감광하는 것을 할레이션이라고 하며, 이러한 할레이션을 제거하기 위해서는 지지체의 뒷면에 할레이션 방지층을 만들어주면 된다.

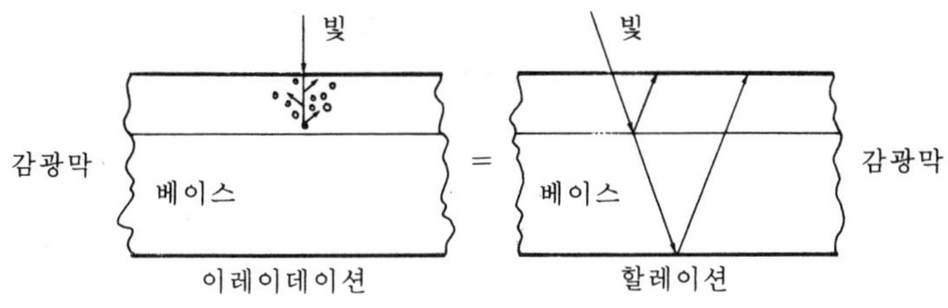

그림 3-15. 이레이데이션과 할레이션

4) 솔라리제이션(solarization)

감광재료가 노광량이 과도하게 되었을 때 감광재료의 현상 된 농도의 상이 나타나지 않고 반대로 농도가 감소하는 현상을 솔라리제이션이라고 한다. 그림 3-16에서 DM은 농도가 감소하고 MN에서는 다시 반전 현상이 일어난다.

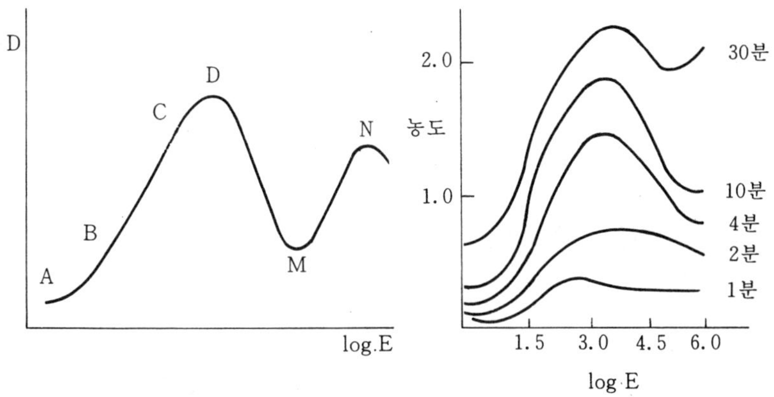

그림 3-16 솔라리 제이션　　그림 3-17 현상진행에 따른 솔라리제이션

솔라리제이션이 일어나는 것은 사진유제에 따라서 다르며, 현상 조건과 노광 온도에 따라 다르다.

3—5. 현상(Development)

현상이란 할로겐화은이 광을 받으면 잠상(latent image)을 만들며, 환원제를 사용하면 흑화 작용을 일으켜 화상이 안정된 은의 집괴를 형성하는 과정을 말한다.

현상을 크게 나누면 화학 현상과 물리 현상(Chemical development, Physical development) 및 표면 현상과 내부 현상(Surface development, Internal development)으로 분류한다.

화학 현상은 할로겐화은 자신이 은의 공급원이 되며, 현상액은 할로겐화은 입자의 표면에 있는 특수점을 출발하여 환원된 금속은으로 변화시키는 것이며, 물리 현상은 현상액 중의 은이온이 유제막 중의 현상핵에 침적하여 화상을 만드는 것이다. 다시 말하면 외부로부터 Ag^{+}이온을 공급받는 것을 물리 현상이라고 한다. 또 입자 표면의 현상핵을 이용하는 것을 표면 현상이라고 하며, 입자 내부에 있는 현상핵을 이용하는 것이 내부 현상이다.

또한 전염 현상(infection development)은 아황산나트리움을 적게 사용하여 현상력이 약한 하이드로키논 모노설퍼네이트(hydroquinone monosulfanate)의 양을 줄이고 현상력이 강한 세미키논(semiquinone)의 농도를 상승시켜 강력한 현상을 진행시키는 것으로 리즈필름(lith film)의 초경조 현상이 있다.

현상액을 유제막 중에 침적시키면 3단계 변화가 일어나는데 침입작용, 환원작용 및 축적작용이다. 이러한 단계는 극히 짧은 시간내에 일회의 과정이 끝나고 이것이 반복하여 현상흑화작용이 계속된다. 젤라틴 유제막 중에 현상의 침적은 최초 상온에서 상당한 시간(유도기)이 필요하나, 이후 현상 속도는 대단히 빨라진다.

1. 현상액

현상액에는 할로겐화은을 환원시키는 현상주약이 반드시 있으며, 현상 작용을 원활하게 하기 위하여 주약 외에 현상 주약의 산화를 방지시켜주는 산화 방지제, 현상 속도를 빨리 해주는 현상 촉진제, 흐림의 발생을 적게 해주는 억제제 또는 특수 목적을 위해 추가한 첨가제 등으로 이루어져 있다.

1) 현상주약

현상주약은 환원제로서 노광된 할로겐화은 입자에 강하게 환원 작용을 하여 금속은으로 변화시켜 흑화 작용을 하는 것이다.

현상주약의 종류에 따라 사진 특성이 다르며, 용도에 따라 사용량이 다르다. 이반적으로 많이 쓰이는 주약은 매톨(m－methyl－P aminoph-

표 3—2. 중요한 현상주약

통 칭	분 자 식	화합물명	특 성
매톨(metol)	HO-⟨벤젠⟩-NHCH₃ $\frac{H_2SO_4}{2}$	m-methyl-P amino phenol Sulphate	고농도부까지 넓은 계조로 현상가능하다. 브롬화칼륨 억제효과를 받기 어렵다. 아황산나트륨용액에 용해가 어렵다.
하이드로키논 (Hydro quinone)	HO-⟨벤젠⟩-OH	Hydroquinone	온도에 영향받기 쉽다. 고농도에 현상된다. 브롬화칼륨의 억제효과를 받기 쉽다. 물에 잘 녹지 않는다. 유도기가 길다.
페니돈 (Phenidone)	⟨벤젠⟩-N(CH₂-CH₂)(NH-C=O)	1-phenyl -3-Pyra -zolidone	단독으로는 거의 현상작용을 보이지 않으나, 하이드로키논과 조합하면 효과가 크다. 브롬화 칼륨의 억제효과를 받기 어렵다. 잘 녹지않는다.
피로가롤 (Pyrogallol)	OH, OH, OH (벤젠)	Pyrogallol	부드러운 계조를 타나내 준다. 브롬화칼륨의 억제효과가 크다. 젤라틴을 경화하는 효과가 크다.
아미돌 (Amidol)	NH₂HCl, HO-⟨벤젠⟩-NH₂HCl	2. 4 — diamino Phenol	아황산염만 첨가한 금속현상액. 물에 잘 녹는다. 농축현상액에 쓰인다.

enol sulphate)과 하이드로키논(1.4 Dihydroxy benzene)으로 유기현상제가 대부분이다.

2) 산화방지제

유기 현상주약인 하이드로키논(Hydroquinone)은 현상이 진행됨에 따라 알카리용액 중에서 키논(quinone)으로 산화되면서 젤라틴을 오염시켜 갈색이 된다. 이를 방지하기 위하여 아황산나트륨(Na_2SO_3)을 사용한다. 알카리 용액 중에서 분해된 키논은 아황산기에 의하여 안전한 하이드로키논모노설폰산을 형성하여 현상이 진행됨에 따라 포화되는 키논을 제거시켜 주므로, 하이드로키논에 대한 현상작용을 촉진시켜 준다.

또한 현상액은 공기 중의 산소가 하이드로키논을 산화하여 키논으로 만들어 현상 능력을 저하시키는 것을 아황산나트륨이 산소와 결합하여 황산나트리움을 만들므로, 하이드로키논의 산화를 방지하여 장시간 보관할 수 있다.

$$\text{Quinone (O=C}_6\text{H}_4\text{=O)} + Na_2SO_3 + H_2O \rightarrow \text{(OH, SO}_3\text{Na, OH)} + NaOH$$

(하이드로키논 모노설퍼네이트)

3) 현상촉진제

현상주약의 활성도는 현상액의 PH에 큰 영향을 받으므로 알카리 양은 매우 중요하다. 가성소다(NaOH)는 강알카리이므로 현상은 촉진되나 흐림이 생성되는 위험성과 현상액 보존에 좋지 않으므로 안정제를 첨가하여야 한다. 높은 PH를 얻을 수 있는 촉진제는 무수탄산나트리움(Na_2CO_3)과 탄산칼륨(K_2CO_3)이 많이 사용되나 이것은 인화지 현상제에 사용되며, 약알카리로서는 붕사($Na_2B_4O_7 10H_2O$)를 이용하여 미립자 현상액으로 필름에 이용된다.

4)현상억제제

실제 이용되는 현상액은 순수한 화학 현상만이 진행되는 것이 아니고 물리 현상도 동시에 이루어진다. 다시 말하면 은이 할로겐화은에서만 공급받는 것이 아니고 현상액 중에서도 공급한다. 따라서 현상주약의 산화 방지를 위하여 가하는 아황산염이 용해 작용을 하여 현상 작용을 촉진시킨다. 그러나 내부 잠상을 현상하기 위해서는 결정 표면을 잘 용해시켜 주어야 한다. ($AgBr \rightarrow Ag^+ + Br^-$) 이러한 작용을 억제하기 위하여 현상액에 가하는 브롬화 칼륨(KBr)의 브롬이온(Br^-)이 할로겐화은 결정 표면에 흡착하여 장벽을 이루어 현상 작용을 억제하여 강력한 현상제에서 생성되는 흐림(Fog)을 방지한다. 또한 공통 이온의 효과로 현상 작용을 억제시키는 능력이 있다.

$$AgBr \rightleftharpoons Ag^+ + Br^- \qquad KBr \rightarrow K^+ + Br^-$$

2. 현상 정지

현상액은 알카리성이어서 현상이 끝난 감광재료는 물에 넣어도 노광량이 적은 부분은 현상되지 않은 할로겐화은이 많이 남아 있어, 현상이 순간적으로 정지되지 않고 환원(reduction) 작용이 진행된다. 그러나 이를 산성 용액(acid solution)에 넣으면 순간적으로 중화(neuralizatio-n)되어 환원 작용이 정지된다. 이때 현상액 중에는 아황산나트리움과 탄산나트리움이 있어 강산에 넣으면 아황산가스, 탄산가스 등이 감광막 중에 발생되어 화상(image)에 반점이 생길 위험이 있고 또한, 강산은 은(Ag)을 용해하므로 약산인 유기산을 사용하면 안전하다. 만약 정지액을 사용하지 않고 직접 정착액에 필름을 넣으면 정착액에 화상이 균일하게 담겨지지 않으므로, 정착액이 접촉되지 않은 부분은 현상이 진행되어 현상 얼룩이 생기기 쉽다. 필름에 부착된 현상액은 알카리성(alkal-i)이므로 정착액에 넣으면 정착액 중의 명반이 분해하여 백색의 수산화알루미늄($Al(OH)_3$)이 침전되어 백색 포그나 오염이 생성된다. 정지액은 빙초산을 ℓ 당 15c.c. 정도로 하고 10~15초 정도 정지시킨다.

3. 정착

감광재료의 유제층에 노광하여 현상된 부분은 금속은으로 환원되어 광에 대하여 안전된 상태가 된다. 그러나 노광되지 않은 부분 및 환원되지 않은 할로겐화은은 현상을 거쳐도 광에 의하여 감광성을 갖는다.

정착(Fixing)의 제1 목적은 할로겐화은을 용출시키기 위하여 하이포($Na_2S_2O_3$)등으로 물에 가용성인 티오황산은으로 변화시키는 것이다. 제2 목적은 현상 진행을 정착액에 넣음으로써 현상 작용을 정지시키는 것이며, 제3 목적은 현상액의 알카리에 의하여 팽윤되고 연화(soft)된 젤라틴 막을 경화시켜 다음 과정인 수세에서 안전성을 갖게 하는 것이다.

$$2AgX + Na_2S_2O_3 \rightleftharpoons Ag_2S_2O_3 + 2NaX$$
$$Ag_2S_2O_3 + Na_2S_2O_3 \rightleftharpoons Ag_2S_2O_3Na_2S_2O_3$$
$$Ag_2S_2O_3Na_2S_2O_3 + Na_2S_2O_3 \rightleftarrows Ag_2S_2O_32Na_2S_2O_3$$

정착액은 작업의 필요상 산성으로한 산성정착액이 있고 여름철의 젤라틴막의 연화를 막기 위해 경막제(명반)를 혼합한 경막정착액이 있다.

4. 수세 및 건조

정착이 완료된 화상은 정착하는 동안 유제막 중에 티오황산나트륨과 현상 산화물 등이 함유되어 있어, 이를 제거하지 않으면 화상이 오염되고 변색된다. 이러한 것을 제거하기 위하여 충분한 수세를 해야한다.

3—6. 천연색 사진

천연색 사진은 영국의 막스웰(clerk Maxwell)이 가시태양광을 3가지의 색으로 분해시켜 촬영하여 3색분해촬영원리를 확립시켰던 것이 1855년경이지만, 이 원리의 기초적인 것은 1802년 영국의 물리학자 영(young)에 의하여 창시되고, 그 후 독일의 물리학자 헤림홀쯔(Helm Holtz)에 의하여 실증되고, 여기에서 3원색설이 등장하게 되었다.

사람의 시신경에는 적(Red), 녹(Green), 청자(Blue)를 느끼는 3가지 종류가 있어 3원색설의 근본을 이루었고, 이 원리에 따라 3종의 필터를 사용하여 사진을 만들었으며, 이것을 현상하여 네가를 만들었다.

1873년 보겔(Vogel)의 증감색소의 발견으로 사진재료의 감광도를 장파장으로 늘려 가시광선의 전파장영역을 감광영역으로하여 천연색사진을 만드는 기초를 이루었다.

1896년 후런(Ducos du Hauron)이 감색법(substractive process)과 막스웰의 가색법(additive process)에 의한 여러 가지 실험을 걸쳐 1935년경에 비로서 유제층의 적감층, 녹감층, 청감층의 3층분리의 필름을 제조하는 방법을 착상했으며, 은잠상을 네가로 만든 뒤 다시 포지로 전환시키는 방법을 발명하게 되어 천연색사진을 만들게 되었다.

1. 빛(파장)

광선은 전자파의 일종이며 사진에 이용되는 것은 가시광선과 X-선, 자외선, 적외선등이며, 그 중 가시광선이 주로 사용된다. 가시광선은 대략 400nm서 700nm정도의 파장범위에 있고, 400nm이하는 자외선 X-선으로 이어지고, 700nm이상은 적외선, 전자선으로 이어진다.

가시광(태양광)을 분광기(spectroscope)에서 분광(spectrum)시키면 스펙트럼이 나타난다.

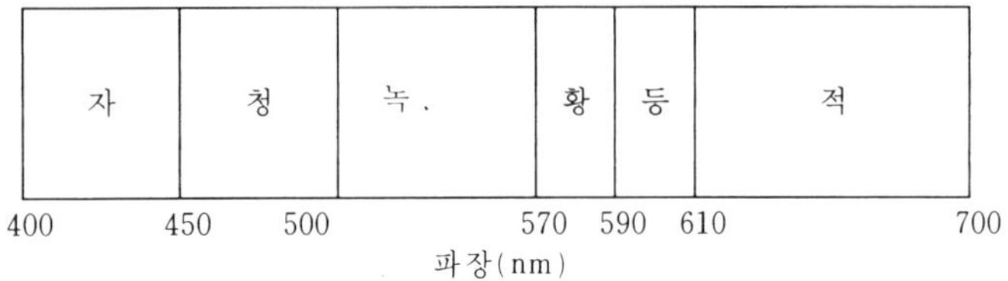

그림 3-20. 스펙트럼색과 파장

이들 스펙트럼에 대한 우리들의 눈은 같은 모양으로 느끼는 것이아니고, 각 파장마다 다른 감도를 나타낸다. 이 파장과 감도의 관계를 곡선으로 나타낸 것이 비시감도곡선(relative luminosity curve)이며, 우리들의 눈은 552nm(녹색)을 가장 강하게 느낀다.

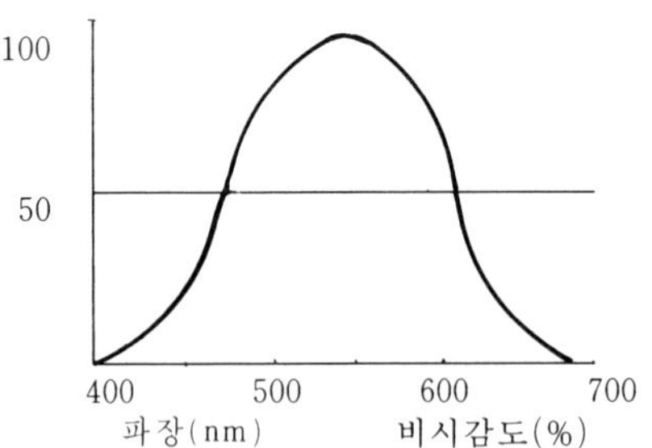

그림 3-21. 스펙트럼의 비시감곡선

광원스펙트럼의 각 파장과 자극의 관계를 나타낸 것이 분광에너지분포라고 하며, 분광에너지가 다른 광원으로 조명할 때는 동일물체라도 다른 색채를 나타내게 된다.

2. 색온도(color temperature)

분광에너지 분포가 광원에 따라 달라지는 것은 주로 광원의 색온도에 관계된다. 색온도란 광원에서 방사되는 빛의 색깔이 여러 성질의 흑체를 어떤 온도로 가열하여 방사하는 빛의 성질과 같거나 비슷할 때, 이

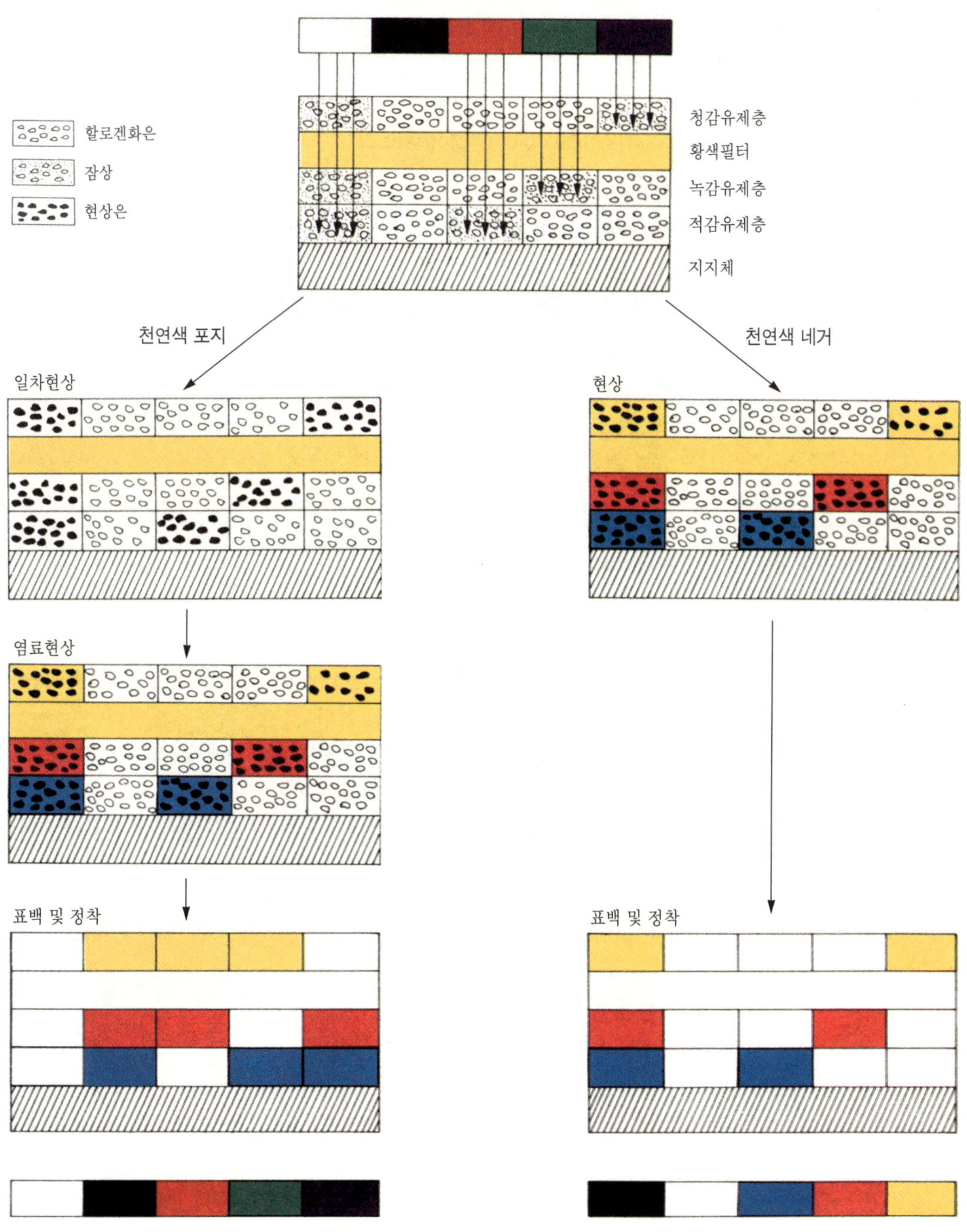
할로겐화은
잠상
현상은
청감유제층
황색필터
녹감유제층
적감유제층
지지체
천연색 포지
천연색 네거
일차현상
현상
염료현상
표백 및 정착
표백 및 정착

그림 3-12. 천연색 재현

흑체의 절대온도로 광원색의 성질을 나타낸 것이며, 켈빈(K°)으로 표시한다.

3. 칼라사진(color photography)

사진이 발명된 이 후 사진을 천연색으로 나타내기 위한 연구와 실험이 활발이 이루어졌다. 현재 사용되는 칼라필름은 감색법에 의한 다층유제 발색현상방식이며 칼라필름에는 포지칼라필름(리버셜필름)과 네거칼라 필름이 있고, 또 내식과 외식이 있다. 이것들은 모두가 청자감(blue), 녹감(Green), 적감(Red)의 유제층이 한장의 필름베이스(film base)에 칠해져 있다. 노광한 칼라필름은 먼저 할로겐화은의 잠상(latent image)을 금속은으로 환원하는 제1현상을 하고, 현상작용을 정지시킴과 동시에 필름에 묻은 현상액이 반전용액 속에 들어가지 않게 하기 위하여 제1수세를 한다.

제1현상에서 남은 미감광할로겐화은이 화학흐림(Chemicae fog)을 일으키도록 반전현상(reversal development)을 한다. 다시 제2현상으로 발색 현상을 하면 각각 마젠타(M), 예로우(Y), 사이안(C)으로 발색한다.

내식이란 발색제(coupler)를 사전에 유제감광층에 가한 것으로 1회의 발색현상으로 발색하고 자가현상이 된다.

외식이란 발색제를 현상액속에 넣어서 발색현상을 하는 것으로, 그 현상은 일반적으로 그 필름을 제조한 회사가 한다. 내식은 외식에 비하여 유제층 전체가 약 20nm정도 두껍기 때문에 층내부에서 빛의 산란이 많아지고 선예도가 떨어진다.

칼라 인화지는 각 층 유제를 바라이더종이 위에 칠한 것이다.

이렇게해서 만들어진 칼라포지, 칼라네가 및 칼라인화지가 가지는 색의 내구성은 빛, 열, 습도, 공기속의 각 종 기체에 의하여 감소되므로, 이것들을 될수록 피하는 것이 좋다.

제 4 장
문자조판

제4장 문자조판

4－1. 활자조판(type setting)

한자 한자씩 독립된 활자(type)를 원고(copy)의 지정대로 조판(type setting)하여 인쇄판을 짜는 것이다. 활자는 납(Pb)을 주성분으로하는 활자합금에 거꾸로 보기의 자면을 돋으러(relief)지게 만들어져 있다.

활자는 원도(pattern)→자모(matrix)→주조(type casting)의 과정을 거쳐서 만들어져 일정한 곳에 배열, 저장된다. 원고가 접수되면 이 저장된 활자 케이스(type case)에서 활자를 채자하여 원고의 내용과 지시대로 배열하는데, 각 종 기호 등도 활자로 만들어져 함께 사용되며 자간은 공목(blind material)으로떼고 행간은 인테르(leads)를 사용하여 조절한다.

활자는 한자 한자의 글자가 독립되어 있기때문에 활자종류가 많을뿐만 아니라, 동일한 글자라도 사용빈도수가 많은 활자는 그만치 많이 준비하여야 한다.

1. 활자

활자는 독일의 구텐베르크(Johann Gutenberg)가 발명한 이래 오늘까지 그다지 변화된 것은 없다. 납합금을 대신하는 것으로서 유리, 셀룰로이드(celluloid), 합성수지(synthetic resin) 등 여러 가지 재료를 사용하여 보았으나, 납합금이 활자적성에 가장 좋기 때문에 오늘날까지 사용되고 있다.

현재의 활판인쇄가 사진식자(photo type composing) 및 전산사식(computer composing)의 발달에 따라 오프셋(offset) 인쇄나 그라비어인쇄 등에 상당한 영역을 양보했다고는 하나, 그 인쇄물의 선명하고 섬세한 맛이 있는한 계속하여 상당한 인쇄부분을 차지할 것이다.

1) 자모제조(matrix)

자모는 활자를 주조할 때 자면을 만드는 것으로, 일반적으로 놋쇠로 된 사각기둥의 측면에 바로보기의 凹형문자를 만드는 것이다. 자모의 종류는 제조방법에 따라 전태자모(eletro matrix), 조각자모(engraving matrix), 펀치자모(punched matrix)의 세 종류로 나눌수 있다.

전태자모는 이미 만들어진 활자를 종자로하여 이것을 구리도금통에서 도금한다. 이 구리깍지를 벗겨서 뒷면에 납을 가지고 보강한다. 주조할 때는 이 자모를 놋쇠로된 마대에 끼워서 사용한다.

전태자모는 간접법과 직접법의 두가지가 있는데, 간접법은 종자가 전도성이 없는 재료의 것이거나 전도성이 있다할지라도 귀중한 활자나 보존할 활자일 때에 사용하는 것이다. 이것은 밀납으로 뜬 형에 흑연가루로 처리한 뒤 은경반응(silver mirror reaction)이나 금속의 이온화경향의 원리를 이용하여 전도성을 부여한다음 이것을 종자로하여 전태자모를 만들게 된다.

조각자모는 조각기계를 사용하여 자모재료에 직접 조각한 자모로서, 디자인한 문자의 원도로 패턴(pattern)을 만들고 이것을 원형으로하여 조각기로 조각한다.

패턴의 크기는 보통 5~10㎠, 깊이는 0.5~0.6㎜ 정도가 좋으며 화선부는 부식하여 오목하게 한다. 조각자모는 전태자모에 비하여 섬세한 장점을 가지고 있으며, 벤톤(Linn Body Beuton)이 발명한 조각기를 사용하므로 벤톤자모라고도 한다.

또한 펀치(punch) 자모는 자모재료를 펀치로 찍어서 만든 것으로, 펀치는 특수철에 조각한다음 펀치기계(punching machine)를 사용하여 1개의 펀치로 수백개의 자모를 만들 수 있고, 전태나 조각자모보다 값이 싸고 간단한 장점이 있다.

2) 활자합금(type metal)

활자합금은 납(Pb)을 주성분으로하고 여기에 안티몬(Sb)과 주석(Sn)을 활자의 특성에 맞도록 배합한 것이다. 납은 비교적 낮은 온도(327℃)로 융해되어 유동성이 좋고, 응고가 빠르며, 수축이 작다 또한 구리나 철같은 주형에서 잘 분리되는 성질을 가지고 있다.

안티몬은 연한 금속이지만 납보다 경도가 7~8배 크며 630℃에서 녹는다.

주석은 낮은 온도(232℃)에서 녹으며, 납과 안티몬의 융합을 도우며, 합금을 부드럽게하고 유동성을 좋게 한다. 활자합급의 배합률은 작은 활자를 주조할 때는 안티몬과 주석의 양을 증가시킨다.

표 4—1. 활자합금의 배합률

	납(%)	안티몬(%)	주석(%)
보 통 활 자	80	17	3
끼 우 기 물	84	15	1
연 판 용	79	14	7

3) 활자종류

활자의 크기는 활자의 배에서 등까지의 길이로 나타내고 있으며, 국한문 활자의 크기 계열에는 호수활자와 포인트(point)식활자 배식활자가 있다.

호수활자는 영문활자의 스몰파이카(small pica) 3.86㎜를 5호하고, 이것을 기준으로 하여 그 위에 4호, 3호, 2호, 1호 초호가 있고, 아래에

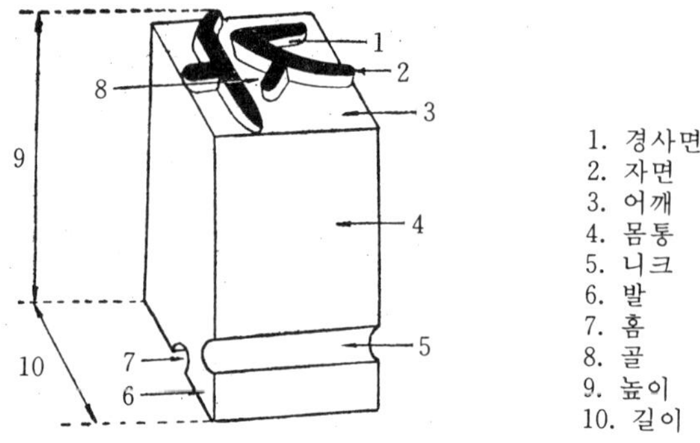

그림 4—1. 활자의 각부 명칭

7호, 8호의 8종의 활자가 있으나 5호활자가 10.5p의 크기로 되어 다음과 같은 계열을 이루게 되었다.

1호(27.5P)—4호(13.75P)

초호(42P)—2호(21P)—5호(10.5P)—7호(5.25P)

3호(16P)—6호(8P)—8호(4P)

이것을 그림으로 그리면 그림 4—2와 같다.

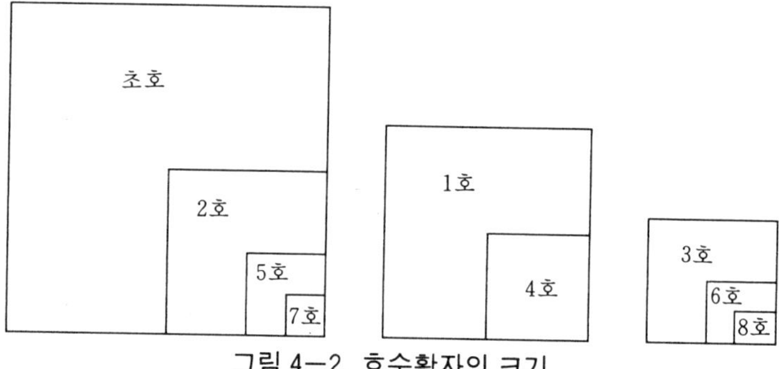

그림 4—2. 호수활자의 크기

포인트식활자는 영미식활자의 크기를 도입한 것으로, 0.3514㎜를 1포인트(point) 단위로 하였다. 이것은 대략 72분의1인치에 가까운 값이다. 배식활자는 신문활자의 크기를 나타낸 것으로, 신문의 본문용 활자는 옛날에는 대략 5호활자가 기준이었으나, 차차 작아져서 편평활자가 채용되고 다시 이 편평활자가 작아져서 현재에는 가로폭이 0.11인치(2,794㎜) 세로 0.088인치(2,235㎜)의 것이 많이 사용되었으며, 이것을 기준으로 그 위에 1.5배, 2배, 2.5배, 3배등의 크기로 하였다.

2. 문선식자

문선(type picking)이란 원고에 따라서 문선장자에 활자를 뽑아 모으는 작업이다. 영문에서는 글자의 수가 대문자, 소문자, 기호류를 합하여도 150자 이하이므로, 직접 활자케이스에서 조판을 할 수가 있으므로 문선작업이라는 것은 없다.

활자를 순서있게 분류 정리함과 동시에 글자를 고르는데에 편리하게 하기위해 활자를 넣어두는 것을 활자케이스(type case)라 하는데, 3단 또는 4단의 두가지가 있다.

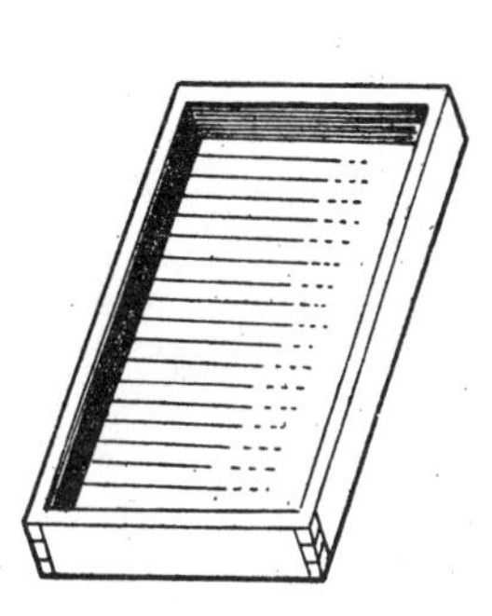

그림 4—3. 문선상자

그림 4—4 활자케이스대

문선해서 문선상자에 활자를 넣을때 원활하게 하고 능률을 올리기위해 세팅(setting rule)을 사용한다. 세팅은 아연이나 구리판으로 되어있으며 문선속도를 높이기 위하여 사용한다.

문선이 끝나면 문선상자에 넣어진 활자는 원고와 같이 식자부에 넘겨져 여기서 필요한 공목(blind material)이나 인테르(leads), 괘선(rule), 약물(sign) 등을 사용하여 자간과 행간을 정해 하나의 페이지로 정리한다. 이것을 식자(type setting) 또는 조판(composing)이라고 한다.

활자를 한자씩 배열하여 페이지를 짜는데는 활자만으로는 되지 않는다. 글자와 글자사이를 뗄 필요도 있고, 행과 행 사이를 띄어야할 때도 있다. 따라서 글자나 행간을 띄기위해 활자와 같은 합금으로 만들어진 것을 총칭하여 공목이라 한다.

이것은 활자보다 약 4㎜ 정도 낮게되어 있고 인쇄할 때에 잉크가 묻지 않도록 되어 있다.

글자와 글자를 뗄 때 사용하는 것으로는 전각(활자와 같은 크기)보다 좁고 각 호, 각 포인트의 $\frac{1}{2}$, $\frac{1}{3}$, $\frac{1}{4}$ 등으로 되어있는 분공목(space), 전각이상의 공목으로 2배, 3배, 4배 등의 배공목(quadrat), 공백부가 넓을 때 사용하는 공목보다 큰 저스(justifier), 저스보다 더 큰 공목으로 퍼어니처(furniture)가 있다.

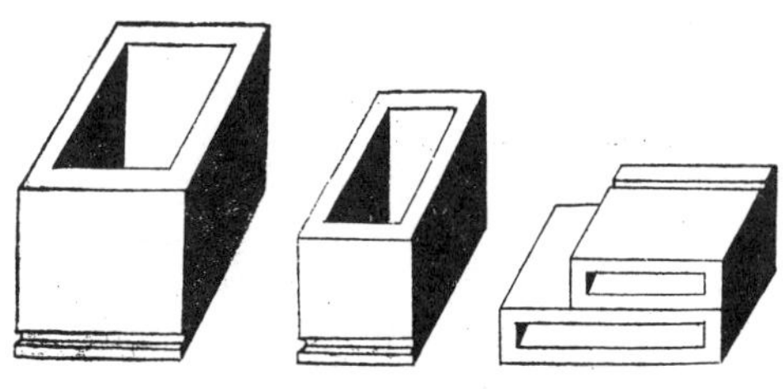

그림 4—5. 저스

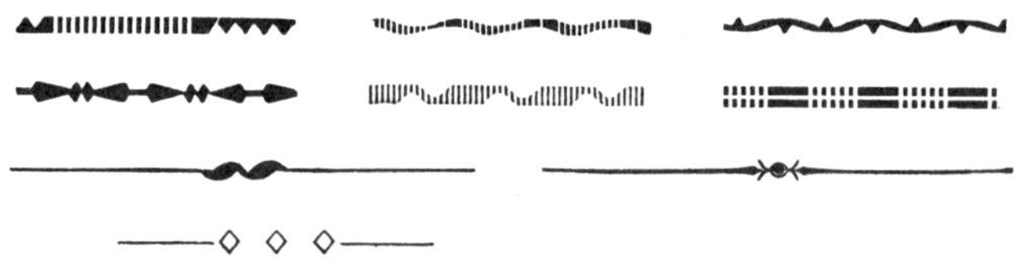

그림 4—6. 괘선의 종류

또한 행과 행사이를 떼기 위해 사용되는 인테르(leads)가 있으며, 이것은 각호의 진각, 2분, 4분, 8분 등이 있고 금속제와 목제가 사용된다. 그 밖에도 윤곽이나 선, 장식 등에 사용되는 괘선(rules)과 각종 기호나 구독점 등을 총칭한 약물(sign) 등이 필요하게 된다.

또한 게라(galley)는 판을 조판하거나 판을 운반하는 것으로 조판게라, 운반게라, 긴게라 등이 있다. 조판게라는 금속제로 테두리 높이는 2 cm정도 활자높이보다 낮으며 운반게라는 목재로 되어 있다. 운반게라의 테두리 높이는 활자 높이보다 높게 되어 쌓아올려도 활자가 닿지 않게 되어 있다.

긴게라는 신문사에서 많이 사용한다.

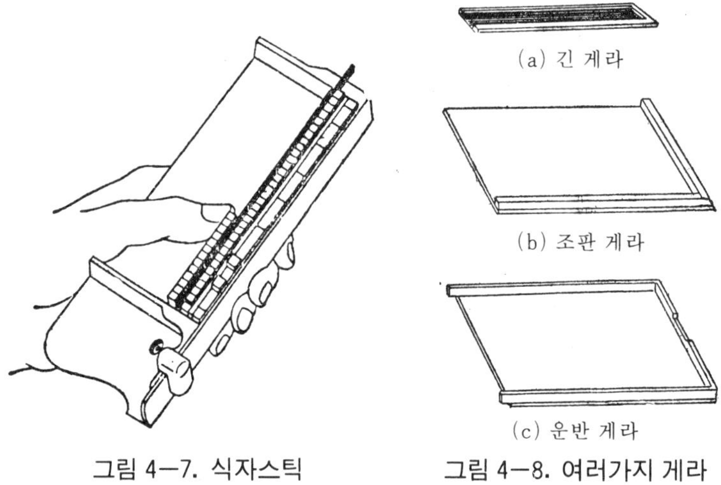

그림 4—7. 식자스틱 그림 4—8. 여러가지 게라

3. 기계식조판(machine composition)

복잡한 활자조판을 보완하기 위하여 발명된 것이 기계식조판법(machine composition)이다. 이것은 활자주조→문선→식자의 3가지 공정을 단일화하여 자동적으로 처리하는 시스템으로, 활자를 자동적으로 선택주조하면서 식자하는 방식이다.

이 자동주식기(typesetting machine)에는 한자씩 주조식자하는 모노타이프(monotype)와 자모를 모아서 1행분씩 스러그(slug)로서 주조식자하는 라이노 타이프(Linotype)가 있다. 키보드(key board)의 키로 입력하면 종이 테이프에 천공되고, 이 천공테이프를 주식기에 걸면 내장된 자모가 호출배열되고 녹은 활자합금이 자동적으로 주입되어 활자를 주조식자하므로, 작업성이 매우 높고 시설이 간편하다.

4. 조판종류

잡지나 서적등에서 특별한 지정이 없을때 자간을 떼지 않고 조판하는 민자조판(solid composing)이 있으며, 교과서에서 많이 사용하는 것으로 자간을 1/4씩 떼어서 조판하는 4분떼기 조판이 있다. 이것은 민자조판에 비하여 가독성과 책의 체재가 우수하다.

이밖에 광고물이나 영수증, 표시물 같은것을 통털어 잡물조판이라고 하며 이것은 일정한 조판양식이 없으므로 조판이 매우 복잡하다.

5. 교정 및 해판

조판이 끝나면 교정(proof)인쇄를 하여 원고대로 정확히 조판되었는가를 확인하고 틀린데는 교정부호를 사용하여 정정한다. 교정이 끝난판은 본인쇄를 걸쳐 보관하거나 해판(distribution)하게 된다.

해판하는 순서는 공목, 인테르괘선이나 약물등은 선별하여 재사용하고 나머지 본문활자는 녹여 다시 주조한다.

4—2. 사진식자

활자를 사용하지 않고 사진적 방법으로 식자하는 것을 사진식자(photo-type composing)라 하는데 이에 사용되는 기계를 사진 식자기(photo composing machine)라고 한다. 사진식자기는 타이프라이터(typewriter)의 원리와 사진 촬영기의 원리를 결합한 기계로서, 네가티브(negative)로 된 투명의 문자판에서 필요한 글자를 찾아 한자씩 인자하면 네가티브의 자면을 통과한 빛이 렌즈를 통해 인화지나 필름에 차례로 인자된다. 사진식자기의 특징은 촛점거리가 동일하고 배율이 서로다른 20여개의 렌즈가 있어, 이것을 교환하는데 따라 하나의 문자판으로 크기가 다른 여러 종류의 인자를 얻을 수 있으며, 더욱 1개의 변형보조렌즈로 장체, 평체, 사체 등의 변형문자를 얻을 수 있다.

사진식자는 인자의 형태와 크기가 풍부한 가변성이며, 작업이 신속하고 능률적이며 경제적이다. 재래식의 활자조판은 사진식자작업에 비하여 넓은 장소, 방대한 시설, 복잡하고도 많은 공정이 필요하며 비능률적이다. 이러한 관계로 종래 활자조판으로 처리되던 각 종 조판물을 사진식자가 대신하게 되었다. 따라서 납활자 조판방식(Hot type)에서 사진식자방식(cold type)으로의 전환은 조판의 혁명이라고 할 수 있다. 그러나 아직도 활자조판과 비교할 때 불편한 점도 있다.

활자의 가압에서 오는 생동감과 박력감에 비하여, 사진식자는 나약하고 생동감이 적어보인다. 또한 자간이나 행간의 불균형처리, 수정작업의 어려움, 탈자(omitted letter) 오자(misprint)의 처리및 현상(development)이나 정착(fixing)같은 후처리와 인자 농도(density)의 불균형 등의 결점도 동시에 가지고 있다.

1. 사진식자기의 기본구조

국한문 전용 사진식자기에는 여러 가지 형태가 있지만, 그 기본구조는 다음과 같다.

1) 문자틀과 문자판

문자틀(letter frame)은 본체의 평면레일 위에서 전후 좌우로 원활하게 움직이도록 되어 있으며, 문자판(letter plate)은 가로 10.9㎝, 세로 6.9㎝ 정도의 유리에 약 17급 크기의 네가티브 글자가 약 270자정도 수용되어 있다.

이 문자판은 한매씩 독립되어 필요에 따라 교환할 수 있다. 문자틀은 수요능력에 한계가 있으므로 벽자판(unusual letter plate) 등은 따로 보관했다가 필요에 따라 사용한다.

2) 광원

사진식자기는 사진원리를 이용한 것이므로 광원이 매우 중요하다. 대부분의 기계는 텅스텐 전구를 사용하며, 일정한 광량을 유지하도록 전압에 유의하여야 한다. 또한 네가티브의 문자판을 통과한 빛이 그대로 주렌즈에 들어가면 불필요한 문자까지 촬영되므로, 필요없는 빛을 차단하는 차단막인 마스크 가락지(mask ring)가 필요하다.

3) 렌즈

인자된 글자의 크기를 결정하는 것이 주렌즈(main lens)다. 주렌즈는 직경이 약 20㎜의 알루미늄원통인 렌즈경통에 들어 있다. 이것은 촛점거리가 동일하고 배율이 서로 다른 20여개의 주렌즈가 자유로이 회전되는 렌즈틀(lens turret)에 꽂혀있다.

사진식자 작업을 할 때는 렌즈틀을 회전시켜 필요로하는 렌즈를 빛막이인 마스크 가락지(mask ring) 바로 위에 오게 한다.

주렌즈(main lens)로는 얻기어려운 크기의 글자를 얻는데 사용하는 확대렌즈가 있다. 확대렌즈(enlarge lens)에는 배율이 1,125배인 A렌즈와 1,250배인 B렌즈가 있다.

50급×A렌즈≒56급　　62급×A렌즈≒70급
80급×A렌즈≒90급　　80급×B렌즈≒100급

또한 문자의 모양을 변형시키기 위한 보조렌즈로서 반원주렌즈로된 변형렌즈가 필요하다. 이것은 반원면의 만곡이 큰 것일수록 변형율이 크게 된다. 보통 0.9, 0.8, 0.7의 변형율을 가진 3종류의 변형 렌즈가 사용되며, 주렌즈와 셔터(shutter)와의 중간 또는 셔터와 인자드럼(magazine)의 중간에 설치되어 있다.

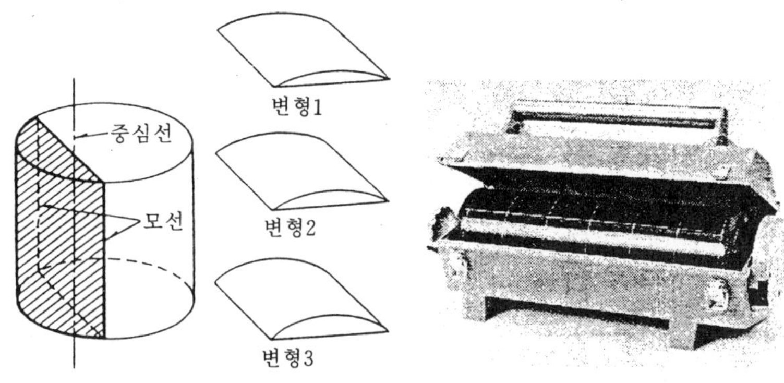

그림 4-9. 변형렌즈　　　그림 4-10. 마가진

4) 마가진(magazine)

인화지나 필름을 장진하는 드럼(drum)으로서 셔터(shutter)를 통과한 빛이 감광재료에 도달하여 결상되는 수광부이기도 하다. 따라서 마가진은 완전히 밀폐된 암실형으로 되어 있다. 기계에 부착한 다음에는 빛의 통로(slit)를 열어야하며, 인자가 끝났을 때는 반드시 통로를 차단한 후 암실 작업을 해야 한다.

이 밖에도 셔터나 인자(letter set) 또는 보내기에 필요한 조작레버(operate lever) 등의 기구가 설치되어 있다.

2. 사진식자기의 기본조작

인화지나 필름을 장진한 마가진을 식자기의 본체에 세트한 다음 인자의 크기, 자간, 행간 등을 세트한다. 가장 밑에 있는 광원에서 나온 빛이 집광렌즈, 프리즘 제2집광렌즈를 통하여 문자판을 통과한다. 전후좌우 움직이는 문자틀을 손으로 움직여서 인자하고자 하는 문자를 광원의 바로 위에 고정시킨다. 그때 주렌즈(maine lens)를 통과한 빛을 파인더(Finder)에 비추어 문자를 확인할 수 있다. 조작레버를 누르면 셔터가 열림과 동시에 주렌즈에 통과한 빛이 마가진에 장진된 감광재료에 도달하여 문자가 촬영된다.

인자하는 문자나 그 위치를 정확하게 확인할 수 있도록 CRT(cathode ray tube) 장치가 부착된 것도 있다.

3. 식자 용어

문자조판을 원활하게 하기 위해서는 필요한 전문용어를 잘 알아야 한다.

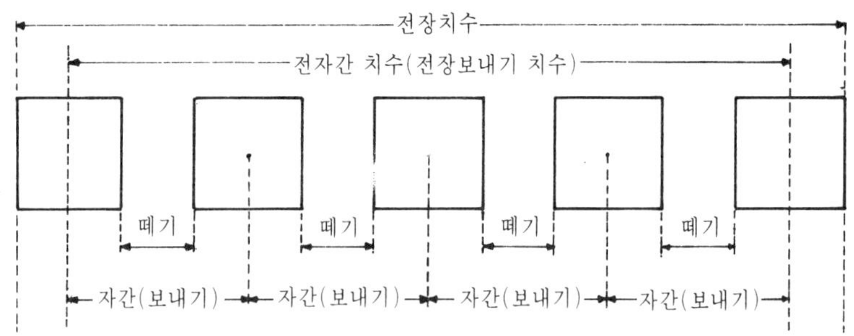

그림 4—11. 문자 조판

(1) 보내기 치수

인자면상의 이동거리 단위를 "치(pitch)"라고 하며 이것은 인자면(setting letter face)을 전후, 좌우로 구동시키는 톱니바퀴에서 온 명칭으로 톱니바퀴를 1핏치(pitch) 회전시킴으로서 이동하는 인자면의 거리를 1치라고 하며, 보내기치수라고 한다. 또한 급수는 문자의 크기의 단위로 1급=1치=$\frac{1}{4}$mm이다.

(2) 떼기(space)

글자와 글자, 혹은 행과 행사이의 공간을 말한다.

전각 떼기……1자분 떼기

2분 떼기……1/2자분 떼기

4분 떼기……1/4자분 떼기

(3)민자 보내기(compose solid)

문자와 문자 혹은 행과 행 사이(행간)를 떼지 않고 이어 짜는 것을 말한다.

(4) 조판기호(compose mark)

조판할때 ~급, ~치, ~치수보내기, 전각떼기 등의 문자를 일일이 기입하는 것은 복잡할 뿐만아니라 쉽게 알아보기 어려우므로 간단한 기호를 사용한다.

① 급수……18Q, #18

② 치수……18H, 18치

③ 보내기……^{18}(18치 보내기)

→^{18}, →18(이하 18치 보내기)

④ 떼기……○, □(전각 떼기)

×, △(반각 떼기)

⑤ 서체지정……M, 명(명조체)

G, 고(고딕체)

4. 서체 및 크기

1) 서체(calligraphic style)

한 개씩 독립된 글자가 모여서 1행이 되고, 이것이 다시 모여 한 면이 구성되므로 독립된 개체도 중요하지만 집합조립된 전체의 구성요소로서 조화로움이 있어야 한다. 따라서 문자의 서체(calligraphic style)는 가독성, 미려성, 조화성의 3대 요소가 구비되어야 한다. 이러한 서체의 종류에는 명조체, 청조체, 송조체, 예서체, 해서체, 고딕체 등이 있다.

중국 명나라 시대의 서체로서 가로획이 가늘고 세로획이 굵은 도안서체로서 가독성, 미려성, 조화성의 3대 요소를 가장 충족시킨 서체로서 명조체가 있다.

명조체는 신문, 잡지는 물론, 각종 교과서 등 모든 서적의 본문용으로 가장 많이 사용된다. 현재에는 명조정체외에 태명조체, 중명조체, 세명조체, 등이 개발, 보급되고 있다.

청조체는 중국 청나라 시대에 널리 사용되던 서체로서 붓글씨를 닮은 육필 서체이다. 따라서 한 자 한 자씩으로는 생동감이 넘치는 아름다운 서체이다.

송조체는 글자 획이 가늘고 예리하며 글자가 길죽한 장체로 되어 있다. 그러나 청조체나 송조체는 조화로움이 없을 뿐 아니라, 조판하면 가독성이 떨어지므로 본문보다는 초청장, 명함등의 특수한 용도로 사용되고 있다.

가로, 세로획이 굵기가 동일하고 기부종부의 처리가 없는 도안서체로 고딕체가 있다. 자획이 굵어서 투박하고 가독성이나 조화로움이 부족한 결점이 있으나, 특별히 강조하거나 돋보이게하기 위하여 제목이나 사진 설명에 주로 사용된다. 그 밖에 구문서체는 다양하지만 Gothic, Roman, Script, Egyptian, Sanserif의 5종류로 대별시킬 수가 있다.

● 서체의 종류

세명조	우리會社는 高解像度의 多樣하고
중명조	우리會社는 高解像度의 多樣하고
신명조1	우리會社는 高解像度의 多樣하고
신명조2	우리會社는 高解像度의 多樣하고
태명조1	우리會社는 高解像度의 多樣하고
태명조2	우리會社는 高解像度의 多樣하고
견출명조	우리會社는 高解像度의 多樣하고

세고딕	우리會社는 高解像度의 多樣하고
중고딕	우리會社는 高解像度의 多樣하고
태고딕	우리會社는 高解像度의 多樣하고
견고딕	우리社會는 高解像度의 多樣하고
신문명조1	우리會社는 高解像度의 多樣하고
신문명조2	우리會社는 高解像度의 多樣하고
신문견명	우리會社는 高解像度의 多樣하고
신문고딕	우리會社는 高解像度의 多樣하고
신문견고	우리會社는 高解像度의 多樣하고
DN1(디나루)	우리會社는 高解像度의 多樣하고
그래픽	우리회사는 고해상도의 다양하고
태그래픽	우리회사는 고해상도의 다양하고
궁서체	우리회사는 고해상도의 다양하고
태신명 (지도체)	우리회사는 고해상도의 다양하고
헤드라인	우리 회사는 고해상도의 다양하고

● 변형체

정체	□우리會社는 高解像度의 多樣하
평1	□우리會社는 高解像度의 多樣하
평2	□우리會社는 高解像度의 多樣하

평3 □우리會社는 高解像度의 多樣하고

평4 □우리會社는 高解像度의 多樣하고

평5 □우리會社는 高解像度의 多樣하고

장1 □우리會社는 高解像度의 多樣하고 아름

장2 □우리會社는 高解像度의 多樣하고 아름다운

장3 □우리會社는 高解像度의 多樣하고 아름다운

장4 □우리會社는 高解像度의 多樣하고 아름다운

장5 □우리會社는 高解像度의 多樣하고 아름다운

좌사10도 □우리會社는 高解像度의 多樣하고

좌사20도 □우리會社는 高解像度의 多樣하고

좌사30도 □우리會社는 高解像度의 多樣하고

좌사40도 □우리會社는 高解像度의 多樣하고

좌사45도 □우리會社는 高解像度의 多樣하고

우사10도 □우리會社는 高解像度의 多樣하고

우사20도 □우리會社는 高解像度의 多樣하고

우사30도 □우리會社는 高解像度의 多樣하고

우사40도 □우리會社는 高解像度의 多樣하고

우사45도 □우리會社는 高解像度의 多樣하고

2) 문자의 크기

인자의 크기는 급수로 표시하며 1급은 0.25㎜이다. 따라서 1변의 길이가 1㎜의 글자는 4급에 해당되며, 1급은 사진식자기의 톱니바퀴의 1 핏치와 동일하다.

장체는 천지의 길이는 같고 좌우의 폭이 좁아져서 길쭉하게된 서체이며, 평체는 이와 반대로 납작한 글자이다.

장 1, 2, 3…… 평 1, 2, 3…으로 표시하는데, 이 경우 1은 정체길이의 1/10, 2는 2/10, 3은 3/10으로 좁아지거나 짧아지는 것이다. 따라서

$$20급\ 장1=20급\times(1-\frac{1}{10})=18급=4.5㎜$$

$$20급\ 장2=20급\times(1-\frac{2}{10})=16급=4.0㎜$$

가 된다. 또한 한쪽으로 기울어진 사체의 경우도 장체나 평체와 마찬가지로 급수에 보정율을 곱하여 얻는다.

표 4-2에서 보는 것처럼 32급 우장사체(30°) 1번인 경우 32급×0.92 =29.44…29.5가 된다.

5. 조판의 실제

문자의 크기와 자면의 크기는 다르다. 문자의 크기는 설계상의 크기이며, 자면은 인쇄되는 부분을 말한다. 따라서 자면은 글자의 설계상 크

표 4-2. 사체의 보정율

변형 변수	사체 종류	붙여짜기 보정율		라인맞추기 보정율			
		가로조판	세로조판	가로조판(횡)	가로조판(종)	세로조판(횡)	세로조판(종)
1	장사체 15°	0.91	0.99	0.91	0.03	0.99	0.02
	장사체 30°	0.92	0.97	0.93	0.05	0.98	0.04
	정사체 45°	0.94	0.94	0.95	0.06	0.95	0.06
	평사체 60°	0.97	0,92	0.98	0.04	0.93	0.05
	평사체 75°	0.99	0.91	0.99	0.02	0.91	0.03
2	장사체 15°	0.80	0.98	0.81	0.06	0.99	0.05
	장사체 30°	0.84	0.94	0.85	0.10	0.95	0.09
	정사체 45°	0.89	0.89	0.90	0.11	0.90	0.11
	평사체 60°	0.94	0.84	0.95	0.09	0.85	0.10
	평사체 75°	0.98	0.80	0.99	0.05	0.81	0.06
3	장사체 15°	0.71	0.97	0.72	0.10	0.98	0.08
	장사체 30°	0.76	0.91	0.78	0.17	0.93	0.15
	정사체 45°	0.82	0.82	0.85	0.18	0.85	0.18
	평사체 60°	0.91	0.76	0.93	0.15	0.78	0.17
	평사체 75°	0.97	0.71	0.98	0.08	0.72	0.10
4	장사체 15°	0.62	0.96	0.63	0.14	0.97	0.11
	장사체 30°	0.67	0.87	0.70	0.23	0.90	0.20
	정사체 45°	0.75	0.75	0.80	0.25	0.80	0.25
	평사체 60°	0.87	0.67	0.90	0.20	0.70	0.23
	평사체 75°	0.96	0.62	0.97	0.11	0.63	0.14

기보다 작은 것이 원칙이다. 활자(type)에서는 자면(letter face)과 자면사이에 일정한 간격이 생기는 것을 직접 확인할 수 있으나, 사진식자는 문자의 형상이외에는 자간을 확인하기가 어려우므로 조판설계 및 인자치수 계산이 활자에 비하여 어렵다. 또한 경계상이 존재하지 않기 때문에 활자의 몸체에 대하여 인자의 크기를 가상몸체(false image)라고 하며, 그 비는 대개 32급 이하는 약 89.5%, 32급 이상은 91.0% 정도가 된다.

실제조판에서는 원고와 함께 보내진 작업지시서에 따라 작업자는 조판설계에 들어 간다. 이때 가장 중요한 것은 기준점 설정이다. 기준점(datum point)이란 작업자가 사진식자기를 조작할 때 이동량 계산의 시작점과 끝점의 원점이며 인자자면의 중심점이다. 따라서 변에서 기준점까지의 거리는 문자급수의 1/2에 해당된다. 그리고 기준점은 문자의 중심부에 있기 때문에 만일 행머리(headline)에서 급수가 다른 글자를 인자할 경우, 글자의 한쪽변이 가지런이되지 않는다. 그러므로 기준점을 이동시켜 글자의 변을 일직선상에 오게 해야 한다.

16급을 기준으로 하면

24급일 경우(24급−16급)÷2=4급(1㎜)

32급일 경우(32급−16급)÷2=8급(2㎜)

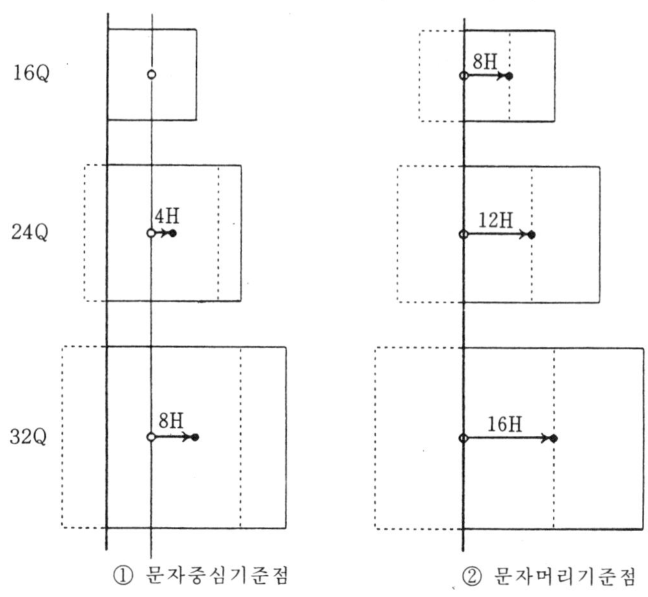

그림 4−12. 기준점 설정

1) 보내기치수 계산

보내기치수란 첫인자의 중심점에서 마지막 인자의 중심까지의 거리이므로, 먼저행의 전체치수를 계산한 다음 양끝인자의 반각거리를 뺀다. 이 경우 첫자의 1/2+끝자의 1/2=1자이므로 1자의 급수를 빼면된다.

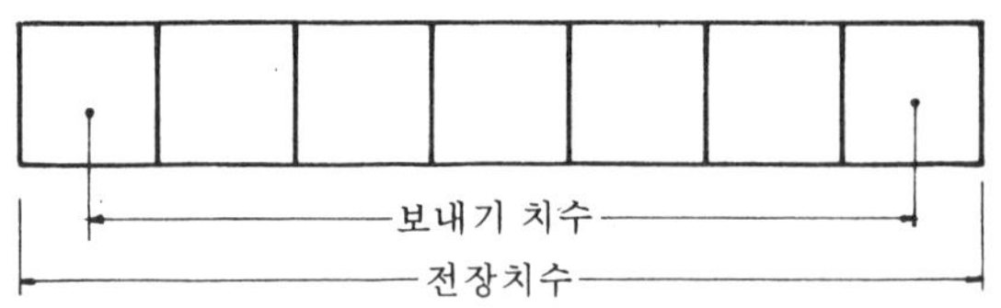

그림 4—13. 보내기치수와 전장치수

장체의 경우도 이와 동일하다. 먼저 정체를 장체로 환산한 다음 같은 방법으로하면 된다. 20급의 장2, 7자의 보내기 치수는 20급×(1−2/10) =16급이므로 보내기 치수는 16치×7−16치=96치

(1) 인자급수가 같은 경우

① 민자 짜기의 경우

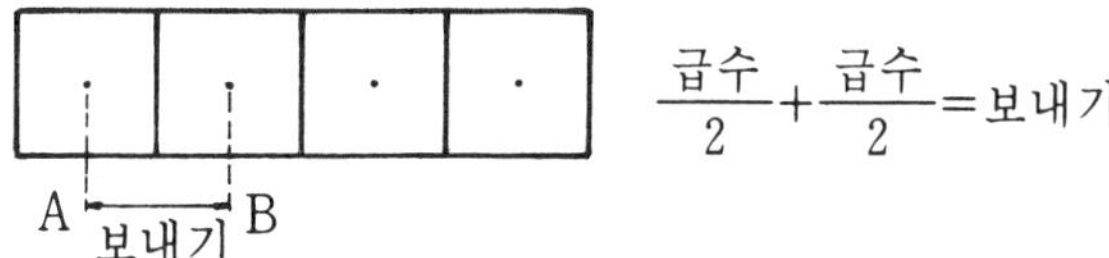

민자의 보내기라는 것은 렌즈의 급수만큼 보내는 것이다.

예제 20급 민자

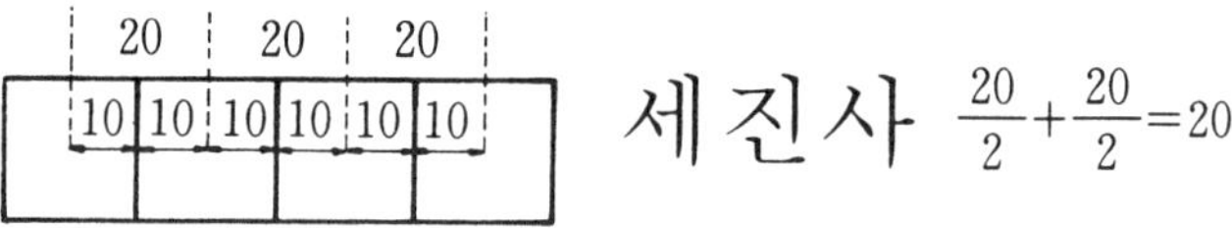

② 떼기가 있을 경우

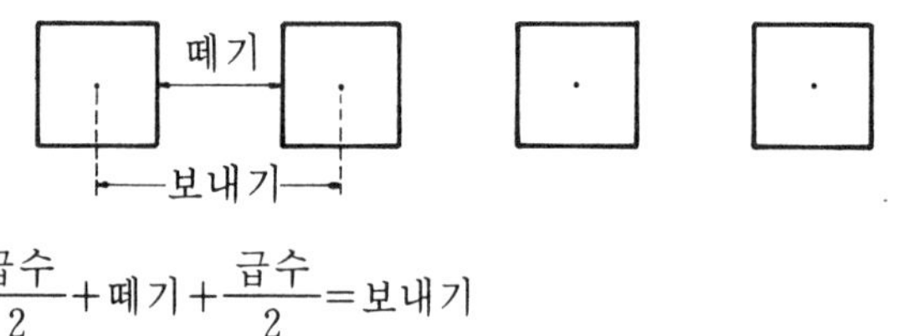

민자 짜기에서 떼기의 치수를 합한 것이 떼기의 경우 보내기이다.

20급일 때

전각떼기……1자분의 떼기로서 넣는다.

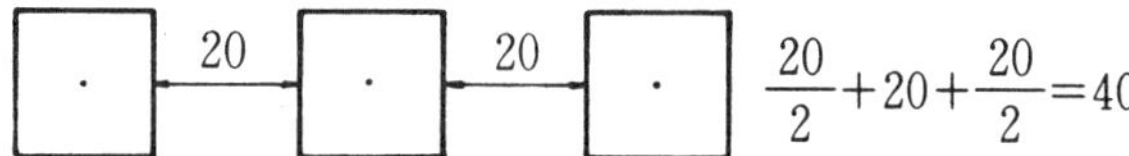

반각떼기……1자분의 1/2을 떼기로서 넣는다.

10 10

$$\frac{20}{2}+10+\frac{20}{2}=30$$

예제

20급, 10치 떼기

세진사 $\frac{20}{2}+10+\frac{20}{2}=30$

30 30 30

10 10 10 10 10 10 10 10 10

③ 지정치수의 경우(1행중·동급수)

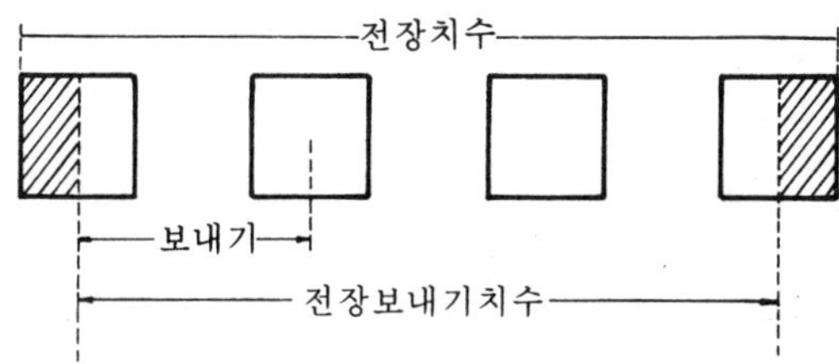

행길이가 정해져 있으면 이를 ㎜로 환산하고 지정문자폭(급수=㎜)으로 나눈다. 예를 들면 행의 길이가 55㎜이고 인자급수가 20급일때 55㎜÷5㎜(0.25㎜×20)=11자가 되며 인자 급수를 알면 행의 길이도 알 수 있다.

또한 보내기는 전장→전장치수→전장보내기치수→보내기
순으로 계산한다.

예제 20급

세진출판
←2.2㎝→
(전장)

2.2㎝→22㎜(전장치수)
22×4=88(치)(1㎜=4치)
(88−20)÷3(자간수)=22 나머지 2

나머지는 1치씩 글자사이에 나누어 보낸다.

22 23 23
세 진 출 판

(2) 인자급수가 다른 경우

① 민짜인 경우

20급…큰 글자 10급…작은 글자

$\frac{\text{큰급수}}{2}+\frac{\text{작은급수}}{2}=\text{보내기(자간)}$

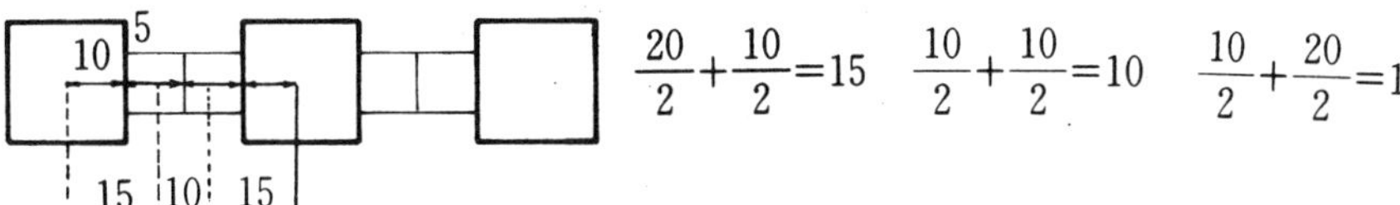

② 떼기인 경우

20급…큰 글자, 10급…작은 글자, 떼기 10급

$$\frac{급수}{2}+떼기+\frac{급수}{2}=보내기$$

$$\frac{20}{2}+10+\frac{10}{2}=25$$

③ 지정치수인 경우

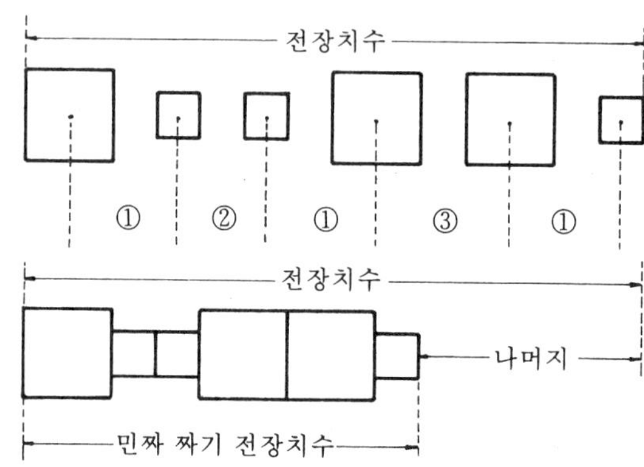

순서 전장→전장치수→나머지→떼기→보내기

전장(mm)×4=전장치수

전장치수－전급수의 합=나머지

빽빽이(민짜)짜기의 전장치수

나머지÷글자사이 수(자간)=떼기

$$\frac{급수}{2}+떼기+\frac{급수}{2}=보내기\ 또는\ 자간$$

전장치수로부터 전급수의 합을 빼면 나머지가 되며 그 나머지를 개개의 떼기에 등분한다.

예제

세 진사 사 진 식 자기 로 — 24급…큰글자, 12급…작은글자, 4.7㎝…지정치수

47㎜×4=188

188－{(12×5)+(24×4)}=32(나머지)

32÷8(자간)=4(떼기)

큰자와 작은자 사이의 보내기…… $\frac{24}{2}+4+\frac{12}{2}=22$

작은자와 작은자 사이의 보내기…… $\frac{12}{2}+4+\frac{12}{2}=16$

2) 급수를 구하는 법

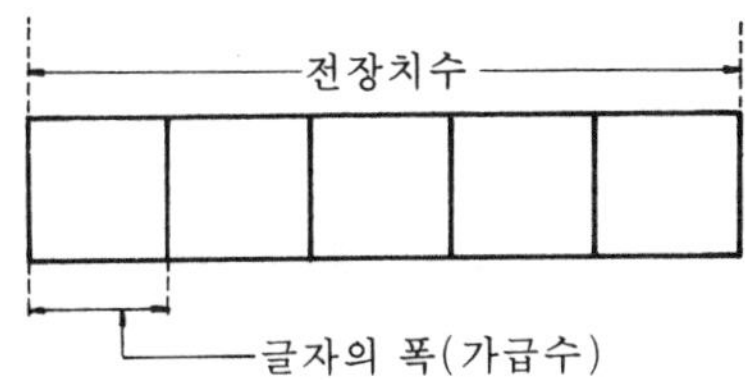

순서 전장→전장치수→가급수→급수

전장치수÷글자수=가급수(민자짜기)

급수를 모르면 보내기를 구하지 못하므로 우선 급수를 구한다. 전장치수를 등분하면 글자 개개의 1변의 폭을 구할 수가 있다.(가급수) 즉 1급수=1치수이므로 1글자의 폭이 구해지면 그것이 급수로 된다. 그러나 구한 답(가급수=급수)이 렌즈와 일치하지 않을 때는 가급수에 제일 가까운 아래의 급수를 선택한다.

인쇄공학 연수

←2.1cm→

21×4=84(전장치수)

84÷6=14→14급

3) 기본조판의 보내기

(1) 서로 다른 급수 앞맞추기

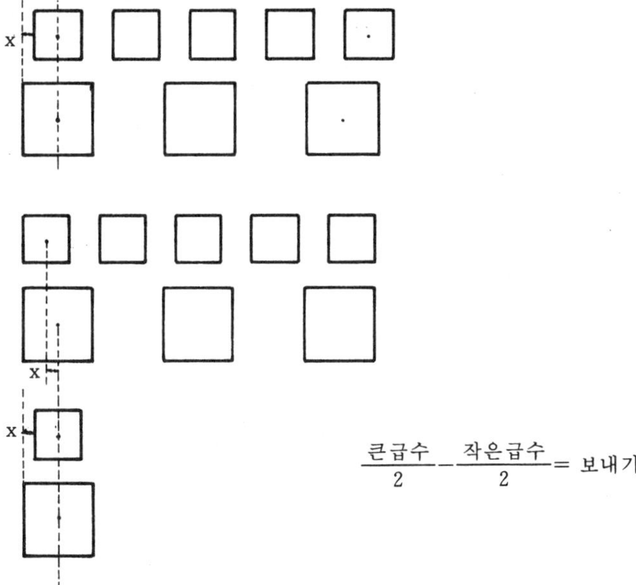

$\frac{\text{큰급수}}{2} - \frac{\text{작은급수}}{2} =$ 보내기

급수가 다를 경우 앞뒤를 맞추기 위해서는 항상 작은 급수의 위치를 기준으로 하여 큰 급수쪽을 x치만큼 들어가게 하기위하여 x치 즉 큰쪽의 급수의 헛보내기치수를 구해야한다.

예제

16급 (3) 세 (36) 진 출 판 사 (35)

20급 (5) 사 (35) 진 식 자 기 (32) 2㎝

10급 인 (38) 쇄 (37) 공 학 론

← 4 ㎝ →

가로보내기

(160−16)÷4=36(40㎜×4=160전장치수)

(160−20)÷4=35

(160−10)÷4=37 나머지 2

세로보내기

$\{80-(16+20+10)\}\div 2=17$

$\frac{20}{2}+17+\frac{16}{2}=35$

$\frac{10}{2}+17+\frac{20}{2}=32$

앞맞추기

$\frac{16-10}{2}=3 \quad \frac{20-10}{2}=5$

(2) 중심맞추기

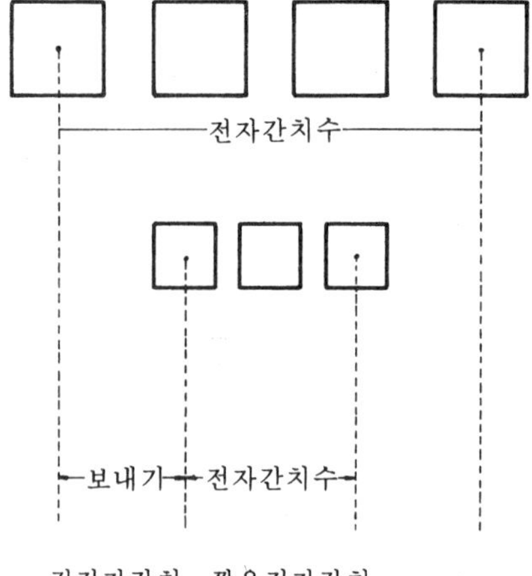

$$\frac{\text{긴전자간치}-\text{짧은전자간치}}{2}=\text{보내기}$$

2행 이상의 조판의 경우는 제일 긴 전자간을 가지는 행을 기준으로 계산한다.

전장치수÷급수=전자간치수……지정치수

급수×글자간수=전자간치수……민자짜기

보내기×글자간수=전자간치수……떼기

예제

16급 ←세 진 출 판 사→ <35

20급민자 32 ∨ 사 진 식 자 기 2cm

10급반각떼기 42 ∨ 인 쇄 공 학 론 <32

←4cm→

중심맞추기

$$\frac{(160-16)-(20\times4)}{2}=32$$

$$\frac{(160-16)-(15\times4)}{2}=42$$

가로보내기

$(160-16)\div4=36$

$$\frac{20}{2}+\frac{20}{2}=20$$

$$\frac{10}{2}+5+\frac{10}{2}=15$$

세로보내기

$\{80-(10+20+16)\}\div2$(행간수)$=17$(떼기)

$$\frac{16}{2}+17+\frac{20}{2}=35$$

$$\frac{20}{2}+17+\frac{10}{2}=32$$

(3)뒤맞추기

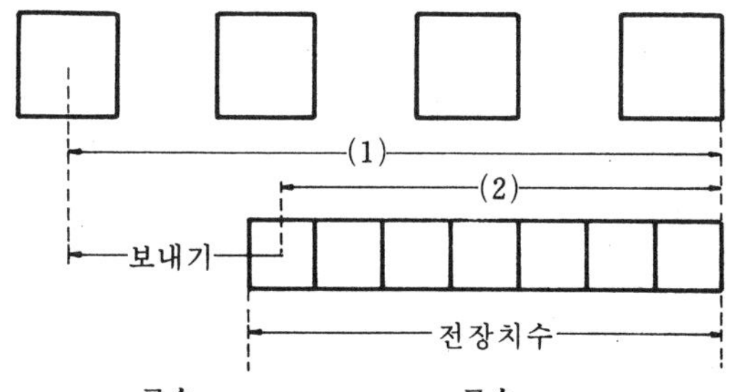

(긴전장치$-\frac{급수}{2}$)$-$(짧은 전장치$-\frac{급수}{2}$)$=$보내기((1)$-$(2))

2행 이상의 조판의 경우는 가장 긴 전장치를 기준으로 하여 계산한다.

지정치수(㎜)×4＝전장치수……지정치수

급수×글자수＝전장치수……민자

(보내기×자간수)＋급수＝전장치수……떼기

예제

16급		세 진 출 판 사		
	62		35	
20급 민자		사 진 식 자 기		2㎝
	87		32	
10급반각떼기		인 쇄 공 학 론		
		4㎝		

뒤맞추기

$$\left(160-\frac{16}{2}\right)-\left(100-\frac{20}{2}\right)=62$$

$$\left(160-\frac{16}{2}\right)-\left(70-\frac{10}{2}\right)=87 \quad (70=(10\times5)+(5\times4))$$

가로보내기

$$(160-16)\div4=36$$

$$\frac{20}{2}+\frac{20}{2}=20$$

$$\frac{10}{2}+5+\frac{10}{2}=15$$

세로보내기

$$\{80-(16+20+10)\}\div2=17$$

$$\frac{16}{2}+17+\frac{20}{2}=35$$

$$\frac{20}{2}+17+\frac{10}{2}=32$$

(4) 기타조판

① 전후맞추기

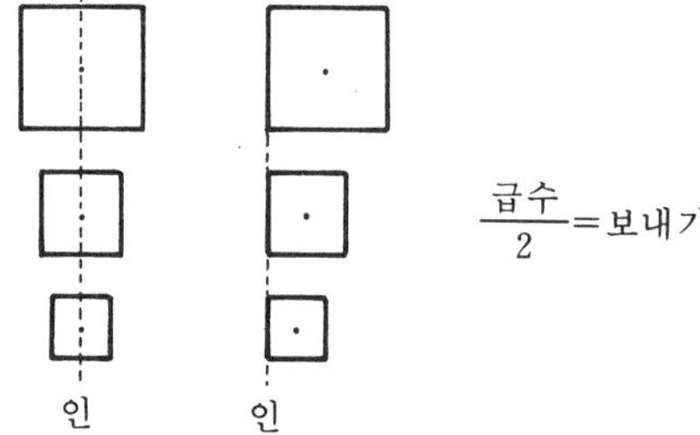

$\frac{\text{급수}}{2}$＝보내기

각급수 모두 급수의 $\frac{1}{2}$을 기준점에서 헛보내기하여 전후를 다듬는다.

② 중심맞추기

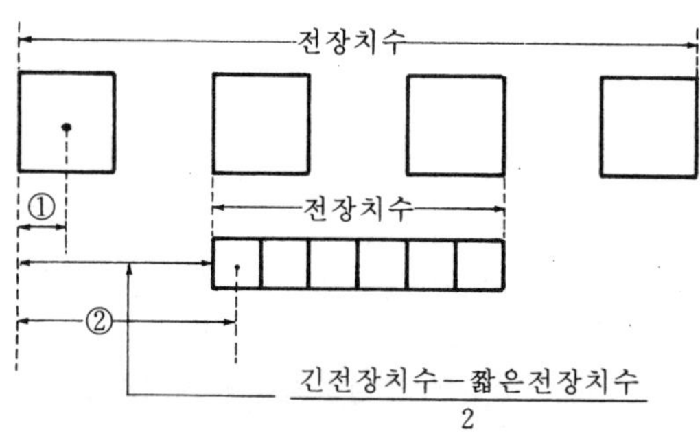

①의 보내기

$$\frac{\text{급수}}{2}=\text{보내기}$$

②의 보내기

$$\frac{\text{긴전장치수}-\text{짧은전장치수}}{2}+\frac{\text{급수}}{2}=\text{보내기}$$

③ 행뒤맞추기

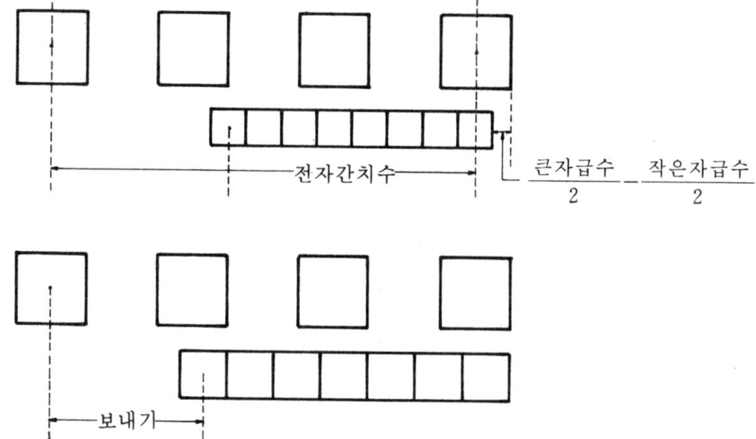

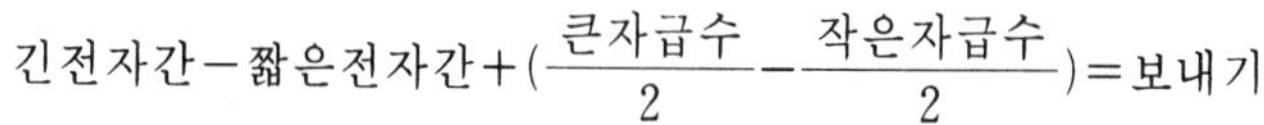

$$\text{긴전자간}-\text{짧은전자간}+\left(\frac{\text{큰자급수}}{2}-\frac{\text{작은자급수}}{2}\right)=\text{보내기}$$

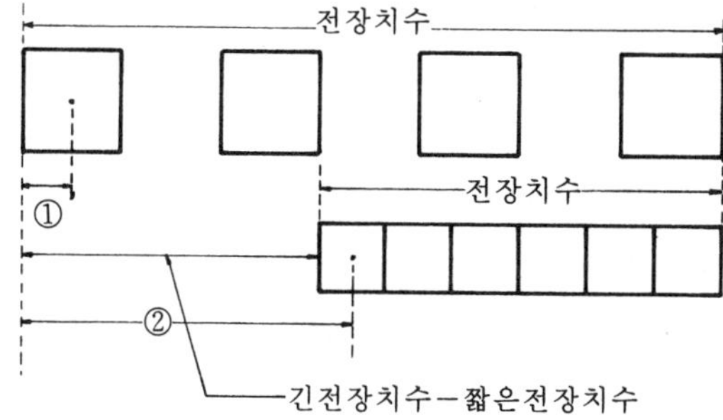

①의 보내기

$\frac{급수}{2}$=보내기

②의 보내기

긴전장치－짧은전장치＋$\frac{급수}{2}$=보내기

4) 행간처리

식자한 행과 행사이를 행간이라고 한다. 행간의 넓이는 가독성이나 책자의 모양에 크게 관계되므로 조판에서 매우 중요하다. 활자조판에서는 인테르(leads)를 가지고 행간을 조절하지만 사진식자에서는 인자위치를 띄어야하기 때문에 눈으로 확인하기가 어렵다. 사진식자에서는 기준점의 이동거리 다시 말하면 행의 중심에서 다음 행의 중심까지의 거리를 행간이라고 한다.

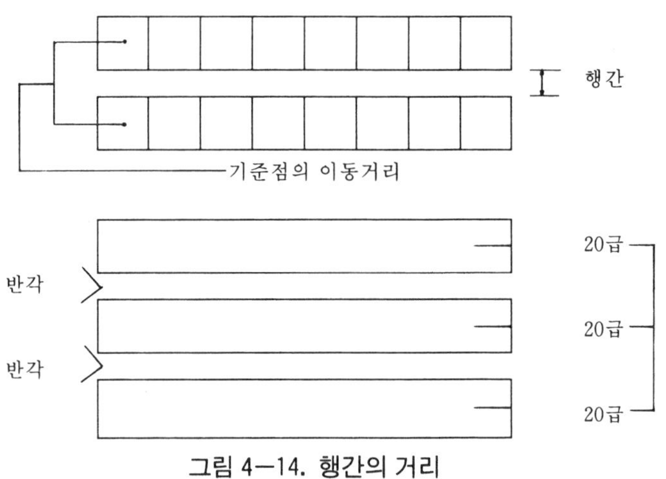

그림 4—14. 행간의 거리

행간의 지정은 문자급수의 $\frac{1}{2}$＋행간＋문자 급수의 $\frac{1}{2}$로 한다. 따라서 문자급수＋행간치수가 된다.

4—3. 전산식자

사진식자기는 수동에서 자동으로 기계식에서 전자식으로 발전하여 오늘의 전자조판 시대를 열었다.

전자식자(Electronic typesetting)는 컴퓨터를 이용한 식자방식으로 조판기능뿐 아니라 교정(proofreading)과 편집(editing)기능까지 함께 갖춘 식자방식이다.

1. 전산식자의 변천과정

1948년 인터타이프사(Intertype)는 Fotosetter라는 새로운 식자장치를 발표하였으며 1950년부터 판매를 시작하였다. 이 기계는 활판조판용의 인터타이프(Intertype)의 자모배에 구멍을 뚫고 여기에 네가티브 문자를 끼워넣고 행을 맞춘다음 종래의 기구를 이용하며 주자부분(type setting area)을 카메라로 대체하여 롤필름(roll film)에 차례로 인자하는 방법이 있다.

1957년 모노타이프사(Monotype)에서 모노포토(Monophoto)가 발표되었다. 이것은 활자주식기인 모노타이프의 기구를 그대로 이용하여 천공기로 종이테이프에 구멍을 뚫었으며 주식기의 집합자모분을 네가티브 문자판으로 바꾸어서 인자하는 방법이다. 이것들은 활자의 기계식자와 사진식자를 결합시킨 방법으로 제1세대기라고 한다.

제2세대기(컴퓨터 이용)는 1956년에 무와로(Louis M. Moyroud)와 이고네(Rene A. Higonnet)에 의하여 완성된 포톤 200(photon 200)으로 이것은 문자를 식별하기 위하여 극히 원시적인 컴퓨터를 이용한 최초의 기계이다.

포톤 200은 문자판을 회전사키면서 필요한 문자를 골라 인화지에 노광하여 인화한다. 처음에는 키보드(key board)로 직접 사식유니트를 움직였지만 그후 종이테이프를 구동시키는 기구로 개량되었다.

제3세대기(광학에서 C.R.T방식으로)는 CRT(cathode Ray Tube) 사진식자기 또는 문자발생장치를 지닌 사진식자기를 말한다. 1965년 서독 헬(Hell)사에서 디지세트(Digiset)가 발표되었다. 이것은 문자를 작은점으로 표현하며 그 데이타를 자기데스크(Magentic Disk)에 보관하여 두고 필요할때 출력하여 사용한다. 어떤 기종은 프라인 스포트스케닝(Flying spot scanning)라고 하여 문자를 주사선으로 주사(scanning)하는 방식도 있다.

제4세대기(레이저식)는 레이저(laser)의 고출력을 이용하여 다중의 인화지나 필름 등을 사용하지 않고 직접 인쇄판을 만드는 방식이다. 조판정보를 편집하여 인화지에 출력하지 않고 직접 포지(posi)로 출력하여 인쇄판에 빛쬠하는 방법도 있다.

2. 전산사식의 기능

일반 사진식자기나 기계식 조판방법과 크게 다른점은 추가, 삭제, 정정등의 교정기능과 편집정보의 보관, 저장 및 재생 기능이다. 전산사식의 출력형태는 행식자와 면식자(page)의 두가지로서 행식자란 활자조판 또는 사진식자와 같이 1행씩 식자하여 교정이 끝나면 한 페이지씩 대지작업을 하는 방법이며, 면식자란 처음부터 페이지단위의 편집상태로 출력하는 방법이다. 대부분의 기종은 식자정보가 모니터(monitor)에 확인된 다음 자기디스크에 수록된다. 교정시에는 자기디스크에 수록된 식자정보를 다시 모니터에 불러내고 필요한 교정처리를 한 다음 다시 자기디스크에 수록한다. 따라서 몇번이고 교정 및 재생이 가능하기 때문에 사진식자에서는 도저히 생각할 수 없는 점이다.

3. 전산사식의 실제

전산식자 작업은 입력(input)에서부터 시작된다. 원고를 보면서 문자를 차례로 종이테이프나 프로피디스크(FD)에 넣는다. 조판정보는 문자정보와 동시에 입력하기도 하고 뒤에 추가하거나 따로 입력하였다가 종합하기도 한다.

조판정보란 문자의 크기 서체나 행수 등과 조판면의 위치결정같은 정보를 말한다. 행식자는 비교적 간단하지만 면식자의 경우는 여러가지 정보가 필요함으로 복잡하다. 이렇게 입력된 정보를 컴퓨터로 계산하여 조판지시대로 1페이지씩 조판하여 편집을 한다. 편집이 끝난 종이테이프나 프로피디스크(floppy disk)를 사용해서 인화지에 인자출력한다. 또는 레이저 빔 프린터(Laser Beam Printer)를 사용하여 보통종이에 교정인쇄와 같은 체재로 출력한다.

교정은 FD(Floppy Disk)에 들어있는 정보를 모니터에 불러내어 정정하고 확인하면서 작업을 진행한다. 교정장치는 VDT(Video Display Terminal)을 사용하며 입력기가 교정기도 겸하는 편집 교정기가 일반적이다.

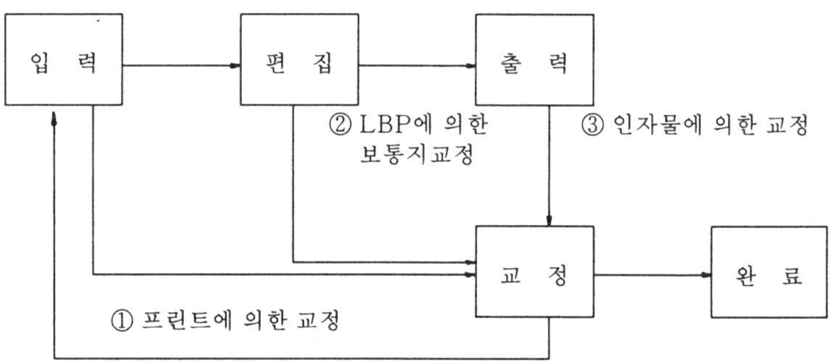

그림 4-15. 작업 진행도

1) 입력방식

현재 일반적으로 사용하고 있는 입력 방식은 폴키방식, 한글자모입력방식, 한글 한자 변환방식 등이 있다.

폴키방식은 키보드(key board)에 모든 문자가 배열되어 있는 것으로 전문자 배열방식이라고도 한다. 원고를 보고 문자를 키보드에서 찾아 지시한다. 오른손으로 문자를 누름과 동시에 왼쪽손으로 그 글자의 위치번호키를 눌러 입력한다. 보통의 페이지물 조판에는 일반적인 방법이다. 이와 비슷한 펜터치 방식이 있다. 이것은 키보드에 배열되어 있는 글자를 찾아내어 펜(pen)모양의 바(bar)로 가볍게 접촉시켜 입력한다.

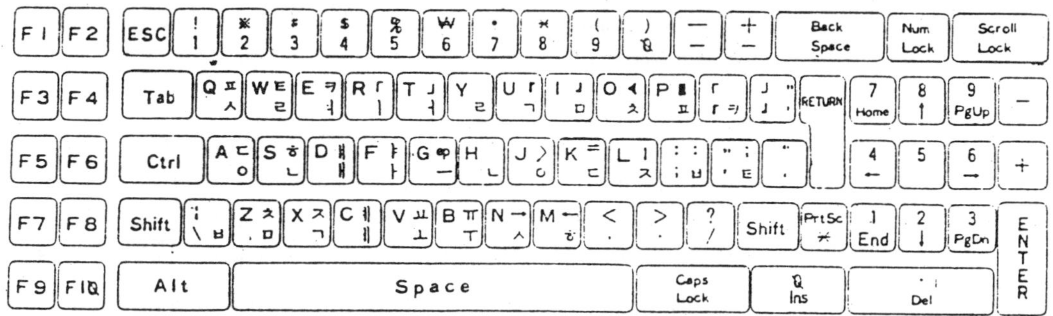

그림 4—16. Key board의 예

문자를 한자씩 확인하면서 입력하므로 확실하지만 속도가 느리다. 한글을 풀어서 초성, 중성, 종성의 차례로 자음과 모음으로 입력하면 기계가 판단하여 글자를 조립, 완성하는 한글자모 입력방식이 있다. 또한 원고가 한자인 경우 한글자모를 풀어서 입력하면 모니터의 밑에 동음한 자음이 나타난다. 찾는 글자의 번호를 키로 입력하면 그 한자가 입력된다. 한자로 입력된 것을 한글로 바꿀 경우 한글변환키를 누르면 된다.

이밖에도 한자숙어나 자주 쓰이는 특수단어 등을 입력시킬 수 있는 한자숙어변환, 방식등이 있다.

2) 입력매체와 문자코드

각종 정보를 입력하면 이것을 받아서 고정, 기록하여 두는 입력매체가 필요하다. 현재 입력매체로서는 종이테이프(PT) 프로피디스크(FD) 및 자기테이프(MT)의 3종류가 사용되고 있다.

(1) PT(paper tape)

PT는 6단위와 8단위가 있으며 뚫린 구멍의 수가 다르다. 어느 것이나 정해진 코드(code 부호)로 구멍을 뚫어서 문자를 나타낸다. 컴퓨터는 0과 1의 2진법이 기초로 되어 있으므로 구멍의 유무로 기계가 판독한다. 종이테이프는 한번 구멍을 뚫으면 수정이 불가능하고 지울수는 있어도 새로 추가하거나 전후 교체가 어렵다.

(2) FD(Floppy Disk)

자기원판의 기록매체로 퍼스널컴퓨터(personal computer)의 기록매체로도 사용된다. 표준 크기는 지름이 8인치, 5.25인치, 3.5인치등 종류가 다양하다. 이것은 폴리에스테르 베이스(poly ester base)에 자성체를 도포한 것으로 표면을 몇개로 구분하고 그 위에 정보를 자성화하여 기록한다. FD의 특징은 기록과 제거가 가능하며 호출시간이 짧다. 또한 회전하고 있는 디스크에 호출 및 기록용의 RAM이 달려있다.

(3) MT(Magnetic Tape)

대형 전산식자기에는 주로 MT를 사용한다. 자기테이프 장치를 사용하여 정보를 기록하거나 호출할 수 있다. 정보는 차례로 처리되기 때문에 RAM(Ramdom access Memory)방식의 자기디스크와는 달라서 임의의 장소에서 기록하거나 호출할 수는 없으나 값이 싸다는 장점이 있다.

3) 조판 프로그래밍(programming)과 코딩(coding)

문자 정보만으로는 조판이 되지 않는다. 조판정보와 조판지시 정보가 필요하다. 문자의 크기와 서체는 물론 가로 및 세로 짜기 행수 행간 등 구체적으로 지시해야 한다. 조판 프로그램은 각각의 전산사식 고유의 것이어서 다른 프로그램으로는 기계가 작동(composing program)하지 않는다. 이러한 조판지시는 문자입력시 기능코드(Fuction code)로서 함께 지시한다. 기능 코드는 문자데이타 코드외에 어떤 특정한 작용이나 기능을 실행시키기 위한 코드를 말하며 전산사식 시스템에서는 편집지시 기능을 행한다.

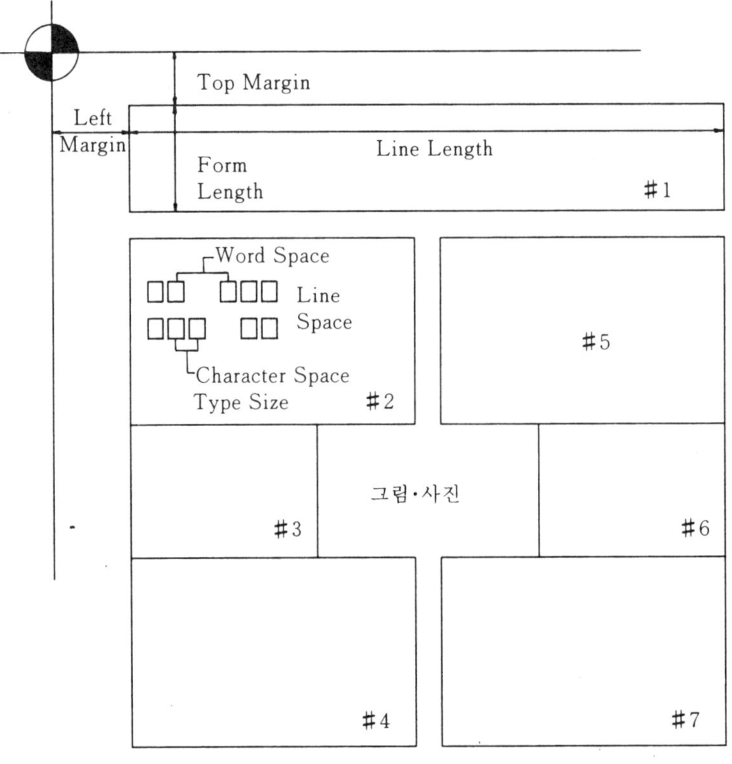

그림 4—17. 입력 Program의 예(조판자리틀:format)

4) 출력(out put)

교정용 프린터를 사용하여 입력된 정보를 교정지에 출력한다. 프린터는 한장씩 차례로 인자하는 씨리얼프린터(serial printer)와 1행씩 정해진 길이로 인자하는 라인프린터(line printer)가 있다. 이들 프린터는 문자가 도트(dot)로 되어 있기 때문에 매우 거칠고 조판형태로 출력되지 않기 때문에 교정용외에는 사용하기가 어렵다. 이러한 결점을 보완한 것이 레이저 프린터(laser printer)로 해상력이 커서 인자되는 글자가 비교적 깨끗하고 원하는 서체와 크기로 출력이 되며 보통 종이에 편집형태로 출력이 된다. 따라서 최종출력 상태를 사전에 확인하며 조판형태의 수정이 가능하다.

제 5 장
사진제판

제5장 사진제판

주어진 원고를 사용하여 선화용(line drawing) 네가필름이(negative film)나 스크린(screen)을 이용하여 촬영된 망목네가필름(halftone negative film)과 반전시키기 위하여 밀작한 포지필름(positive film)을 가지고 여러 가지의 필름 레이아웃(Lay out)을 걸쳐서, 직접 인쇄에 필요한 각 종 인쇄판(printing plate)을 만드는데까지를 사진제판(photo mechanical process)이라고 한다. 그러나 직접인쇄에 필요한 인쇄판은 다음 장에서 취급하고, 본장에서는 주어진 원고로부터 촬영과 필름 레이아웃(Lay out)까지 좁은 범위의 사진제판을 다루고저 한다.

5-1. 원고

사진제판에 필요한 원고는 촬영 적성에 적합한 완전 원고가 필요하다. 활자조판에 필요한 것은 직접 원고지나 편지지, 그밖에 용지라도 알아 볼 수 있는 것이면 사용이 가능하다. 하지만 카메라 작업에 필요한 원고는 그 자체가 필름화하여 인쇄판으로 되기 때문에, 촬영 가능한 원고로는 광학적성(optical aptitude)에 알맞은 원고가 바람직하다. 예를 들면 적색으로 묘화(dawing)된 원고는 판크로매틱 필름(panchromatic film)으로 촬영해야함으로 촬영작업(camera work) 및 암실작업(darkroom work)이 비능률적이며, 시간적으로나 재료면에서 커다란 부담은 물론 화상의 재현도 떨어진다. 특히 사진이나 회화물같이 연속계조(continuous tone)를 갖는 원고는 원고의 농담(gradation)을 형성하는 명암의 면적 분포나 그 배치상태, 원고를 구성하는 화면내의 색상(hue), 명도(value), 채도(chroma)의 면적분포 및 그 배치상태에 따라 똑같은 카메라나 재료를 사용했다 할지라도, 광의 간섭효과 등의 광학결점에 의하여 얻어지는 화상효과는 달라질 수 있다. 따라서 광학결점이나 카메라의 특성에 영향을 받을 수 있는 원고는 완전원고라고 할 수 없다.

원고는 일반적으로 계조(농담)에 따른 선화원고(Line original)와 연속계조원고(continuous tone original)로 크게 나눌 수 있으며, 다시 칼라의 유무에 따라 흑백원고(mono chrome)와 칼라원고, 반사원고(reflection copy)와 투과원고(transparency copy)로 나눈다.

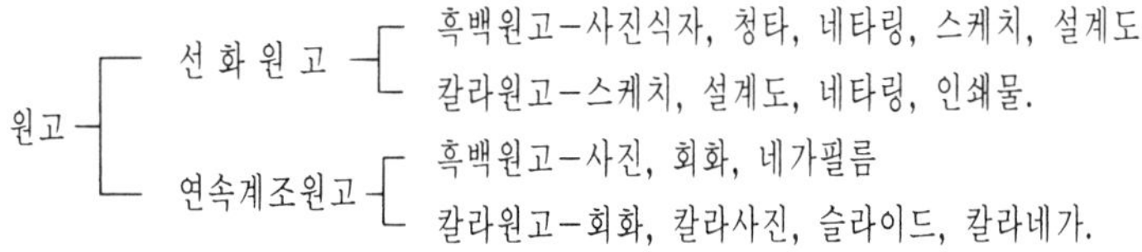

이러한 원고들은 불완전하여 직접 촬영하지 못하고 여러 가지 수정을 걸쳐야 하는 경우도 있다.

5—2. 선화원고촬영

선화원고 촬영은 카메라 작업의 기본으로서 바람직한 인쇄판을 만들기 위해서는 원고의 성질에 적합한 촬영기구와 감광재료를 선택하는 것이 필요하고, 또한 어떠한 인쇄물을 만들 것인가 하는 것도 중요하다.

직접인쇄에 필요한 인쇄판을 말들기 위한 빛쬠원판은 좌우 정상원판이며, 오프셋같은 간접인쇄에 필요한 것은 좌우 반전원판이다. 또한 가장 좋은 영상을 얻기 위해서는 원고면과 감광재료의 막면이 일치되어 촬영되어야 하는데, 카메라의 표준 촬영에서는 그림 5—1과 같이 반전상(reversal image)이 얻어진다.

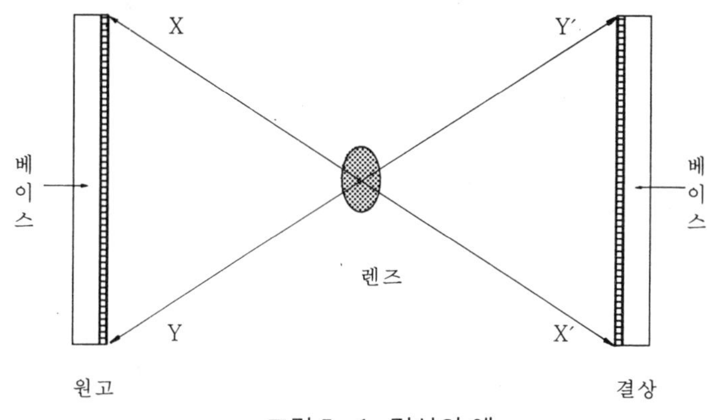

그림 5—1. 결상의 예

따라서 정상을 얻기 위해서는 좌우 역상을 밀착빛쬠하여 정상으로 반전하거나 또는, 반전프리즘이나 거울을 카메라에 부착시켜 정상을 얻을 수 있다. 원고 또는 감광재료를 뒷면으로 부터 촬영하거나 유제층과 베이스(base)의 분리가 가능한 스트립핑(stripping) 필름을 사용한다. 이 밖에도 포지원고로 부터 직접포지를, 네가원고로 부터 직접 네가를 얻기 위해서는 감광재료를 반전현상(reversal development) 처리를 하든가, 오토(Auto) 포지타입의 감광재료를 사용한다.

1. 촬영준비

원고가 가지고 있는 상을 왜곡시키지 않고 충실하게 재현시키기 위해서는, 정밀한 카메라가 충분한 성능을 낼 수 있도록 보수유지가 중요하다. 또, 감광재료의 결상면에 결상에 필요한 광이외의 불필요한 광의 차단과 작업환경(암실, 항온조 등) 등이 좋아야 한다.

카메라의 기본 조정에는 원고면(copy holder), 렌즈(lens holder),

감광재료(vacuum back holder)의 평행관계와 광축의 이동관계, 필름 흡착판의 흡착정도를 검사하는 것이 필요하다.

원고의 조명에는 투과원고의 조명과 반사원고의 조명이 있다. 조명에서 가장 중요한 것은 광원의 위치 조정을 정확히 하여 원고면에서 균일한 반사광이나 투과광을 얻는 것이고, 광원과 원고면의 거리를 적당히 유지하여 광 얼룩(lightfog)이 생기지 않게 하는 것이다. 적정 노광량은 같은 필름이나 현상액을 사용해도 사용하는 광학계, 원고의 반사율 및 투과율이 다르기 때문에, 감광재료의 사용설명서나 실제로 카메라 테스트를 통하여 얻은 결과를 가지고 적정 노광량을 얻는 것이 필요하다.

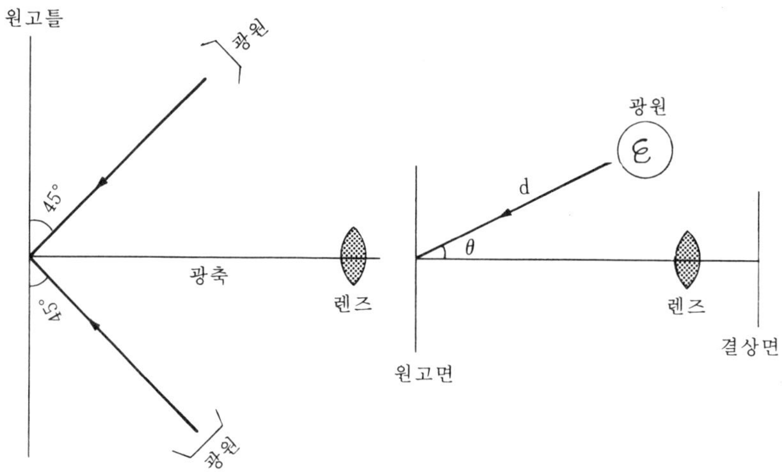

그림 5—2. 이상적인 조명　　그림 5—3. 조명각도와 밝기관계

원고면의 밝기는 광원거리의 자승에 반비례한다.

$$I=\frac{1}{d^2}\cos\theta$$

(I=원고면의 밝기 d=광원의 거리 θ=조명 각도)

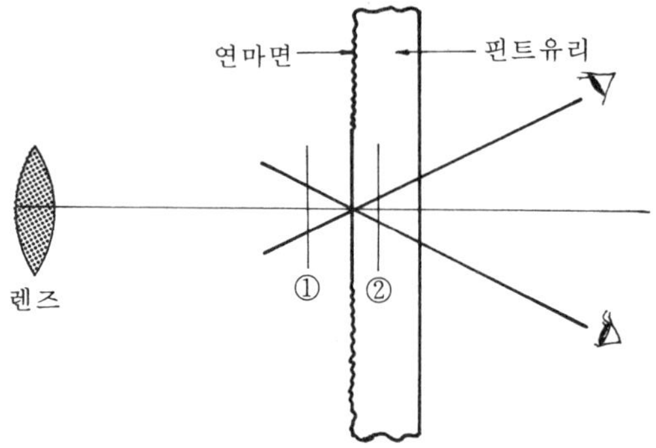

그림 5—4. 촛점 위치(①과 ②는 촛점이 맞지 않았을 경우)

가장 바람직한 조명관계가 설정되었으면 다음에는 요구되는 배율의 초점거리(focal length)를 정확히 맞추는 것이다. 초점(focus)은 핀트유리(pint glass)의 중심에 있는 투명부를 이용하여 10배 이상의 확대기를 가지고 정확하게 초점을 맞추고, 핀트유리에 나타나는 상의 면적 및 위치와 바큠백의 필름면적 및 위치가 일치되도록 한다.

그러나 현재 사용되는 카메라는 대부분이 자동초점 카메라이다.

2. 촬영 및 현상

선화용 감광재료는 인쇄 목적에 알맞는 중간 농도가 필요없고, 흑백만을 선택적으로 나타내는 초경조의 올소형(orthochromatic) 리즈 필름(Lith film)이 일반적이다. 이것은 1930년 코닥사가 처음으로 개발하였다.

촬영에서 필요한 노광량이 적을 때는 ND(neutral density)필터를 사용하여 노광량을 늘리면 그만큼 노광 오차를 줄일 수 있다.

예를 들면 1초가 적정 노광량이라고 할 때, 1.0ND필터를 사용하면 10초 노광량과 같은 효과를 얻게 되므로, 노광 오차는 1/10초로 주는 효과를 가져온다. 또한 축소 확대에 따른 노광량의 결정은

$$T = T_o \times \left(\frac{1+m}{1+m_o}\right)^2$$

(m=요구되는 배율, m_o=T_o일 때의 배율)

이와같이 노광시간을 변화시켜 적정노광량을 얻는 것을 시간변환방법(time variation method)이라 하고 시간을 일정하게 하고 광의 강도를 변화시키는 것은 광강도 변환방법(Intensity variation method)이라 한다.

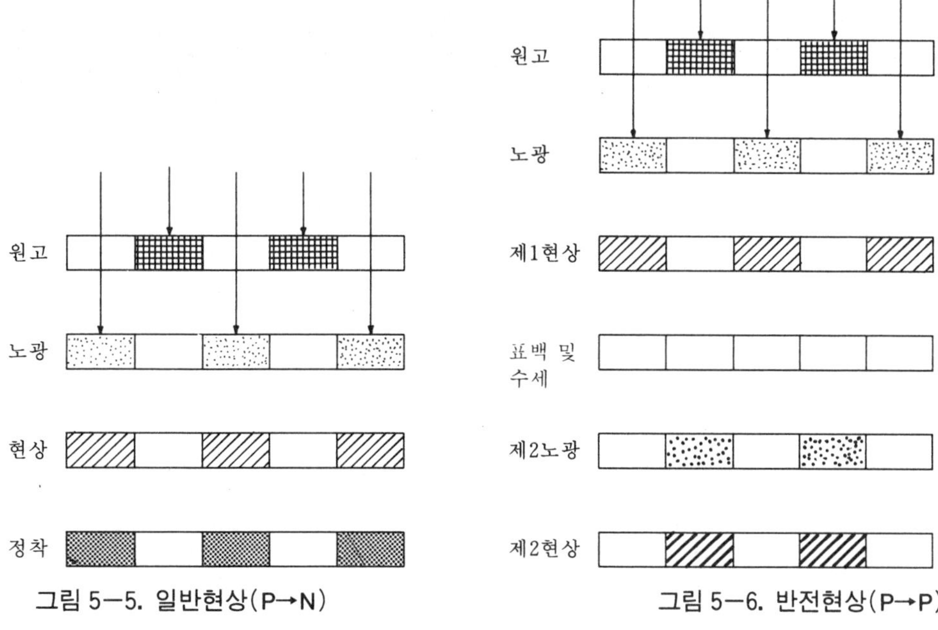

그림 5—5. 일반현상(P→N)

그림 5—6. 반전현상(P→P)

일반적인 촬영은 포지원고를 촬영하여 네가필름을 얻고, 이것을 밀착 반전하여 포지필름을 얻는다. 그러나 감광재료의 발달로 포지원고로부터 직접 포지필름을 얻는데 자동반전현상이 가능한 오토포지 감광재료(autoposi film)가 개발되어 밀착, 반전, 현상처리를 하지 않아도 된다. 일반적인 반전현상은 노광된 필름을 현상하여 흑화된 은을 표백액으로 용해시켜 완전 제거하고, 감광층에 남아 있는 미감광할로겐화 은을 다시 제2노광하여 현상한다.

5—3. 연속계조원고의 재현

일반적인 사진 촬영에서는 가해준 광의 양에 비례하여 연속계조의 화상이 재현되지만, 이렇게 재현된 연속계조가 직접인쇄물로 나타낼 수는 없다. 일반적인 볼록판 인쇄나 평판 인쇄에서는 선택적인 인쇄압(printing pressure)의 양은 조절할 수 없기 때문에, 중간농도가 필요없는 선화 촬영의 방법으로는 인쇄가 불가능하다. 따라서 회화에서 사용하는 점의 크기로 농담을 표현하는 점묘법(pointillisme)이나, 제도에서 점대신에 선의굵기를 이용하는 해칭법(Hatching) 등의 원리를 이용하여, 원고가 가진 농담의 차이를 면적의 차이로 바꾸어 나타내게 된다.

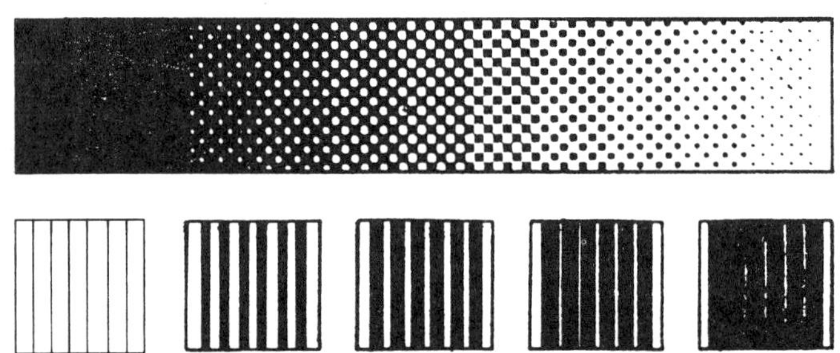

그림 5—7. 점묘법과 해칭법

이렇게 하기 위해서는 일반적으로 제판용 카메라로 원고 화상을 망목스크린이라는 중간매체를 사용하여 망점(dot)의 대소로 변환시킨 다음 필름면에 재현시킨다. 재현된 망점(dot)은 스크린의 종류나 감광재료의 특성 및 현상 처리에 의하여 결정된다.

1. 망점형성 원리

일정한 농도 차이를 가진 스텝타블레이트(step tablet)를 원고로 하고, 콘택트스크린(contact screen)과 초경조의 리즈필름을 감광재료로 사용하여 그림 5—8과 같이 노광하면, 원고를 통과한 광은 가장 농도가 적은 부분은 가장 많이, 농도가 높은 부분은 가장 적게 통과할 것이다.

이렇게 통과한 빛은 콘택트스크린에 도달하고, 강한 광은 스크린의 높은 농도부분까지 통과하므로, 원고의 투과광 양과 스크린의 농도에 따라 크고 작은 망점이 형성될 것이다. 그러나 스크린을 통과한 광이 전부 망점을 형성하는 것은 아니고, 리즈필름을 감광화 할 수 있는 임계노광량(critical exposure)에 도달해야 하며, 임계 노광량에 못미치는 광은 리스필름을 흑화하지 못하므로 망점화하지 못한다.

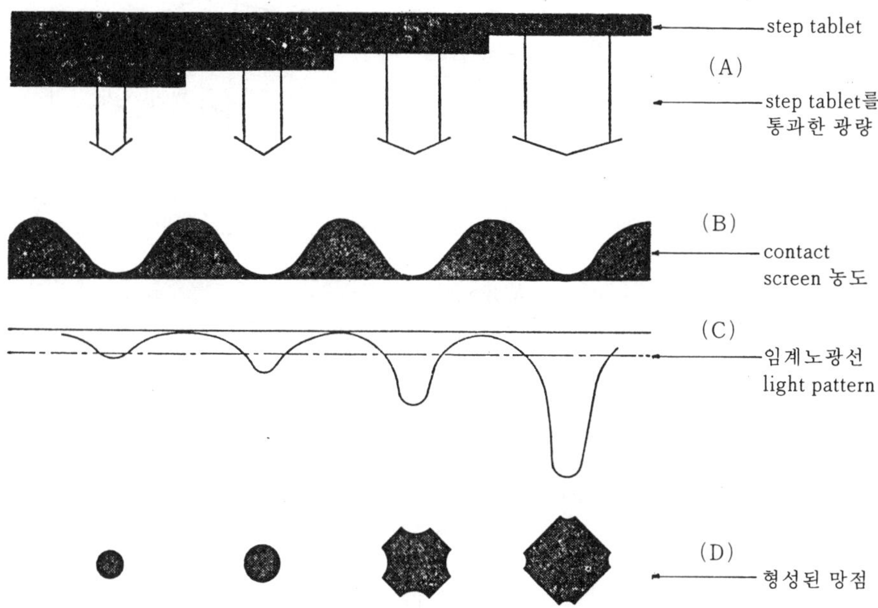

그림 5–8. 콘택트 스크린의 망점 형성원리

이러한 망점(dot) 형성을 설명하는 이론으로서 다음과 같이 3가지가 있으나 독립적으로 완전하지는 못하고 상호보완적이어야 한다.

① 핀호설(pinhole lens theory)

1889년 아이브스(IVES)에 의하여 연구발표된 것으로 스크린(screen)의 열림목(낮은 농도부분)을 카메라의 조리개와 같은 역활로서 핀홀카메라(pinhole camera)의 사진적 원리를 도입한 것이다.

② 반영설(penumbra theory)

1895년 돌랜드(Dolland)가 처음으로 제창했으며 1908년 크라크(Clark)가 공식적으로 문헌에 발표하였다. 이것은 기하광학을 기초로하여 빛의 반영현상을 설명한것으로 그림 5–9에서 보는것과 같다.

먼저 빛(light)이 직진하면 eh를 통과한 빛이 c에 도달하고, fg을 통과한 빛은 b에 도달한다. 또한 eg는 a에, fh도 a에 도달하므로, a의 빛이 가장강하고 a로부터 멀리떨어져있는 b와 c는 상대적으로 약하게 된다. 따라서 원고의 반사광(reflction light)이나 투과광(transparent ligh t)의 강약에 따라 에너지(energy) 분포가 달라져 감광면적에 크고작은 망점(dot)을 만든다.

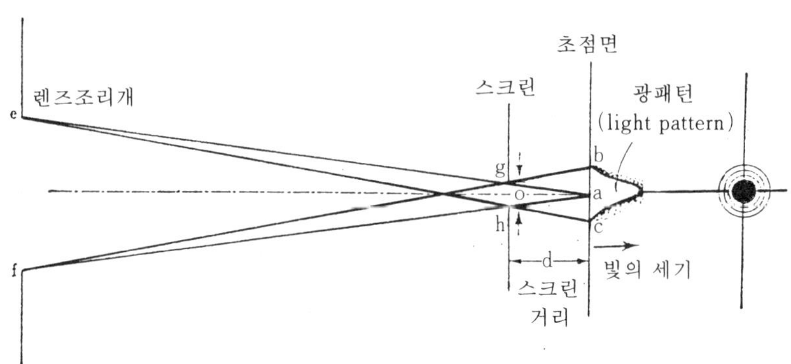

그림 5—9 반영설에 의한 망점형성

③ 회절설(diffraction theory)

핀홀설과 반영설의 결점을 보완하기 위하여 연구발전된것으로 1935년 마톨(Mertle)과 그 후 1941년에 율(Yule), 1952년 하리손(Harrison)이 발전시켰다.

빛의 회절현상은 광의 파장에 의한것으로 같은 광원에서 나온 빛이 작은구멍(slit)를 통과한 후 간섭하는 것으로 핀홀설을 수정보완 시킨 것이다. 실제적으로 스크린을 통과한 광의 분포상태와 초경조의 감광재료에 노광하므로서 망점이 형성되는 것을 구체화 하였다.

2. 콘택트스크린(contact screen)

에스타베이스(ester base)를 지지체로 하고 중심부에서 주변부로 갈수록 차차 농도가 엷어지는 것을 규칙적으로 반복하는 것으로, 감광재료와 밀착하여 사용한다. 콘택트스크린은 유리스크린과 달리 스크린거리가 필요없으므로 취급은 간편하나, 융통성이 적으므로 각 종의 스크린을 구분해서 사용할 필요가 있다.

콘택트스크린은 그레이(gray)와 마젠타(magenta)가 있고, 망점 형성 모양에 따른 스퀴어도트(square dot)와 체인도트(chain dot), 사용목적에 따른 포지티브형과 네가티브형스크린, 선수의 종류에 따르는 133선 150선 등 다양하다.

포지타입 스크린은 연속계조네거로부터 망포지를, 네거타입 스크린은 연속계조포지로부터 망네거를 만들기 위한 것이다.

예를 들어 같은 농도영역(0.0~0.2)의 원고에서 망목네거는 농도 0.3에 50%의 망점을, 망목포지는 농도 1.7에 50%의 망점을 가지게 하기 위하여 중간계조의 망점 형성이 다른 별개의 특성을 가진 콘택트 스크린이 필요하다.

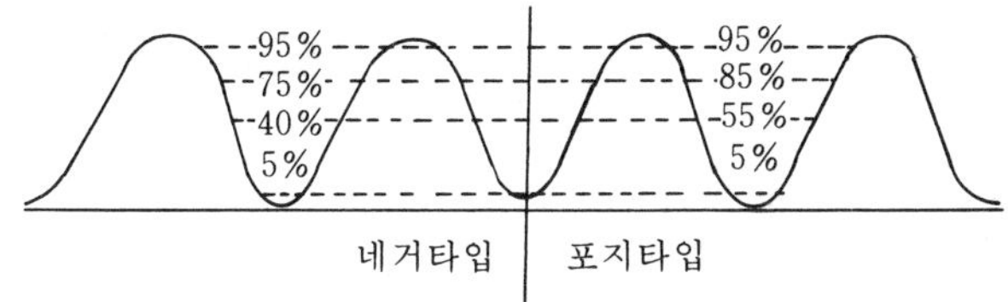

그림 5-10. 포지타입, 네거타입의 스크린 농도분포

마젠타스크린은 녹광(green) 흡수 염료를 사용하여 만들어진 것으로, 붉은색을 띠고 있다. 녹색광을 촬영광으로 하여 마젠타스크린을 사용하면 전체적인 농도가 올라가고, 스크린의 계곡부분은 선택흡수가 비교적 적기 때문에 농도변화가 산의 부분 만큼 크지 못하므로, 결과적으로 스크린의 산의 형태를 변화시켜 주는 효과를 가진다. 따라서 산의 모양이 커지고 고콘트라스트(high contrast)가 되며, 망점의 크기 변화는 적게 되므로 고농도역(high density range)의 원고촬영에 적합하다.

비선택흡수스크린으로는 그레이스크린(gray screen)이 있다. 이것은 에스타베이스(ester base)의 은입자에 의하여 농도가 구성되며, 칼라 원고의 망목촬영에 일반적으로 사용된다. 그러나, CC-필터(color correction filter)를 사용할 수 없으며, 은입자에 의하여 광의 산란을 가져 오는 결점이 있다.

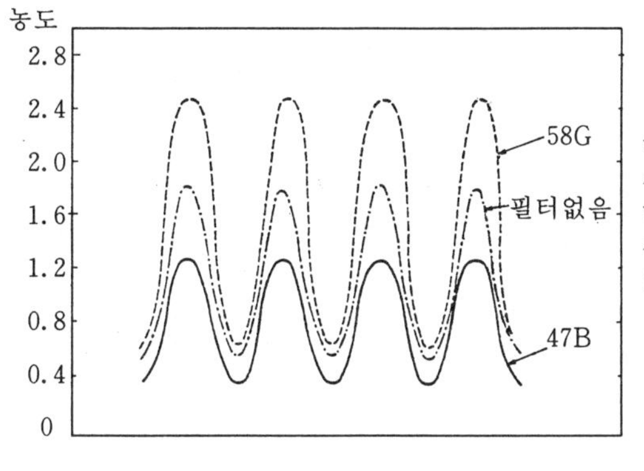

그림 5-11. 색광에 의한 MS의 농도 변화

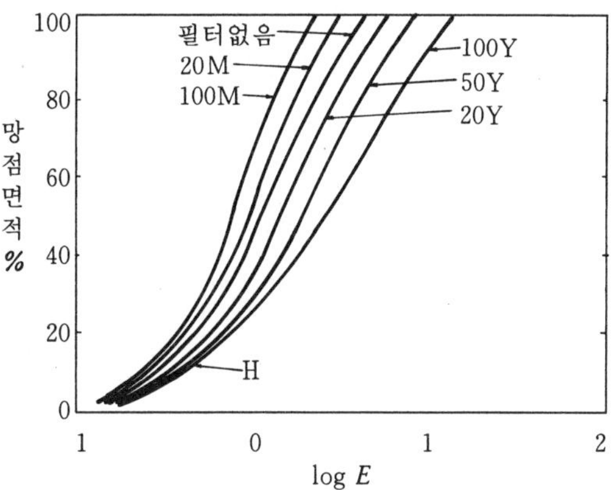

그림 5-12. 색광에 의한 망점 변화

3. 망점모양(half tone)

형성된 망점에는 광이 통과해서는 안되므로 이에 필요한 농도는 1.6 이상이다. 농도 1.6 이하가 많은 경우를 엷은 망점(Soft dot)이라고 하고, 그 이상을 단단한 망점(Hard dot)이라고 한다. 체인스크린에 의하여 형성된 체인도트(chain dot)는 중간톤 부분에 다이아몬드형의 망점이 형성되므로, 부드러운 효과를 얻을 수 있어 인물사진에 많이 이용된다. 그러나 스퀘어도트(square dot)는 50% 망점이 정방형으로 망점의 변화가 부드러운 맛이 적다.

4. 망점과 농도의 관계

$$흑화농도=\log\frac{1}{반사율(투과율)}이므로$$

망점면적이 0.25(25%)일 경우 농도는 $\log\frac{1}{0.75}=0.12$가 되며.

50% 망점의 농도값은 $\log\frac{1}{0.50}=0.30$이 된다.

그림 5-12에서와 같이 망점크기가 0.0~0.5(0~50%)로 변화하면 농도 변화는 0.3으로 되지만, 샤도우(shadow)인 0.8~0.9(80~90%)에서는 10% 변화하는데 0.3의 농도변화가 얻어진다. 따라서 망점 크기의 변화와 농도의 변화가 일치하지 않는다.

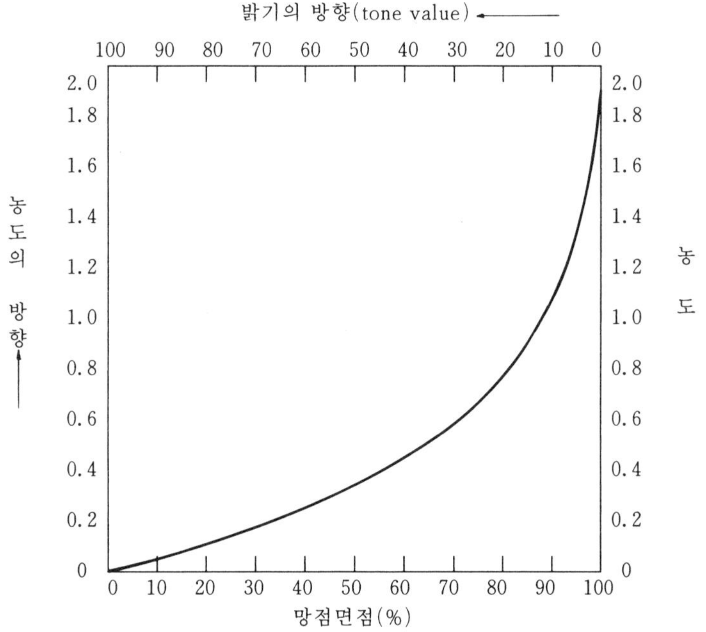

그림 5-13. 망점면적과 농도관계

망점의 흑화된 부분은 전부 광을 흡수(absorption)하고, 반대로 망점이 없는 흰부분(catch light)은 전부 광을 반사(reflection) 및 투과(transmission)한다는 것은 이론적인 값이며, 실제적으로는 인쇄재료의 특성에 의거 제한을 받는다. 실제로 민자판(solid) 인쇄부분의 잉크 농도(inkdensity)를 측정하면 다음과 같다.

신문凸판 인쇄물=0.9~1.10

평판 오프셋 인쇄물=1.20~1.50

凸판 오프셋 인쇄물=1.40~1.70

凸판 직접인쇄물=1.2~1.70

그라뷰어 인쇄물=1.10~1.80

일반적으로 농도가 1.00에서 10% 정도의 반사광이 생기며, 1.20에서 6.3%, 1.6에서 2.5%정도 반사한다. 그러나 필름에서는 최대 농도가 4.00~8.00정도 이므로 흑화(fog)부분의 투과량은 무시해도 좋다.

5—4. 농도재현의 기본

원고가 가지고 있는 농도(Density)나 농도영역(Density Range)을 재현시키는 것은 인쇄재료나 원고재료 차이점과 사진적 특성의 한계 때문에 대단히 어렵다.

만약 사진 원고의 최대 농도가 1.8이라면, 일반 오프셋 인쇄에서는 1.2~1.4정도가 되어 당연히 농도영역이 압축될 수 밖에 없다. 농도영역이 비교적 적은 슬라이드(slid)에서는 잘 일치되지만, 잉크 농도가 원고에 이용되는 색재 농도에 비하여 떨어진다. 또한 인쇄 잉크의 색료 함유량(ink strength), 피복력(covering power) 인쇄상태(Finish)등은 농도에 영향을 미친다. 이밖에도 안료입자(pigment partical)의 크기, 잉크의 유화현상(emulsification), 종이의 백색도 및 평활도 등이 있다.

인쇄 농도의 압축관계는 그림 5—13과 같이 원고의 이상적인 재현은 OC가 되어야 하지만, 1.30(AC) 이상의 농도 영역은 재현 불가능하므로 AC는 AB가 되어야 한다.(Shadow). PB처럼 재현된다면 샤도우부분은 재현되나 하이라이트(high light)부분은 전부 없어진다. 따라서 원고의 농도를 일정하게 재현시키려면 평균적으로 원고 농도를 압축시켜 OB가 되도록 해야한다.

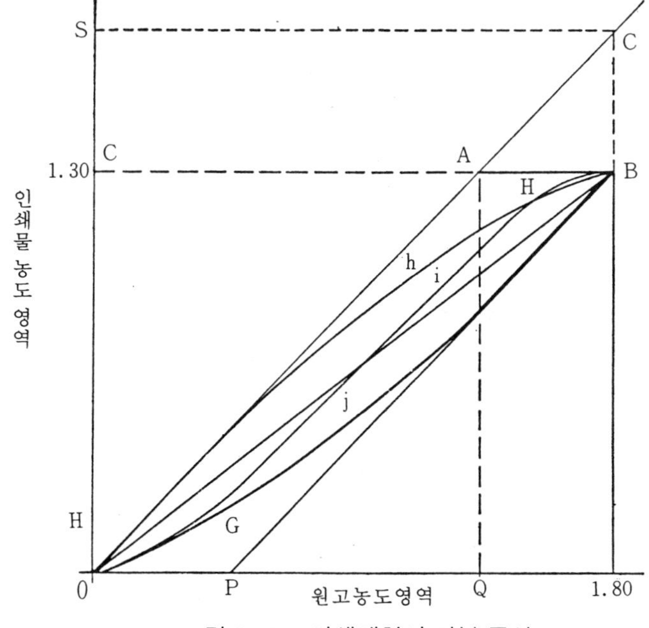

그림 5—14. 인쇄재현의 기본 곡선

5—5. 농도 재현과 보정방법

필요한 계조의 농도를 얻는데 중요한 것은

① 암실 및 카메라의 여건

② 감광재료 및 그 처리방법

③ 스크린의 특성

④ 계조수정 및 보정방법 등을 들 수 있으며, 적극적인 방법으로 보조노광법에 의한 계조수정이 있다.

1. 주노광방법(maine exposure or detial exposure method)

주노광은 원고가 가지고 있는 농도를 인쇄물로 재현시키는데 기본이 되는 노광으로서 노광량의 변화로 농도의 디테일(detail)은 변화시킬 수 있으나 농도영역(density range)은 변화시키지 못하고 수평이동만 가능하다.

주노광량은 사용하는 카메라(camera)와 필름(film) 현상조건에 따라 변화하므로 반드시 농도스케일(gray scale)을 원고(copy)를 하여 기본값을 얻어야 한다. 바람직한 결과는 최소 유효망점(dot)이 농도스케일의 2단계에서 얻어지도록 하는 것이다.

원고의 종류에따라 최소 유효망점의 농도위치가 달라지므로 카메라테스트에 의하여 얻어진 기본값으로 부터 계산하여 필요한 주노광량을 얻는다.

농도변화에 따른 노광량을 구하는 일반식은 다음과 같다.

$t_n = t_1 \times 10^{Dn - D1}$

2. 프레쉬 노광방법(Flash exposure method)

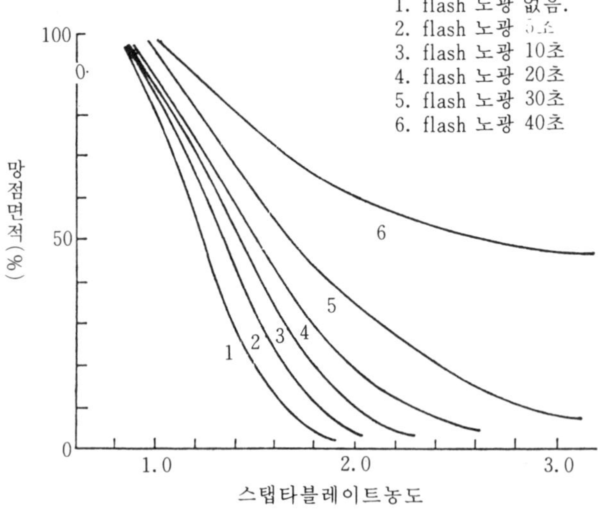

그림 5—15. flash 노광과 망점 면적 변화

주노출보다 약한 광을 원고가 없이 스크린 위에서 가하는 일종의 흐림(Fog) 노광방법이다. 이것은 망점 면적이 적은 부분(주노출이 적은 부분)이 영향을 많이 받아 망점이 크게 되는 것으로, 원고의 샤도우 부분에서 임계노광량에 도달할 수 있도록 광을 보충받아, 현상액에 의거 성장하는 망점잠상(halftone latent image)을 강화시켜 망점(dot)이 형성되도록 하므로, 망촬영 농도영역(density range)이 늘어나게 된다. 따라서 이러한 방법은 원고의 농도 영역이 큰 경우에 필요하며, 필요한 프레쉬 값은 다음과 같은 방법으로 계산하여 얻을 수 있다.

$$t_F = t_{F_o}(1-10^{DRS-DRO})$$

DRS=스크린 농도 영역
DRO=원고 농도 영역
t_{F_o}=기본 flash값
t_F=필요한 flash값

3. 하이라이트 노광법(no. screen exposure method)

스크린을 사용하지 않고 주노출의 10%를 넘지 않는 짧은 시간에 밝은 광원으로 촬영하는 방법이다. 이 방법은 프레쉬 노출과 반대로 원고의 농도 영역이 사용하는 스크린 농도 영역보다 작을 때 사용하는 것으로, 원고의 하이라이트에 보다 많은 영향을 준다.

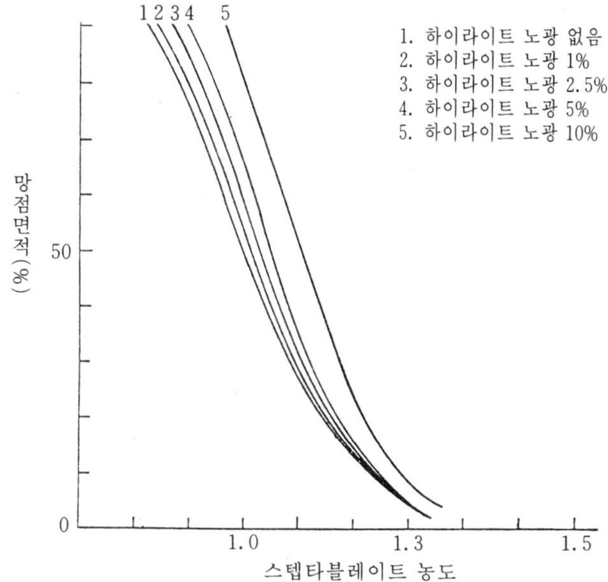

그림 5—16 하이라이트 노광과 망점 변화

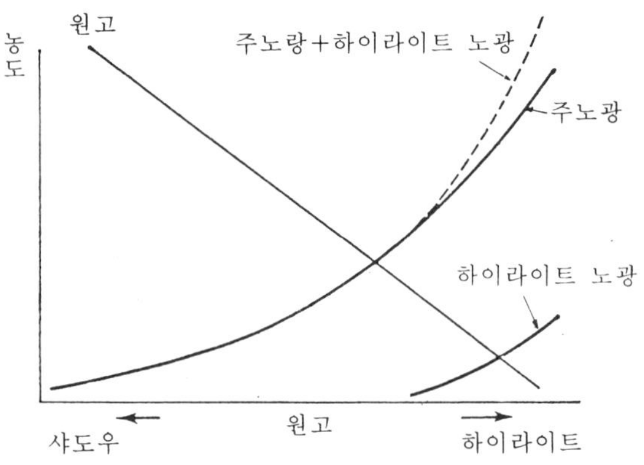

그림 5—17. 노광에 의한 농도 변화

4. 색노광에 의한 보정법(CC—Filter method)

프레쉬노광 보정법이나 하이라이트노광 보정법은 부분적인 망점의 변화를 가져오게 하여, 콘트라스트(contrast)를 변화시키는 방법이다. 이에 반해 CC—필터법은 마젠타 스크린(magenta screen)의 농도 영역을 변화시켜 주는 효과를 가지게 함으로 전체적인 농도의 변화를 가져오는 것이다.

황필터(Y-filter)를 광원으로 사용하면 콘트라스트가 떨어져 연조가 되고 마젠타필터(M-filter)를 광원으로 사용하면 반대로 콘트라스트가 높아져 경조로 된다. 이와 같은 보조 노광에 의한 계조 수정방법 외에도 현상 처리방법에 의한 것으로 현상도중 현상액의 교반을 많이 하면 경조로 되고, 정지현상 하면 연조가 된다.

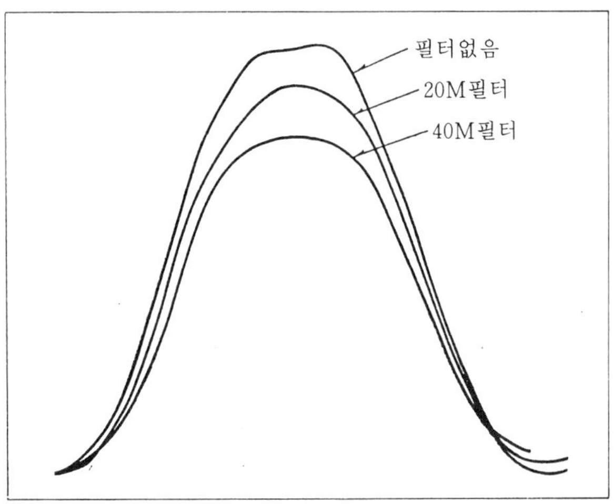

그림 5—18. CC필터법에 의한 스크린 패턴의 농도 변화

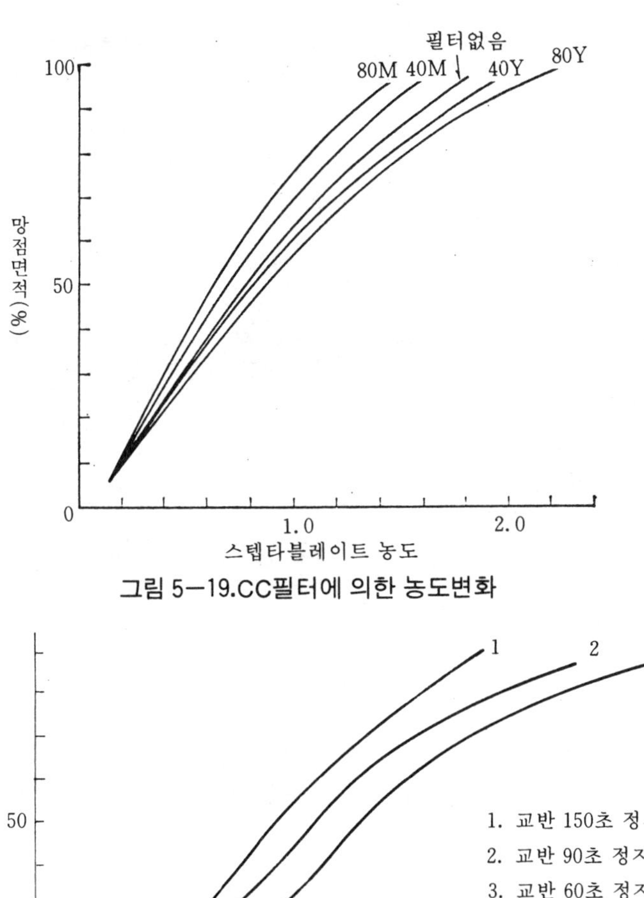

그림 5—19.CC필터에 의한 농도변화

망점면적(%)
50
0
1
2
3
1. 교반 150초 정지 15초
2. 교반 90초 정지 90초
3. 교반 60초 정지 180초
2.0
1.5
1.0
0.5
그레이스케일 농도

그림 5—20. 현상방법에 의한 계조 변화

5—6. 망목촬영

망목촬영은 평판과 凸판, 단색과 다색, 상업인쇄와 미술인쇄처럼 그 사용 목적에 따라 다음과 같이 분류할 수 있다.

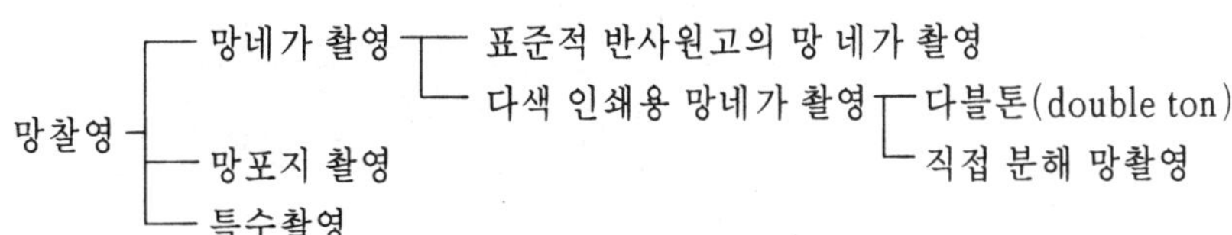

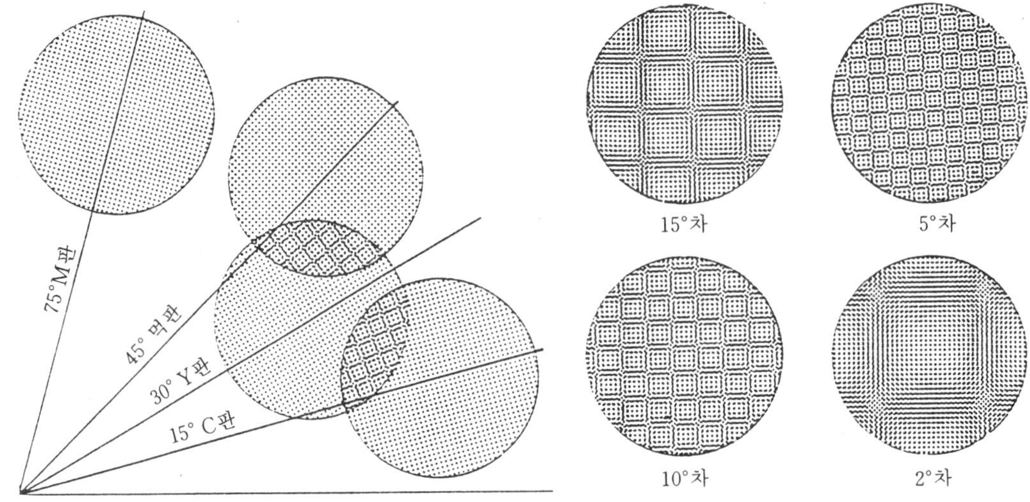

그림 5—21 스크린 각도

그림 5—22. 모아레(Moire)

1. 스크린 선택

망목네가의 표준적 특성을 얻도록 만들어진 네가용 스크린이 있다.

첫번째 콘택트 스크린은 凸판의 부식 계수를 고려하여 凸판용 스크린이 별도로 사용되었으나, 현재는 파우더레스에칭(powder less etching)이 발달되어 네가용 스크린을 그대로 사용한다. 어두운 곳에서 프래쉬(Flash)로 촬영한 반사원고는 중간 농도의 계조가 약하므로 포지용 스크린을 사용하면 좋다. 또한 칼라 인쇄에서는 모아레(Moire)를 방지하기 위하여 스크린 각도를 바르게 설정해야 한다. 단색 인쇄에서는 시각적으로 눈에 잘 띄지 않는 45°각도가 무난하다.

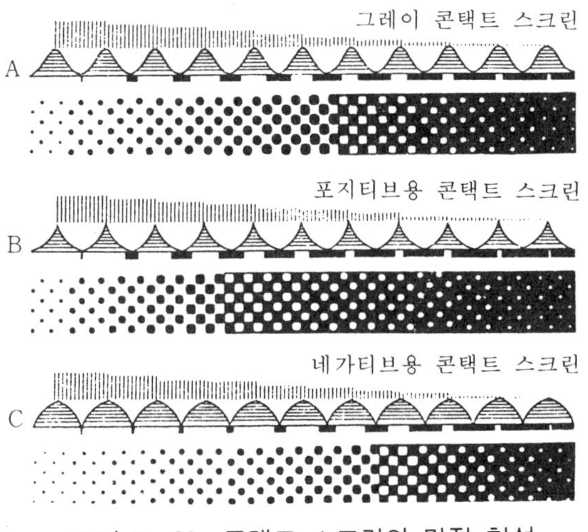

그리 5—23. 콘택트 스크린의 망점 형성

2. 망네가 촬영

안정된 주노출의 기본값을 얻기 위하여, 시험촬영 하기 전에 카메라 및 조명 상태를 표준 적성 상태로 한다음, 적절한 필름과 스크린을 선택한 후 반사 원고용으로 그레이스케일(gray scale)을 사용한다.

렌즈의 해상력이 가장 좋은 16~22의 F값을 사용하며, 100%의 배율을 정확히 사용하여 카메라 시험촬영(test exposure)을 한다. 이때 주노출(detail exposure)의 최소 유효망점이 그레이스케일의 2단계에서 생기도록 하면 가장 이상적이다. 여러번 시험촬영을 할 경우 현상이나 촬영조건이 같아야 한다.

100% 촬영에서 주노출(maine exposure)의 기본값이 얻어지면 프레쉬 기본 노출값을 얻어야 한다. 광원은 10~20w의 전구에 ND필터를 사용한 포그광(foglight)으로 최소의 망점을 얻는데 필요한 시간을 구하여 이것을 기본 프래쉬 값으로 정한다.

1.00ND필터는 광의 강도를 1/10로 줄일 수 있으며, 0.3ND필터는 1/2, 0.6ND필터는 1/4에 해당된다. 이러한 시험촬영에 의하여 기본 카메라의 농도 영역(Density Range)과 기본 프래쉬 노출량을 결정하며 원고의 하이라이트 부분을 기준으로 하여 노광량을 산출한다.

3. 원고농도 측정과 노광량의 결정

원고의 계조를 재현시켜야할 하이라이트와 샤도우(shadow)의 농도를 정확히 선정하여야 한다. 예를 들어 서로 농도가 다른 A와 B가 있다면 A원고의 농도 0.3에서 하이라이트(5% 망점)가 농도 1.40에서 샤도우(95% 망점)를 얻는데 60초의 주노출이 얻어졌다면, B원고에서 하이

① 원고	A	B
② 샤도우 농도	1.40	1.10
③ 하이라이트 농도	0.30	0.00
④ 원고 농도역	1.10	1.10
⑤ 기본 카메라 농도역	1.10	1.10

라이트의 반사광이 A원고 보다 클것이므로, 주노출량이 60초 보다는 적어질 것이다. 따라서 B원고의 주노출량은 표5-1에서 A원고의 농도 0.30에서 광의강도(I)는 50.1, B원고의 농도 0.00에서 과의강도(I)는 100.0이므로 다음과 같이 얻을 수가 있다.

$$D=\log\frac{1}{I(T)},\ E=I\times t \text{ 에서}$$

$$50\times 60\text{초}=100\times x\text{초가 되어}$$

$$x=30\text{이므로}$$

B원고는 주노출 30을 주면 하이라이트 0.00에서 5%의 망점을 얻을 수 있다.

표 5-1. 농도와 광의 강도

농도(D)	광의 강도(I)	농도(D)	광의 강도(I)
0.00	100.0	1.00	10.0
0.10	79.4	1.30	5.1
0.15	70.8	1.50	3.2
0.20	63.1	1.60	2.51
0.25	56.2	1.90	1.26
0.30	50.1	2.00	1.00
0.35	44.7	2.30	0.50
0.40	39.8	2.50	0.31
0.45	35.5	2.60	0.25
0.50	31.6	2.90	0.123
0.60	25.1	3.00	0.100
0.90	12.6		

1) 보조 노광량의 결정

원고의 농도 영역이 기본 카메라 농도역보다 클 경우에 원고의 샤도우 부분의 농도역을 증가시켜 주기위한 노광방법이며, 농도역의 차이를 과잉 농도역(exceess DR)이라고 한다. 예를 들어 다음과 같은 값을 갖는 원고 C, D가 있다면, 기본 프래쉬값 20초

원　　고	C	D
샤도우 농도	1.60	1.70
하이라이트 농도	0.00	0.20
원고 농도역	1.60	1.50
기본 카메라 농도역	1.10	
과잉 농도역	0.50	0.40

표 5-2에서 보면 C, D 원고의 필요한 프래쉬 값은 각각 13.5초와 12초가 된다. 또는 기본 프래쉬노광량(F_o)과 주노광에서 얻어진량(M) 프래쉬노광량(F)로부터 $F_o = M + F$가 되어 $t_F = t_{F_o}(1 - 10^{DRS-DRO})$식을 얻을 수 있으므로 계산에 의하여 필요한 프래쉬값을 얻을 수 있다.

표 5-2. 과잉 농도역과 프래쉬량

기본프래쉬 노량시간(see)	과잉 농도역에 대한 프래쉬 노광 시간(see)								
	0	0.1	0.2	0.3	0.4	0.5	0.6	0.8	1.0
16	0	3½	6	8	9½	11	12	13½	14½
18	0	4	7	9	11	12	13½	15	16
20	0	4	7½	10	12	13½	15	17	18
22	0	4½	8½	11	13	15	16½	18½	20
24	0	5	9	12	14½	16	18	20	22
26	0	5½	10	13	15½	17½	19½	22	23½
28	0	6	10½	14	17	19	21	23½	25
30	0	6½	11	15	18	20½	22½	25	27

35	0	7	13	18	21	24	26	29	32
40	0	8	15	20	24	27	30	34	36
45	0	10	17	23	27	31	34	38	41
50	0	11	19	25	30	34	38	42	45
55	0	12	20	27	33	37	41	46	50
60	0	13	22	30	36	41	45	50	55
70	0	15	26	35	42	48	53	59	63
80	0	17	30	40	48	54	60	67	72

4. 다색 인쇄용 망네가 촬영

한번의 단색인쇄에서 얻을 수 없는 인쇄 효과를 얻기 위하여 다블톤(double tone)용 망네가를 촬영한다. 다블톤은 판을 2개 만들어 2회 인쇄를 하여, 단색인쇄에서 얻을 수 없는 최대 농도를 보완하는 것과, 인쇄잉크의 색상을 인쇄판에서 변화시켜 색채적인 특수효과를 얻는 것이 있다.

단색 오프셋인쇄에서 최대 민판 인쇄농도는 1.20~1.50정도인 반면, 인화지 등 원고 농도는 1.8 이상의 농도를 갖게 된다. 따라서 원고가 가지고 있는 농도를 충실히 재현시킨다는 것은 불가능 하므로, 그림 5-22와 같이 처음에는 곡선 ①과 같은 판을 만들고, 다음에는 곡선 ②와 같은 판을 만들어 이 중 인쇄를 하면 곡선 ③과 같은 인쇄 효과를 얻는다. 다시 말하면 한판에서는 샤도우 부분을 다른 판에서는 하이라이트 부분을 강조하여 동시에 인쇄하는 방법이다.

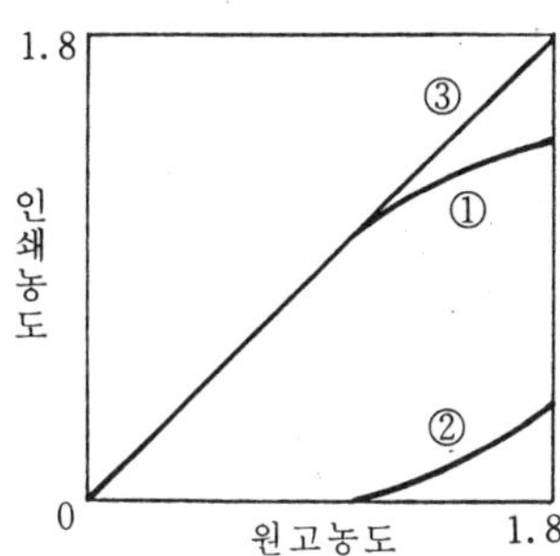

그림 5-24. 다블톤기법에 의한 계조 재현

5-7. 제판필름

1. 리즈필름(Lith Film)

1) 리즈필름의 종류

리즈필름의 종류와 분류방법, 사진특성과 제성질등에 대하여 종합하면 다음과 같다.

① 레귤러 리즈 필름(Regular lith Film)

② 올소리즈(ortho lith) 망촬영용(halftone) : 망목촬영용

③ 올소리즈 선화촤영용(line) : 선화촬영용

④ 판리즈 필름(Panlith film) : 색분해, 망촬영용

⑤ 하이스피드 올소필름(high speed ortho film) : 칼라제판다이렉트법에서 색분해 망촬영(M판 및 Y판)

⑥ 오토스크린올소필름(auto screen ortho film) : 필름의 유제층에 감도가 다른 은입자가 규칙적으로 배열되어 있고, 그것이 스크린과 같은 역할을 하여 콘택트스크린(contact screen) 없이도 망점이 형성될 수 있게 되어있는 필름.

⑦ 명실용필름 : 황색형광등이나 보통형광등 또는 텅그스텐백열전구의 밝은 곳에서도 다룰 수 있는 필름

⑧ 크리어백필름(clear back film) : 베이스면에서도 노광할 수 있는 좌우반전촬영용.

⑨ 듀프리케이팅필름(duplicating film) : 솔라리제이션(Solorization)효과를 이용한 포지-포지형의 밀작반전용필름.

⑩ 스트립핑필름(stripping film) : 현상처리 후 유제면을 벗길 수 있는 필름 등이 있다. 리즈필름의 구조는 스트립필름을 제외하고는 그 층구조가 거의 비슷하다.

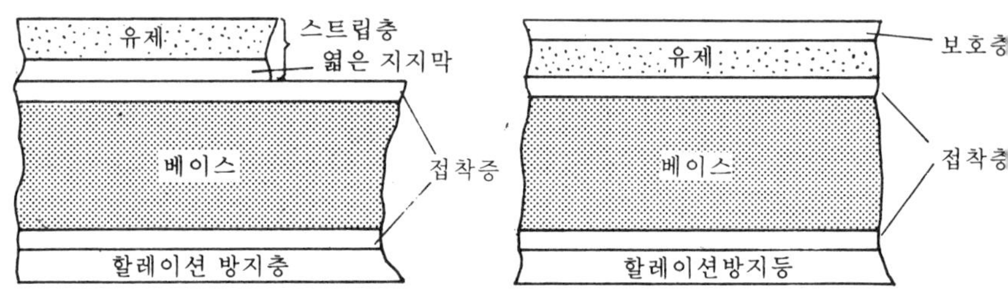

그림 5-25 스트립핑필름(좌)과 보통필름(우)의 단면구조

스트립핑 필름(탈막필름)의 특징은 지지층 위에 다시 영구 지지층인 스트립 특유의 6~10nm 엷은 막이 있으며, 이것을 박리층에서 벗겨내어 터잡기 등에 사용하며, 레이아웃이나 좌우 반전에 편리하다. 이것은 보통필름보다 구성층이 많으며, 물속에서 느슨해지는 엷은 접착층이 있어 화상이 있는 층만을 벗길 수가 있는 것이다. 또한, 막을 벗길 단계에서는 지지층이 유제층을 강하게 유지할 뿐 아니라, 보호층의 역활도 한다.

2) 리즈 필름의 구성

① 보호층

② 유제층

③ 지지층

④ 할레이션(halation) 방지층

⑤ 접착층 등으로 구성되어 있으며, 전체의 두께는 약 50~200nm 정도로 되어 있다.

(1) 보호층

유제를 보호하고 흑화(fog)방지에 필요한 계면활성제를 첨가한 투명한 제라틴의 엷은 막으로, 두께는 0.1~1nm 정도로 제판용필림에서는 뉴톤링(Newton's ring)방지, 연필수정이 가능하게 처리되어 있다.

(2) 유제층(emulsion)

할로겐화은입자(0.1~2nm)를 제라틴속에 분산시킨 감광층으로 5~10nm 정도의 두께로 도포되어 있다.

(3) 지지층(base)

유제층을 지지하는 것으로 트리아세데이트베이스(TAC), 폴리에스타베이스(PET)가 주로 사용된다.

(4) 할레이션방지층(halation)

지지층에 들어간 빛을 흡수하기 위하여 색소나 염료를 넣은 층으로, 이 층은 현상중에 탈색되고, 색상은 올소 타입은 적색으로 판크로매틱 타입은 암록색으로 착색한 제라틴층이 일반적이다.

(5) 접착층

지지체에 도포하는 유제층, 할레이션 방지층이 얼룩지지 않도록 서로 접착성을 좋게하는 역할을 한다.

이와같이 일반 필름과 거의 동일하나 리즈현상(lith development)이라고 하는 전염현상(infectious development)에 의하여 하이콘트라스트(high contrast) 화상이 얻어지도록 만들어져 있다.

3)리즈필름의 특성

(1) 유제층에 관하여

① 유제층이 엷고 경막으로 처리되어 있다.

② 일반필름에 비하여 은양의 비율이 크다.

③ 입자가 미세하고 고르다.

(2) 사진적 특성에 관하여

① MQ 현상액에도 경조로 되지만 전염 현상액을 사용하는 것이 콘트라스트가 높다.

② 전염현상에서는 현상개시까지의 시간이 길지만(현상유도기), 일단 현상이 시작되면 급속히 진행되어 족부(toe part)가 깨끗하게 처리된 우수한 하이콘트라스타가 얻어진다.

③ 유제층이 엷기 때문에 건조가 빠르고 자동현상기로 처리하기가 쉽다.

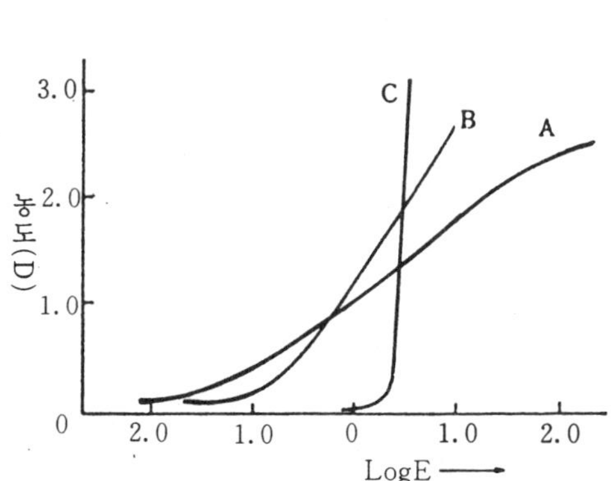

그림 5-26. 네가용(A) 포지용(B) 리즈형(C) 필름의 특성곡선

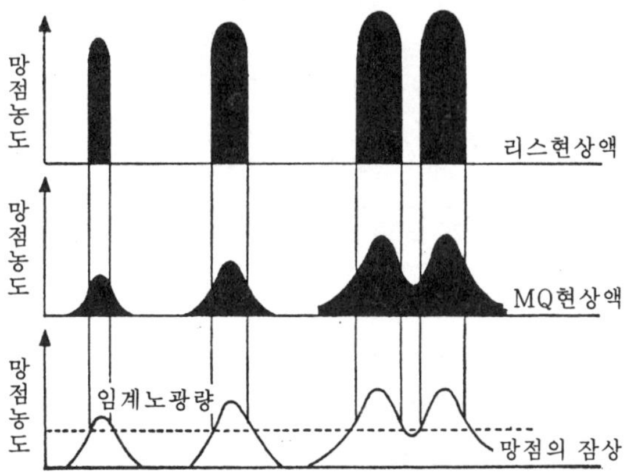

그림 5-27 리즈현상과 MQ현상에 의한 필름의 망점농도 변화

리즈필름은 망점이나 화상을 형성시키기 위해서 만들어진 필름이고 감마값(camma value)도 10 이상이 요구되므로, MQ나 PQ 현상액과 달리 하이콘트라스트 현상제인 리즈현상액이 사용된다. 이것은 하이드로키논을 주약으로한 포름알데히드와 아황산소다 현상 약이다.

그림 5-27은 리즈현상액과 MQ 현상액으로 현상한 리즈필름의 망점 형성을 비교한 것이다. 리즈현상액으로 처리한 것은 극도로 족부(Toe Part)가 끊겨진 경조의 것으로 되어있으며, 현상유도기는 길지만 현상이 시작되면 급격히 진행됨을 알 수 있다.

그림 5-28은 현상시간과 농도의 관계를 나타낸 것이고 그림 5-29는 (a) 리즈현상액으로 (b) MQ 현상액으로 처리된 필름의 Time-γ 곡선을 표시한 것이다. 리즈현상에서는 어느 현상시간에서 최고에 달한 다음 급격히 떨어지고 있음을 알 수 있다.

따라서 리즈현상에서는 현상시간이 2분 30초에서 3분정도가 적당한 것을 알 수 있다.

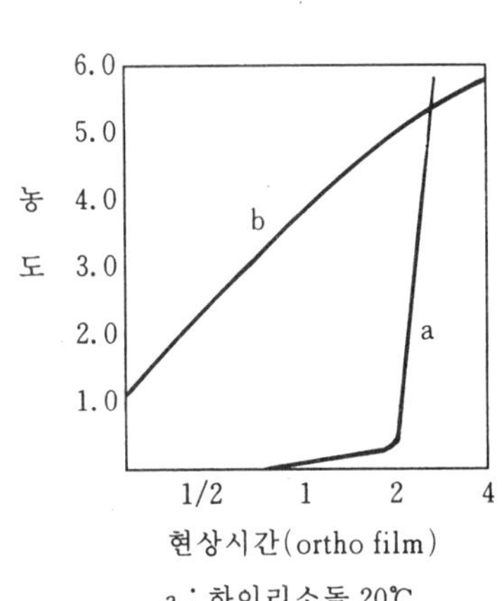

그림 5-28. 현상시간과 농도 관계

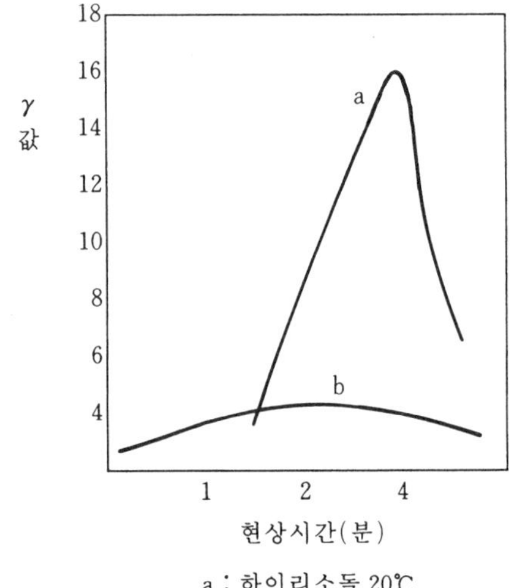

그림 5-29 타임감마곡선

4) 리즈현상액의 특성

리즈현상액은 일반현상액과 비교하여 보면 여러 면에서 다른 점이 있다.

① 현상주약으로서 하이드로키논(hydroquinone)만이 사용된다. 이것은 하이콘트라스트의 현상을 목표로 하는 리즈형 현상액의 큰 특징이다.

② 아황산이온(SO_3'') 농도를 낮게 유지한다. 아황산 농도가 높아지면 현상액 속에 활성화 물질을 생성시켜 하이콘트라스트한 특성을 잃게 된다. 따라서 공기 산화에 대한 내구성을 손상함이 없는 한도내에서 아황

산나트리움의 양을 조절된다.

하이드로키논은 노광된 할로겐화은을 환원함과 동시에, 그 자체로서는 산화된 세미키논이 하이드로키논보다 활성이기 때문에 한층 현상을 촉진시킨다.

더욱 이 세미키논은 산화된 키논으로 되고, 이 키논은 현상약 속의 하이드로키논과 반응하여 다시 세미키논을 생성하여 처음 반응을 촉매적으로 계속시켜 주위의 할로겐화은에 현상이 전염된다.

이 하이드로 키논의 자기촉매작용이 리즈현상의 경조화의 주원인으로 생각된다.

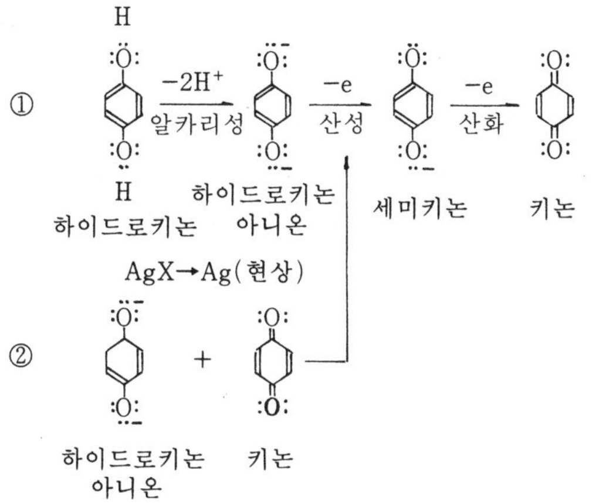

① 하이드로키논 $\xrightarrow[\text{알카리성}]{-2H^+}$ 하이드로키논 아니온 $\xrightarrow[\text{산성}]{-e}$ 세미키논 $\xrightarrow[\text{산화}]{-e}$ 키논

AgX→Ag(현상)

② 하이드로키논 아니온 + 키논 → (세미키논)

만약 보통의 현상액처럼 보항제로서 아황산이온이 너무 많으면 키논과 반응하여 하이드로키논모노슬폰네이트(hydro quinone mono sulfanate)를 생성하고, 그 때문에 하이드로키논과의 반응에 의한 세미키논의 재생이 방해되어 더 이상 활성인 세미키논이 되지 않으므로 하이콘트라스트를 얻을 수 없게 된다.

그러나 현상액의 산화방지를 위하여 아황산이온은 반드시 필요하므로 최소한으로 사용해야 되며, 실제의 리즈현상액에는 포름알데히드 모노슬폰네이트를 첨가하여 일정량의 아황산 이온을 유지하도록 한다.

아황산 이온은 PH가 10에서 약 5% 정도 유리된다.

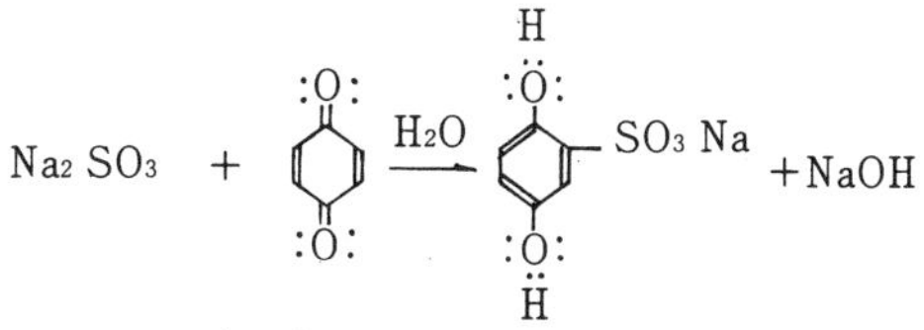

$$Na_2SO_3 + \text{(키논)} \xrightarrow{H_2O} \text{(하이드로키논-}SO_3Na) + NaOH$$

(하이드로키논모노슬폰네이트)

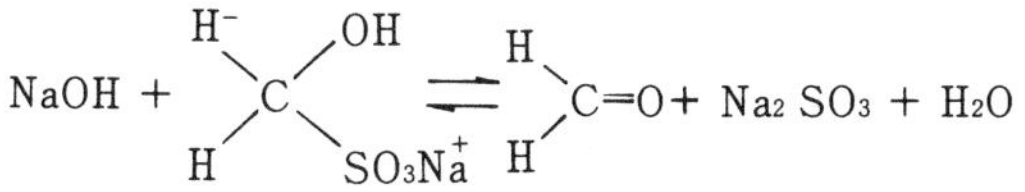

$$NaOH + H^-C(H)(OH)(SO_3Na^+) \rightleftharpoons H_2C{=}O + Na_2SO_3 + H_2O$$

(포름알데히드모노슬폰네이트)

2. 연속계조용 필름

연속계조 필름(continious gradation film)은 여러 종류가 있으나, 제판 재료로 사용되고 있는 것 중에서 대표적인 것은 다음과 같다.

① 그라비어용 필름(gravure film)
② 색분해용 필름(color separation film)
③ 마스킹 필름(masking film)
④ 스캐너필름(scanner film)

1) 그라비어용 필름(gravure Film)

그라비어(gravure)는 사진법을 응용한 오목판이나, 평판이나 凸판에서는 원고의 계조재현을 스크린을 사용하여 망점의 면적율 변화로 표현하지만, 그러나 보통 그라비어(conventional gravure)는 잉크피막의 두께의 변화에 따라 농담재현을 하게 되어 화선부재현 방법은 다르나 사진제판 과정은 보통의 사진제판과 동일한 연속계조 화상을 변환시켜서 만든다.

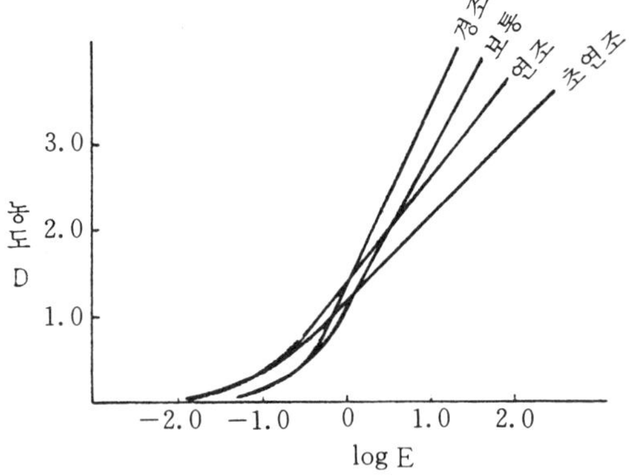

그림 5—30 각종 그라비이필름의 특성 곡선

그라비어 필름은 주로 카본티슈(carbontissue)에 빛쬠하기 때문에 오리지날(original)로되는 포지 화상의 작성에 사용된다. 따라서, 극히 엄밀한 상태의 재현성이 요구된다.

실제로는 상태가 다른 여러 종류의 필름으로 나누어져 사용되지만, 더욱 노광량과 현상 시간을 조정하여 바라는 상태를 얻는다. 이러한 요구를 만족시키기 위하여 그라비어용 필름은 초연조(γ =0.7~0.8)에서 경조(γ =1.6~1.8)에 이르기까지의 계조계열이 필요하다.

그라비어용 필름의 특성곡성을 보면 직선부가 비교적 길고 여러개의 감마값(γ)을 가지며, 작업성을 좋게 하기 위하여 색증감을 하지 않은 것이 특징이다.

2) 색분해용 필름(color separation Film)

색분해용필름에는 투과원고용의 연조형과 반사원고용의 경조형이 있으며, 감도는 광원에 따라 다르지만 일반적으로 ASA 25－125 정도의 것이 보통이다.

이 필름의 구성은 리즈필름과 같으며, 유제면이 약간 매트(무광택) 가공한 것이 많다.

색분해필름은 3색 분해를 위해서 사용되는 필름이므로, 분광특성을 가진 분해 필터 B(청), G(녹), R(적)을 사용하기 때문에 판크로매틱(panchromatic) 필름이어야 하며, 콘트라스트는 투과원고용(transparent copy)은 비교적 긴 농도역(density range)을 가진 원고의 재현을 목적으로하는 중경조의 것이, 반사용으로서는 비교적 짧은 농도역의 원고를 재현하기위한 콘트라스트가 높은 것이 사용된다.

또한 분해용필름은 다이렉트(direct)색 분해에 사용되는 리즈형 필름을 제외하고는 중간농도의 표현이 중요하기 때문에 원고의 종류에 따라 어느 정도 콘트라스트를 조절할 수 있는 것이 필요하다.

따라서 현상조건(액의 종류, 농도, 교반, 액온도, 시간)에 의하여 콘트라스트의 조절이 어느 정도 가능한 것이 많다.

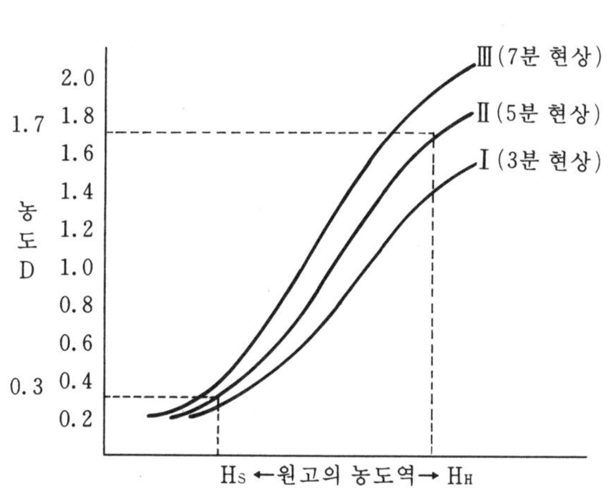

그림 5－31. 일반적인 분해필름의 특성곡선

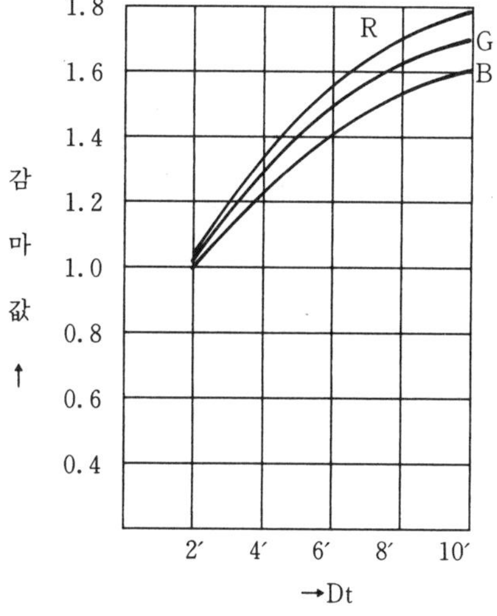

그림 5－32 분해필름의 타임·감마곡선

그림 5－31은 일반적 분해용 필름의 특성 곡선을 나타낸 것이다. 여기에서 원고의 재현 농도역을 H_H～H_S로 했을 경우, 가장 우수한 재현결과를 얻기 위해서 필요한 네가티브의 최소농도 0.3, 최대농도 1.7로 하면, 농도역 1.7～0.3＝1.4를 네가티브위에 재현시키면 된다. 그림 5－31에서처럼 Ⅱ의 5분 현상이 가장 적합하다. 일반적으로 필름현상에는 현상시간이 길어지면 최고농도부가 최저농도부보다 크게 변하기 때문에, 콘트라스트의 변화에 가장 중요한 것은 감마값이며, 그림 5－32에서 만일 R.G.B 필터에 의한 분해네가티브의 감마값을 1.4로 했을 경우, 현상시간은 각 각 4분 30초, 4분 45초 5분 30초 정도로 해야만 한다.

3) 마스킹용필름(Masking Film)

사진화상의 농담을 일부 또는 전부를 변경하기 위한 사진조작으로, 그 목적은 인쇄용 3원색잉크의 결함을 수정하기 위한 색보정과, 원고가 갖는 농도역을 인쇄물로서 재현가능한 농도역으로 압축 수정하는 것이다.

마스킹필름에는 색분해 필터를 통하여 필요한 색 성분을 수정하기위한 판마스킹필름(panmasking Film)인 은마스크필름(silver mask film)과 색분해필터를 통하지 않고, 원고에서 1회의 노광으로 만드는 칼라마스크필름인 염료마스크가 있다.

은마스크필름은 비교적 콘트라스트가 낮은 할로겐화은 감광재의 필름으로, 이것은 모노크롬(monochrom)이므로 각 색의 수정부분에 대해서 이론적으로는 각 각 1매마다 마스크가 필요하며, 특성곡선은 다른 필름에 비하여 비교적 연조이다.

염료마스크필름은 다층식 칼라필름과 마찬가지로, 유제층은 각각 선택적인 감광성을 갖고 있기 때문에 유제층에는 색소를 형성하는 발색제(coupler)가 포함되어 있으며, 그 구조는 다음과 같다.

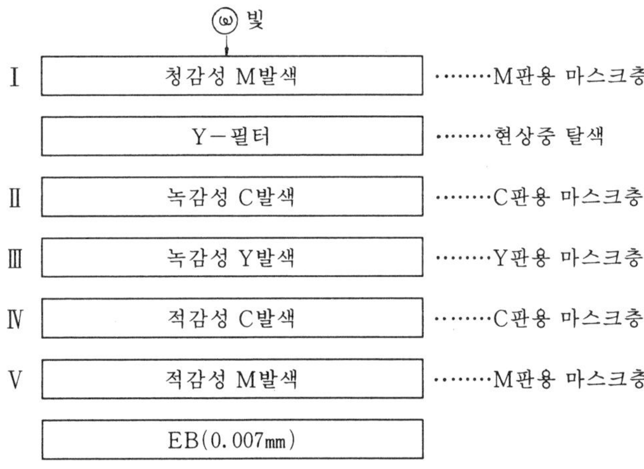

그림 5－33. 트라이마스크 필름 구조

그림 5－33에서 제1층의 아래에 있는 Y필터는 그보다 아래의 층에 청색광이 미치지 못하게 하는 역활을 하고 있다.

원고를 투과한 빛, 또는 반사하여온 빛은 각 층의 적당한 필터의 작용에 의하여 각 각의 유제층에 화상(image)을 만든다.

노광된 필름은 칼라현상액에 의하여 현상되어 각 층 속에 현상된 은의 양에 비례하여 염료화상이 형성되고, 현상이 끝나면 미노광의 할로겐화은과 화상부에 현상된 금속은은 정착액에 의하여 제거되며, 동시에 황색필타층도 같이 제거된다. 따라서 필름속에 남는 염료화상이 필요한 마스크 화상이 된다.

이 필름은 그림 5－33과 같이 제1층에서 5층까지 구성되어 있으며, 각

층마다 사진적인 특성이 다르다.

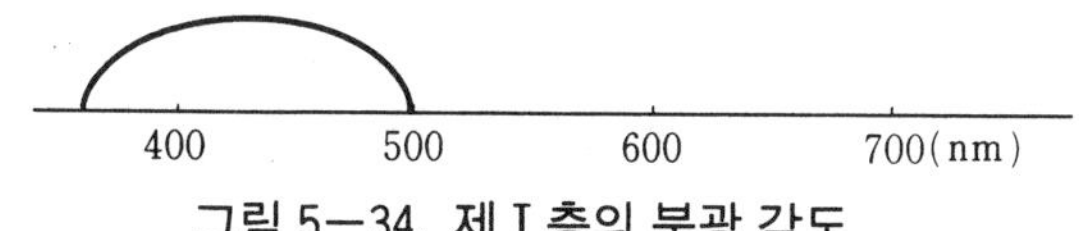

그림 5-34. 제 I 층의 분광 감도

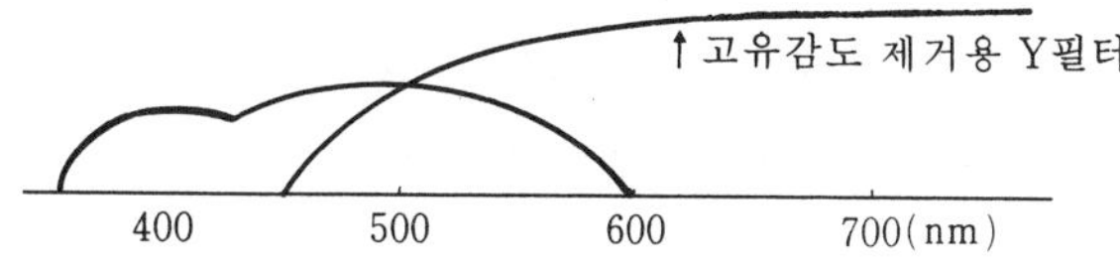

그림 5-35. 제 II, III층의 분광 감도

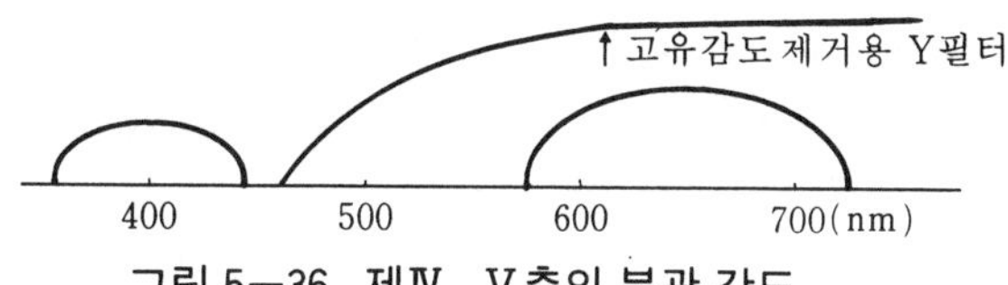

그림 5-36. 제 IV, V층의 분광 감도

① 제1층의 특성

보통마스크의 제작은 모두 빛에 감하는 판크로필름에 청(B)필터를 걸고 청광만을 감광시켜 마스크를 만들지만, 여기서는 반대로 백광이 감광면에 닿아도 감광유제가 청광에만 감하는 레귤러(Regular) 유제로 하고, 결과적으로 판크로 필름을 사용한 것과 같은 작용을 시킨다. 따라서 그 유제특성을 마젠타(magenta) 판용 마스크필름(G광)으로 만든 마스크와 동일한 분광특성이 되도록 마젠타 발색을 시키면 Y잉크의 마젠타판의 영향을 보정할 수가 있다.

② 제2층의 특성

제1층과 마찬가지로 C판용에 G필터로 만든 마스크와 동일한 효과를 거두기 위해서 녹색(green)에만 감하는 유제를 사용하면 이상적이나, 할로겐화은유제에는 반드시 고유감광성을 단파장에 갖고 있기 때문에, 실제로는 올소(ortho) 유제에 Y필터를 걸고 고유감광성부분(자외선에서 청광부)을 컷트(cut)하여 사용한다.

③ 제3층의 특성

황판용으로서 녹(G)필터로 만든 마스크에 해당된다. 이 층은 제2층과 같은 감광유제 특성을 갖게하고, Y발색을 하도록 만들어져 있다.

④ 제4층의 특성

C판용으로 적(R)필터로 마스크를 만든 것에 해당된다. 이 층은 녹(G)비감광성유제로서 고유감광성부분을 Y필터로 컷트하여 사용한다.

⑤ 제5층의 특성

마젠타판용으로서 적(R)필터로 만든 마스크에 해당된다. 이 층은 제4층과 마찬가지로 녹(G)비감광성유제로 고유감광부분을 컷트(cut)하여 사용하며, 마젠타커플러를 함유시켜 놓고 현상처리로 마젠타발색을 시킨다.

이와같이 다층마스크필름을 구성하여 놓으면 1회 노광, 1회 발색 현상에 의하여 다른 실버 마스크 법과 동일한 색 보정 효과를 얻을 수 있으며, 더욱 1회 처리이기 때문에 특성곡선의 바란스가 유지되어 칼라 바란스의 재현성이 좋고 작업 관리가 쉽다.

4) 스캐너용 필름(Scanner Film)

칼라스캐너는 연속계조용과 망사진용이 있으므로, 필름도 이에 알맞는 것을 사용해야 한다. 연속계조의 필름은 계조가 균일해야 하며 해상성, 입상성이 좋아야 한다. 보통 색분해용은 판크로(panchromatic)형인데 칼라스캐너용은 반드시 판크로형일 필요는 없다. 광원이 레이저(laser)광인 경우에는 감광제의 분광특성을 레이저 광의 파장에 맞춰야 한다. 레이저 광의 파장은 좁은 범위로 한정되어 있으므로, 그 파장 근처에서 최대 감광도를 갖는 감색성을 가지면 된다.

현재 칼라스캐너에 사용되는 레이저는 He－Ne 레이저(632.8nm)와 알곤 레이저(488nm, 514.5nm)가 있다. 따라서 He－Ne레이저 광원의 스캐너에는 판크로형 필름을 알곤 레이저에는 올소형 필름을 488nm의 레이저는 레귤러형의 필름을 사용해야 한다.

5) 명실용필름(LightRoom Film)

명실필름은 자외선(단파장)에 고유의 감도를 가지며, 가시광 영역에 대한 감도를 억제한 리즈필름으로 백열 텅그스텐 전구나 백색 형광등 밑에서 작업할 수 있으며, 보통 밀착용프린타는 사용할 수가 없다.

필름의 처리약품은 보통 사용되고 있는 리즈형의 것을 그대로 사용하며, 노광 허용도나 현상허용도는 그림 5－38에서처럼 적정노광에 대해 －30%～＋200%의 변동 노광을 주어도 50%망점의 변동은 ±4% 정도이고, 또한 현상허용도를 보면 현상시간이 1분 30초에서 2분의 범위내에

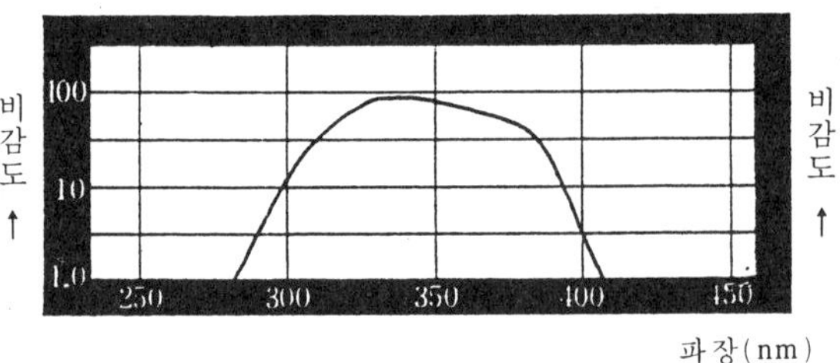

그림 5－37. 명실용 필름의 분광감도

서는, 50%망점에서 4%정도의 변동폭으로 허용도가 비교적 큰 편이다. 명실필름에는 은염필름과 비은염필름이 있다.

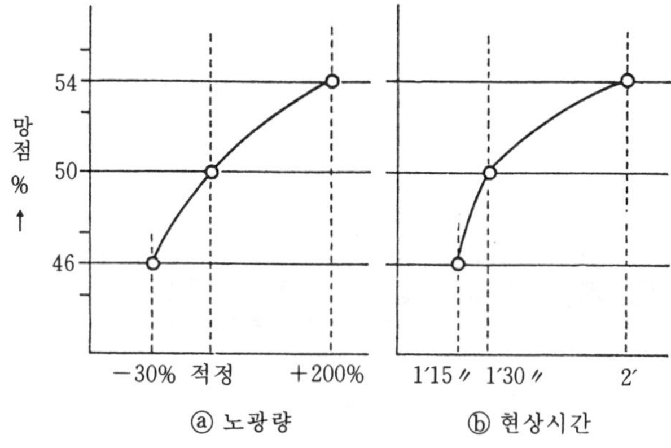

그림 5—38. 노광허용도(a)와 현상허용도(b)

6) 특수필름

(1) 오토 포지티브 필름(Auto positive Film)

구조적으로는 일반 필름과 같으나, 이 필름은 이미 전 노광이 주어져 있고, 또 여기에 장파장 광을 주면 화상이 반전한다는 허쉘효과(herschel effect)를 이용한 것으로서, 그대로 현상하면 전면이 까맣게 되지만, 현상전에 황색광으로 노광하면 전면에 형성되어 있던 잠상이 파괴되어 흑화되지 않는다.

또한 황색광에 의하여 파괴되었던 잠상은 백색광을 쪼이면 다시 본래의 상태로 되돌아 가는 성질을 갖고 있으므로, 한번 빛쬠한 화상을 지워 버리고 새로운 화상을 빛쬠할 수가 있다.

(2) 듀프리케이팅필름(Duplicating Film)

이 필름은 솔라리제이션(Solarization)현상을 이용한 것으로서, 오토 포지티브 필름과는 달라서 백색광으로 빛쬠이 가능하다. 그러나 오토포지티브필름처럼 한번 빛쬠한 화상을 다시 지워 버릴 수는 없다. 이러한 반전필름은 모두 감도가 비교적 낮아서 주로 밀착용으로 사용된다.

(3) 오토 스크린필름(Auto screen Film)

보통 망촬영은 스크린과 리즈필름을 사용하여 행하지만, 오토 스크린 필름(Auto screen Film)은 스크린없이 연속계조화상에서 망점화상이 얻어지는 특수한 필름으로, 필름자체에 스크린을 사용한 것과 같은 효과를 일으키게 만들어졌다.

즉, 이 필름은 보통 필름처럼 유제의 감도가 전체적으로 같지않도록 유제의 전면이 규칙·바르게 배열된 무수한 감광점으로 구성되어 있다.

이 감광점 하나 하나는 중심부가 고감도이며, 그 주변은 감도가 낮게 되어 있다. 이 결과 약한 빛에서 고감도의 중심부도 감광되지 않기때문에 현상하면 작은 망점이 되고, 강한 빛에서는 저감도의 주변부까지 감광하여 큰 망점으로 된다. 따라서 결과적으로 스크린을 사용한 것과 같은 망점이 형성된다.

그림 5-39, 그림 5-40은 콘택트스크린에 의한 망점형성원리와 오토스크린필름에 의한 망점형성원리를 비교한 것이다.

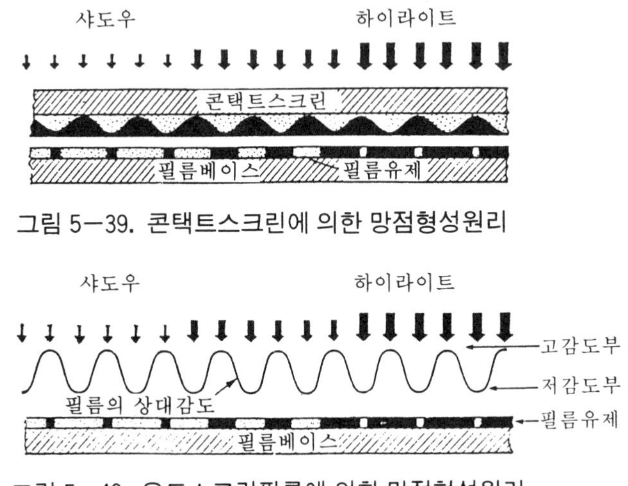

그림 5-39. 콘택트스크린에 의한 망점형성원리

그림 5-40. 오토스크린필름에 의한 망점형성원리

제 6 장
색분해와 마스킹

제6장
색분해와 마스킹

칼라 사진(color photography)이나 칼라 필름같은 원고를 인쇄로 재현하려면 그 원고가 가지고 있는 색수만큼 판을 만들어 겹쳐 인쇄해야 한다. 그러나 이것은 현실적으로 불가능 하다. 따라서 필요한 색의 수를 정리하여 원고와 비슷한 효과를 재현하는 방법이 오랫 동안 여러 사람들에 의하여 연구되어 왔다.

그 결과 현재는 모든 색에 감광화하는 감광재료와 필요한 색만을 선택적으로 투과 흡수시켜 주는 필터(filter)를 사용하여 만족할만한 색재현을 할 수 있게 되었다. 색재현(color reproduction)의 이해는 빛의 성질을 이해하는 것으로부터 시작되어야 한다.

6—1. 빛과 삼원색의 원리

빛은 전자파의 일종으로서 400~700nm까지의 파장을 가시광선(visible rays)이라하며, 이 광선을 400~500nm, 500~600nm, 600~700nm으로 3등분하면 이들 분활광은 각각 청자(Blue)광, 녹(Green)광, 적(Red)광으로 우리들의 눈에 감지된다. 이것은 모든 색을 포함하는 자연광(백광)의 400~500nm을 투과하고 나머지를 흡수하는 청자필터(Blue Filter), 500~600nm을 투과하고 나머지를 흡수하는 녹색필터(Green Filter), 600~700nm을 투과하고 나머지를 흡수하는 적필터(Red Filter)로 각각 3등분하여 분해하면 3원색의 원리에 따라 삼색분해가 가능하게 된다. 청자광, 녹색광, 적색광을 각각 B, G, R로 하고 모든 색광을 포함하는 백색광을 W라고 하면

$$R+G+B=W$$
$$R+G=W-B$$
$$G+B=W-R$$
$$R+B=W-G$$

다시 이들 R, G, B광을 3원색으로 해서 여러 가지 비율로 혼합하면 여러 가지 색광을 만들 수 있는데, 이와같이 혼합해서 많은 색을 재현시키는 것을 가색혼합(addive color mixture)이라고 한다.

또한 빛의 3원색 중에서 두 색광을 혼합하면 다음과 같이 된다.

$$G+B=C(cyan)=W-R$$
$$B+R=M(magenta)=W-G$$

R+G=Y(yellow)=W−B

사이안(cyan), 마젠타(magenta), 예로우(yellow)의 비율을 여러가지로 하여 겹치면 무수한 색이 재현된다. 이때 M, Y, C를 색재(color material)의 3원색이라하고, 이것을 혼합하면 점점 어두워지므로 감색혼합(subtractive color mixture)이라고 하며, 사이안과 적색광, 마젠타와 녹색광, 옐로우와 청자광의 관계를 서로 보색(comprementary color)이라고 한다.

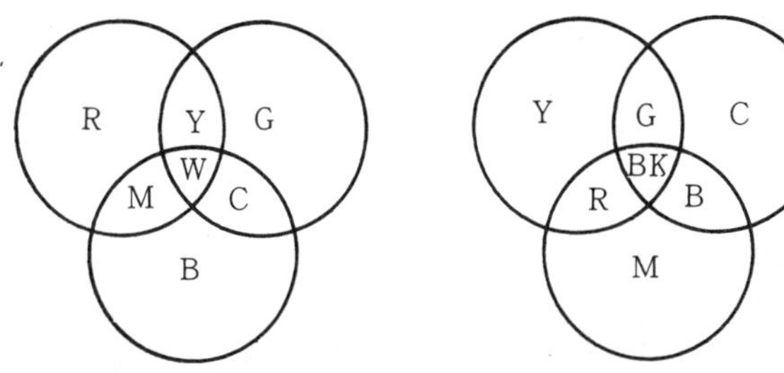

그림 6−1. 광의 3원색(가색혼합) 그림 6−2. 색재의 3원색(감색혼합)

1. 3원색 재현원리

칼라 인쇄원고는 일반적으로 파장의 3원색인 R, G, B와 색재의 3원색인 Y, M, C 그리고 먹색(Black)과 흰색(White)을 합하여 8색으로 구성되었다고 볼 수 있다.

따라서 이 원고는 B, G, R의 필터로 분해 촬영하면 각각의 분해네가가 얻어진다.

이 때 필요한 감광재료는 판크로 필름이며, 분해네가의 흑화농도가 생긴부분은 분해 필터를 통과한 빛에 의한 것이다.

1) 가색혼합에 의한 색재현

색재현에서 얻은 3매의 분해포지(separation positive)에 동일한 필터를 통해서 만든 색광을 투영판에 투영해 보면, 밝게 투영된 부분은 각각의 색광으로 조사되고, 불투명 부분은 빛이 전부 흡수되어 투영판에 도달하지 않는다. 원고의 흰 부분은 R, G, B에 투영되므로 R+G+B=W로되어 희게 된다. 원고의 검은 부분은 각각의 분해포지에서 R, G, B의 모두가 흡수되므로 전혀 빛이 도달하지 않아 검게 된다. 또한 원고의 R, G, B는 각각의 색광만이 투영되므로 R, G, B가 그대로 재현되고, 원고의 C, M, Y는 각각 G와 B, B+R, G+R로 혼하되어 C, M, Y로 합성재현된다. 이렇게 재현되는 것은 가색혼합에 의한 색재현이라고 한다. (그림 6−4)

2) 감색 혼합에 의한 색재현

감색혼합에 의한 색재현은 투영광을 없애버리면 재현상도 없어져 투영화상을 기록해 둘 수가 없다. 여기에서 천연색 사진이나 다색인쇄와 같이 필름이나 종이 위에 기록하여 고정시키기 위한 방법이다.

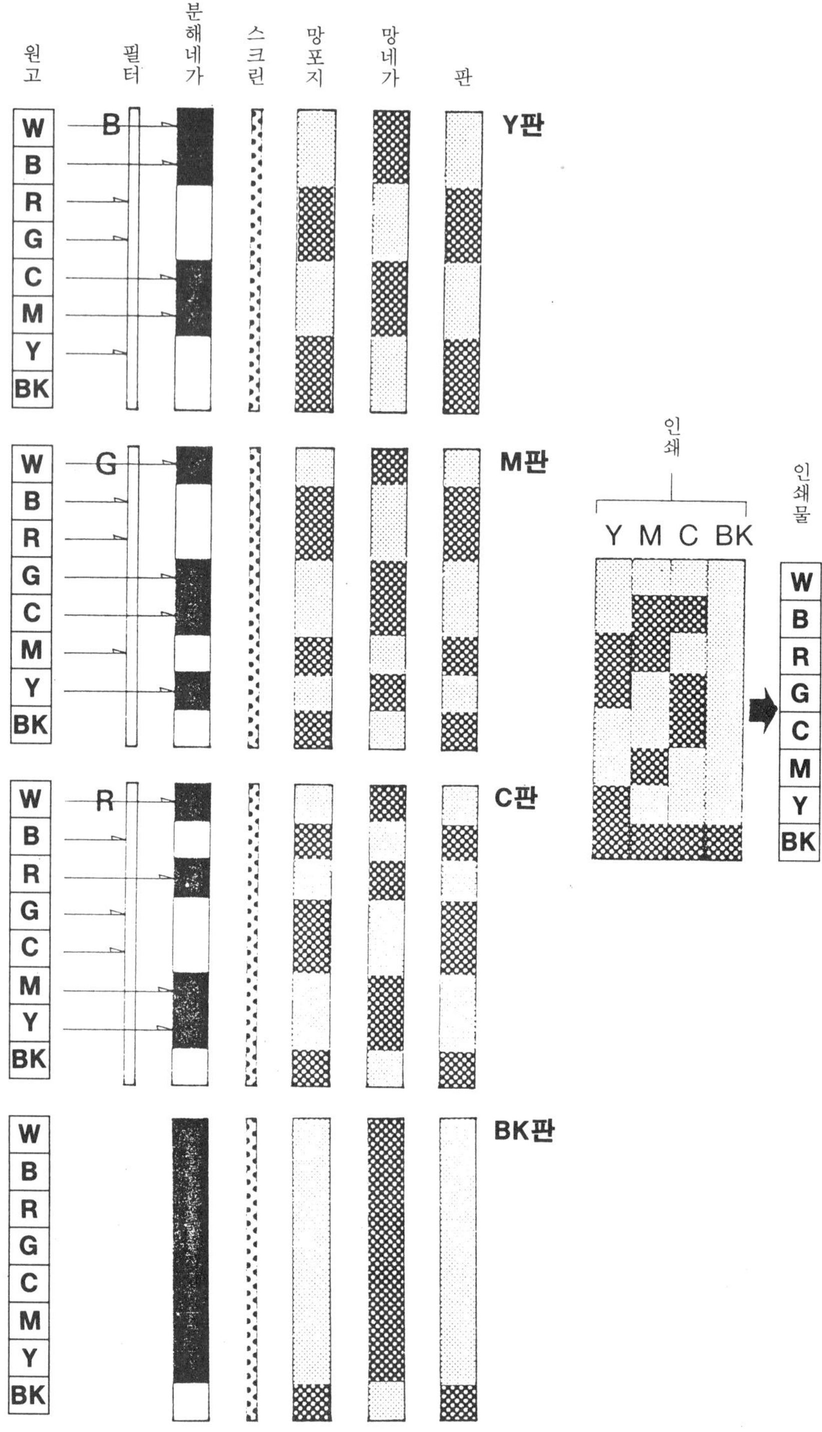

그림 6—3. 삼색분해에 의한 색재현의 원리

원고에서 분해촬영하여 색재의 원색인 C성분의 인쇄판을 만들려면, C=B+G에서 −R이므로 R필터로 분해 촬영하여 R색성분을 필름에 기록한다. 이것의 포지는 W−R에서 B+G=C이므로 C잉크판을 만들면 된다.

M과 Y판 역시 같은 방법으로 만든다. 이렇게 해서 만든 인쇄판은 R, G, B필터의 보색인 C잉크, M잉크 Y잉크로 백지 위에 겹쳐 인쇄하면 원고의 색채가 재현된다. 원고의 흰부분은 각 판 모두 포지에서 투명하고 원고의 검은 부분은 C, M, Y의 3색이 모두 겹치므로 원고와 같은 색재현이 가능하다. 이렇게 재현되는 것을 감색 혼합에 의한 색재현이라고 한다.(그림 6−3)

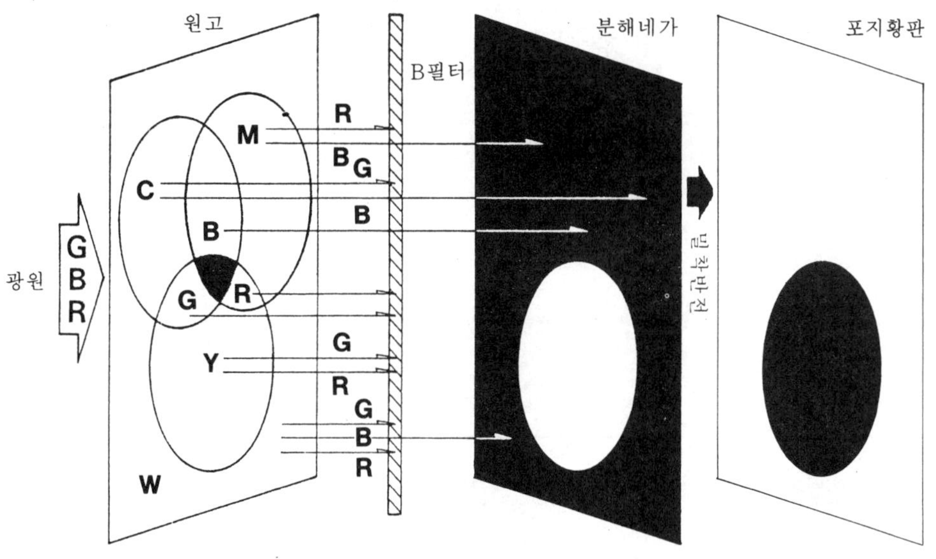

그림 6−4. 광혼합에 의한 필터 분해 원리

6−2. 색분해와 색수정

3색분해에 의하여 얻어진 R필터의 분해판(sparation plate)에는 사이안 잉크를, G필터 분해판은 마젠타 잉크를, B필터 분해판에는 엘로우 잉크를 사용하여 겹쳐 인쇄하는 것인데 일반적으로 사용되는 잉크는 빛에 대한 흡수나 반사가 완전하지 못하여 이상적인 재현이 불가능하다.

이러한 잉크의 결점을 보정하는 것이 색수정(color correction)이며, 일반적으로 마스킹(masking)법에 의하여 색수정을 한다. 사이안 잉크의 농도를 측정해보면 사이안의 보색은 R(C=−R)이므로, R필터에는 매우 높은 농도값이 기록되고, G필터에는 전혀 기록되지 말아야 한다. 그러나 실제로는 G필터에도 어느 정도 농도값이 나타난다. 이것은 당연히 G색광을 흡수하는 색인 마젠타 성분이 함유되어 있음을 뜻한다. 사이안 잉크는 또한 B필터에 대해서도 어느 정도 기록되므로 옐로우잉크 성분도 함유되어 있음을 알 수 있다. 마젠타잉크와 옐로우잉크에도 역시 G필터와 B필터이외의 필터에서도 기록된다.

이와같이 각각의 잉크는 불필요한 다른 색성분을 함유하고 있으므로, 이 색을 겹쳐 인쇄했을 경우에, 필요이상의 색이 더해져서 회색(gray)을 형성하여 전체적으로 색이 탁해진다.

이상적인 사이안잉크는 그림 6-5에서 점선으로 표시한 것처럼 R색광만을 흡수하고 B색광과 G색광을 완전히 반사하지 않으면 안되지만, 실제 사이안잉크는 완전 반사하여야할 B색광과 G색광을 상당량 흡수하고 있다.

따라서 각 잉크(ink)에 함유되어 있는 다른 잉크의 성분을 제거한다면 이상적인 색재현이 가능할 것이다.

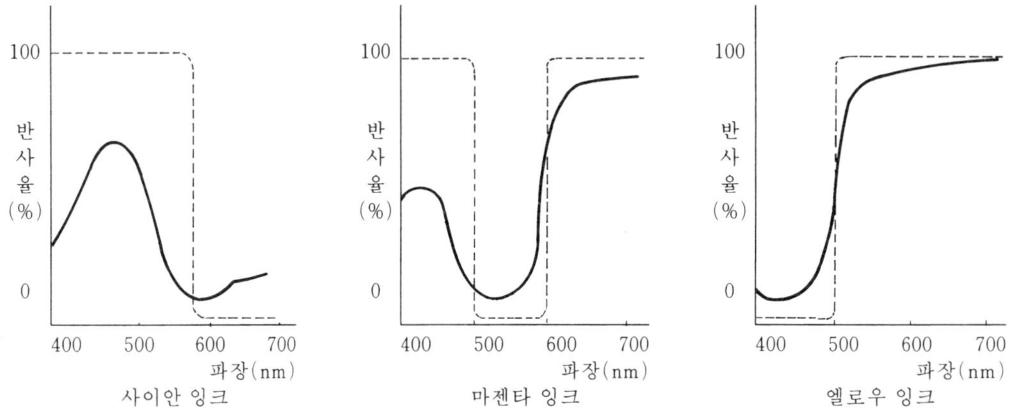

그림 6-5. 이상(점선)과 실제(실선)의 분광반사율 곡선

표 6-1. 프로세스 잉크의 색 농도

필터 \ 잉크	C	M	Y
No25(R)	1.30	0.18	0.06
No58(G)	0.44	1.23	0.12
No47(B)	0.22	0.55	1.13

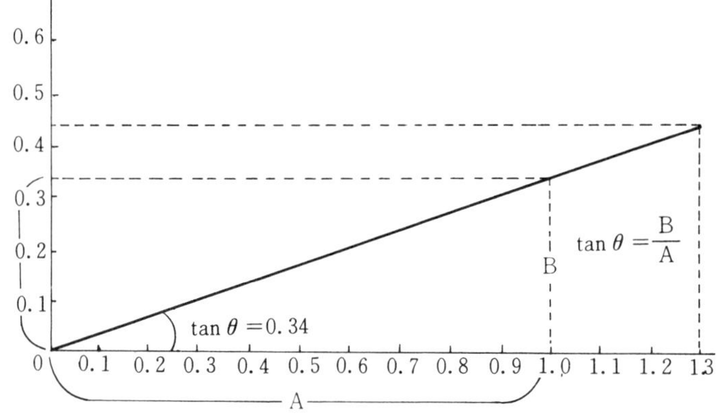

그림 6-6 잉크 보정량 산출 그래프(M/C)

표 6-1에서 사이안잉크를 예로 들면 사이안잉크는 마젠타잉크성분이 농도상으로 0.44가 함유되어 있으므로 사이안잉크와 마젠타잉크를 겹쳐 인쇄했을 경우 두 잉크가 겹치는 부분의 마젠타잉크성분이 필요한 농도보다 0.44가 더 많아지게 된다. 따라서 마젠타잉크성분을 적정량으로 유지하기 위해서는 겹치는 마젠타판의 농도를 0.44만큼 줄이면 된다.

마젠타 잉크와 옐로우잉크에 있어서도 같은 방법으로 할 수 있다.

이러한 잉크의 결합을 사진적인 방법으로 해결할 수가 있다.

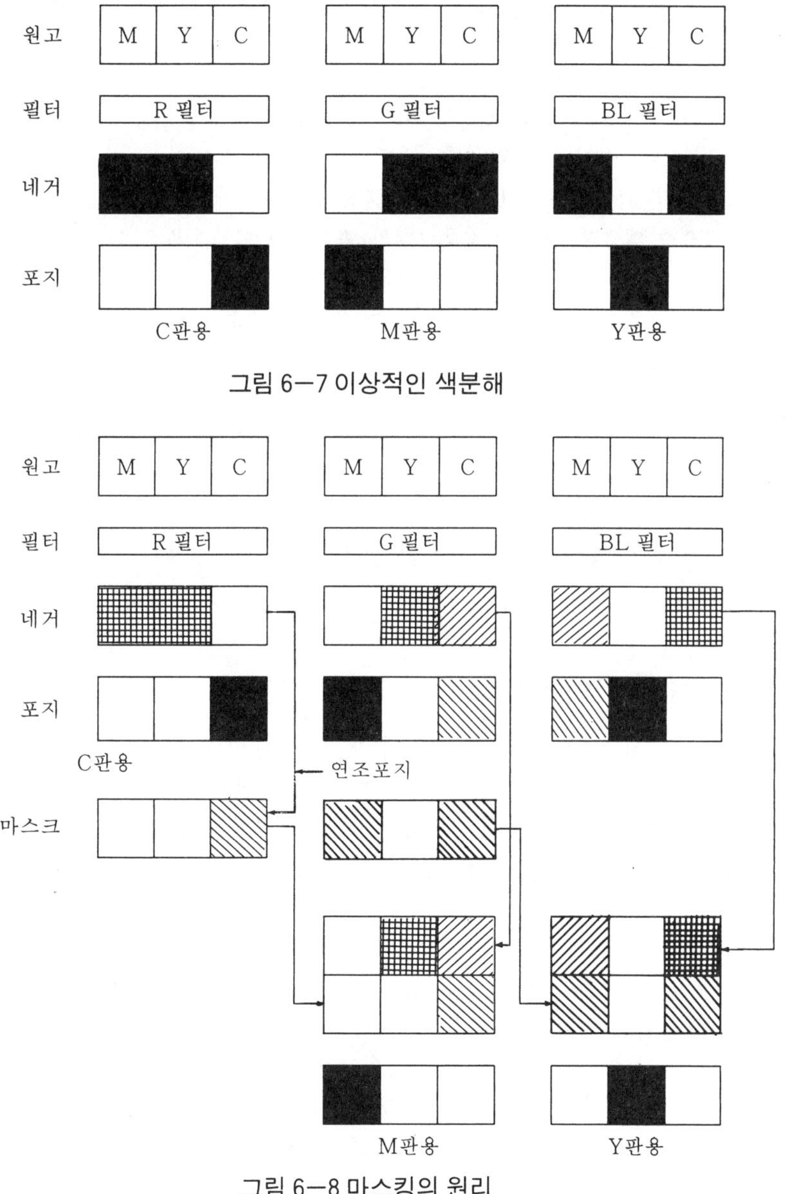

그림 6-7 이상적인 색분해

그림 6-8 마스킹의 원리

사이안 잉크에 함유되어 있는 마젠타성분을 마젠타잉크에서 그만치 줄이려면, 분해판제작 공정에서 사진적으로 처리되어야 한다.

먼저 샤이안분해 네가티브를 만들고 여기에서 34%의 포지티브(그림 6-6)를 만들어서 마젠타 분해 네가티브에 겹쳐서 마젠타 포지티브를 만든다. 이렇게 되면 마젠타 분해 네가티브를 투과하는 광량이 34%의 포지티브에 흡수되어 그 부분의 마젠타포지티브의 농도값을 저하시켜 주는 것이다.

이렇게 사진 화상을 겹쳐서 빛의 투과량을 억제하여 조정하는 것을 마스킹(masking)이라고 하며, 투과량을 억제하는데 사용되는 필름화상을 마스크(mask)라고 한다.

이러한 색수정마스크는 이론적으로는 C, M, Y판에 각각 2매씩 6매가 필요하나 실제로는 불가능하므로 이상 잉크에서 가장 많이 벗어나는 것을 선택적으로 수정하게 된다.

예를 들면 사이안판에서 필요한 마젠타 잉크 수정용 1매와, 마젠타판에서필요한 엘로우 잉크 수정용 1매가 필요하며 엘로우판은 엘로우 잉크가 이상 잉크에 가까우므로 색수정을 하지 않는다.

또한 마스킹은 색보정에만 사용되는 것이 아니고, 콘트라스트(contrast) 조정도 가능하므로 이것을 부분적으로 사용하면 하이라이트 콘트라스트와 샤도우 콘트라스트(shadwo contrast)를 조절할 수 있으며, 더욱 분색에 이용하면 색의 부분적 수정이 가능해진다. 또한 각 판에서 뉴트럴그레이(neutral gray)로 되는 부분을 제거하는데 사용하며, 밑색제거 즉, UCR(under color Removal)이 된다. 이처럼 마스킹은 사진제판공정의 모든 결함을 보완하는 수단으로 이용되어, 종래의 수공적 수정의 결점을 보완하고 또한 전자제판의 발달을 가져오게 하였다.

6—3. 톤수정마스킹

마스킹은 일반적으로 분해공정중에 행하여지는 색분해와는 불가분의 관계에 놓여 있다. 그 방법은 매우 다양해서 원고 또는 수정효과등에 따라 마스킹법을 선택한다. 마스킹의 성격, 마스킹의 종류, 기법등의 기준을 세우는 방법에 따라 많은 분류법이 있으며 수정에는 색수정(color correction)과 톤수정(tone correction)이 있다.

색분해의 노광비와 현상비를 조절하여 각 분해네가티브의 농도 및 감마값(γ)을 같게 만들어 이것을 망점 면적으로 바꾸어 인쇄했을 경우에도, 중성회색(감색법)이 안되는 것은 색잉크의 결함 때문이므로 색수정마스킹이 필요하다. 반사원고나 투과원고 간에 이와같은 색수정 마스킹이 필요한데, 특히 투과원고는 원고자체가 염료화상이기 때문에 실제와는 다른 색상을 나타낼 경우가 많다. 또한 망점을 넣을 경우의 연속계조화상은 대체로 일정한 농도 영역중에 있음이 필요하다. 특히, 투과원고에서는 넓은 농도영역(density range)을 갖는 수가 많기 때문에 이것을

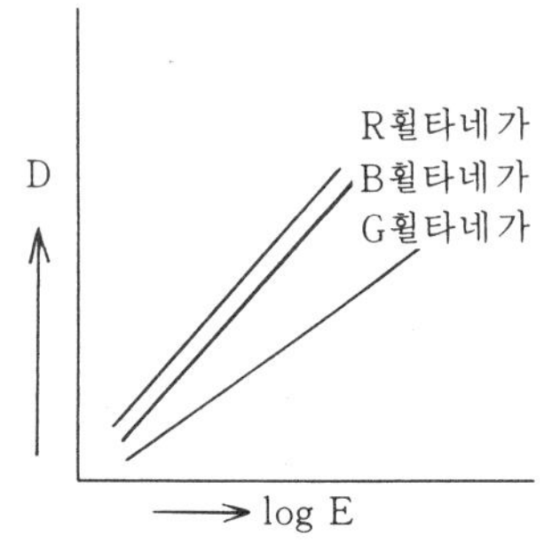

그림 6—9. 각 분해네가티브의 감마값(γ)

압축해서 톤(ton)을 조절할 필요가 있는데, 이것이 톤수정마스킹이며 이것은 연속계조의 원고를 비연속 망점 면적으로 분할해서 표현할 때 잉크의 농담 또는 잉크피막의 두께, 종이의 성질등에도 관계되지만, 표현할 수 있는 농도영역에는 한계가 있으므로 투과원고에서는 원고의 농도역을 압축해서 망촬영에 적당한 농도역으로 만드는 것이 일반적이나 반사원고는 농도영역이 그리 크지 않기 때문에 색수정이 주가 된다. 또한 색수정을 하면 자연히 농도영역도 감소하기 때문에 콘트라스트 저하용 마스킹을 할 필요가 없다. 그러나 색수정 마스킹을 안하는 판(plate)에 대해서는 딴판과의 균형을 맞추기위해 그것만 단독으로 전체의 콘트라스트 저하 마스킹을 하는 경우가 있다.

원고의 하이라이트부, 샤도우부에서 특히 강조하고자 하는 톤을 얻고자 할 때는 이 부분만의 콘트라스트를 높이는 경우가 있다. 반사 원고에서는 반드시 색수정 마스킹을 해야함으로 톤수정이 필요하며, 색수정과 함께 분해공정에서 한다.

톤수정마스크에는 하이라이트마스크, 샤도우마스크, 콘트라스트저하마스크 등이 있다.

1. 콘트라스트 저하 마스크

칼라필름의 농도역(Density Range)은 2.0~2.8 정도로서 전 농도역을 인쇄물로 재현 시키는 것은 불가능하므로 원고의 톤을 변화시켜 콘트라스틀 저하시키지 않으면 안된다.

그림 6—10에서 예를 들으면 투과 원고 AB를 노광밀착해서 농도가 낮은 네가 마스크를 만든다음, 원고와 작성된 마스크를 겹치게하면 전체의 농도가 올라가서 AB의 농도영역은 A′B′로 축소되어 콘트라스트가 저하된다.

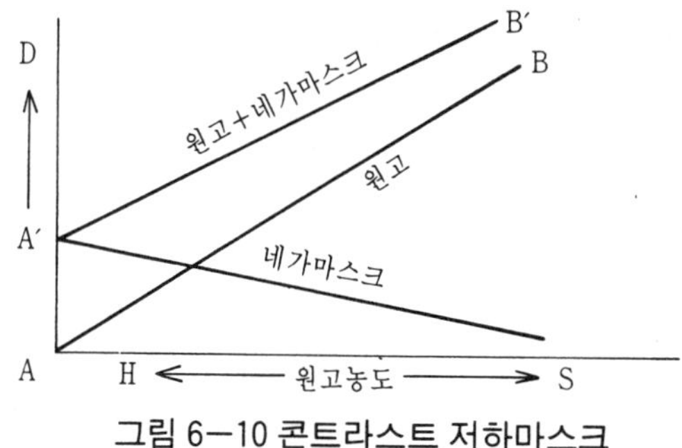

그림 6—10 콘트라스트 저하마스크

그러나 색분해 작업에서 콘트라스트 저하만을 목적으로 하여 단독으로 마스크를 만드는 일은 거의 없다.

2. 하이라이트 마스크

원고가 가지고 있는 하이라이트를 특히 강조하고자 할때, 전체의 톤

(계조)을 정리하고자 할때 하이라이트 마스크를 사용하는 경우가 많다.

마스크용 감광재료는 리즈필름을 사용하며, 그림 6-11처럼 원고에서 밀착 노광하여 하이라이트 부분만을 기록시킨 엷은 마스크를 만든다.

마스크의 최고 농도는 0.2~0.6정도로, 칼라원고가 하이키(high key)인 경우에는 마스크의 최고 농도를 약간 높게 하고, 로우키(low key)인 경우에는 반대로 낮게 만든다.

색수정 마스크를 만들때는 이 하이라이트 마스크를 칼라원고에 밀착한다. 하이라이트 마스크를 사용하여 만든 색수정 마스크는 하이라이트 상태가 원만하므로 원고와 밀착한 경우 하이라이트부가 상대적으로 콘트라스트가 된다.

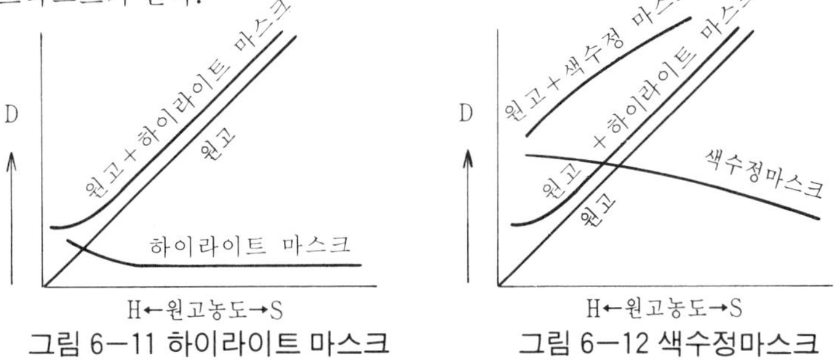

그림 6-11 하이라이트 마스크 그림 6-12 색수정마스크

6-4. 반사원고 분해마스킹

1. 카메라백실버마스크(Camera back silver mask)

이것은 1960년에 코닥사(Kodak)가 발표한 것으로 일반적인 색수정법이다.

일반적인 색수정의 원리는 각 잉크의 불필요한 흡수를 보정하기 위해서 각 판에 2매의 마스크(전체 6매)가 필요하게 된다.

그러나 현실적으로 옐로우판에 영향을 주는 마젠타잉크와 사이안 잉크의 불필요 흡수 성분은 균형화된 잉크를 사용하여 G필터 1매를 옐로우판에 걸면된다. 다음에 마젠타판에 나쁜 영향을 주는 옐로우 잉크와 사이안 잉크의 불필요한 흡수는 1매의 마스크 필터로 동시에 보정할 수가 없으므로, 옐로우잉크의 악영향을 보정하기 위해서 B필터마스크를, 그리고 사이안 잉크의 보정을 위해서 R필터 마스크가 필요하게 된다. 그러나 실제작업에서는 1매의 감광재료에 각각의 마스크량에 따라서 분활노광(split Filter method)을 하는 것이므로, 결과적으로 1매의 마스크로 된다.

사이안판에 대한 마스크는 이 판에 영향을 주는 것이 적기 때문에 고려하지 않아도 된다. 그러므로 사이안판용 마스크는 G필터마스크 1매로서 충분하다.

그러나 G필터의 마스크량은 다른 판의 마스크량에 비하여 매우 적기 때문에, 사이안판 만은 마스크량이 적어서 분해작업이 어려워진다. 이런 까닭으로 사이안판에는 색보정에 관계없이 R필터 마스크를 더한다. 그러나 실제로는 G필터로 감광재료에 노광한 다음에 R필터 노광을 하면 된다.

먹(black)판에서는 이미 다른 판에 사용한 3개의 분해필터를 다시 사용하여 분할 노광을 해서 마스크를 만든다.

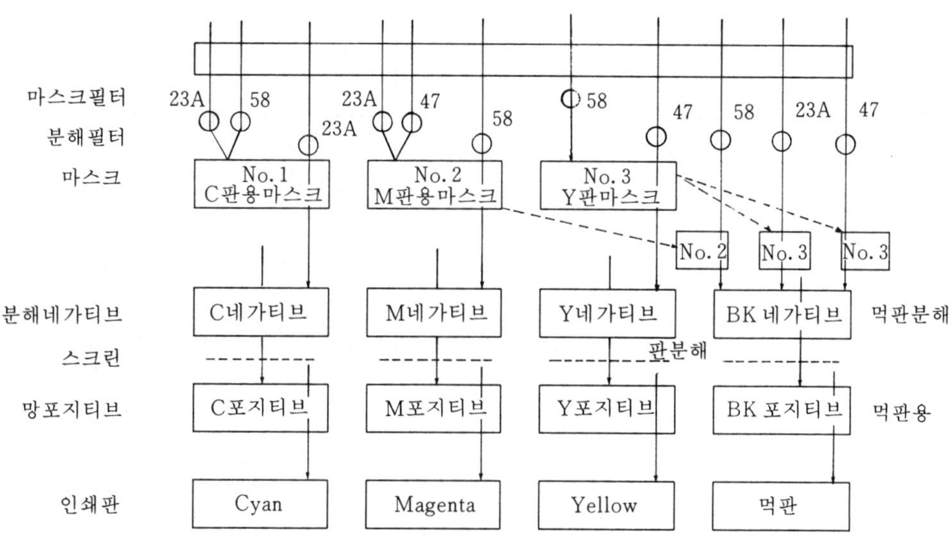

그림 6—13. 카메라 백 실버 마스크의 공정

2. 카메라 백 실버마스크 제작(Camera back silver mask)

1) 원고준비와 마스크제작

반사용 그레이스케일(gray scale)의 농도 0.0에 A표시를, 농도 1.6에 B표시를 하여 AB의 농도영역을 1.60으로 하고, AB의 중간 농도인 0.70에 M표시를 하여3점 기준법으로 한다. 카메라 원고틀에 원고와 그레이스케일 및 칼라팻치(color patch)와 레지스터마크(Register mark) 등을 놓고 촬영준비를 한다.

2) 마스크제작

먼저 흑화(fog)된 분해 네가 티브 필름에 레지스터펀치(Register punch)로 구멍을 뚫고 핀(pin)에 맞추어 바큠백(vacuumback) 위에 놓는다.

다음에 판마스킹 필름 유제층의 막면을 흑화 필름막면과 맞대여 놓는다.

① 작업조건

광원 : 500w사진전구 4

조리개 : f/22

배율 : 원치수(100%)

현상액 : DK－50(1 : 1), 20℃
필름 : Kodak Pan-masking Film(EB)

표 6－2. 코닥 판 마스킹의 데이타

코닥 판마스크 필름(EB)사용제작 예				
마스크	래턴 필터	ND 필터	노광시간	현상시간
사이안 마스크 (No.1)	No.23A No.58	－ －	7″ 14″	2′30″
마젠타 마스크 (No.2)	23A No.47	－ ND 1.00	9″ 3″	2′30″
엘로우 마스크 (No.3)	No.58	－	17″	3′00″

② 마스크 점검 및 수정

완성된 마스크의 농도를 측정하여 다음과 같은 값이 되도록 한다.

M	N	A－B
0.55±0.05	0.01∼－0.10	0.60±0.05

N＝(M－B)∼(A－M)

M팻치(patch)농도가 지정농도(0.55)보다 높을 경우, 노광 시간만을 줄이고 낮을 경우 노광시간을 증가시킨다.

AB농도영역은 현상시간으로 조절한다.

AB농도영역이 지정농도(0.06±0.05)보다 높을 경우 현상시간을 줄이고, 낮은 경우 현상 시간을 증가시킨다. N값 AB농도영역이 모두 지정값과 다를 경우에는 먼저 N값을 보정하고 다음에 AB값을 보정한다.

일반적으로 노광시간을 5% 바꾸면 마스크 N값은 약 0.01 현상 시간을 3% 변화시키면 AB농도 영역이 약 0.02가 변화한다.

3) 분해네가티브제작

① 분해작업

4매의 분해용필름에 펀치구멍을 뚫어 유제면이 위로 오게 바큠백(vacuum back)에 놓고 그 위에 마스크 막면을 겹치도록 셋트한다. 광원조건 조리개, 치수 등은 마스크제작 때와 동일하다.

표 6－3. 코닥분해 네가작성 데이타

판	사용 마스크	분해 필터	ND.필터	노광시간	현상시간
C판	No.1	23A	ND 0.60	9″	4′20″
M판	No.2	58		19″	3′30″
Y판	No.3	47		22″	4′00″
먹판	No.1 No.2 No.3	23A 58 47	ND 0.60	8″ 8″ 6″	4′15″

② 분해네가티브의 점검 및 보정

측정 결과 그 값이 지정보다 다를 경우에는 마스크보정과 같은 방법으로 보정한다. 만약 사이안판 분해네가티브(mask No.1)에서 M과 R의 팻치농도가 W팻치(patch)농도와 동일한 경우, 엘로우판 분해 네가티브(mask No3)에서 B팻치 농도가 W 팻치 농도와 동일하면, 정상적이며, 마젠타판 분해네가티브(mask No.2)에서 G팻치농도가 W팻치의 농도와 동일하며, 또한 먹판 분해네가티브에서 R와 G팻치가 같은 농도이면서 B팻치보다 약간 높은 농도를 가지면, 정상적인 분해네가티브가 얻어진 것이다.

표 6—4. 분해네가티브의 기준값

분해판	B	A—M	MB
C판	0.20 이상	0.80±0.05	0.60±0.05
M판	0.20 이상	0.65±0.05	0.60±0.05
Y판	0.20 이상	0.65±0.05	0.60±0.05
먹판	0.50 이상	————	0.60±0.90

6—5. 투과원고 분해마스킹

칼라필름이 인쇄 원고로서 반사 원고보다는 여러 가지 장점을 가지고 있으나, 이 또한 제조회사에 따라 필름자체의 특성, 계조 및 연속성(색조 및 색포화도)등이 다르기 때문에, 이러한 필름의 특성을 미리 알아서 마스킹이나 색분해공정에서 고려되어야 한다. 투과원고의 마스킹법에는 여러 가지가 있으나, 알파벳마스킹법이 가장 일반적이다.

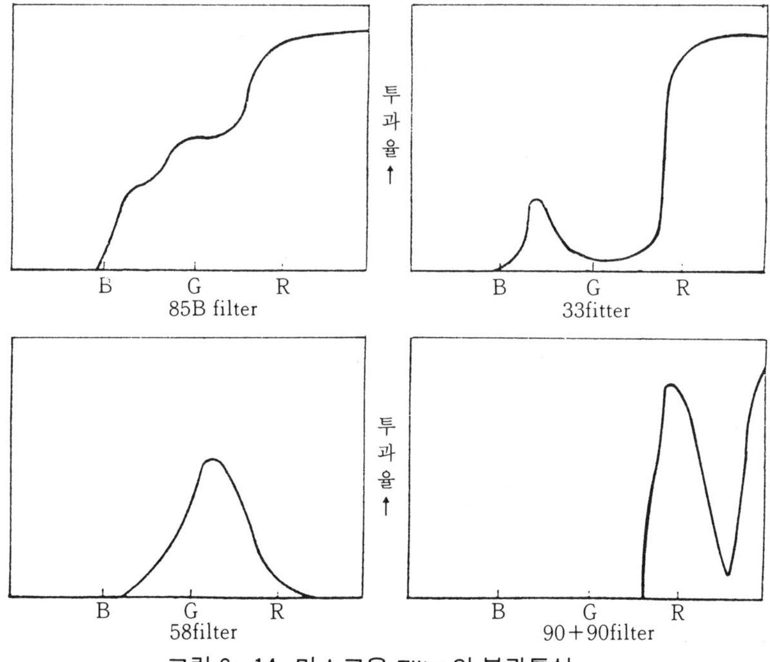

그림 6—14. 마스크용 Filter의 분광특성

1. 알파벳 은마스크(alphabet silver mask)

이것은 사진적마스킹으로 가장 효과적이며, 유연성이 풍부하고 색보정의 원리상 무리가 없는 방법이다. 이 마스킹은 각 판에 대하여 2매의 마스크를 사용하고, 불필요한 것은 생략하며(엘로우의 사이안판에 대한 영향은 10% 이하이므로 생략한다) 겸용해도 좋은 판(엘로우)은 1매의 필터 마스크로 겸용한다. 마젠타판에 대해서도 B필터성분과 R필터성분을 지닌 2색상 필터를 사용하여 노광을 1회만하는 등 합리적인 마스킹 분해법이다.

85B 필터는 2색성 필터로 사이안판에서 콘트라스트만을 낮추고 색보정에는 별로 관계가 없는 R성분을 지닌 것이며, No33의 2색성 필터는 마젠타판에서 엘로우잉크의 영향과 사이안잉크의 영향을 동시에 억제한다. 다시 말하면 No33필터의 청자(Blue)투과 부분에 의하여 엘로우판 네가티브가 만들어지기 때문에, 엘로우 잉크의 녹색(Green)불필요 흡수부분을 보정해준다.

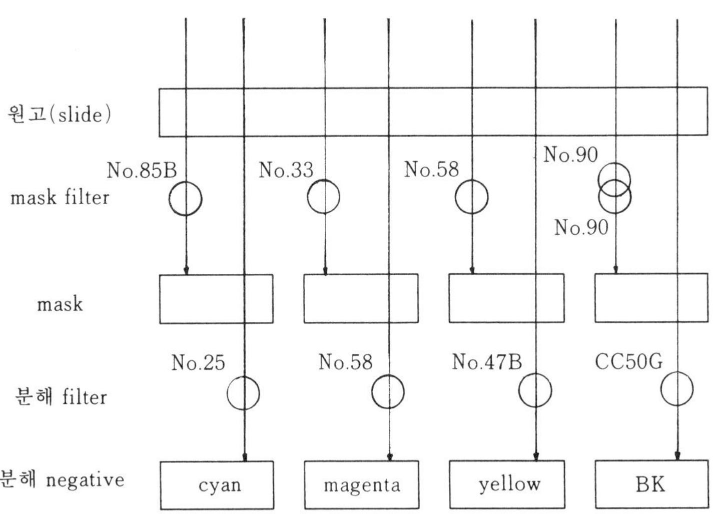

그림 6—15. 알파벳마스크법의 공정

2. 알파벳 은마스크제작

1) 원고의 준비

스텝타블레이트(step tablet)의 농도를 측정하여 0.40 또는 그것에 가장 가까운 곳에 A표를 2.40에 B를 표시한다. A~B의 차인 농도영역은 2.00 또는 이에 가까운 값으로 한다. 또한 1.30농도에 M표시를 하여 3점 기준법의 중간 점검에 사용한다. A, B표시는 마스크 점검용으로 사용되기 때문에 원고가 바뀌어도 그대로 둔다. 원고의 하이라이트로 표현될 장소의 농도를 측정하여 이에 가장 가까운 스텝타블레이트농도에 H표를 붙인다. 이보다 2.00 높은 농도의 스텝에 X 표시를 한다. 스텝타블레이트의 검은쪽 끝에 불투명 테이프를 붙이고 F표시를 한다.(F는 흑화농도측정용). HXF는 분해네가티브의 점검용이다.

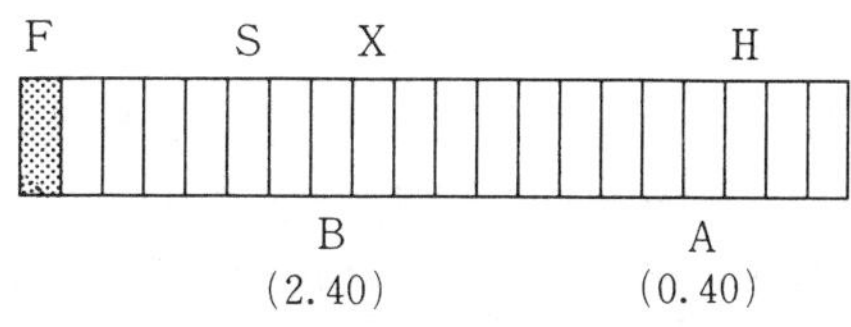

그림 6-16. 마스크 제작 점검 표시

2) 마스크제작

밀착틀 위에 그림 6-17에서와 같이 투과원고(슬라이드) 디퓨죤시트(diffusion sheet), 마스크필름을 순서대로 셋트한다. 마스크는 흐림 마스크를 하기 위하여 디퓨죤시트를 원고와 마스크 필름사이에 넣는데, 시트의 막면은 원고를 행하게 한다.

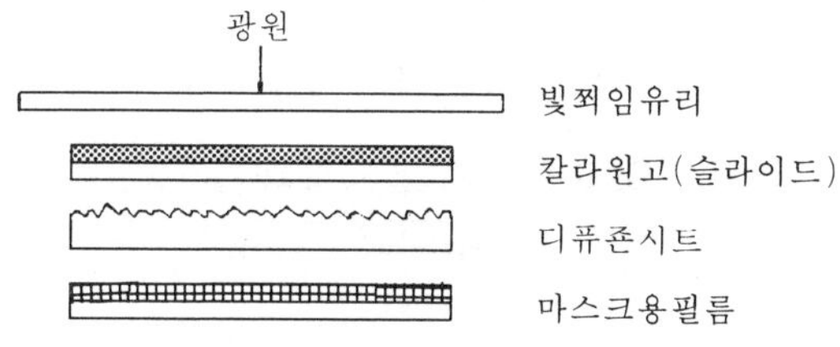

그림 6-17. 마스크 제작

제작 준비가 완료됐으면 필터를 바꾸어 가며 순차적으로 노광 현상을 하여 4매의 마스크를 만든다.

표 6-5. 분해 필터와 마스크판

마스크 No.	마스크용 필터	비 고
1. 사이안판용	85B+81EF	85=Blue
2. 마젠타판용	33+81EF	33=Magente
3. 옐로우판용	58	58=Green
4. 먹판용	90+90	90=Yellow

① 마스크 점검 및 보정

완성된 마스크의 농도를 측정하여 다음과 같은 값이 되도록 한다.

스텝타블레이트	B표시	N값	A-B
마 스 크	0.25±0.05	0.20±0.05	0.90±0.10

{(N)값=(M-B)-(A-M)}

A, M, B의 각 팻치(Patch)를 측정한 다음 B팻치 농도가 지정농도(0.25±0.05)보다 높을 경우 노광시간을 감소하고, 낮을 경우는 노광시간

을 증가시키며, 마스크 N값도 주로 노광에 의해서 결정된다.

A~B의 농도영역이 지정농도보다 높을 경우 현상시간을 줄이고, 낮을 경우 현상시간을 증가시킨다.

3) 분해 네가티브 제작

① 분해작업

다음 그림 6-18과 같은 순서로 마스크, 원고, 분해용 필름의 순서로 셋트하여 분해 필터를 바꾸어 가며 순차 노광 현상한다.

사이안판의 경우 No.25필터 대신에 No.29를 사용하기도 한다. No.29필터는 적색(Red) 부분의 청자(Blue)성분을 적게한다.

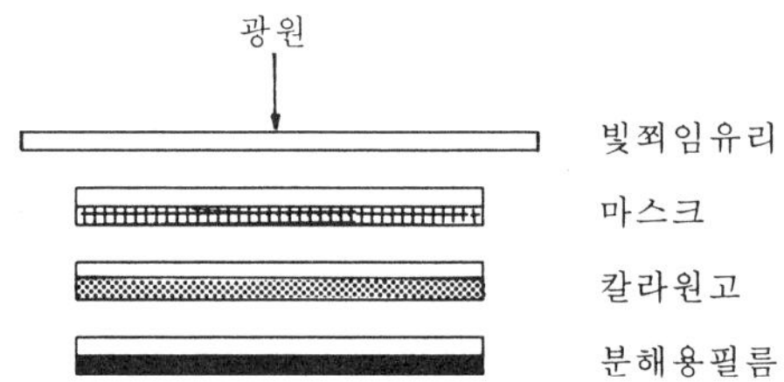

그림 6-18. 분해 네가 제작

표 6-6. 분해필터와 네가티브

판	분해필터	사용마스크
사이안	25(R)	No1(85B)
마젠타	58(G)	No2(33)
엘로우	47(B)	No3(58)
먹 판	CC50G	No4(90+90)

② 분해네가티브 점검 및 보정

분해작업이 끝나면 다음표에 따라 분해 네가티브를 점검한다.

표 6-7. 분해 네가티브의 기준 값

판	A-M	M-B
C판	0.8±0.05	0.60±0.05
M판	0.65±0.05	0.60±0.05
Y판	0.65±0.05	0.60±0.05
먹판	B팻치	M-B
	0.05 이상	0.60~0.90

A-M의 농도영역은 현상시간으로 M-B의 농도영역은 노광시간을 조절하여 보정한다.

제 7 장

전자제판

제7장 전자제판

7—1. 전자제판 개요

전자제판(Electronic plate making)이란 전자기술을 이용하여 제판작업을 하는 것으로, 현재 사용되고 있는 전자제판기는 다음의 3종류로 분류된다.

① 전자제판 조각기(Electronic plate engraver)
② 전자 색 분해기(Electronic color separator)
③ 전자 색 수정기(Electronic color corrector)

전자제판 조각기는 사진볼록판이나 그라비어(gravure)인쇄용의 판을 만드는 것이다. 이것은 전자회로에 의한 제어(control)로, 다이아몬드나 초강체조각침(engraver's needle)을 사용하여 판재에 직접 망점을 조각하는 방법으로 1948년에 원통주사형의 조각기가 발표 됐으며, 그후 1952년에는 평면주사형의 크리쇼그래프(klischo graph)가 보급되었다. 처음에는 흑백 단색원고에서 원고와 같은 치수의 사진 볼록판을 만드는 기계였으나, 현재는 대부분 그라비어용의 실린더(cylinder)제작에 이용되고 있으며, 칼라원고에서 직접 색수정 인쇄판을 만들 수 있다. 또한 레이저(laser)나 전자빔을 사용하여 판을 조각하는 것도 있다.

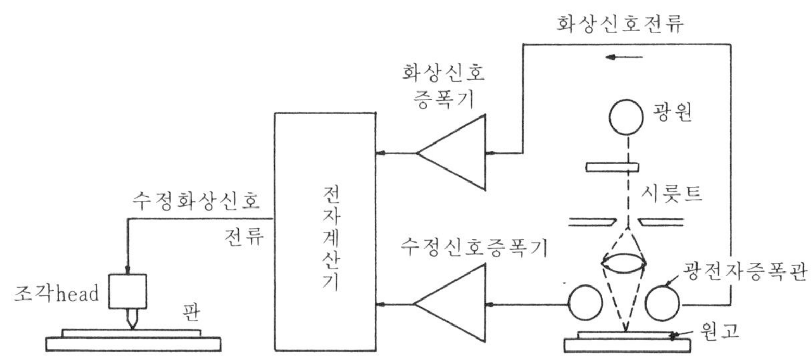

그림 7—1. 전자조각기의 원리

인쇄분야에서 스캐너(Scanner)라고 하면 칼라스캐너가 일반적이지만 모노크롬(monochrome)스캐너, 토탈스캐너, 전산사식시스템(CT-S)에서 화상 입력장치에 이용되는 등 다양화하고 있다.

원래 스캐너라고 하는 말은 스캔(Scan)에서 유래되었다. 원고를 끝에서 끝까지 세밀하게 달리면서 본다라는 뜻으로, 화상을 매우 작은 화소(Picture element)로 나누어서 데이타의 샘플링(Sampling)을 하는 장치인 것이다. TV나 전송 등 전기통신 분야에서는 오래전부터 사용하고 있는 방식으로 컴퓨터그래픽스(Computer graphies)의 데이타 입력용 스캐너, 슈퍼마켓의 계산대에서 상품에 붙여진 광학문자(OCR;Optical Character Reader)를 판독하기 위한 스캐너 등 그 종류가 다양하다.

현재는 사진적인 색분해방식에서 칼라 스캐너방식으로 대부분 전환되었을 뿐만 아니라, 제판공정 전체의 합리화, 생력화를 목적으로 하는 토탈적인 화상처리시스템으로 발전하고 있다.

7-2. 칼라스캐너의 원리

칼라스캐너(color scanner)의 기본원리는 칼라원고의 농담 및 색성분을 매우 작은 화소(Pixel)로 분리하여 전기 신호화하고, 그것을 전자적으로 여러 가지 화상처리연산을 가하여 색과 계조(tone)등의 수정을 한 필름(positive 및 Negative)을 출력하게 하는 것이다.

칼라스캐너에서 투과 칼라원고를 통과한 빛은 원고의 색을 띠며, 이것을 거울(mirror)을 사용하여 3개로 분활한다. 3개로 분활된 빛은 각각 적광, 녹광, 청자 필터를 통과하여 3색분해한다. 필터를 통과한 빛은 포오머(Former)에 들어가고, 포오머는 이 빛을 받아서 전류를 발생한다. 3색으로 분해된 빛은 그 빛의 강약에 따라 전류의 대소로 바꾼다. 이렇게하여 생긴 적광, 녹광, 청자성분의 전류는 컴퓨터에서 연산되어 먹판의 신호작성, 색수정, 계조수정, UCR 등의 처리를 한다.

가공된 신호는 사이안판, 예로우판, 마젠타판, 먹판용의 4가지로 출력되며, 출력신호는 전압의 대소차이에 의하여 출력량이 달라지며 이것은 노광용광원에 전달된다.

전압(voltage)이 큰 신호는 노광용광원을 밝게, 전압이 작은 신호는 어둡게 발광시키므로 필름에 전달되는 노광량은 달라진다. 노광용 필름

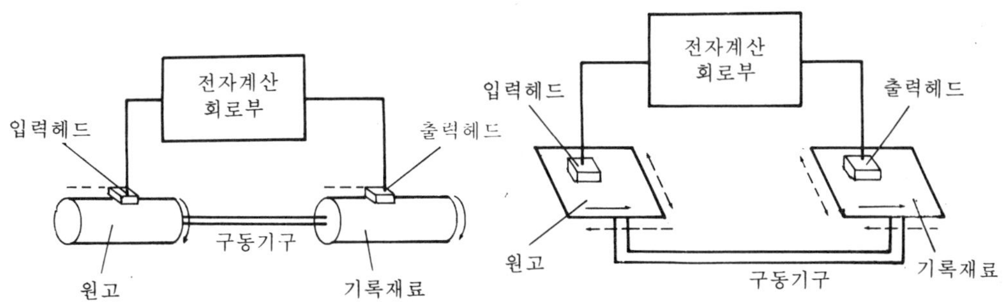

그림 7-2. 시린더스캐너의 기본구조　　그림 7-3. 플레트베드 스캐너의 기본구조

으로 리즈형(lith type)필름을 사용하고 여기에 콘택트스크린(contact screen)을 밀착하여 출력하면 색분해 망필름을 얻는다. 그러나 현재는 콘택트스크린 대신에 망점발생장치(dot generator)를 사용하여 직접 필름에 크고작은 망점을 출력하는 것이 보통이다.

7—3. 스캐너의 기본구성

칼라스캐너는 제조회사에 따라 약간 다르지만, 다음의 세 가지 부분으로 크게 나누어진다.

① 입력 주사부(Input Scanning System)

원고를 스캐닝하여 미세한 화소(pixel)로 분활하고 이화소의 농담, 색성분을 색분해 필터를 통하여 광전자 배증관(포토밀 photo-multiplier)에 의해 전기신호로 바꾸는 부분

② 전자 계산부(Computer)

색조(color density)나 샤프니스(sharpness)등이 원하는 결과로 되도록 연산처리하는 부분

③ 출력 주사부(out put scanning system)

처리가 끝난 전기신호를 다시 빛으로 바꾸어 기록재료(film)에 노광하는 부분

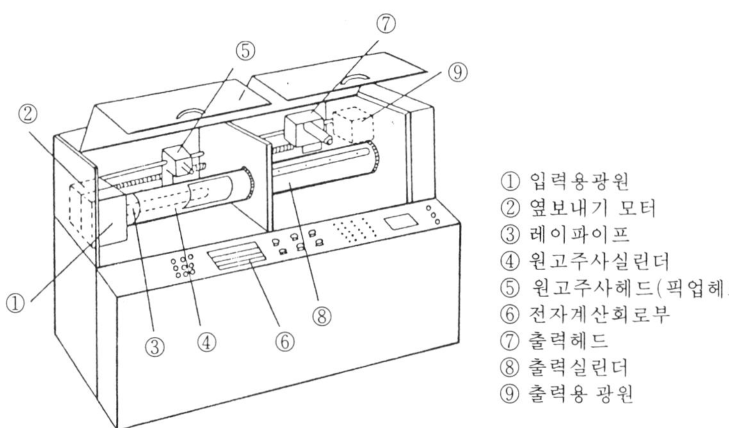

그림 7—4. 칼라스캐너의 주요구성

1. 입력 주사부(input scanning system)

원고의 농담(gradation)을 전기신호화하는 부분으로서, 기본적인 색분해는 여기서 행해진다. 주사부의 구성으로서는 칼라원고를 장착하는 실린더(Cylinder)와 그것에 대하여 부주사 방향으로 상대이동이 가능한 주사헤드(pickup head) 및 그 구동장치로 구성되어 있다.

주사용 원고실린더는 일반적으로 투명프라스틱제로서 칼라원고를 이 실린더에 감고 회전시키면서 스캐닝한다.

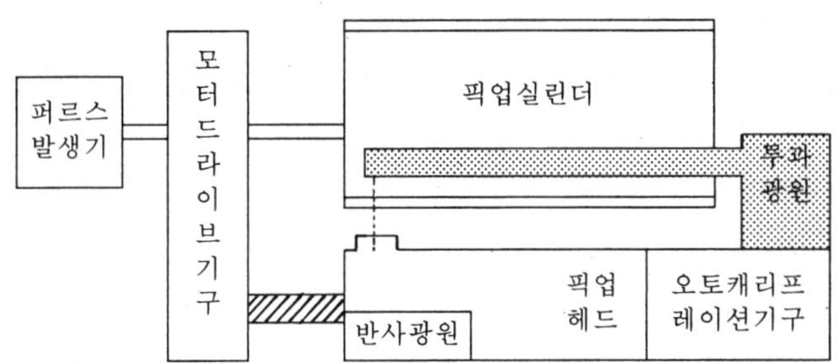

그림 7—5. 입력주사부의 주요구성

입력주사헤드는 원고조명장치와 색분해 수광부로 구성되어 있다. 원고를 조명하는 광원은 색분해를 하기 때문에, 모든 색상을 연속적으로 함유하는 연색성이 좋으며 빛이 강력해야 한다. 이러한 조건을 만족시키는 것으로서 할로겐 램프(halogen lamp)와 크세논램프(xenon lamp)가 있으며, 더 나아가 레이저(laser)광이 있다.

투과원고에 대해서는 주사용 실린더의 옆방향에 배치한 광원에서 나온 광속을 레일관을 통하여 실린더 내부로 유도되고 레일관 끝에 달려있는 거울로 반사한다. 이것은 렌즈에 의하여 실린더 위에 광속으로 주사되며, 반사원고에서는 입력주사용 실린더에 마주 배치된 수광부의 일부에 반사용 광원을 설치하고, 이 빛은 렌즈를 통하여 비스듬히 원고 위에 주사시킨다. 이렇게 하여 얻어진 투과 및 반사광은 수광부의 전면에 배치된 픽업렌즈에 의하여 색분해계로 옮겨진다.

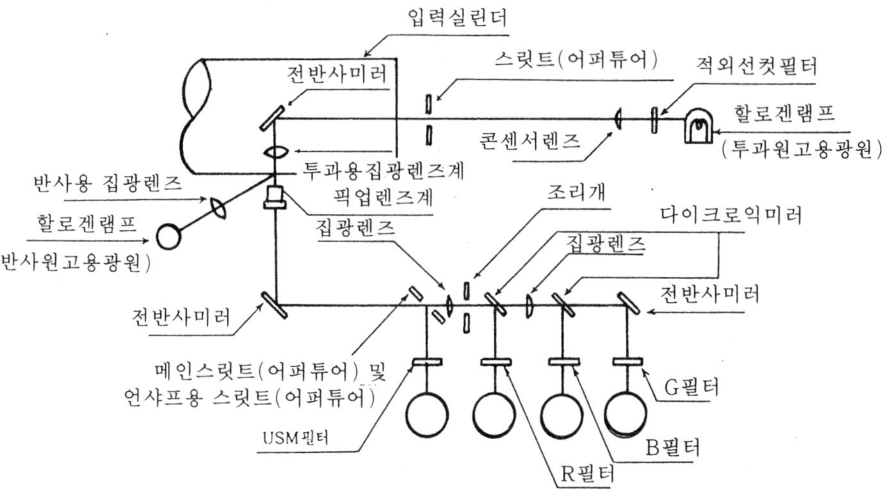

그림 7—6. 픽업헤드의 구성도

색분해계에서 광속은 먼저 메인 어퍼튜어(aperture : slit) 를 통과하는 광속과 이어퍼튜어의 주위에 있는 언샤프미러(unsharp mirror)로 반사되는 광속으로 나누어진다. 전자는 다이크로익크 미터분광계(어떤 색광만을 반사하고 나머지는 투과한다)에 의하여 각각 적광, 노광, 청자의 성분으로 차례로 분리되고, 포토멀(photo multiplier;광전자증배관)에 유도되어 각 색의 주신호로 된다. 후자는 언샤프용필터(통상G가 많음)를 통하여 포토멀에 의하여 전기신호로 변경되어 언샤프(U)신호로 된다.

2. 전자계산부(computer)

전자계산부는 칼라스캐너의 심장부라고 할 수 있는 부분으로 각 종 화상처리 기능을 지니고 있다. 이러한 기능은 기종에 따라 다소 다르긴 하지만 기본적인 것은 거의 공통이다. 그림 7-7의 회로구성도인 브럭다이야그램(block diagram)을 중심으로 한 각각의 회로의 역할은 다음과 같다.

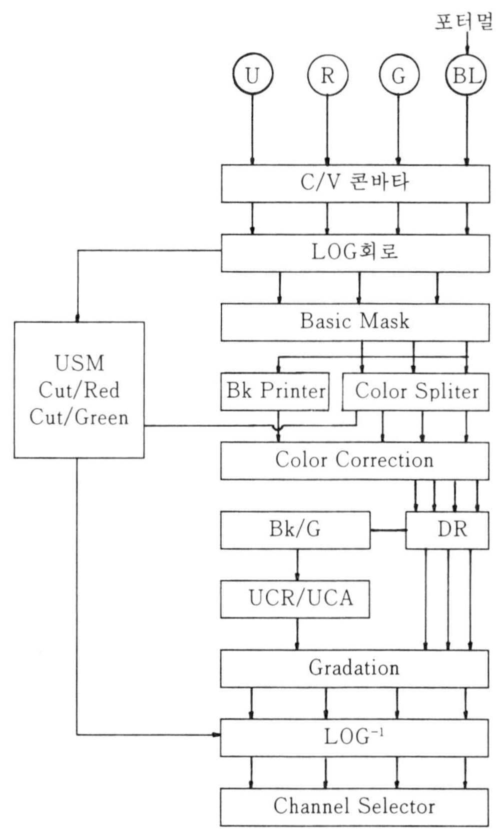

그림 7-7. 브럭다이야그램의 일례

1) C/V콘바타(광전변환 converter)

포토멀에서 빛의 양을 전류로 변환하지만, 스캐너 회로에 있어서는 전압으로 처리되기 때문에 전류(current)를 전압(voltage)으로 변환한다.

2) Log 회로(대수회로)

C/V콘바타(converter)로 전압이 변환된 U(언샤프) 적광, 녹광, 청자신호는 대수회로에 들어가서 대수로 변환된다. 전압을 대수로 표시하면 특성곡선과 같은 그래프를 사용할 수 있어 편리하며, 비례관계로 되어 그 다음의 계산처리 또한 편리하다. 또한 U(언샤프) 신호는 3색신호의 하나(보통G)와 함께 USM(un sharp Mask회로에 들어가서 언샤프신호(디테일 강조 신호)가 형성된다.

3) 베이직 마스크(Basic mask) 회로

대수회로에서 출력되는 3색신호는 베이직마스크(기본색 수정회로)에 들어가서 사진적마스크에 해당되는 일차 색수정 계산처리를 한다.

4) 칼라 스프리터(Color Spliter)

스캐너로 들어오는 신호는 색으로 보면 R, G, BL의 3가지다. 이 3가지 신호에서 베이직마스크에 의하여 수정된 3신호가 만들어지지만, 이 수정신호에 의하여 원고재현에 필요한 Y, M, C, R, G, BL의 6색의 신호를 분리하는 회로로, 분리된 신호는 칼라커랙션(Color correction)에 들어가서 각각의 색을 독립하여 증감할 수 있다. 이러한 색신호들은 양옆의 색신호와 서로 어느정도 겹치고 있다.

5) BK판 합성회로(BK printer)

픽업유니트로 잡은 색신호는 Y, M, C의 3색이며 먹판(BK)의 신호는 들어 있지 않다. 그래서 BK판합성회로에서 BK판용 신호를 만들어내고 있다.

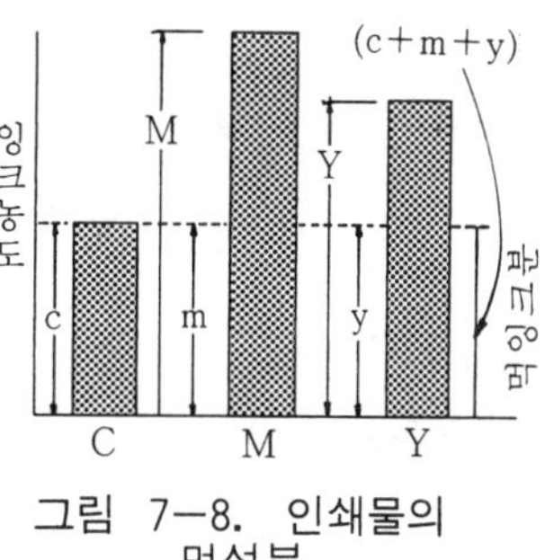

그림 7-8. 인쇄물의 먹성분

인쇄물의 색은 사이안, 마젠타, 옐로우잉크가 겹쳐 인쇄되어 나타내지만 그 인쇄물의 먹판 성분에 해당하는 것은 최소의 잉크량을 인쇄하는 색이다. 사이안, 마젠타, 예로우잉크가 그림7-8에 표시한 것과 같은 농도로 인쇄된 색은 탁한 적색으로서, 사이안잉크가 먹판성분에 해당된다. CMY가 같은 양으로 혼합되었을 때 회색으로 되므로, 그림 7-8에서는 C잉크량에 해당하는 부분이 먹성분으로 된다.

따라서 R신호(c+m+y)를 먹색신호로 하면 된다. 종래의 사진적수법에서는 이상적인 BK판을 형성하는 것은 불가능했지만, 스캐너에서는 BK판 합성회로에 의하여 이상적인 BK판을 만들 수 있다.

6) 색수정회로(Color correction)

2단색수정 회로이며 칼라 스프리터(color spliter)로 분리한 6색에 각각의 +, -의 신호를 사용함으로 6색의 잉크량을 증감시킨다. 이 회로의 원리는 4색신호(베이직마스크)에 가산, 감산함에 따라 원고가 가지고 있는 6색의 각색계통의 영역마다 4색잉크량을 독립적으로 제어할 수 있기 때문에 고도의 색수정을 할 수 있다. 이 부분의 조작은 사진적방법으로는 불가능하다.

7) 농도영역(Density Range)

색분해 작업에서는 원고상의 하이라이트부와 샤도우부(shadow)를 재현화상위에서 소정의 농도 또는 망점면적비로 완성하지 않으면 안된다. 스캐너에서는 이런 조정을 하이라이트, 샤도우설정 및 농도영역(DR)설정에 의하여 행하고 있다.

이중 농도영역의 설정은 일반적으로 입력된 샤도우신호를 기준의 전압으로 맞추는 회로인 경우가 많다.

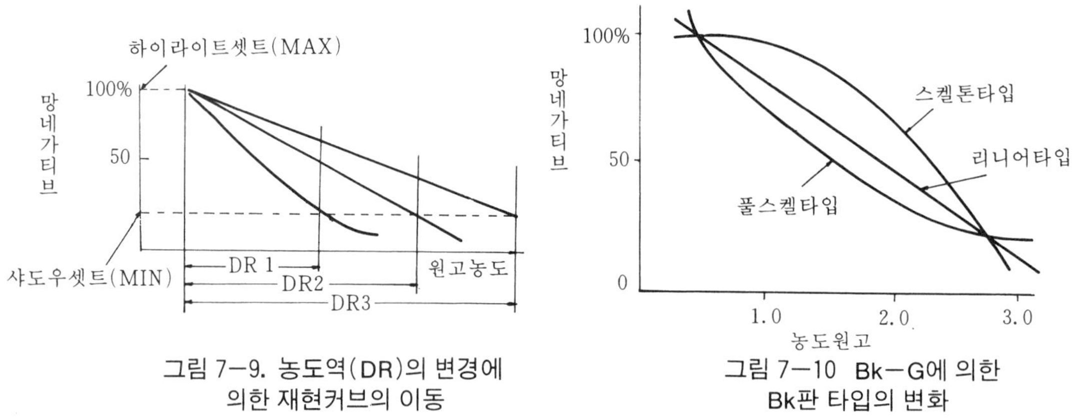

그림 7−9. 농도역(DR)의 변경에 의한 재현커브의 이동

그림 7−10 Bk−G에 의한 Bk판 타입의 변화

8) Bk판 계조(Bk-G)

Bk프린터에 의하여 작성된 Bk판 신호의 커브를 수정하는 회로인 것이다. Bk판은 칼라스캐너에서 연산회로에 의하여 이상적으로 만들 수 있지만, 계조수정은 Bk판 계조회로로 하게 되며 스켈톤(skelecton)모양에서 풀스켈모양까지 형태를 바꿀 수 있다.

9) UCR/UCA 회로

Bk판의 신호를 다른색신호에 가감하는 작용의 회로이다.

UCR(Under Color Removal)이란 밑색제거로서 본래 Y, M, C의 잉크는 같은 양을 혼합하면 회색(gray)로 되어야지만하나, 잉크의 불안전한 흡수, 반사때문에 검은자색으로 재현된다. 다시말하면 개개의 색은 그림 7−11에서처럼 최소의 색(Y)에 해당하는 회색성분과, 이 회색성분을 뺀 나머지 2색(M, C)성분으로 성립되어 있다. 여기서 Bk잉크는 회색선분만을 부여하기 때문에 그 성분을 Y, M, C 각 색에서 제거하여 그것을 Bk로 바꾸어 놓아도 같은 색조로 된다. 이와 같이 Bk로 바꿔놓기 위한 목적으로 색잉크를 줄이는 것은 UCR이라고 한다. 실제로는 그림 7−11과 같이 모든 Bk판으로 바꿔놓은 것이 아니고 그림 7−12처럼 일부만 그렇게 한다.

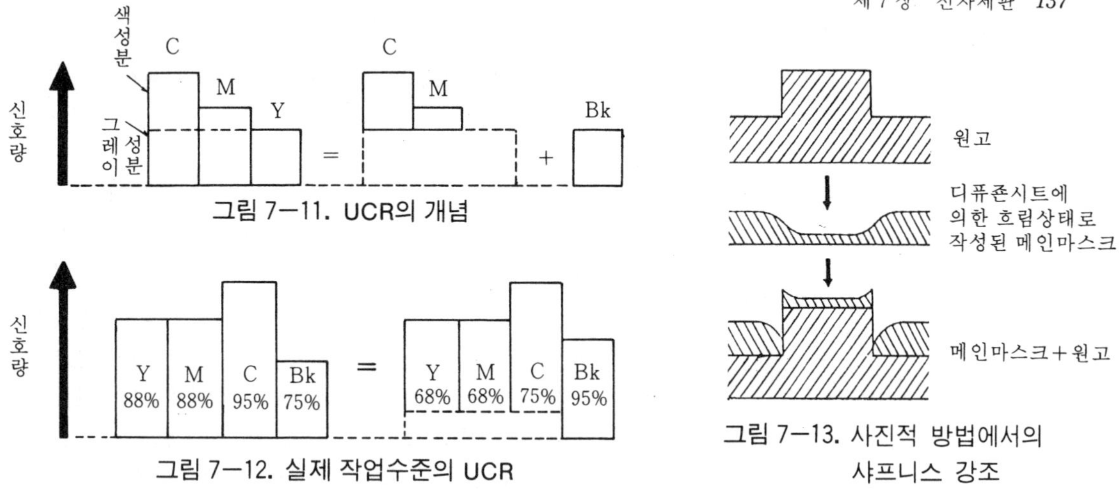

그림 7—11. UCR의 개념

그림 7—12. 실제 작업수준의 UCR

그림 7—13. 사진적 방법에서의 샤프니스 강조

또한 UCR의 기능을 역으로 이용하여 색판의 회색성분을 많이할 수도 있다. 이것을 UCA(Under Color Addition)이라고 부른다. 이 UCR/UCA 회로에서는 Bk 신호와 다른 색신호의 연산을 행한다.

10) 계조 수정회로(Gradation)

주계조수정회로와 보조계조수정회로가 있으며, 주계조수정회로는 하이라이트(high light)에서 샤도우(shadow)에 걸쳐서 이 사이에 있는 망점의 상태를 어떻게 배분할 것인가를 결정하는 것이며, 보조계조수정회로는 주계조수정회로에서 작성된 하이라이트영역을 다시 부분적으로 조절하는 회로이다. 이러한 기능은 디지탈제어(digital conral)로 되어있는 스캐너는 미리 등록해놓고 임의로 호출하여 사용한다.

11) USM회로

인쇄물에 있어서 샤프니스(detail)의 강조효과를 필요로 하는 것은 농도차의 압축에 의한 콘트라스트저하, 망점화상에 의한 해상도의 저하

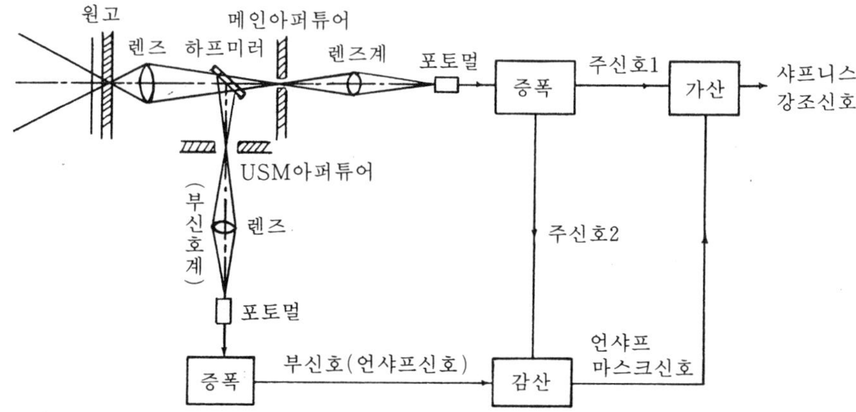

그림 7—14. 컬러 스캐너에서의 USM 장치의 원리적 구조

잉크 및 핀트불량등에 의한 화상의 불명료화등의 이유에 의한 것이다. 사진적 색분해작업에서는 주마스크를 디퓨죤시트(diffusion sheet)등에 의하여 언샤프(un sharp)로 작성함으로써 시각적인 샤프니스를 향상시키지만(그림 7—13), 스캐너에서는 이것을 전기적으로 행한다.

그림 7—14에서 주사광속(scanning light beam)은 원고의 어느 한점을 통과, 또는 반사한 다음, 하프밀러(half mirror) 등에 의하여 2개로 분리된다. 분리된 한쪽은 원고의 주사화소에 대응하는 작은 어퍼튜어(aperture)를 통과하여 포토멀(photo multiplier)에 의해서 광전변환된다. 다른 한쪽은 그것보다 더 큰 포토멀에 의하여 광전변환된다. 전자는 주신호이며 후자는 부신호(USM 신호)로 된다. 이러한 신호에 의한 샤프니스의 향상효과는 그림 7—15에 표시한 바와 같다.(일반적으로 주어퍼튜어와 USM어퍼튜어의 광량비는 1 : 8~16)

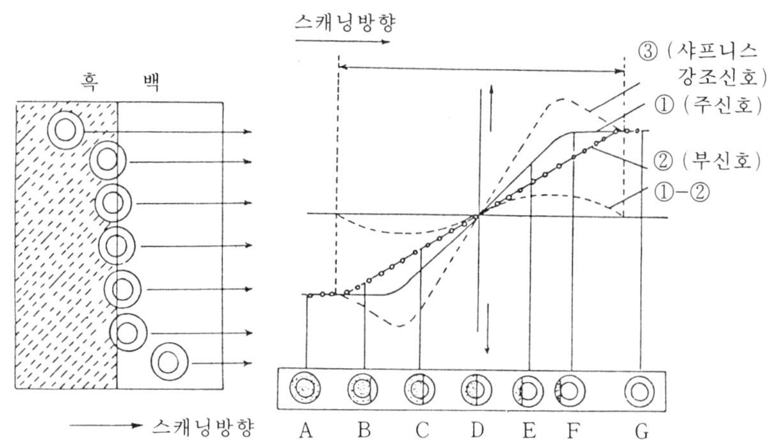

그림 7—15. USM회로에 의한 샤프니스강조신호

이 그림 7—15는 흑백의 농도차가 있는 원고를 왼쪽에서 오른쪽으로 스캐닝하고 있는 것으로, 주신호는 작은 어퍼튜어를 통했기 때문에 커다란 커브인 ①로 표시되며, 부신호(USM)는 커다른 어퍼튜어를 통했기 때문에 주신호보다 경사가 적은 ②의 곡선으로 표시된다. USM회로에서는 2개의 신호에서 ①~②를 가감하여 이것을 주신호인 ①에 더함으로서 ③의 신호를 얻는다. 여기에서 USM의 신호에 어떤 필터를 사용하는가에 따라 재현화상이 달라지지만, 일반적으로 G신호(Green)가 잘 사용된다.

12) 컷레드/그린(Cut Red/Green)

USM신호는 보통 G필터신호에 의하여 작성되는데, 이 신호가 Y, M, C, Bk 모두의 주신호에 부가되어 샤프니스가 강조된 출력신호로 된다. 이 때문에 G필터에 의해 특히 농도차가 검출되는 흰바탕의 붉은 점의 경우에서 붉은점의 농도경계는 이 부분의 인쇄물상에 검정(black)테가 나타난다(C 및 Bk의 USM 신호에 의하여). 이 보기 싫은 모양을 제거하기 위해서 원고의 적색부분에서는 C판;Bk판의 샤도우측 USM신호를 차단 또는 감소시키는 기구가 컷레드(Cut/Red)인 것이다. 컷그린(Cut/Green)도 마찬가지로 USM신호에 R필터를 사용할 때 일어나는 검정테를 제거하는 기구이다.

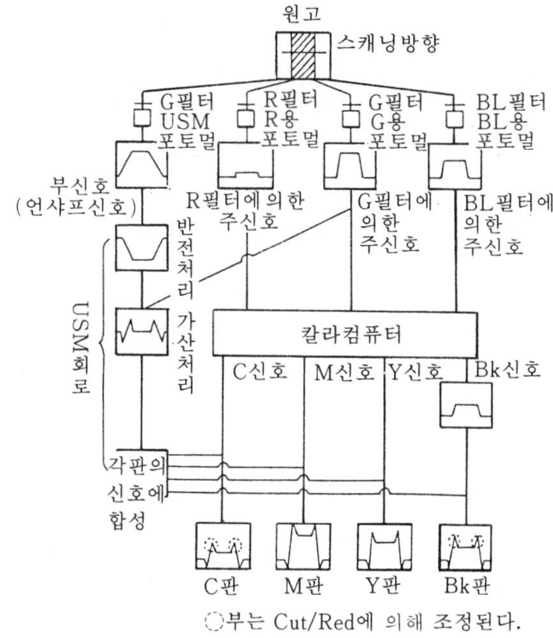

그림 7—16. Cut/Red 회로의 작용

13) 역대수증폭 회로(LoG^{-1})

대수회로에서 광량을 대수값으로 전환하여 연산처리가 이루어졌으므로, 출력단계에서는 감광재료에 노광하는 관계상 광량비로 되돌려야함으로 역대수증폭회로에서 대수치(농도치)를 광량비로 변환시킨다.

14) 배율변환기구

칼라스캐너의 배율변환기구에서는 부주사방향에 대해서 입력(input)과 기록(recording)의 양헤드(head) 보내기 속도를 바꾸면 되지만, 주주사(maine scanning) 방향에 대해서는 여러가지 방법이 사용되고 있다. 컬러스캐너의 대부분이 다이랙트스캐너이기 때문에 이 배율변환이 자유롭게 이루어지지 않으면 안된다. 이 때문에 입력된 화상신호를 일단 메모리(memory)에 저장했다가 그것을 판독할 때의 시간차 등에 의하여 연속적인 배율변환을 가능하게 하고 있다. 이런 것을 제어하는 기구가 스케일 컴퓨터(scale computer)라고 하는 배율제어기구이며, 일반적으로 전자회로부 안의 컬러 컴퓨터와 출력부(output system)와의 사이에 위치하고 있다.

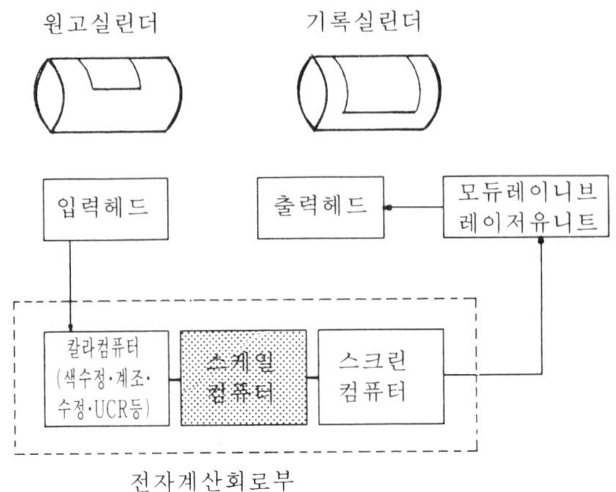

그림 7—17. 스케일 컴퓨터의 위치

이러한 방법에서는 크게 나누어 기억과 기록의 양실린더가 모두 등속회전형과 변속회전형이 있다. 실린더 등속회전형에는 다시 2가지 종류가 있는데, 하나는 신호저장시에 샘플링(sampling)주파수와 판독호출시의 비율을 바꿈에 의한 배율제어이며, 다른 하나는 저장시와 판독호출시에 샘플링주파수를 같게하고 호출시에 가감하여 배율제어를 하는 방식이다. 한편 실린더 변속회전형은 입력과 기록의 양실린더의 회전속도를 바꿈에 따라 배율을 제어하는 방식이다. 화상신호의 저장은 각주사선의 스타트점(start point)을 가지런히 할 때만 사용된다.

3. 출력주사부(Out Put Scanning System)

전자회로부에서 색수정을 완료하였다는 신호에 따라 기록광원(recording light source)으로부터 나오는 광속이 변조기(modulator)에 의하여, 강약의 변조를 받아 이 광속에 의하여 기록 재료에 색수정이 완료된 색분해판을 노광하는 부분이다. 출력부는 기록재료를 장착하는 금속제 실린더와 그것에 대하여 부주사방향으로 상대이동이 가능한 출력헤드 및 이런 구동장치로 되어있다.

출력헤드는 노광용광원과 이 광속을 실린더 위의 기록재료면에 투영하기 위한 광학계등을 내장하고 있다.

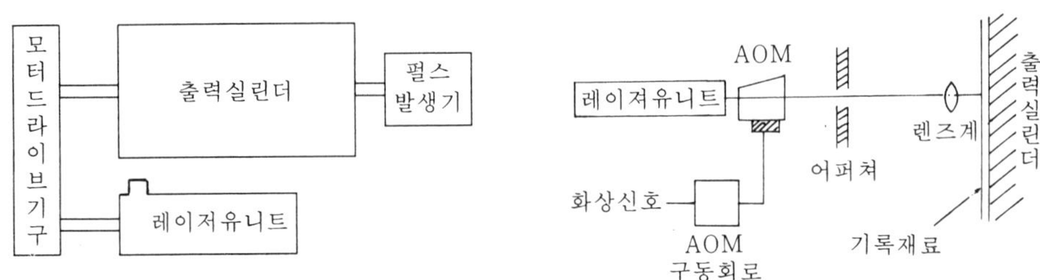

그림 7—18. 출력주사부의 주요구성

그림 7—19. 레이저를 사용한 출력광학계의 원리적 구성

1) 기록용광원

연속조 스캐너에서 사용되는 전구는 전압에 따라 밝기가 변하므로, 전류의 대소에 따라 방전되는 빛의 강약을 제어하는 광변조방전광이 사용되지만, 다이랙트스캐너에서는 더욱 강한 빛이 필요하므로 레이저(laser)광이나 크세논램프(Xenon lamp)등이 사용된다. 따라서 이러한 광원은 보통 별개의 외부변조기가 필요하게된다. 레이저광으로는 He−Ne(633nm−Red광)이나 Ar(488nm 및 514nm)인 Blue 및 Green광등이 주로 사용되며, He−Ne레이저광에는 판크로매틱필름이 알곤(argon)레이저광에는 올소필름이 기록용필름으로 사용된다. 작업성에서는 Ar레이저쪽이 유리하지만 안전성, 강성, 잡음, 비용면에서는 He−Ne이 유리하다.

2) 콘택트스크린방식과 망점발생장치(Dot generator)방식

다이렉트스캐너망점을 출력할 경우 콘택트스크린방식과 도트제너레이터 방식이 있는데, 대부분의 스캐너는 도트제너레이터(dot generator)방식을 사용하고 있다. 콘택트스크린방식은 전자회로부에서 수정된 화상신호가 광량인 아나로그(analog) 값으로 표현되는데 반하여, 도트제너레이터방식은 그림 7−20에서처럼 화상신호 ⓐ는 디지탈(digital)신호로 표현된다. 이 디지탈신호는 화상신호의 최소단위인 화소(pixel)에 대하여 보통 8비트(Byte)로 표현되며, 8비트는 256계조의 재현이 가능하다. 따라서 4색을 합친 상태에서는 256^4이므로 거의 무한한 색을 조합할 수 있다.

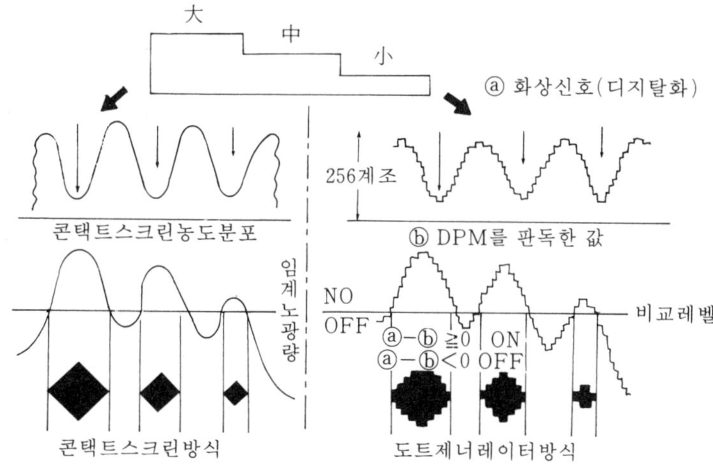

그림 7−20. 도트제너레이터에 의한 망점형성의 원리

도트제너레이터방식의 다이렉트스캐너에서는 콘택트스크린 대신에 도트패턴메모리(DPM)라고 불리우는 콘택트스크린의 농도분포를 지닌 망점형성의 기본패턴이 준비되어 있어, 이 DPM의 값과 화상신호를 비교회로에서 비교하여 ⓐ(화상신호)−ⓑ(DPM)>0이면 ON, ⓐ−ⓑ<0

이면 OFF로 판단하여 광원은 점멸(ON－OFF)을 되풀이하는 한편, 기록실린더는 계속 회전하면서 망점을 형성해간다. 보통 100%면적율의 1개망점은 12×12＝144개의 작은 매트릭스(matrixi 회로망의 하나)로 구성되어 있으며, 144개의 작은 점으로 0～100%의 망점 면적율을 표현하는 것이어서, 1개의 작은 점의 증감은 면적율 0.1%의 증감에 해당되므로 계조재현은 충분하다.

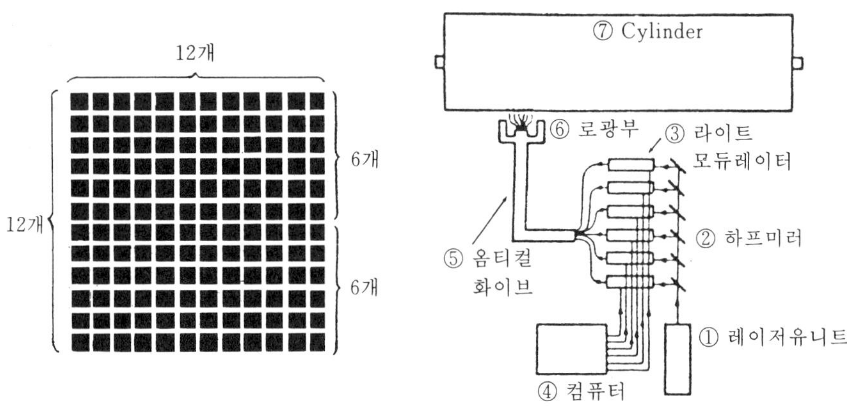

그림 7－21. 작은 도트방식의 망점　　그림 7－22. 작은 도트방식의 노광법

헬(Hell)사의 크로마그래픽 DC－300ER(Chroma graphic－300ER)을 예로 들어 도트제너레이터방식의 망점형성을 보면, 그림 7－22에서 노광장치의

① 레이저(laser)유니트에서 나온 빛은

② 하프미러(half－mirror)에 의하여 6개의 빛으로 분할되어

③ 라이트 모듀레이터(light－modulator 광변조기)에 들어간다.

④ 컴퓨터(Computer)의 지시에 의하여 라이트 모듀레이터에 들어가서 노광할 것인가를 결정한다.

⑤ 옵티칼화이바(optical Fiber)에 의하여 모듀레이터의 빛을

⑥ 노광부에 전하며, 노광부의 광원은

⑦ 실린더에 축방향으로 나열되어 6개의 작은 점을 노광한다.

따라서 1회에 가로 6개의 작은 점을 노광하므로, 실린더가 1회전할 때 망점의 한쪽만(6개) 노광되고, 2 회전에서 망점이 형성된다. 따라서 작은 점의 수에 의하여 망점의 크기가 결정된다.

4. 망점발생장치 스캐너의 특징

1) 망점의 성질

스크린방식에 의한 망점은 연한망점(Soft dot)이며, 망점발생장치방식의 망점은 굳은망점(hard dot)로서 연한망점은 망점수정(dot etchi ng)이 쉬우므로 가장 자리(fringe area)를 도트에칭으로 줄이기는 용이하지만, 굳은 망점을 작게하기는 어렵다. 반면에 굳은 망점은 현상조건으로부터 받은 영향이 적으므로 현상관리가 용이하여 필요한 망점을 정확하고 안전하게 만들 수 있다.

2) 망점의 모양

망점의 모양은 인쇄물의 품질과 시각적 효과에 커다란 영향을 주게된다. 또한 최소망점의 생산능력에 따라 해상력이나 하이라이트의 색포화도에 영향을 주게된다. 망점발생장치에 의한 망점은 망점발생기구상 거치른 느낌을 주는 망점으로 되며, 스크린에 의한 최소망점은 형태가 불안정하므로 역시 거치른 느낌을 준다.

7—4. 토탈스캐너(Total Scanner)의 개요

토탈스캐너란 간단하게 말하면 컴퓨터에 의한 칼라화상 처리장치로서 그 기능은 집판작업과 크리에이티브(Creative) 작업의 2가지로 나눌 수가 있으며, 기본구성은 칼라원고를 분해, 입력하는 입력부, 컴퓨터와 대화형식으로 화상처리를 하는 편집부, 편집이 끝난 데이타를 출력하는 출력부의 3부분으로 나눌 수가 있다.

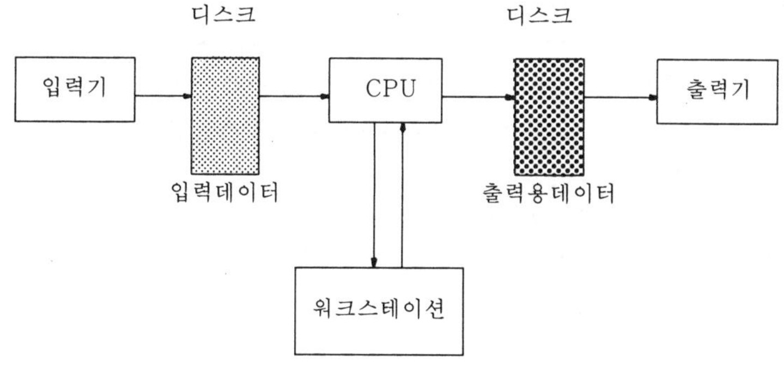

그림 7—23. 토탈스캐너의 기본구성도

1. 토탈스캐너의 기본구성

1) 입력부분(In put)

입력장치로서는 일반칼라스캐너를 접속하여 인터페이스(Inter Face)를 달아서 토탈시스템의 입력기로 사용한다. 먼저 스캐너가 지닌 기능을 사용하여 색분해된 Y, M, C, Bk의 4판신호를 A/D 변환(Analog/Digital Conversion)하여 디지탈신호로서 자기디스크(magnetic disk)에 넣어둔다. 자기디스크에서는 농담의 표현을 망점(dot)으로 지니고 있는 것이 아니라, 미세하게 분할한 각 점의 농도를 그림 7-24와 같은 디지탈신호로 지니고 있다.

토탈스캐너의 해상도는 입력시점에서 결정되며, 해상도는 1mm당 분활도로 표시한다. 예를 들어 스캔라인 350선/inch이라면 14선/mm이 되어 해상도는 14가 된다.

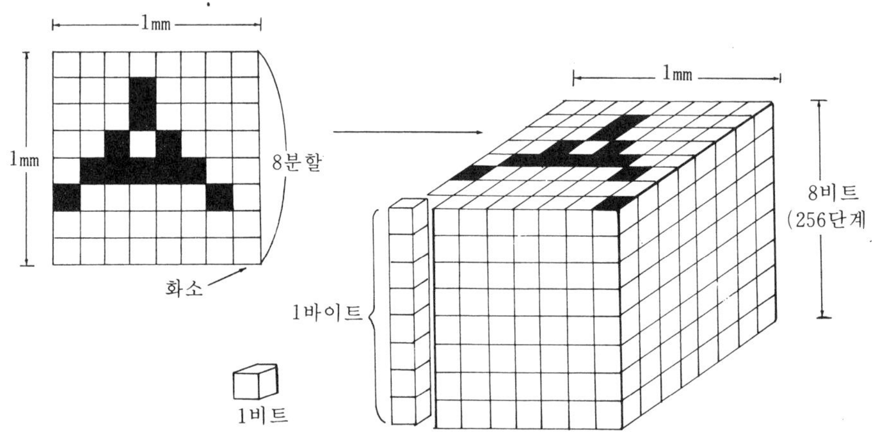

그림 7-24. 디지탈데이터량

2) 편집 스테이션(layout station)

토탈스캐너의 중심부이며 메이크업 스테이션(make up station)이라고도 한다. 그림 7-25에서 보는 것과 같이 편집스테이션은 컴퓨터의 두뇌 부분으로서 주기억, 제어, 연산의 3가지 장치로 되어있는 CPU(Central Processing unit)와, 처리대상 화상을 사람의 손에 의하여 좌표데이터로 변환하는 좌표 판독기인 디지타이저(digitizer), 칼라모니터(color monitor), 커서(kursor)등으로 구성되어 있다.

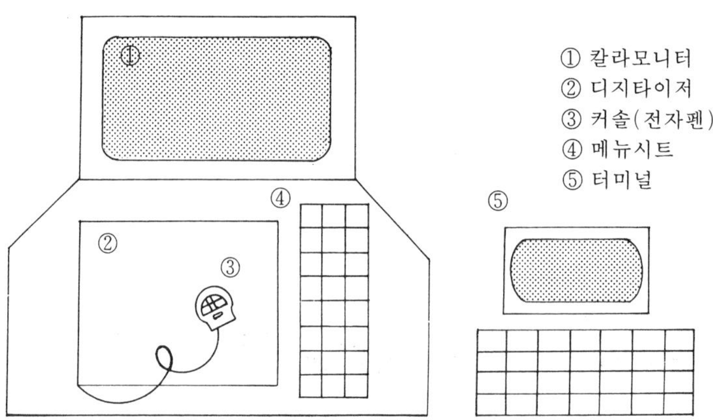

그림 7-25. 편집스테이션의 일례

스캐너에 의하여 색분해한 다음 자기 디스크에 입력된 화상데이타를 칼라모니터에 불러내어 터미널(terminal), 메뉴시트(menu sheet)를 사용하여 명령(Command)을 부여하며 전자펜, 커솔(console)을 움직여서 트리밍이나 평조망 등의 집판작업 및 각 종 크리에이티브 작업을 한다.

3) 출력부(out put)

화상데이터의 연산이 끝나면 편집 또는 각 종 크리에이티브 작업끝의 데이터(data)를 자기 데스크에서 CPU를 통하여, 스캐너의 출력부 혹은 전용 프롯터를 통하여 필름에 노광하는 부분이다. 출력시에는 스크린선수의 선택을 한다거나 데이터를 세밀하게 다루는 선화데이터와의 동시출력의 조정, 전용 프롯터의 빔컨트롤등을 행힌다. 토탈스캐너의 규모는 CPU, 입력기, 자기디스크의 수나 출력전용프롯터의 유무에 따라 달라진다.(CPU 2세트, 자기디스크 2대와 입·출력 공유스캐너 정도의 소규모의 집판전용을 목적으로한 스탠드얼론(stend alone)타입과 CPU 몇세트, 자기디스크 20~30대, 입력전용 스캐너 몇대, 편집스테이션도 몇대를 가지며 더욱 계조확인이나 화상수정용 모니터를 갖춘 대규모의 네트워크타입(network type)에 이르기까지 다양하다.

2. 토탈스캐너의 주변기기

1) 자동판고작도기

레이아웃(lay out)데이터의 작성 및 컷마스크의 작성에 사용되는 것으로, 토탈스캐너는 편집스테이션에서 레이아웃 데이터의 작성이 가능하지만, 디지타이저(digitizer)와 CPU의 부담을 줄이고 또한 정확한 레이아웃의 확인이 어렵기때문에, 레이아웃데이터는 작도기의 데이터를 사용하는 것이 효율적이고 안정성이 크다. 또한 토탈스캐너로서의 제판작업에 완전판고로 입고되지 않은 경우 대지작성 작업이 남아있어 이 작업을 작도기로 처리하는 것이 필요하다. 이처럼 대지(layout sheet)작성, 컷마스크(cut mask)작성, 레이아웃 데이터작성과 작도기는 토탈스캐너의 효과적인 활용에 크게 기여하고 있다.

2) 자기테이프장치

자기데스크 안의 데이터제거와 보존에 사용하는 것으로, 자기디스크 안의 데이터는 출력 후에 곧 소거해도 되는 것과, 일정기간 보존해야 되는 것이 있다. 소거해도 좋은 것은 새로운 정보(information)를 디스크에 입력하면 된다. 그러나 보존해야되는 데이터의 경우, 1대의 자기디스크에 넣는 양에는 한도가 있으므로 화상데이터(image data)량의 증가에 따라 많은 자기디스크가 필요하게 되므로, 값이 높아질뿐 아니라 관리도 매우 복잡하게 된다. 그래서 비교적 값이싸고 콤팩트(compact)한 자기테이프(MT)에 데이터를 옮겨 보존하며, 필요한 때에 디스크에 다시 옮겨서 사용하는 경우가 많다. 각각의 토탈스캐너는 고속 MT장치나 콤팩트한 카트리지(cartridge)타입의 것을 하나의 스테이션으로 준비하고 있다.

3) 배율 측정기

칼라원고의 배율산출과 각도산출을 위해 사용되는 것으로, 대부분의 토탈스캐너는 시스템내부에 입력데이타의 확대, 축소, 회전기능을 가지고 있지만, 시스템안에서 이 기능을 이용하는 것은 시스템에 부담을 주고 출력되는 배율도 떨어지므로 전문기능을 갖춘 배율측정기를 사용하는 것이 일반적이다.

4) 계조확인장치

입력의 신속화와 정확도를 향상시키기 위하여 사용되는 것으로서, 다음 3가지 종류가 있다.

(1) 프리세터

스캐너의 분해설정 스위치를 조작하여 각각의 원고분해 조건을 설정하는 세트업(set up)시간을 단축하기 위하여, 사전에 세트업하여 그 데이터를 프로피디스크로 본체에 옮겨 즉시 스캐닝함으로써 스캐너의 가동율을 높이기 위한 장치다.

(2) 세트업 시뮬레이터(Simulater)

스캐너로 본스캔을 하기 전에 일반적으로 고속스캔을 하여 모니터에 나타난 화상을 체크하고, 그것을 스캐닝에 피드백(Feed back)시켜 본스캐닝을 함으로써 스캐너의 가동률을 높이기 위한 장치다.

(3) 계조 확인장치

입력된 데이터를 모니터위에 호출하여 망점퍼센트등의 계조확인이나 트리밍의 확인등을 하는 것으로, 간단한 계조보정이나 브러쉬기능을 갖춘 것도 있다.

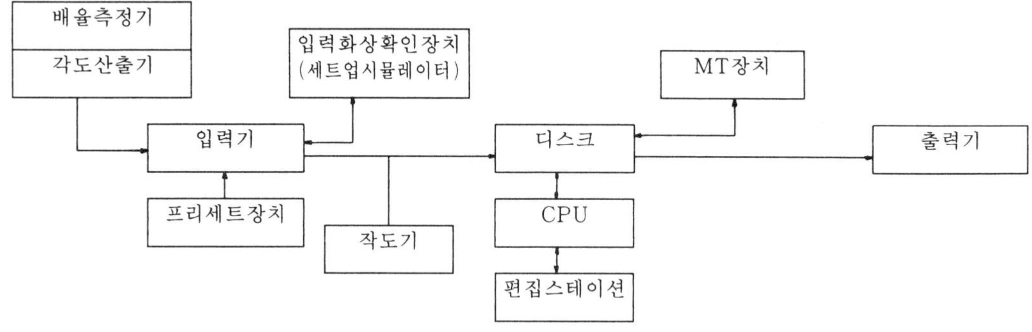

그림 7—26. 토탈스캐너와 주변기기의 정보의 흐름

3. 토탈스캐너의 주요기능

토탈스캐너의 화상처리기능은 집판기능, 레이아웃 기능, 화상의 수정

기능으로 나누어지며, 집판이나 레이아웃기능은 토탈스캐너의 기초를 이루는 기본기능이다.

1) 집판기능(layout function)

(1) 트리밍기능(trimming)

입력된 하나 하나의 칼라원고를 페이지안의 정해진 위치에 지정된 크기로 배치하는 기능을 말한다. 입력된 화상데이터(image data)와 작도기등으로 만들어진 레이아웃데이터를 모니터에 호출하여 화면을 보면서 트리밍한다.

(2) 평조망 씌우기

지정된 위치에 정해진 망점퍼센트로 균일한 망점을 넣는 기능으로서 Y, M, C, Bk의 4판을 모두 0~100%까지 임의대로 지정할 수 있다.

(3) 괘선처리(rule)

괘선의 굵기나 길이등에 관계없이 처리가 가능하며, 임의 색도 지정할 수가 있다. 작도기등으로 만들수 없는 부정형 도형이나 장식괘선등의 처리는 판고로 스캐너에 입력시키는 방법도 사용할 수 있다. 괘선의 처리는 화상데이터와 같은 해상도로서는 거칠기 때문에 보통 화상데이터의 5배정도의 해상도를 가지게 처리한다.(1㎜당 50~100선).

(4) 오려내기

① 트레이스(trace)방법

화상을 칼라모니터에 호출하여 그 화상을 보면서 디지타이저(digitize-r) 위에서 전자펜 등으로 화상의 윤곽에 따라 추적(trace) 하면서 오려가는 방법으로, 종전의 손작업과 비슷하다. 화상이 복잡하고 미세한 경우에는 화면에 불러낼 때의 확대율을 크게하여 보기쉬운 상태로한 다음에 오려내기작업을 할 수 있다.

② 오토마스크법(농도차마스크)

오려내기를 하고자하는 화상과 그 배경과의 농도차가 있을 경우, 그 농도차를 이용하여 제판카메라의 촬영원리로 오려낼 수가 있다. 오려낸 부분과 배경부분의 합성은 끼워넣은 그림과 배경과의 경계를 매끈하게 하여 하나의 원고처럼 보이게 하는 합성방법으로, 오려내기와 끼워넣기를 실제의 데이터로 연산한 다음에 행하는 방법과, 오려내기 마스크를 만들어서 행하는 방법이 있다.

(5) 판고류의 처리

제목문자, 부정형무늬등의 판고류는 스캐너에서 입력이 가능한 것에 대해처리할 수 있으며, 색문자나 평조망등의 가공이 행해진다. 항상 사용하는 맞춤표나 패치(Patch)등에 대해서는 미리 필요한 것을 만들어 자기디스크나 자기테이프에 보관해두면 필요에 따라 출력할 수가 있다.

2) 수정기능(corrective function)

(1) 계조수정

화상의 전체, 혹은 일부의 계조를 변경하는 기능으로서, 계조보정은 Y, M, C, Bk의 1판색에서 4판모두 각각 조합해서 사용할 수가 있다. 토탈스캐너를 사용한 계조보정의 특징은

① 화면상에서 색상이나 양적인 것을 보면서 보정할 수 있으므로 변경 전후의 비교가 용이하다.

② 망점퍼센트를 표시하여 변경할 수 있으므로 구체적인 수치의 변경을 할 수 있다.

③ 4판이 균일하게 또는 필요한 양만큼의 변경이 가능하다.

④ 계조보정의 기능은 원고의 수정에 사용할뿐만 아니라, 일반적인 집판작업에서도 입력된 복수의 칼라원고계조를 같게하고자 할 때에 재입력하지 않고 이 계조보정의 기능을 사용할 수가 있다.

(2) 색보정

칼라원고의 색상을 변경시키는 기능으로서 다음과 같은 원리를 사용한다.

① 특정판만 계조보정의 커브를 강하게 한다.

② 색을 변경하고자 하는 부분만 판에 바꿔넣어 계조보정을 한다.

(3) 이식

화상의 불필요한 부분을 제거하기 위하여 인접한 화상데이터를 바꾼다든지, 같은 것을 가까이에 만들고자 할 때 사용하는 기능으로서, 이 이식작업이 잘 되지 않아도 디스크내의 데이터를 바꾸지 않았다면 원래대로 복원할 수가 있다.

(4) 이 밖에도 수정기능으로는 감력작업인 도트에칭, 오려내기합성, 몽타쥬(montage), 모자이크(mosaic), 축소, 확대 및 회전기능을 포함한 도형의 변형이나, 도형이나, 문자에 테두리 가공을 하는 프레임(frame)등 그 수정기능이 다양하다.

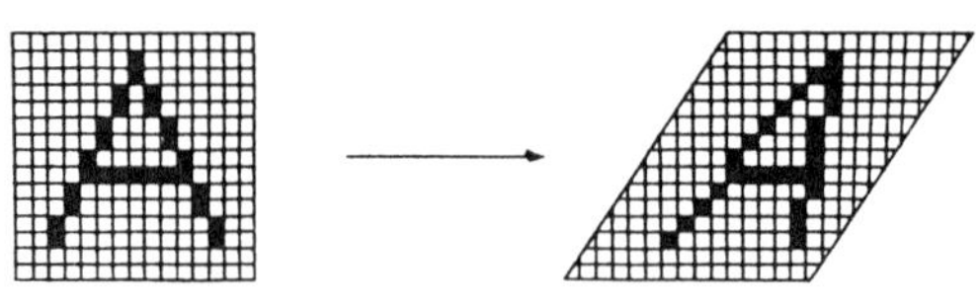

그림 7—27. 도형의 변형

제 8 장
인쇄판제판

제8장 인쇄판제판 (plate making)

8-1. 제판개요

인쇄물을 만드는데는 원고(copy)가 필요하며, 원고의 모양을 색재(ink)와 인쇄기계(printing press)를 통하여 직접 종이(paper)나 그밖의 피인쇄체에 전달해 주는 인쇄판(plate)이 필요하다. 이러한 인쇄판은 인쇄방식에 따라서 화선부(image area)가 비화선부(non image area)보다 돌출되어 물리적인 방법으로 인쇄가 가능한 凸판(relief printing plate)과, 화선부와 비화선부가 같은 평면상에 있어 화학적인 방법으로만 인쇄가 가능한 PS판이나 평凹판 같은 평판(lithography), 凸판과 반대 형태인 조각 凹판(engraving plate) 및 그라비어판(gravure plate) 등으로 나눌 수 있다.

또한 그 판을 구성하고 있는 지지체(base)에 따라 종이판, 금속판, 석판 및 수지판등으로 구별할 수가 있다. 또한 사용되는 감광재료에 따라 난백판(surface plate), 와이포온판(wipeon plate), PS판(presensitized plate), PVA(polyvinyl alcohol)판, 감광성수지판등으로 구별이 가능하다. 이러한 인쇄판은 대부분 원고에서 사진적인 처리와 필름편집(film layout)에 의하여 빛쬠용 원판을 만들고, 필요한 지지체를 가지고 인쇄방식에 알맞는 인쇄판을 만들게 된다. 이러한 제판기술(plate making)은 근래에 와서 많은 새로운 기술이 도입되어, 경험적인 것에서부터 과학적인 기술에 이르기까지 커다란 발달을 해오고 있으며, 더나아가 사진적인 필름을 사용하지 않고 원고로부터 직접 인쇄판을 제작하는데까지 이르고 있다.

8-2. 凸판제판

볼록판 인쇄는 4판식 중에서 가장 자연형태의 인쇄방식으로, 화선부가 비화선부보다 돌출(relief)되어 물리적인방법으로도 인쇄가 가능하도록 되어있는 판이다.

볼록판에는 활판(type plate)과 이것을 가지고 복제한 지형연판같은 복제판(duplicating plate), 선화凸판, 망목凸판같은 부식판(etching plate)등과 사용재료에 의한, 전기판, 프라스틱판, 고무판, 합성수지판등 매우 다양하다.

凸판의 돌출(rerief)을 만드는 방법으로는 화학적인 방법과 물리적인 방법으로 크게 나눌 수 있으며, 다시 화학적인 방법에는 부식판같은 일반적인 화학적인 방법과 전태판(electro type)같은 전기화학적인 방법으로 나눌 수 있다.

일반적으로 凸판제판의 공정을 보면 판재료(Zn, Mg, Cu등)→연마→감광액처리→판빛쬠(exposing plate)→현상 및 경막처리→번닝(burning)→부식(etching)

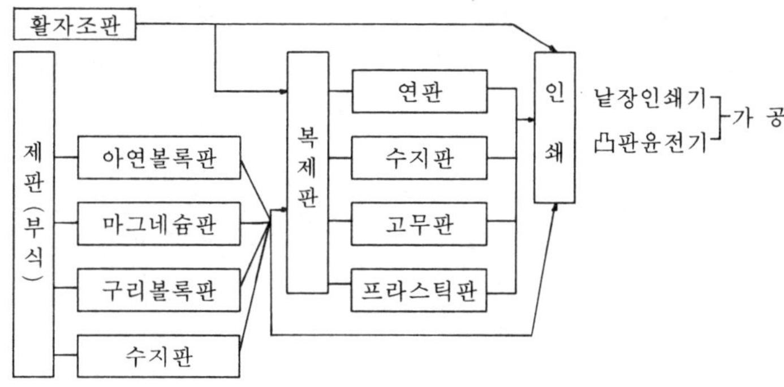

그림 8-1. 볼록판 제판의 분류

1. 금속凸판

활자와 지형연판을 만들기 위한 활자합금(납, 안티몬, 주석)과 사진凸판용으로 아연, 구리, 마그네슘등의 금속이 사용되며, 제판과정은 부식전 처리와 부식 후 처리로 크게 나눌 수 있다.

1) 부식전 처리

Zn, Mg, Cu같은 금속은 그 표면에 불규칙적인 산화피막이 형성되어 있을뿐만 아니라, 지방분이 묻어 있으므로 이것을 제거하기 위하여 침강성 탄산칼슘같은 연마제(training material)로 연마하여 감광액(sensitizing solution)의 부착을 좋게한다. 연마(graining) 후 잘 수세하여 감광액처리를 하게 되는데, 凸판 부식용 감광액은 현상(development) 후 광경화(tanning)한 화상이 부식액에 충분한 내식성을 갖는 것이 중요하다. 좀더 내식막(resist)을 강화하기 위하여 화선부가 적갈색을 띠도록 번닝(burning)을 한다.

凸판용 감광액으로의 감광재료는 중크롬산안몬$(NH_4)_2Cr_2O_7$)을 사용하며 막을 형성하는 콜로이드(colloid)물질로는 폴리비닐알콜(PVA)이나 건조난백(albumin), 카제인(casein), 구루(fish glue), 아라비아고무(gum arabic), 젤라틴(gelatin)등이 사용된다.

① PVA 감광액 처방

PVA(중합도 500)	80~100 g
물	1,000cc
중크롬산 안몬	15 g

② 경막액처방

무수크롬산 100g

물 1,000cc

PVA감광액의 번닝에 필요한 온도는 약 160~200℃ 이하이므로 재결정을 일으키기 쉬운 아연판에 적합하며, 내식막은 감광액중에서 가장 강하다.

2) 부식처리

금속凸판을 만드는데는 여러 가지 공정이 필요하지만, 그중에서도 부식처리가 가장 중요하다. 선화용 볼록판은 화선부와 비화선부의 간격이 크므로 충분한 돌출부가 필요하다. 따라서 망목용 볼록판보다는 더 깊은 부식을 해야한다.

부식방법에는 내산성 수지 분말(resin powder)을 사용하는 사방올리기(기린혈법)가 있으며, 현재는 파우다를 사용하지 않은 파우다레스(powderless)법이 일반적이다.

파우다레스법은 수지분말을 전혀 사용하지 않고 부식하는 것으로, 부식방법은 부식액을 아래쪽에서 수직으로 판에 올려붙여 부식한다.

부식된 아연판위에 일종의 보호막을 형성하여 부식액이 판면에 닿은 힘이 강한 부분만 피막이 벗거져 부식이 진행되며, 측면은 보호막이 남아 측면부식을 방지하게 된다.

사용되는 부식액은 질산에 계면 활성제와 탄화수소를 첨가한 것이며, 특별한 부식기에서 일정한 온도로 부식한다.

마그네슘판과 아연판의 부식은 다음과 같은 화학반응을 일으키며, 이때 많은 열을 발생하고 구리판은 부식액으로 염화제이철($FeCl_3$)용액을 사용한다.

$$3Mg + 8HNO_3 \rightarrow 3Mg(NO_3)_2 + 2NO + 4H_2O + 33.5kal/mol$$
$$4Zn + 10HNO_3 \rightarrow 4Zn(NO_3)_2 + N_2O + 5H_2O + 108.5kal/mol$$
$$Cu + 2FeCl_3 \rightarrow CuCl_2 + 2FeCl_2 + 2kcal/mol$$

2. 감광성 수지凸판

이것은 자외선에 의한 수지의 광중합(photo polymerizaion)을 이용하는 것으로, 감광성수지(photo polymer)를 금속판이나 종이, 수지판에 도포, 건조시킨 것으로 네가티브로 밀착노광한 후 특수한 현상액으로 현상하면, 화선부는 광경화하여 현상액에 녹지않고 비화선부는 현상액에 용해된다. 따라서 간단하게 돌출부(relief area)를 얻을 수 있다.

감광성수지凸판은 측면부식이 없고 가벼우며, 내쇄력이 큰 장점등이 있으며, 노광전에 액체상태의 수지를 사용하는 방법과 고체상태를 사용하는 방법이 있다.

1) 고체형 감광성 수지凸판

고체형으로는 일반적으로 그림 8-2와 같은 구조를 이루고 있으며, 보호필름은 감광성수지표면을 보호하기 위한 것으로 노광하기 전에 제거하여야 한다. 감광성수지는 폴리비닐알콜(PVA), 알콜가용성 폴리아미드, 알카리가용성 셀룰로오즈유도체 등에 광중합 성분인 아크릴 유도체의 화합물을 혼합한 것이 일반적이다. 지지체로서는 폴리에스테르 필름(EB), 알루미늄등이 사용된다. 고체형으로서 상품화되어 있는 감광성 수지판은 다이크릴판(dycril plate)과 KRP(Kodak Relief Plate) 및 나일론판(Nylon plate)등으로, 제판이 쉽고 신속하며, 우수한 망점을 만들 수 있으며 판을 구부러서 윤전인쇄를 할 수 있다.

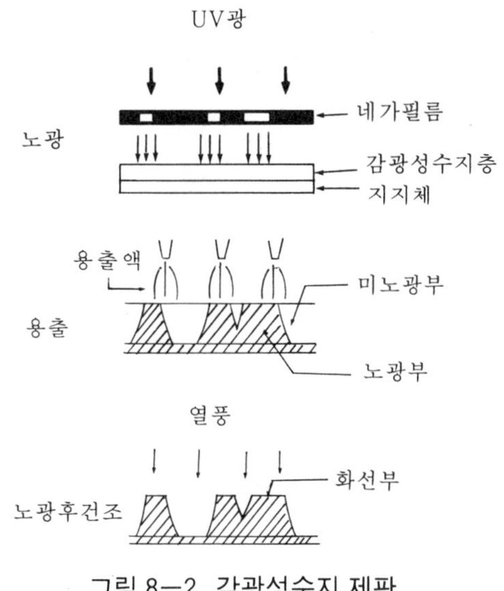

그림 8-2. 감광성수지 제판

2) 액체형 감광성 수지凸판

액체형은 수지액과 지지체(base)가 별도로 되어 있으며, 수지 분자중에 불포화 결합을 가진 폴리에스테르(Polyester)에 중합성 모노마(monomer)를 혼합한 것이다.

지지체로는 폴리에스테르 필름, 알루미늄등이 사용된다. 이것은 인쇄판의 면적을 쉽게 변형시킬 수 있으며 가격이 비교적 싸고, 제판시간이나 용출시간이 짧으며, 비화선부의 미노광 수지를 회수하여 재사용할 수 있다. 시판되고 있는 APR(photo resin)의 제판방법을 예를 들면, 유리판위에 네가(Negative)의 막면을 위로하고 이 위에 보호 필름을 놓고 APR감광성 수지를 독터를 사용하여 잘 편다음, 이 위에 지지체 필름을 로울러로 압착(Laminate)하여 위쪽 유리판으로 누른다. 노광은 위쪽에서 빽노광(back exposure)을 한 후 아래쪽 램프로 돌출노광한다. 용출은 보호필름을 벗기고 용출장치에 돌출면을 아래로 하여 고정시킨 다

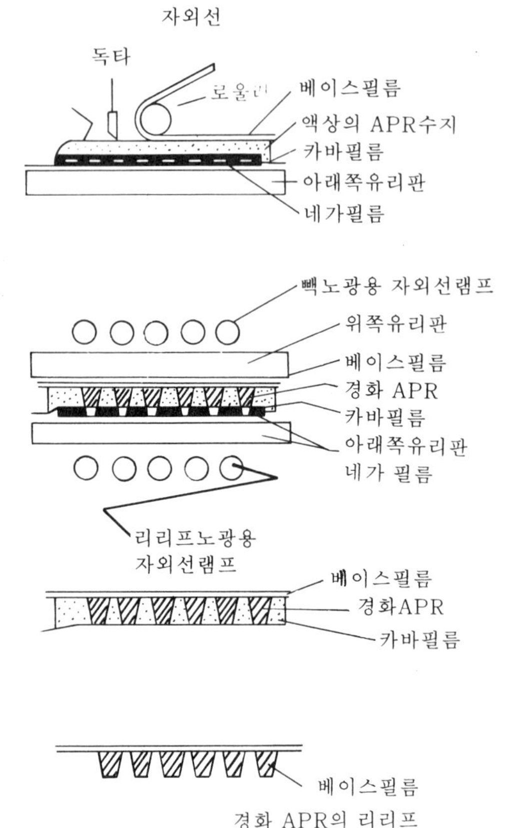

그림 8-3. APR제판공정

음, 약한 알칼리액으로 미경화된 부분을 씻어내려 돌출부분을 남긴다. 다음에 이것을 건조한 후 다시 후노광을 한다.

3. 복제판(duplicating plate)

한 개의 원판에서 이것과 같은 여러 개의 판을 만드는 것으로 지형연판, 전태판, 고무판 및 플라스틱판등으로 나눌 수가 있다.

1) 지형연판(stereo type)

지형연판은 활판을 원판으로 하여 그대로 모형을 뜬 지형(matrix)에 납합금을 부어 연판(stereo type)을 만드는 것으로, 연판은 18세기초부터 시작했으며, 1725년 영국의 게드(William Ged)가 처음 석고를 사용하여 연판을 주조하였다. 그 후 석고대신 간편하게 사용할 수 있는 종이를 이용한 것이 프랑스의 쥬노우(Claude Genoux)이며, 1829년에 발표하였다.

이 연판은 전기판(elecro type)에 비하여 복제 정밀도는 낮지만, 공정이 간단하고 신속히 제판되며 경제적이기 때문에 활판(typo graphy) 제판에 널리 사용하였다.

지형을 만드는 방법에는 습식법(Wet matrix)과 건식법(dry matrix)이 있으며, 건식법에는 지형지(matrix paper)로서 드라이매트(dryma-t)원지를 보통 사용한다. 드라이매트는 아황산펄프같은 화학펄프를 주원료로 하여 만든 종이를 15~20층 겹쳐서 필요한 두께로 하고 여기에 내열성, 가소성 및 평활성을 준 드라이매트 원지를 지형압착기(molding press)로 성형시켜 다듬질하는 방법이다.

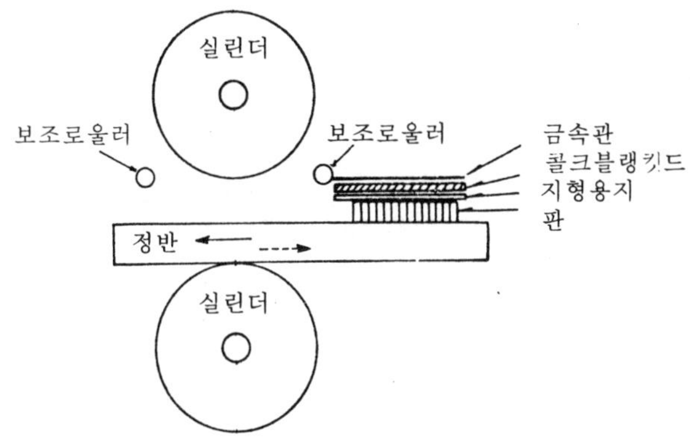

그림 8—4. 로울링머신

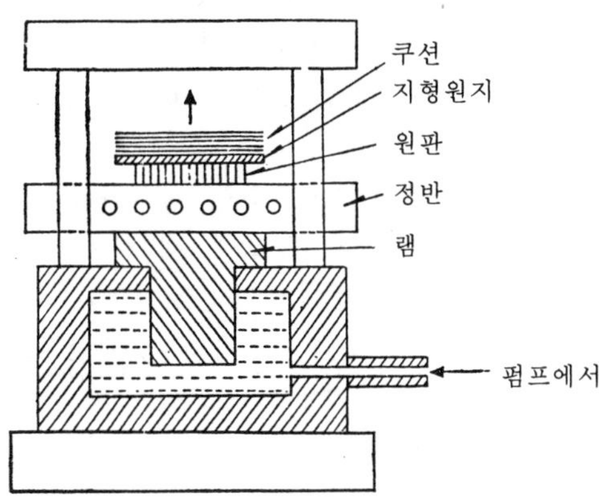

그림 8—5. 평압프레스

지형을 뜨기전에 지형원지의 섬유자체를 부드럽게 하고, 활자원판의 세밀한 부분까지 성형되는 상태로 만들기 위하여 시이즈닝(Seasoning)을 해야한다.

지형을 뜨기위해서는 원판을 정확하게 걸기위해서 체이스(chase)를 사용한다. 체이스에 건 원판을 로울링기나 평압기같은 압착기에서 지형을 성형하고, 지형의 뒷면을 부분적으로 보강하는 다듬질을 한 다음 주조기(casting machine)에서 주조하여 필요한 연판을 얻는다.

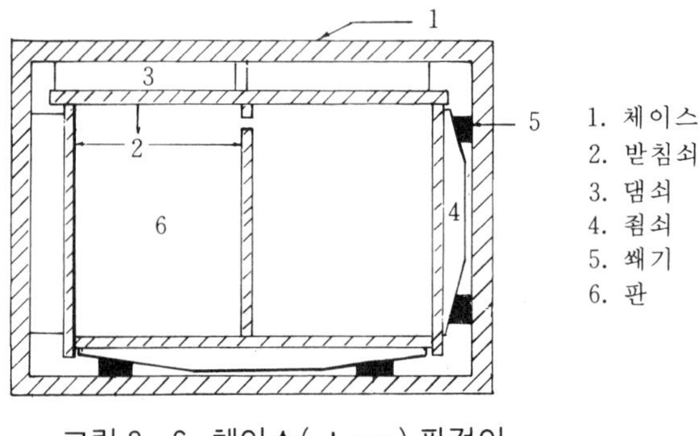

그림 8—6. 체이스(chase) 판걸이

2) 전기판(electro type)

전기판은 지형연판이나 다른 복제판에 비하여 가장 정밀한 판이나, 지형연판과 같이 짧은 시간에 여러 개의 복제판을 만드는 것은 불가능하다.

1903년에 독일의 알베르트(Eugen Albert)가 밀납대신에 연판을 전형(mold)으로 사용하여 전기판의 정밀도를 높였으며, 1945년 경에는 다시 전형재료로 플라스틱(plastic)을 사용하게 되었다. 전기판을 만드는데는 밀납형 전형법, 플라스틱법등이 있으며, 이들의 공정은 전형을 만드는 것 이외에는 거의 공통이다.

원판에 열가소성수지(비닐수지, 폴리아미드수지 등)를 대고 눌러 원판과 반대모양을 만들고, 이 위에 전기분해 방법으로 금속을 두껍게 전주한다. 이것은 너무 얇아서 그대로는 인쇄에 사용할 수 없기 때문에, 뒷면을 납합금으로 보강하여 사용한다. 일반적으로 구리(Cu) 전기판이 사용되며, 필요하면 여기에 다시 크롬(Cr)도금을 하여 내쇄력을 보강하기도 한다. 비금속전형은 전기 전도성이 없으므로 전기 전도성을 갖도록 해야한다. 전기 전도성을 갖도록 하는 방법에는 밀납표면에 미세한 철 분말을 뿌린 후 황산구리용액($CuSO_4$)으로 처리하여 구리를 화학적으로 밀납전형에 융착시키는 방법과 은경반응(silver mirror reaction)을 이용하는 방법이다. 전기판의 전주금속은 보통 구리로써 황산구리용액을 도금액으로 하고, 음극에 전형을 구리판을 양극으로 하여 0.1~0.5㎜ 정도의 두께를 가진 전기판을 만든다.

$2Ag^{+}+2OH^{-} \rightarrow Ag_2O+H_2O$

$Ag_2O+CH_3CHO \rightarrow Ag+CH_3COOH$

(은경반응 silver mirror reaction)

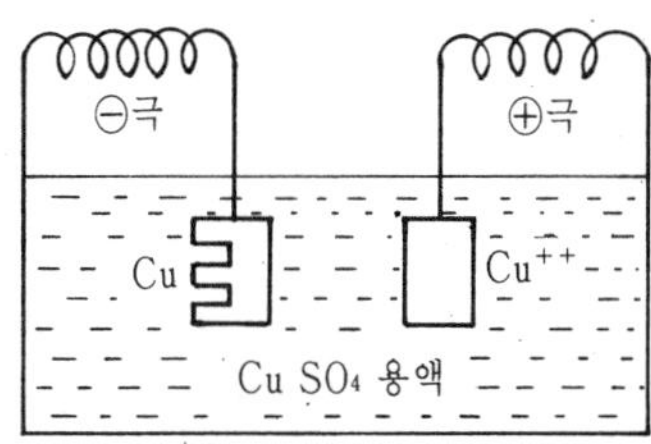

그림 8—7 전기도금

⊖극 : $Cu^{++}+2e^{-} \rightarrow Cu$

⊕극 : $2OH^{-}-2\bar{e} \rightarrow H_2O+\frac{1}{2}O_2$

극판 : $Cu+(O) \rightarrow CuO$

$CuO+2H^{+} \rightarrow H_2O+Cu^{++}$

3) 고무판(Rubber Plate) 및 플라스틱판(Plastic Plate)

고무판은 탄성체로서 피인쇄체가 거친면이나 강체면, 비흡수면등에 인쇄하기가 쉬우며 윤전인쇄도 할 수 있는 장점이 있다. 처음에는 판재료로서 천연고무가 사용되어 유성잉크를 사용할 수가 없었으므로, 오직 아닐린염료의 알콜용액이 사용되었기 때문에 아닐린 인쇄(aniline printing)라고 불렸으나, 그 후 내유성이 풍부한 합성고무가 사용되어 유성잉크를 사용하게 됨에 따라 1952년경에서부터 플랙소그래피(flexography)라고 하게 되었다. 합성수지의 발달로 여러 가지 특성을 가진 제품이 생산됨에 따라 플라스틱판 또한 인쇄에 이용되고 있다.

고무판이나 플라스틱판의 복제판을 만들기 위해서는 원판에서 모형을 떠야하는데 이 때 사용되는 재료는 일반적으로 열경화성인 페놀수지나 요소수지가 사용된다.

페놀수지나 요소수지를 사용하여 얻은 플라스틱 모형에서 천연고무나 합성고무를 사용하여 고무판을 복제하고, 비닐라이트(Vinylite)나 폴리아미드수지 같은 열가소성수지를 사용하여 플라스틱판(Plastic Plate)을 만든다.

8—3. 평판제판

평판은 같은 평면위에 화선부(image area)와 비화선부(non image area)가 형성되어 있으며, 그 기본적인 원리는 지방과 수분의 반발력을 이용하는 것이다. 이것은 다른 판식에서는 볼 수 없는 화학적인 방법이며, 판의 재료는 보통 금속판이나 평판의 발명당시에는 석판석(lithographic stone)을 사용했다. 이 석판인쇄(lithography)는 1798년 독일의 알로이스 제네펠더(Alois-Senefelder)에 의하여 완성되었고, 이것이 평판인쇄의 기초가 되었다.

석판석은 다공질이므로 장시간 수분을 함유할 수 있으며, 화선을 구성하고 있는 지방산막은 석판석의 속으로 침투할 수가 있어 친수층의 비화선부와 친유층의 화선부가 형성될 수 있으므로, 직접 묘화(drawing)나 간접묘화(transferring) 방법으로 인쇄판을 만들 수가 있다.

금속평판의 시작은 난백판(albumen plate, surface plate)이며 이것은 사진을 응용한 제판법으로 성막물질로 건조난백을 사용했으므로 이와같은 명칭이 붙게 되었다.

난백판 제판의 공정을 보면

① 금속판준비→ ② 사목세우기→ ③ 정면(counteretch)→ ④ 감광액도포(건조난백+$(NH_4)_2Cr_2O_7$)→ ⑤ 빛쬠(Negative 또는 positive)→ ⑥ 현상→ ⑦ 현상잉크 도포→ ⑧ 현상→ ⑨ 아라비아고무칠→ ⑩ 판 완성

사진평판(Photo-lithography)은 제판카메라를 사용하여 원고로부터 네가티브, 또는 포지티브를 얻고, 이것을 가지고 감광성부여 및 빛쬠과정을 걸쳐 필요한 인쇄판을 얻게된다. 화선부의 성립에 따라 난백평판(Suface Plate), 평凹판(deep etch plate), PS판(Pre Sensitized Plate), 와이폰판(wipeon plate), 다층평판(Poly Metal Plate)등이 있고, 각각 단색판, 원색판, 선화판, 망목판등으로 다시 구분할 수 있다.

1. 인쇄판 준비

인쇄판으로 사용되는 금속은 아연(Zn)이나 알루미늄(Al), 구리등이며, 주로 알루미늄판을 사용하여 오프셋인쇄에 필요한 사진판을 만든다. 금속평판의 장점은

① 판재의 무게가 가볍고, 운반이나 보관이 쉽다.

② 휘기가 가능하므로 윤전인쇄판을 쉽게 만들 수 있다.

③ 사진제판이 쉽게 된다.

그러나 금속판재는 산화되기 쉽고 인쇄상태나 품질이 불안전하게 되기 쉬운 결점도 동시에 가지고 있다.

주로 사용되는 알루미늄(Al)판은 아연판에 비교하여 친수성이 크고, 비중은 아연의 1/3(2.70) 정도로 대단히 가볍고, 사목(모랫발)이 세밀한 장점과 산화피막이 안정하여 정면(counter etch) 처리가 어려운 결점이 있다. 그러나 아연에 비하여 인쇄적성이 우수하기 때문에 주로 알루미늄이 인쇄판으로 사용된다.

1) 연마(graining)

평판은 지방과 수분의 반발을 이용한 것이므로 물을 보유할 수 있도록

금속 표면에 미세한 凹凸을 만들기위해서 연마를 하지않으면 안된다.

연마의 목적은 다음과 같다.

① 판의 비화선부에 보수성을 주어 친수성을 유지하게 한다.

② 판면의 표면적을 증가시켜 인쇄중에 미끄러지지 않도록 한다.

③ 앞서의 화선을 갈아내고 새로운 금속면을 낸다.

사목의 깊이는 인쇄조건에 따라 달라져야 한다.

연마하는데는 예리한 연마능력을 가진 금강사(Garnet Sand, SiO_2)나 아랜덤(Alundum, Al_2O_3), 카보랜덤(Carborundum, SiC) 등과, 자기구나 유리구같은 연마구(graining ball)와 윤활제로 사용되는 2~3%의 중크롬산($H_2Cr_2O_7$) 용액이 필요하다.

연마하는 방법에는 여러 가지가 있으나 주로 기계연마법을 사용한다. 연마기에 연마할 인쇄판의 중심을 잘 잡아 놓은 후 연마사와 윤활유 그리고 연마구를 사용하여 잘 연마한다. 연마가 완료되면 촉침계나 루베(확대기), 현미경같은 것으로 사목을 검사한다.

2) 정면(counter each)

연마가 끝난 금속판은 충분히 물로 씻은 후 질산명반액으로 정면을 하여 금속면의 친유성을 증가시키고 연마찌꺼기나 불필요한 산화피막을 제거하며 날카로운 연마면을 둔화시킨다.

(1) 정면에서 질산의 역활

정면액중에서 질산은 다음과 같이 해리하여 발생기산소(O)가 아연과 반응하여 질산아연이 되고 다시 산화질소(NO)가 기포로 생성된다. 질산아연은 용해도가 크기때문에 물에 녹기쉬워 금속판위의 각종 불순물을 산화질소(NO)와 함께 없애주는 역할을 한다.

$$2HNO_3 \rightarrow 2NO + H_2O + 3O$$

$$3Z_n + 3O \rightarrow 3Z_nO$$

$$3Z_nO + 6HNO_3 \rightarrow 3Z_n(NO_3)_2 + 3H_2O$$

(2) 정면에서 명반의 역할

명반은 다음과 같이 해리하며, 이와같이 가수분해에 의해 생긴 수산화알루미늄($Al(OH)_3$)은 교질물로서 금속판위에 흡착되므로 친유성을 증가시켜준다.

$$K_2Al_2(SO_4)_4 + 8H_2O \rightarrow 2KOH + 2Al(OH)_3 + 4H_2SO_4$$

2. 평凹판(deep etch plate)제판

평凹판은 사진평판 초기에 사용되었던 난백판보다 더 큰 내쇄력과 인쇄효과를 좋게하기 위하여 화선부를 0.005~0.008㎜정도 부식시킨 판으로, 이것은 평판식으로 인쇄하는 것이다. 난백판에 비하여 내쇄력이 큰 것은 물론, 잉크 부착량이 많고, 망점재현성이 양호하다. 따라서 우수한 품질의 인쇄물을 얻을 수 있다. 화선부를 얻는데는 부식에 의하여 화선부를 파내는 부식식과, 화선부 이외에 도금을 하여 결과적으로 화선부를 파게하는 도금식이 있으나, 일반적으로 부식식 평凹판이 채용되고 있다.

부식방법에 의한 평凹판의 제판공정을 보면

① 금속판준비→ ② 사목세우기→ ③ 정면(counter etch)→ ④ 감광액도포(coating of sensitizing solution)→ ⑤ 빛쬠(printing exposing, Positive사용)→ ⑥ 현상→ ⑦ 부식(etching)→ ⑧ 염료칠→ ⑨ 래커(lacquer)칠→ ⑩ 현상잉크칠→ ⑪ 탈막→ ⑫ 아라비아고무칠→ ⑬ 판완성

1) 감광액처리

평凹판 감광액은 부식액에 대하여 충분한 내산성을 가져야하며 또한, 화상이 형성된 후에는 쉽게 탈막이 되어야 한다. 감광액으로는 구루감광액, PVA, 아라비아고무액이 있으나 PVA감광액이 보통 사용된다. PVA의 성질은 중합도에 따라 다르며, 제판용으로는 400~500정도의 저중합도가 사용된다.

회전도포기(whirler)를 사용하여 감광액을 판에 도포하며, 회전속도와 온도 및 습도에 따라 도포되는 감광액의 두께가 달라지므로, 여러 가지 방법으로 테스트(test)하여 데이타를 얻어 사용하면 편리하다.

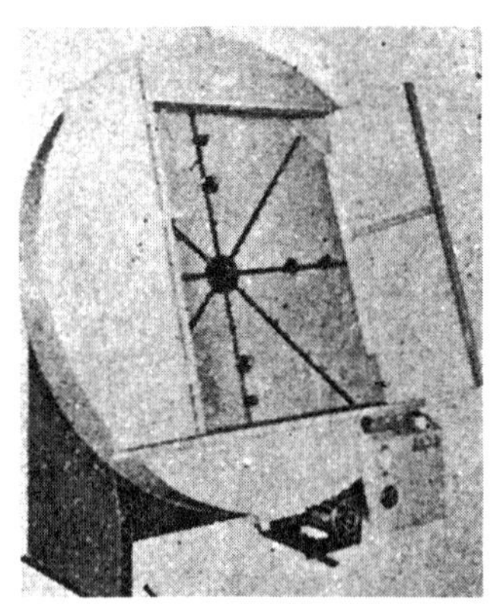

그림 8-8. 회전도포기

그림 8-9. 빛쬠틀

2) 노광(Printing exposing)

진공 빛쬠틀(Vacuum printing frame)에서 포지티브필름을 통하여 노광을 하면 비화선부 감광층은 경화가 되어 현상이나 부식으로부터 보호된다.

적정노광량은 21단계의 스텝타블레이트(Step tablet)에서 6~8단계에 있다. 평凹판에 사용되는 감광액은 중크롬산안몬($((NH_4)_2Cr_2O_7)$으로, 360nm에서 가장 큰 감도를 가지게 되어 자외선이 풍부한 크세논

(Xenon) 등이 광원으로 사용된다.

3) 현상 및 부식

PVA감광액을 물로 수세현상을 하며, 화선부의 미노광 감광액을 완전히 제거하여 금속면이 나오게 한다. 다음에 메틸바이올레트나 아닐린(aniline)같은 염료로 염색을 하여 건조시킨다. 만약 아라비아고무 감광액을 사용했다면 물로는 현상이 불가능하므로 염화칼슘($Cacl_2$)을 주성분으로 하는 별도의 현상제를 사용해야 한다.

아라비아고무 감광액용 현상제의 처방은 다음과 같다.

염화아연	350 g
염화칼슘	700 g
물	1,000cc
젖산(85%)	100cc

금속면으로 나와있는 화선부를 약간(5/1,000~8/1,000㎜) 부식시켜 감지락카와의 친화를 강력하게 하고 내쇄력을 증가시킨다.

4) 감지화처리(래커 및 현상잉크처리)

강력한 잉크 수용성 물질인 래커(lacquer)와 현상잉크(developing ink)로 부식부분(화선부분)을 칠하여 인쇄화상(image area)의 베이스(base)를 형성한다.

현상잉크를 도포하기 전에 칠한 래커는 완전히 건조시킨 후 현상잉크를 도포해야 한다.

5) 탈막

판의 비화선부에 광경화된 내식막을 제거하기 위하여 탈막액으로 탈막을 한다. 비화선부의 불감지화를 하기 위하여 아라비아고무액($C_{12}H_{20}O_{10}$)n을 가능한 엷게발라 완전히 건조시켜 판을 얻는다.

3. PS판(Pre Sensitized Plate)제판

PS판은 사진필름과 마찬가지로 알루미늄 지지체에 미리 감광액을 도포한 것이다. 초기의 PS판은 사목을 세우지 않고 평활한 알루미늄이나 종이판의 PS판으로 소형의 경인쇄에 사용하였다.

그러나 알루미늄판은 친수성이 크고 여러가지 인쇄적성이 아연판 보다 우수하지만 더욱더 인쇄적성을 향상시키기 위하여 연마를 하여 사목을 세우게 된다. 사목(모랫밭)은 오프셋 인쇄에서 축임물(damping water)의 이동, 증발분산을 억제하거나 급격한 축임물의 공급변동에 대하여 완충역활을 하며, 내쇄력(length of run)을 크게하여 화상의 마모를 억제하는 역활 등 그 기능이 다양하다.

1) 연마(graining)의 종류

PS판의 연마 방법은 평凹판이나 난백판의 연마처럼 연마기계와 연마구를 사용하는 마볼(Ball)연마 PS판이 있고, 알루미늄판(Al plate)을 로울(Roll) 형태로 드럼에서 브러쉬(Brush)로 연마하는 브러쉬연마PS판, 금속와이어(wire)로 알루미늄 표면을 연마하는 브러쉬 연마와 비슷한 와이어 연마PS판이 있다.

브러쉬 연마의 표면은 어두운 광택이 나고 회전 브러쉬를 사용하므로 균일하고 방향성이 없는 사목이 얻어지므로 일반적으로 PS판에 이용되며 와이어 연마 PS판은 표면이 밝은 금속광택이 나며 연마 방향에 따라 가로 세로의 성질이 다르다.

또한 알루미늄판의 표면을 양극산화하여 판표면에 산화피막을 형성시켜 내산성, 내알카리성 및 물리적인 경도를 증가시켜 내쇄력을 대폭 증가시킨 양극산화 PS판등으로 나눌 수가 있다.

2) 양극산화(anodise)

(1) 전해연마

알루미늄을 양극(anode)으로 하고 산(acid)을 전해액으로 하여 교류전기를 통하게 하면 알루미늄의 전해반응과 산화피막 형성 반응이 양쪽에서 일어난다.

전해반응 속도가 산화피막형성 반응보다 클때 알루미늄의 부식(etch)이 일어나며 그 반대의 경우 양극산화피막이 형성된다.

이렇게 상반되는 결과는 사용하는 전해액에 의해서 결정되며, 염산이나 질산같은 일염기산의 경우는 에칭반응이, 황산, 인산, 수산이나 크롬산 같은 다염기산의 경우에는 양극산화반응이 일어난다.

이때 사목의 형태는 전압, 전류량, 전해시간같은 전해조건이나 전해액의 조성에 의하여 크게 영향을 받는다.

PS판의 양극산화전해액으로는 보통 황산(H_2SO_4)이 사용된다. 황산전해액은 염가이며 낮은 전압으로도 알루미늄에 고전류밀도의 전류를

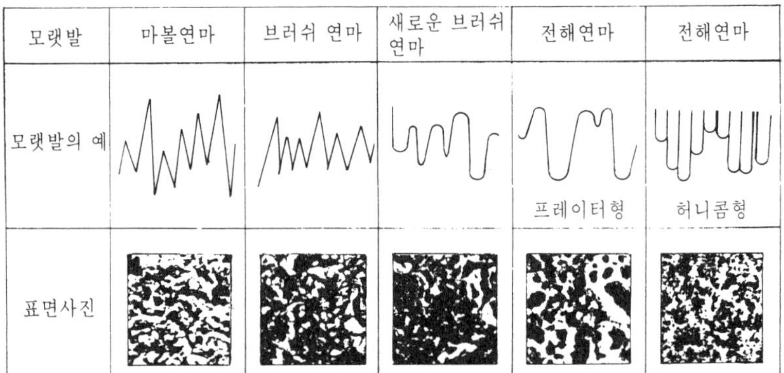

모랫발	마볼연마	브러쉬 연마	새로운 브러쉬 연마	전해연마	전해연마
모랫발의 예				프레이터형	허니콤형
표면사진					

그림 8—10 연마의 종류

보낼 수 있고, 용해작용이 인산보다 약하기 때문에 내식성(resist), 내쇄력이 우수한 산화피막을 만들 수가 있다.

양극산화 처리를 하면 알루미늄표면은 조금 검기 때문에 빛의 반사율이 떨어져 할레이션(halation) 방지층의 역활도 한다.

양극산화피막은 2층으로 되어 표면은 불활성층으로, 안쪽은 엷은 활성층인 배리어(barrier)층이 생긴다. 따라서 불활성층은 친수성으로 매우 경도가 높아져 내쇄력이 커진다.

양극산화법에는 황산법, 크롬산법, 수산법 등이 있다.

(2) 셀(cell)의 형성

양극산화막이 PS판의 성능에 크게 영향을 주는 것은 우수한 내식성, 내마모성 뿐만 아니라 산화피막에 생기는 작은 구멍(포어)의 영향이 크다.

포어는 물질의 흡착성이 매우 크므로 PS판의 보수성을 크게 하고 바탕 더러움을 적게 한다.

산화피막은 그림 8-11에서 보는것과 같이 6각주의 셀로 형성되어 있으며 각 셀에는 하나의 구멍(포어)이 있다.

셀의 벽과 배리어층의 두께는 전해액의 종류에는 관계가 적고 전압에 크게 관계가 된다.

셀과 포어의 생성과정을 보면 양극산화가 시작되면 제일 먼저 배리어층(barrier)이 형성되고, 다음에 어느 특별한 지점에서 용해작용이 일어나고 이 점의 산화피막은 엷으므로 전기 저항이 감소하여 전류가 이점에

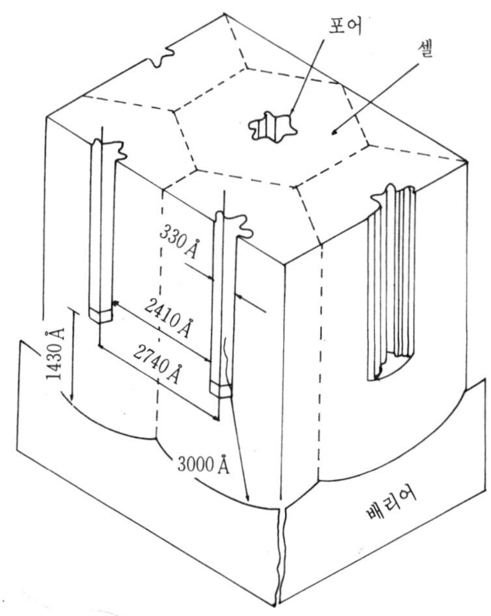

그림 8—11 양극산화 피막의 모형

흘러 액온의 상승을 가져오고 결과적으로 피막의 용해를 촉진한다. 이러한 현상이 계속되어 작은 구멍이 형성되는 것이다.

하나의 작은 구멍을 중심으로 셀의 끝은 반구면상으로 일정하게 넓어진다. 따라서 원통모양의 작은 구멍을 중심으로 끝이 반구상을 한 셀이 얻어진다.

(3) 포어의 충전

양극산화된 알루미늄의 내식성을 향상시키기 위하여 일반적으로 뜨거운 물이나 고온 수증기 속에 양극산화된 알루미늄을 넣어 봉공처리하면 산화알루미늄이 결정수를 지닌 베마이트(Boehmite, $Al_2O_3H_2O$)로 되어 체적이 팽창되고 그 결과 구멍을 막거나, 표면에 수지 피막을 형성시킨다. PS판의 경우 바탕 더러움을 방지하기 위하여 구멍을 잉크 반발물질로 충전(loading)하던가 친수성 표면 피막을 만들게 한다.

화학적 충전(chmical loading)은 비교적 안정된 성능이 얻어지지만 도포막에 의한 것은 조건설정이 어려운 결점이 있다.

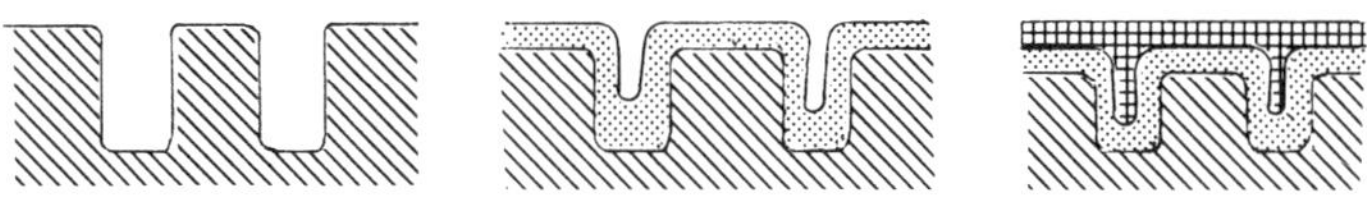

a.다공질 산화알루미늄 b.공간을 남기고 용질을 충전 c.감광물질을 도포

그림 8—12. 푸롬솜의 포어충전

그림 8—12 b에서 용질은 용액으로 가해준 알카리 실리케이트(alkali silicate) 와 생성된 알루미늄 실리게이트(aluminium silicate)이고 용매는 물이다.

3) 양극산화PS판의 특징

① 표면의 경도가 커서 사목의 마모가 적고 내쇄력이 크다. 따라서 지분(paper dust)이 많은 종이의 인쇄에 적합하다.

② 산화피막은 미세한 셀(cell) 형태의 다공질을 가지고 있어 보수성이 좋다.

③ 표면이 다공질이므로 감광액의 접착이 대단이 커서 화상의 질이 좋다.

④ 다른 PS판에 비하여 망점재현성이 우수하다. 이밖에도 보존성이 우수하며 고무를 칠하지 않고도 1~2시간 정도는 방치하여도 인쇄중에 필요없는 더러움이 생기지 않는다.

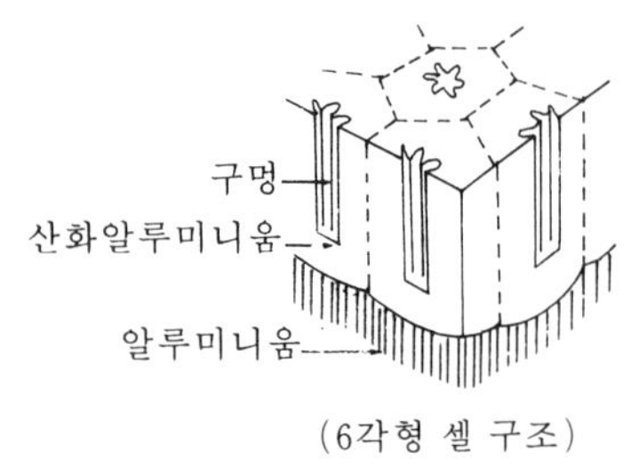

그림 8—13. 양극산화 피막의 모형

알루미늄 표면에 형성되는 다공층셀(cell)은 6각기둥형으로 되어있다.

4) PS판의 성질

PS판은 디아조(diazo) 감광재를 사용하는 것으로 중크롬산 감광재를 사용하는 평凹판(deep etch plate)이나 난백판(surface plate)에 비하

표 8-1. PS판과 다른판과의 비교

평凹판	① 판연마→ ② 카운터에칭→ ③ 감광액도포→ ④ 빛쬠(포지)→ ⑤ 염색→ ⑥ 물현상→ ⑦ 부식→ ⑧ 수정→ ⑨ 락카칠→ ⑩ 현상잉크칠→ ⑪ 탈막→ ⑫ 고무처리→ ⑬ 건조
난백판	① 판연마→ ② 카운터에칭→ ③ 감광액 도포→ ④ 빛쬠(네가)→ ⑤ 현상잉크칠→ ⑥ 물현상→ ⑦ 건조 → ⑧ 고무처리→ ⑨ 건조
와이폰판	① 판연마→ ② 카운터에칭→ ③ 감광액도표→ ④ 건조→ ⑤ 빛쬠(네가)→ ⑥ 현상처리→ ⑦ 락카칠→ ⑧ 고무처리→ ⑨ 건조
PS판(포지)	① 빛쬠(포지)→ ② 자동현상처리→ ③ 수정→ ④ 고무처리→ ⑤ 건조
PS판(네가)	① 락카내장형→ ② 빛쬠(네가)→ ③ 자동현상고무칠

여 보존성이 대단히 크며, 온도 및 습도의 영향을 받지 않으므로 암반응(dark reaction) 및 계속 반응(continuing reaction)같은 제판처리상 많은 불안정 요소가 없어 매우 안정된 판이다.

더우기 제판처리도 쉽고 300선 이상의 해상력이 있어 재현성도 높다.

5) PS판의 표면처리

PS판의 지지체는 특수처리한 종이, 질산셀루로스(cellulose nitrate), 알루미늄 등을 사용하며, 알루미늄은 금속표면과 디아조감광재가 반응하여 포그(fog) 현상을 일으키므로 현상이 어렵게 된다. 이것을 방지하기 위하여 2~5%의 규산나트륨이나 규산칼륨의 뜨거운 용액으로 알루미늄판 표면을 처리한다.

이러한 처리는 알루미늄 표면에 석영질의 피막을 형성하여 디아조 감광층과 금속표면과의 반응을 방지하고, 판의 보수성을 좋게한다.

6) PS판의 감광성수지

PS판은 유기감광재료와 현상액의 종류에 따라 네가티브형과 포지티브형으로 분류할 수 있다.

PS판용 감광재료로 많이 이용되는 것은 디아조(diazo)기를 감광기로 하는 감광성 수지와 감광성 물질로, 이에 사용되는 디아조 화합물은 안정한 디아조니움 염류와 키논디아조류의 방향족 화합물이다.

(1) 디아조염류

현재 사용되고 있는 디아조염 감광성수지는 파라디아조 페놀아민과 포름알데히드(포르마린)의 축중합물로, 이것은 감광파장 영역이 비교적 장파장(300nm~520nm)이므로 광분해 효율이 크다. 이것은 인쇄중 축임물에 의하여 가수분해할 염려가 있으므로 감광층 위에 방습수지층을 도포해야 한다. 이것은 네가티브형 PS판을 만드는 감광성수지이다. 이러한 디아조 수지는 노광에 의하여 분해되며, 이것은 잉크수용성의 소수성(hydrophobic) 화합물로 변하고, 이 피막만으로는 내쇄력이 부족하므로 초기의 PS판은 현상 후에 래커를 칠하여 화상을 보호하였다. 그러나 지금은 감광액층에 미리 유기용매에 녹는 디아조 수지와 합성수지(아크릴계수지)를 혼합하여 사용하면, 노광에 의하여 디아조 감광재의 분해에, 혼합한 수지가 광경화를 하므로 현상후에 래커를 칠할 필요가 없다. 현상액은 묽은(1.0~5.0%) 알칼리수용액으로 인산나트륨이나 메타규산나트륨같은 수용액을 사용한다.

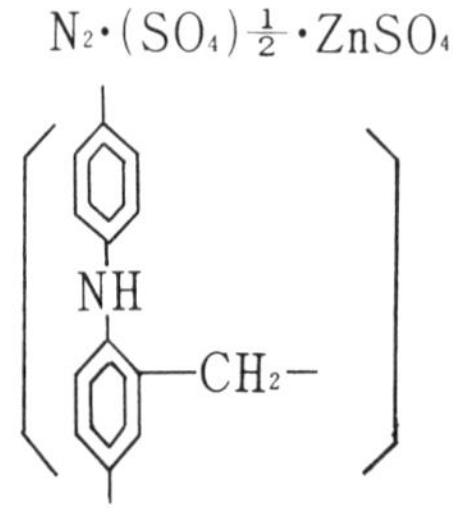

$N_2\cdot(SO_4)\frac{1}{2}\cdot ZnSO_4$

NH

CH_2-

P—diazo phenol amine과 P—Formaldehyde의 축중합체

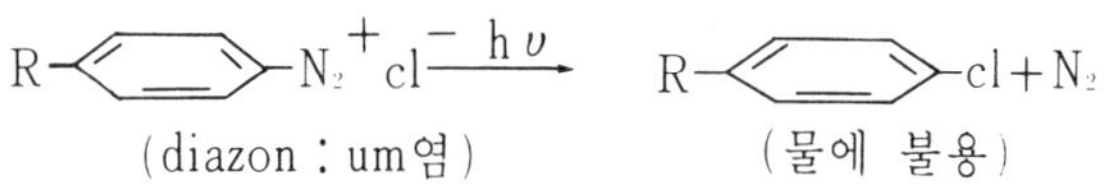

$R-C_6H_4-N_2^+cl^- \xrightarrow{h\upsilon} R-C_6H_4-cl+N_2$

(diazon : um염) (물에 불용)

(2) 키논디아지드염류

디아조 화합물에서 아민기를 기준으로 하여 올소(ortho) 또는 파라(para)위치에 OH기를 갖는 방향족이 디아조화한 것을 키논디아지드(Quinone diazide)류, 또는 디아조옥사이드(diazo oxide)류라고 한다. 이러한 디아조기는 이온화구조를 갖지않으므로 염류를 생성하지 않아 친수성이 없다. 따라서 유기용매에는 용해되나 물에는 용해되지 않는다. PS판에 사용되는 것은 올소키논 디아지드 화합물이나 디아조 옥사이드 화합물로, 노광하면 광분해에 의하여 질소가스가 발생하고 칼복실기(—COOH)가 생성된다. 생성된 칼복실기에 의하여 수용액에 용해하는 성질로 되며 빛을 받지않은 부분은 용해되지 않는다.

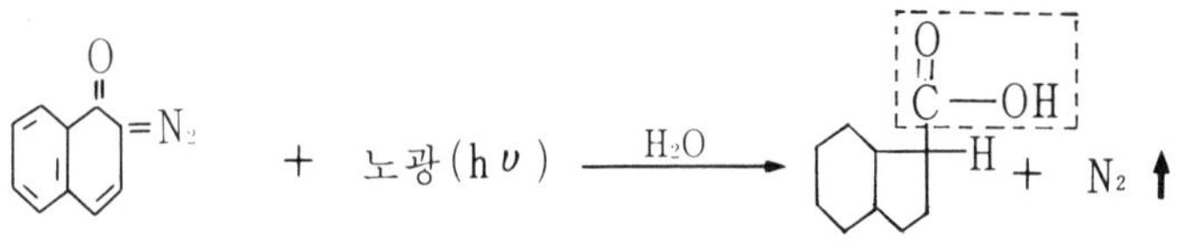

O, $=N_2$ + 노광($h\upsilon$) $\xrightarrow{H_2O}$ C(=O)—OH, H + $N_2\uparrow$

diazo oxide 화합물(물에 불용) carboxylic acid(물에 녹음)

따라서 현상액으로 알카리수용액(Na_3PO_4)을 사용하며, 다음에 정착처리하여 빛을 받지 않은 부분의 감광성을 제거하고 아라비아 고무액을 칠하여 판을 완성한다. 이 때 사용되는 필름은 포지티브필름이므로 포지티브형 PS판이 만들어진다.

키논디아지드 감광재료의 감광파장영역은 320nm~470nm이므로 광원으로는 자외선을 사용해야 한다.

7) PS판의 제판공정

(1) 네가형 PS판

네가형 PS판의 제판은 ① 노광→ ② 현상→ ③ 고무칠→ ④ 판완성의 공정으로 하는 것이 보통이다.

네가형 PS판은 화상부의 감광층이 현상에 의하여 녹지않고 광경화하므로, 노광이 부족될 때는 내쇄력이 떨어지고 반대로 노광이 과다하면 화상부가 굵어지므로, 적정노광(correct exposure)시간을 얻는데는 스

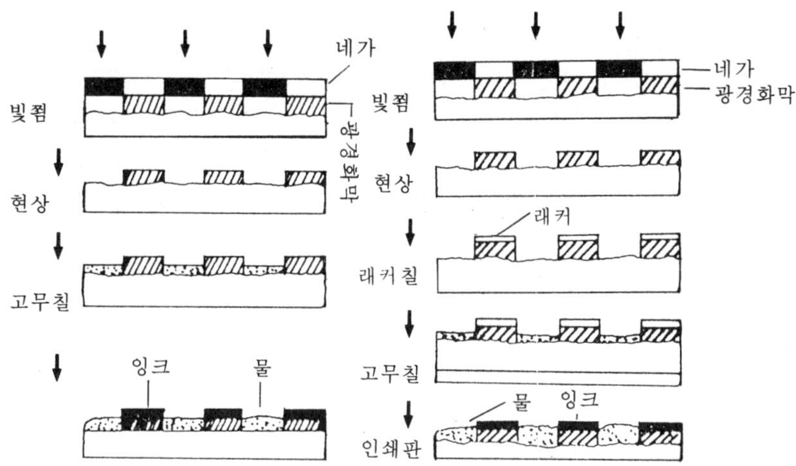

그림 8-14. 내형 PS판의 공정도 그림 8-15. 외형 PS판의 공정도

텝가이드(step guide)를 가지고 미리 노광테스트(exposure test)를 한다. 판을 만든 후 장시간 보관할 때는 잉크흡착성이 나빠지므로 현상잉크를 칠한 후 고무(gum arabic)처리를 한다.

(2) 포지형 PS판

포지형 PS판은 네가형 PS판의 공정에 정착(fixation)처리 공정을 추가한 것이다. 네가형 PS판에서는 빛을 받지않은 부분의 감광층을 용해

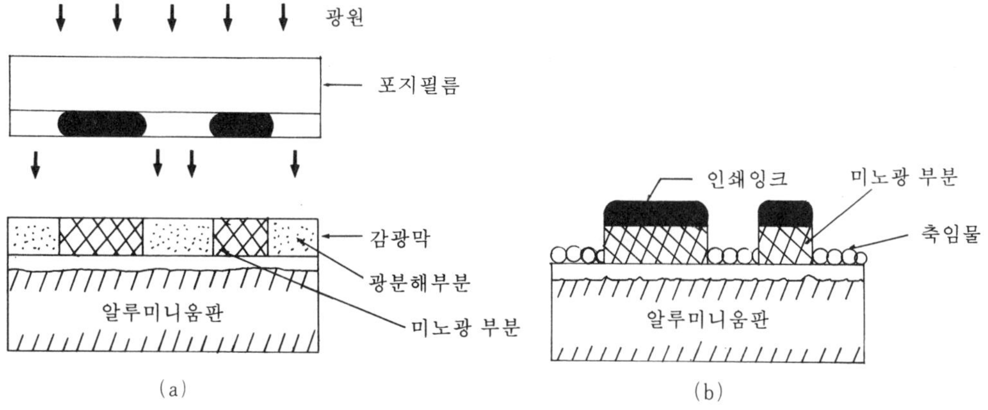

그림 8-16. 포지타입 PS판 제판

제거했으나, 포지형에서는 이와 반대로 빛을 받지않은 부분이 판위에 남고, 빛을 받은 부분이 현상에 의하여 용해된다. 이 때 남은, 빛을 받지않은 부분의 감광막은 감광성을 가지므로, 이것을 없애기 위하여 정착처리를 한다.

8) 특수한 PS판 제판 공정

(1) 드라이 PS판(dry ps plate)

드라이 PS판(dry ps plate)은 오프셋 인쇄용 PS판으로 축임물을 사용하지 않은 PS판이다. 이것은 처음으로 A. Trist(영국)가 1923년에 Mercurography(수은응용, 물없는 평판)로 특허를 얻어 Pautone process라 하였다. 3M사는 실리콘(silicone) 고무를 사용하여 축임물이 필요없는 평판을 개발하여 드라이그래오피라는 상품명으로 시판하였다.

이것은 3가지형으로 나누어지며 제판공정은 다음 그림과 같다.

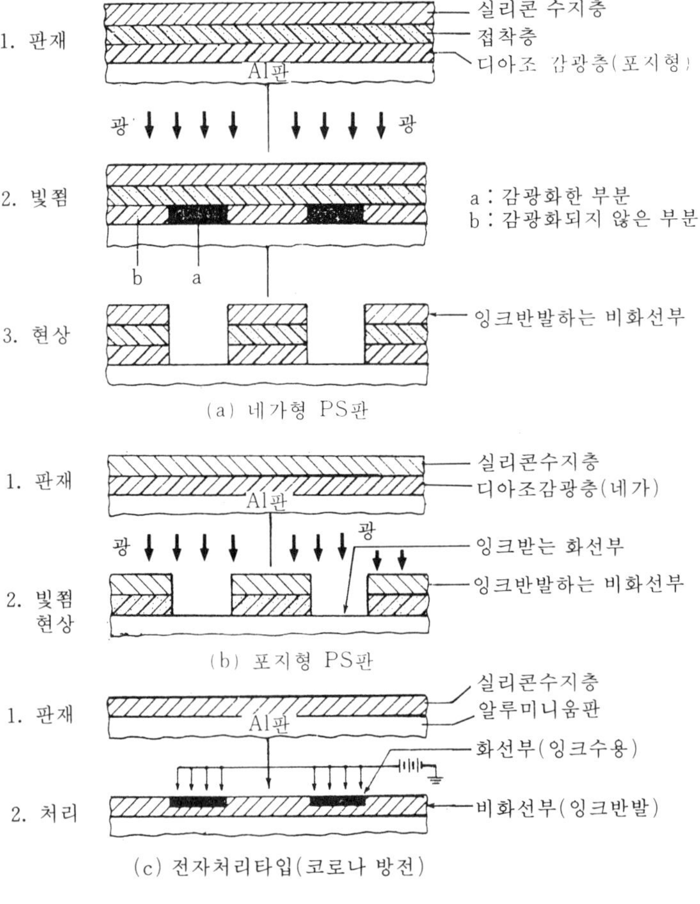

그림 8-17. 드라이 PS판 제판

네가타입판은 Aℓ판을 잘 표면처리하여 제 1층에 포지형 디아조 감광액을 균일하게 도포하여 건조시킨다. 제2층은 접착을 목적으로 한 것으로, 디아조 디페닐아민과 포름알데히드의 축합물을 메타놀과 함께 도포하여 건조시켰으며, 제3층에는 비화선부를 형성하는 층으로 실리콘고무를 역시 도포, 건조하여 약 120℃로 10분간 가열처리하여 건조시킨다. 제판은 네가원판을 통하여 빛쬠하고 현상액으로 현상하면 노광부분(화선부)에 알루미늄 금속표면이 노출된다. 다음에 물로 잘 수세하여 공기중에서 건조시켜 제판을 완성한다.

(2) 스크린레스 PS판(Screenless PS Plate)

스크린레스 PS판은 망목이 없는 평판으로써 콜로우타이프(collo type)의 인쇄효과를 얻을 수 있다. 이것은 연속계조의 사진원판에서 직접판에 빛쬠(printing exposing)하여 인쇄판을 만든다. 제판공정은 다음 그림과 같으며, 특징은 해상력이 좋고, 얼룩이 생기지 않으며, 망촬영이 생략되는 장점이 있다. 그러나 계수관리(calculation administration)가 어려운 결점이 있다.

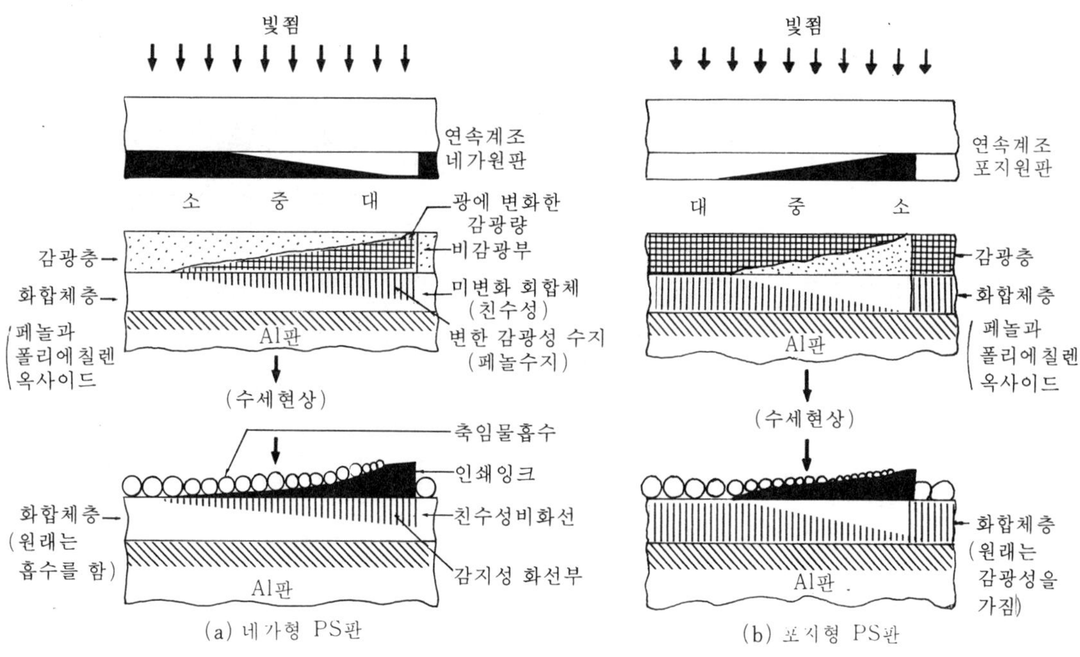

그림 8—18. 스크린레스 PC판

(3) 직접촬영형 PS판

이것은 네가나 포지원판을 사용하지 않고 제판카메라를 사용하여 원고로부터 직접 PS판에 촬영하는 것으로, 소형 오프셋인쇄용으로 사용하며, 연속적으로 현상처리함으로 몇 분 이내에 인쇄판을 얻을 수 있다. 직접 촬영형 PS판에는

① 제록스(xerox)방식과

② 엘렉트로홱스방식(Electro Fax)

③ 은유제 응용방식이 있으며, 이 중에서 은유제 응용방식이 인쇄효과가 가장 좋다. 은유제 응용방식은 감광은 화상을 비감광성의 판면에 전사시켜 제판하는 전사법과, 표백현상을 이용하여 젤라틴을 경화시켜 잉크를 받는 화선부를 형성하는 직접법이 있다.

은염 응용 PS판의 직접법으로는 표백현상을 응용하는 표백 콜로이드가 경화하여 친유성 화상을 만드는 PS판으로 crona Flex, Projectalith, Verilith, Direct Plate 등이 있다. 이것은 종이나 Al판에 폴리에틸렌 피막을 양면에 도포하고, 다음 그림 8-19와 같이 ⓐ 현상제 함유층, ⓑ 은유제층, ⓒ 포지전환층의 3층구조를 가진 0.2㎜의 판을 카메라로 촬영하면 원고의 농도에 따라 반사된 광이 은유제층에 네가잠상(negative latent image)을 만들고, 자동적으로 판에 함유되어 있는 현상활성제(develope active agent)를 통과하여 잠상화상이 현상된다. 이 화상부(비화선부)가 경화하여 ⓐ층의 현상액이 ⓑ층을 통과하여 ⓒ층에 작용하고 ⓒ층의 화선부만을 친유성으로 변화시킨다.

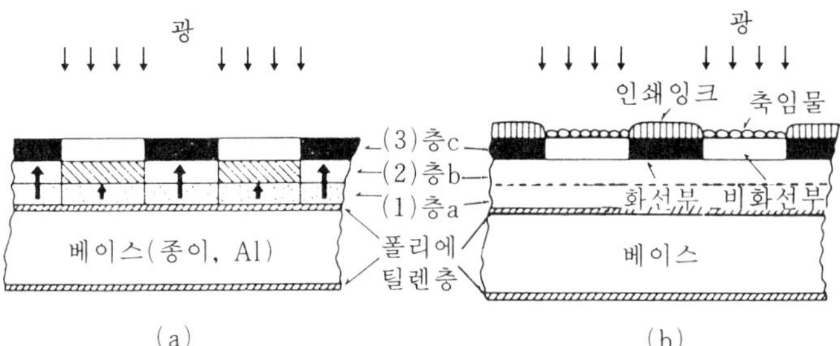

그림 8-19. 프로젝타 리즈필름(a)와 화선부 형성(b)

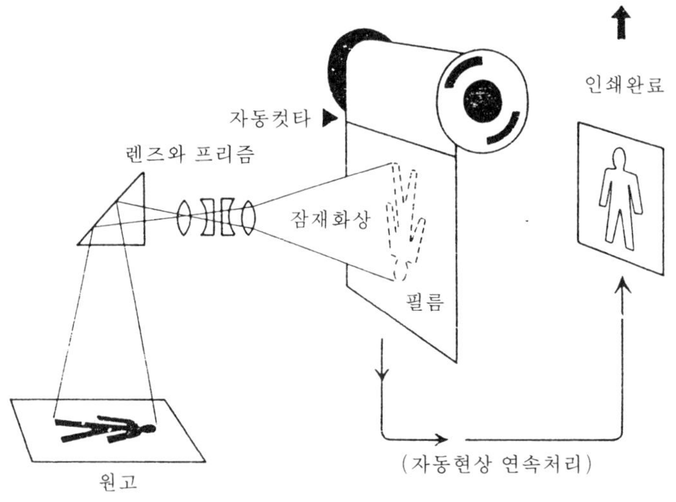

그림 8-20. 프로젝타리즈필름의 촬영

9) 자동현상기

인쇄적성에 알맞는 망점재현을 하기위해서는 제판과정 전체가 적절한 관리를 필요로 하지만, 그중에서도 현상이 가장 중요하다. 따라서 자동현상기를 사용함으로서 여러 가지의 현상조건을 자동으로 관리하여, 안정적이고 계속적인 작업관리를 할 수가 있다. 자동현상처리는 ① 현상 → ② 수세 → ③ 고무칠의 순서로 되어 있다.

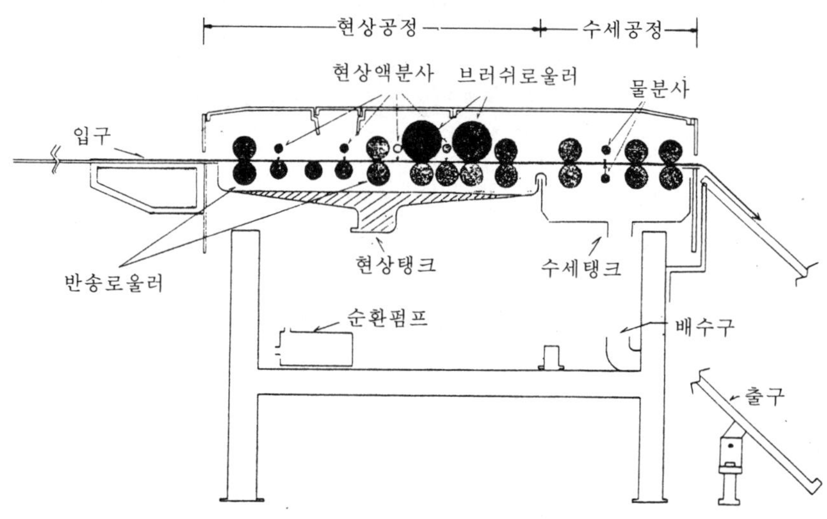

그림 8-21. 자동현상기 구조

4. 기타제판

1) 와이포온판(Wipeon Plate)

알루미늄판에 감광재를 스폰지나 로울러로 도포하여 감광막을 형성하는 제판법이다. 감광액은 PS판과 같이 디아조화합물을 사용하며 판처리방법도 비슷하다. 이 판은 PS판과 같이 네가형과 포지형이 있으나 보통 네가형을 사용하며, 세밀한 사목을 세운 후 판재료와 감광액과의 직접접촉을 피하기 위하여 판의 표면처리를 한 다음 감광액칠을 하고, 빛쬠하여 현상한다. 현상과 락카칠은 동시에 단일공정으로 이루어지며 마지막으로 고무칠하여 판을 완성시킨다.

2) 다층평판(Poly-metal-Plate)

다층평판은 성질이 서로 다른 금속을 2~3층으로 도금(gilt)하여 친유성의 금속(구리)을 화상부로, 친수성이 큰 금속(크롬, 알루미늄, 스텐레스)을 비화상부로하는 제판법이다. 다층판은 평凹판식과 평凸판식으로 나누어지며, 제판방법은 부식법(etching method)과 도금방법(gilting method)이 있다. 2층판(bimetal Plate)은 구리와 크롬으로 되어있으며, 3층판(trimetalplate)은 지지체로 철이나 스텐레스를 사용하고, 그 위에 2층판처럼 구리와 크롬으로 되어 있다.

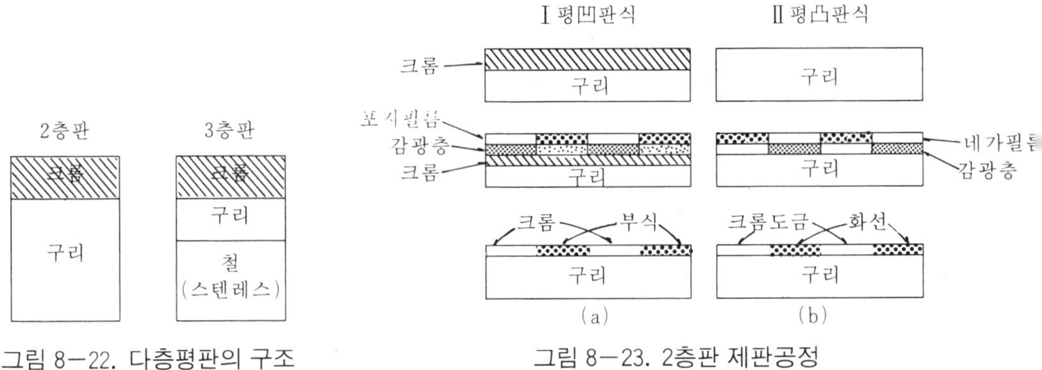

그림 8—22. 다층평판의 구조

그림 8—23. 2층판 제판공정

그림 8—22(a)는 구리판위에 크롬도금을 한 2층판으로 여기에 감광액 처리를 한 다음 포지티브원판으로 빛쬠하여 현상한다. 다음에 부식하면 평凹판과 같은 형태의 판을 얻을 수 있다. 그림 8—23(b)는 구리판위에 감광액처리를 한 후 네가티브 원판으로 빛쬠하여 현상한다. 다음에 크롬도금을 하며 감광화되지 않은 부분(비화선부)이 도금되어 비화선부를 형성한다. 다층판은 인쇄적성에 알맞는 금속을 사용하므로 좋은 인쇄물을 얻을 수 있으나, 제판공정이 복잡하고 제판비가 비싸기 때문에 일반적으로 사용할 수 없다.

8—4. 凹판 제판(Engraving Plate)

凹판에는 조각凹판(engraver)과 사진凹판(gravure)이 있으나, 일반적으로 凹판이라 하면 조각凹판을 말한다. 凹판제판에는 조각칼등을 사용하는 수공적 조각과 평행선 조각기나, 채문(design)조각기, 릴리프 조각기, 팬트조각기(확대축소용) 같은 정밀한 조각기를 사용하는 방법이 있다.

판재료는 적당한 점도와 경도가 있고, 인쇄잉크와의 친화성이 좋은 구리판을 사용한다.

그림 8—24. 채문의 종류

1. 뷰란조각凹판(line engraving plate)

평활하게 연마한 구리면에 좌우 반대로 된 화선의 윤곽선을 만들고, 원고를 거울에 비치면서 조각칼(뷰란)이나 점조각칼로 선, 점을 새기고 광택주걱으로 이것을 보충한다. 원고의 모양을 교묘하게 표현하기 위해 조각길이, 방향, 조밀정도, 깊이에 변화를 주어 짙고 연하게 하는 기법을 사용한다. 윤곽선을 만드는데는 원도(pattern)위에 투명한 젤라틴시트를 놓고 윤곽선을 바늘로 더듬으며 얕게 새긴 후 홍분(산화철분말) 또는 잉크를 채워 뒷면에서 눌러 금속판에 전사(transfer)한다. 또한 부식에 의해 어느 정도 판후 조각칼로 새겨서 만드는 것도 많다.

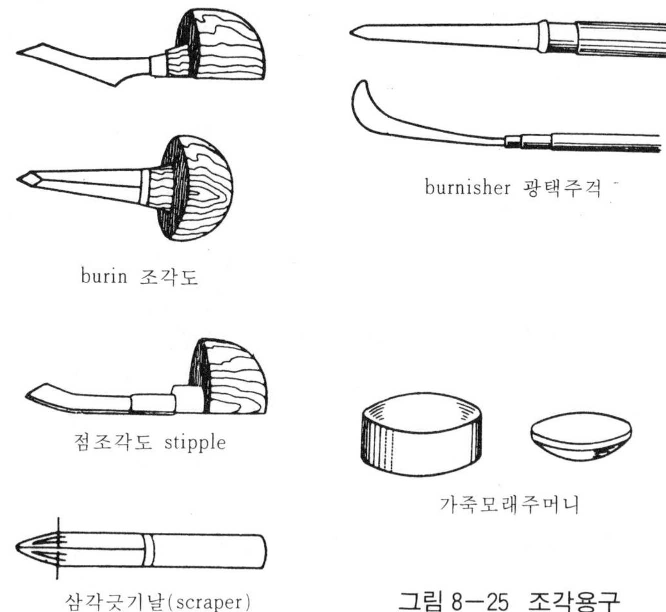

그림 8-25 조각용구

2. 드라이포인트凹판(drypoint engraving plate)

구리판에 돗바늘모양의 튼튼한 바늘로 경미한 자국선을 만들면 조각선 언저리에 미세한 돌기가 생긴다. 이 돌기부가 많을수록 인쇄잉크가 많이 부착한다. 원고의 엷은 부분은 이 올라온 부분을 광택주걱으로 문지르거나 삼각그기칼로 깎아서 농도를 조절한다.

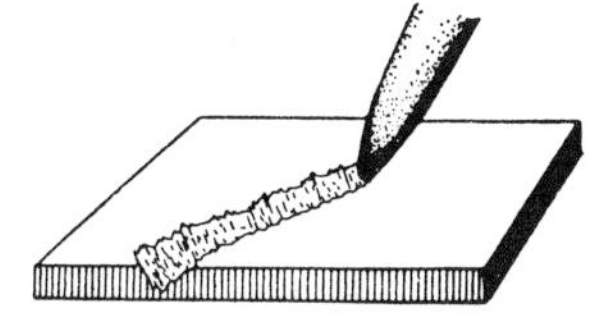

그림 8-26 드라이포인트 돌기

3. 메조틴트凹판(mezzotint engraving plate)

사전에 금속면에 한결같은 미세한 패움을 만들고 전면에 잉크가 부착하도록 해둔다. 원고의 짙은 부분은 그대로 두고 옅은 부분은 삼각그기칼이나 광택주걱 또는 줄눈으로 문질러서 평활하게 한다. 또한 빗살모양의 로커(rocker) 또는 줄눈의 루레트(roulette)를 써서 만든다.

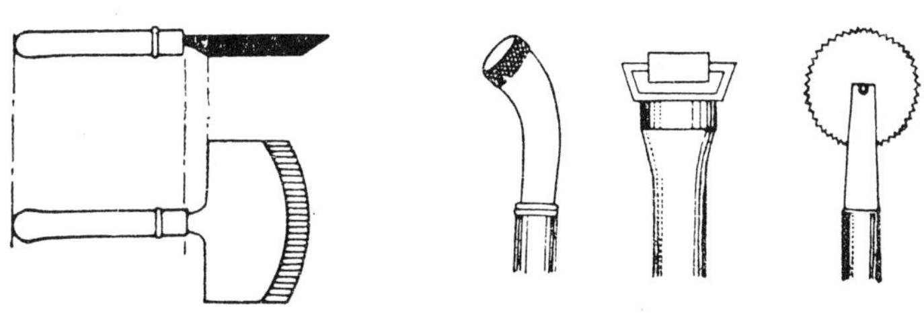

그림 8-27 메조틴트 조각 용구

4. 에칭凹판(etching engraving plate)

구리판을 잘 연마하고 그 위에 밀납(아스팔트, 밀납, 수지, 지방 등을 배합한 것)을 주체로한 방식제를 얇고 균일하게 칠하고, 좌우 반대로 된 원고의 윤곽선을 이 방식층 위에 옮긴다. 이 방법은 뷰란조각법과 같이 하면 된다. 다음에 예리한 구리침으로 부식시킬 부분만을 긁어내면 구리면이 노출한다.

방식제는 지방이 많으면 무르고 밀납이 많으면 굳어진다. 이것을 테라핀유로 연하게 해서 유동성이 있게해서 사용할 때도 있다. 또한 이것은 밀납·지방의 전성과 아스팔트의 강한 내산성을 이용하고 있다.

부식제로는 염화제이철($FeCl_3$)용액이 사용된다. 다음에 최초의 화선보다도 굵은 선이나 음영을 만들기 위해서는 이 조각을 반복하고 최후에 원화의 가장 연한부분을 마지막으로 부식하여 얻는다. 또한 측면부식을 고려해서 사전에 조각선의 폭을 가감해야하며, 짙은 부분일수록 부식의 정도가 깊어진다. 이것은 화가가 좋아하는 예술적인 판을 얻을 수 있다.

5. 아쿠어틴트凹판(aquatint engraving)

구리판에 내산성수지 또는 아스팔트 분말을 뿌려서 융착시킨다. 부식액은 에칭법과 같은 액이며, 짙은 부분부터 시작해서 차차 옅은 부분까지를 입자의 크기가 다른 아스팔트 분말과 농도가 다른 부식액으로 부식시간을 조절해서 여러번 나누어서 한다.

즉, 입자가 큰 분말을 융착해서 가장 짙은 부분의 화선만을 제외하고 다른 부분은 니스로 부식 방지해서 어느 정도 부식하고, 다음에 테라핀유로 씻어 내어 처음 보다도 미세한 분말을 융착시켜 옅은 부분만 부식 방지해서 짙은 부분에서 중간 부분까지의 화선을 부식 조각한다. 이 조작을 반복하면 유연한 화상의 판을 얻을 수 있다.

제 9 장
인쇄기계

제9장 인쇄기계

9—1. 凸판 인쇄기

凸판 인쇄에 사용되는 인쇄기의 종류나 인쇄판식은 여러 가지이며, 인쇄물의 종류나 인쇄량, 용지의 크기등에 따라 적당한 기계가 사용된다. 그러나 凸판 인쇄의 사양화로 사용범위가 매우 제한되어 가고 있으나, 인쇄의 장을 연 역사적 의의는 매우 크다.

凸판 인쇄기(letter press machine)는 다음과 같이 분류할 수 있다.

① 평압 인쇄기(platen press)
② 원압 인쇄기(sylinder press)
③ 윤전 인쇄기(Rotary press)

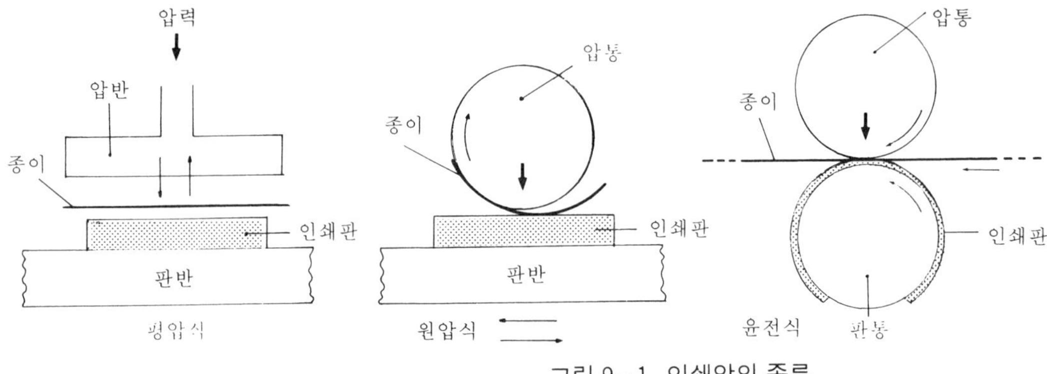

그림 9—1. 인쇄압의 종류

1. 평압 인쇄기(platetn press)

독일의 구텐베르크(Gutenberg)가 포도를 짜는 압착기를 이용하여 1600년경 처음으로 인쇄기를 만든 것이 평압 인쇄가의 시초이며, 처음에는 나사(screw)에 의한 가압방식을 사용하였다. 인쇄속도는 느리고 인쇄면적의 크기도 한정되어 있으나 명함(name card), 봉투, 엽서같은 소형의 단순인쇄에 사용되는 보조인쇄기로 사용되는 것이 일반적이다. 판(plate)을 실는 판반(form bed)과 이것에 압력을 가하는 압반(platen)은 그림 9—2와 같이 수직으로 대하고, 압반이 열리고 닫힘으로서 인쇄가 된다.

잉크로울러는 판반위에 있는 반죽 장치(ink disk)에서 잉크를 받아 수직의 판면위에 내려가서 인쇄된다. 처음 평압 인쇄기는 급지와 배지작업이 손으로 행하여 지므로 고속인쇄가 불가능하고, 위험이 뒤따르게 되어 급지와 배지를 자동으로 하는 자동 급지를 구비하게 되었다.

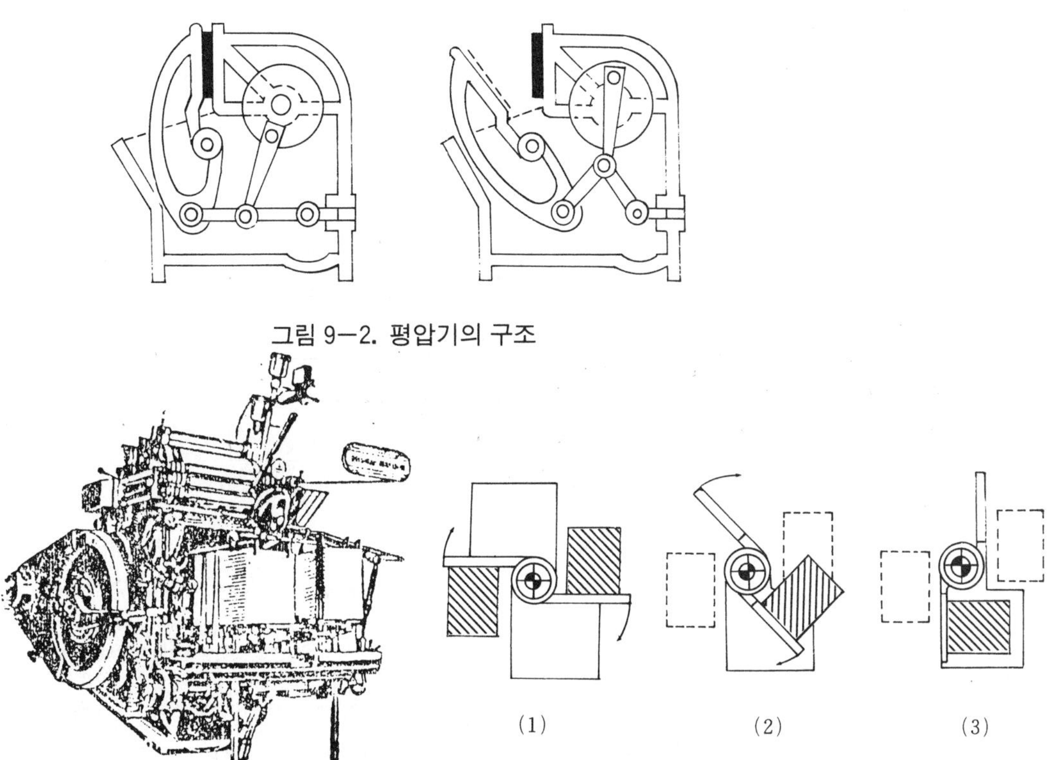

그림 9—2. 평압기의 구조

그림 9—3. 자동평압인쇄기

그림 9—4 회전 집계식 급지 배지 장치

2. 원압 인쇄기(cylinder press)

원압식 인쇄기는 판을 싣는 판반과 압을 가하는 압통으로 되어있으므로, 판반과 압반으로 되어있는 평압식보다는 판면에 강하고 고른 압력을 가할 수 있으며, 인쇄속도도 매우 빠른 장점을 가지고 있다.

일반적으로 사용되는 원압인쇄기는 평평한 판반(form bed) 위에 조판된 판을 싣고 압통(impression cylinder)으로 압을 가하며, 좌우로 왕복운동을 하며 인쇄한다. 원압 인쇄기는 1790년 영국의 물리학자인 윌리암 니콜슨(william Nicolson)이 처음으로 원통을 사용하여 가압하는 기계를 고안하여 특허를 얻었다.

1)스톱 실린더 인쇄기(stop cylinder press)

이 인쇄기는 입형 인쇄기를 제외하고는 판반이 수평으로 왕복운동하며, 그 위에 베어링(bearing)으로 받혀진 압통이 있고, 판반의 일행정으로 인쇄용지를 감은 압통이 회전 접촉해서 인쇄되고, 판반의 되돌림 행정일때 압통은 정지하고 동시에 판과의 접촉이 끊긴다.

다시 말하면 한장인쇄하는데 판반은 일왕복하고 압통은 일회씩 정지하므로 정지원통형 인쇄기라고도 한다.

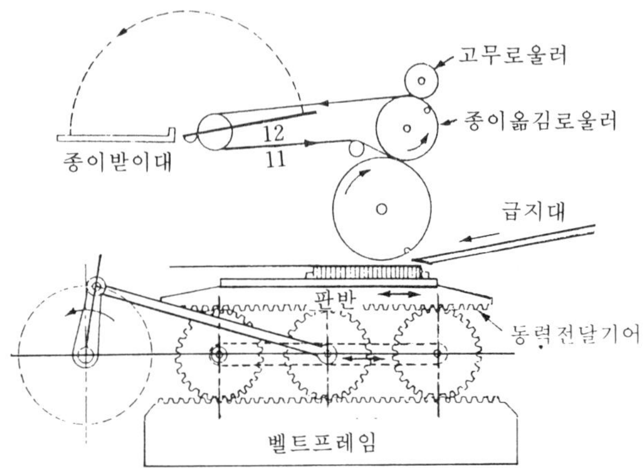

그림 9—5. 평대형 정지 원통 인쇄기

정지 원통형 인쇄기는 평대형과 고대형이 있으며, 평대형은 압통밑에서 종이를 넣고 종이를 넣은 급지부에서 보면 압통은 우회전해서 오른쪽에서 왼쪽으로 이동하는 판반의 판과 접촉해서 인쇄되며, 판반이 왼쪽에서 오른쪽으로 이동하는 행정은 되돌림 행정이다.

잉크장치(inking arrangement)는 왼쪽끝에 있고 되돌림 행정일 때 판에 잉크가 로울러(roller)로 공급된다. 인쇄된 종이는 압통의 위에서 배지용의 작은 통에 잡혀 체인(chain)등으로 왼쪽에 있는 종이 받이대 위에 운반된다.

한편 고대형은 압통 위쪽에서 종이를 넣고 압통은 좌회전해서 판반이 왼쪽에서 오른쪽으로 이동할 때 인쇄되며, 판반이 오른쪽에서 왼쪽으로 이동할 때 정지한다.

즉, 평대형과 고대형은 압통의 회전방향 및 판반의 인쇄행정, 되돌림 행정이 반대가 되며 자동급지가 일반적이다.

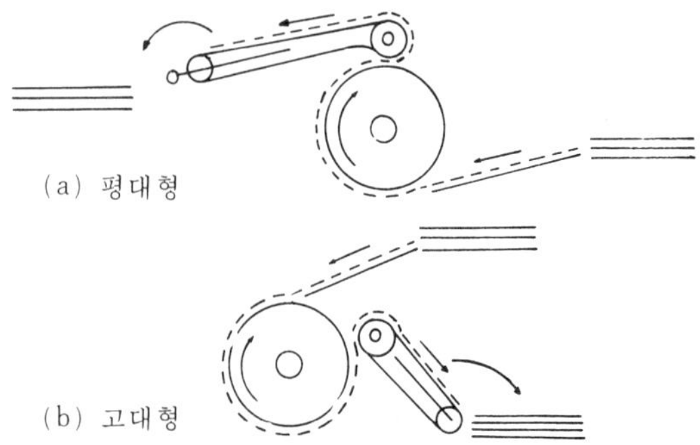

그림 9—6. 정지원통형 인쇄기의 형식

2) 2회전 인쇄기(two-revolution press)

2회전 인쇄기는 압통의 상부에서 종이를 넣고 고대형과 같이 왼쪽으로 회전해서 인쇄되나, 압통은 판반이 인쇄행정(왼쪽에서 오른쪽으로)으로 1회전하고 판반의 되돌림행정(오른쪽에서 왼쪽으로)일 때 다시 1회전 한다. 이 때 압통은 약간 올려져서 판면과의 접촉을 끊는다. 이와 같이 한 장 인쇄하는데 압통이 2회전하므로, 2회전 인쇄기라고 한다.

3) 1회전 인쇄기(single revolution press)

1회전 인쇄기는 고대형 스톱실린더 인쇄기와 비슷하나, 압통이 크고 같은 크기의 용지를 인쇄하는 스톱실린더 인쇄기에 비하여 대략 두 배의 직경으로 되어있다. 종이는 압통의 상부에서 넣고 압통이 대략 반회전으로 인쇄되며, 다시 반회전으로 판반의 되돌림 행정이 된다.

이 때 압통 표면의 낮은 부분이 맞물려 판과의 접촉이 끊긴다. 이와같이 판반의 일왕복에 대하여 압통은 1회전하므로 1회전 인쇄기라고 한다.

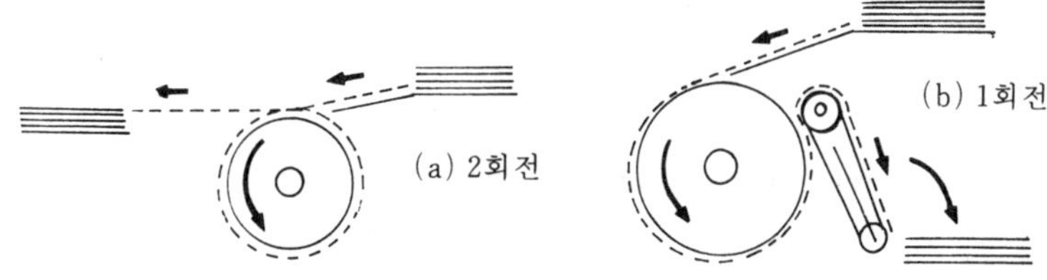

그림 9—7. 1회전 및 2회전 인쇄기 형식

3. 윤전 인쇄기(Rotary press)

凸판 윤전기는 대부분 두루마리 종이를 사용하는 것이었으나, 중첩인쇄의 맞춤이 비교적 정확하기 때문에 칼라인쇄용으로 낱장윤전인쇄기의 사용이 점차 일반화하고 있다.

또한 신문지 같이 면이 거칠은 종이에 고속인쇄를 목적으로 하는 신문윤전기와, 화선을 선명하고 정밀하게 인쇄할 수 있는 서적윤전기로 나눌 수 있으나, 근본적인 원리는 같다.

두루마리 종이를 사용하는 윤전인쇄기의 구조를 보면 다음과 같다.

① 급지 장치(feed apparatus)
② 인쇄 장치(cylinder unit)
③ 잉크 장치(inking apparatus)
④ 배지 장치(delivery apparatus)
⑤ 뒷물음 방지장치(antioffset device)
⑥ 방향전환장치(turning apparatus)
⑦ 절단 및 접지장치(cutting and folding apparatus)

1) 급지장치

급지장치란 두루마리종이(roll paper)의 스탠드에서 제일 유니트(unit)까지의 사이에 있는 급지속도의 조정장치, 장력(tension)의 제어장치, 좌우급지 위치의 조정장치 등 여러 가지로 구성되어 있다. 일반적으로 급지장치는 두루마리 종이를 지지하는 스탠드(stand)와 종이를 기계에 보내는 일련의 로울러들로 구성되어 있다.

(1) 두루마리 종이의 제어장치

종이는 유너트에 의하여 잡아 당겨지므로, 종이의 스탠드와 장력로울러(dancer roller or tension roller)만으로도 급지가 가능하나, 실제로는 여러 가지 보안장치가 되어 있다.

댄서 로우러는 급지장치내의 프레임(frame)에 설치되어 있으며, 그 상하동작에 의하여 두루마리종이를 루우프(loop) 모양으로 구부리는 역할을 한다. 댄서로울러가 적당한 위치에 있으면 두루마리종이의 샤프트(shaft)에는 필요한 브레이크(brake)가 걸리게끔 되고 있다. 급지속도가 너무 빠르면 댄서 로울러가 움직여 루우프(loop)가 크게 되어 거기에 따른 브레이크가 동작하여 급지속도가 느리게 되고, 급지속도가 느리게 되기 시작하면 루우프가 짧게되어 댄서 로울러가 본래의 위치로 되돌아온다.

한편, 급지가 너무 느리게되면 이번에는 반대로 루우프가 짧게되어 브레이크를 늦추어 그 결과로서 급지속도가 빠르게 되고, 댄서로울러가 동작하여 본래의 위치로 되돌아온다. 댄서 로울러의 가동거리는 급지장치나 브레이크의 종류에 따라 다르지만, 일반적으로 기계식 제어인 경우 15~20㎝ 정도이고, 댄서로울러의 움직임을 전기신호로 잡을 수 있는 장치에서는 그 거리는 더욱 짧아진다. 종이를 좀더 충분히 당기고 평평한 상태로 제1유니트에 보내기 위하여, 댄서로울러와 유니트 사이에 2~3개의 로울러가 설치되어 있다. 그 중 2개는 금속제인 메타릭 로울러(metallic roller)로 동력에 의하여 구동되고, 이것은 인쇄기의 속도에 따라 속도를 변화시키는 제어장치(contral system)가 붙어있으며, 나머지 1개는 고무로울러로 동력에 의하여 구동되어 있지 않다.

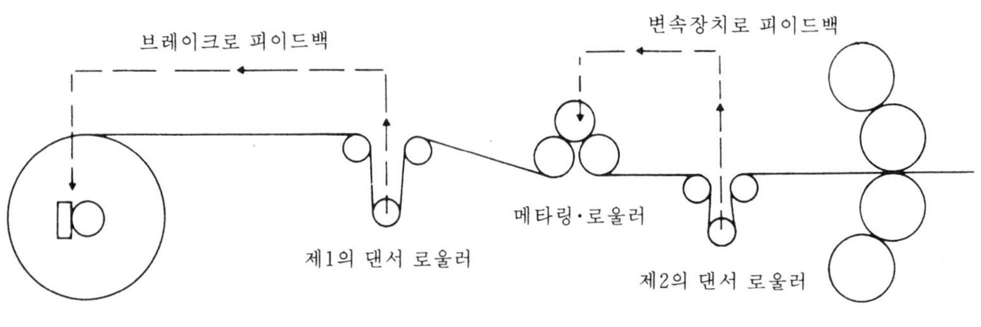

그림 9—8. 정장력의 급지 시스템

그림 9-8에서 첫 번째 댄서로울러는 두루마리종이와 메타링로울러 사이의 장력이나 그곳을 흐르는 종이의 속도 등을 제어하고 있으며, 두 번째 댄서로울러는 메타링로울러의 뒤쪽에 붙어있으며 제일유니트에 대하여 장력(tension)을 지지(upholding)시키는 작용을 한다.

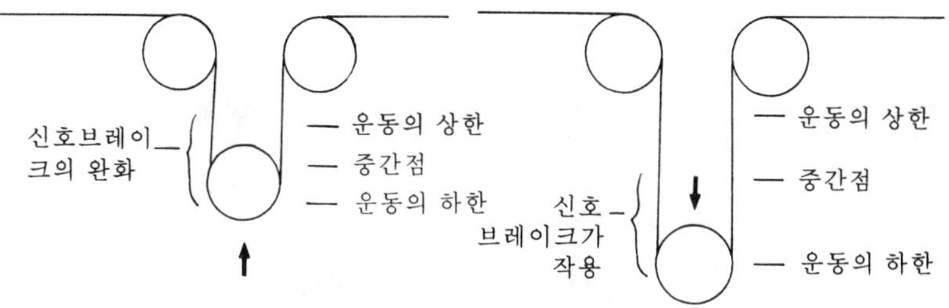

그림 9-9. 댄서로울러의 역할

메타링로울러는 종이에 장력을 주는 역할은 있으나 그것을 제어하는 역할은 없으며, 유니트에 보내지는 종이에 대하여 당김을 주는 작용만 한다.

(2) 종이 연결장치(paper paster)

고속도 윤전기에서 인쇄가 끝나고 다음 새로운 두루마리 종이에 연결시키기 위해서는, 기계를 정지시켜 먼저 종이의 축(shaft)을 떼어내고 새로운 종이를 그 자리에 놓고 인쇄하는 것이 가장 간단한 급지방법일 것이다.

그러나 기계 윤전을 중지하고 급지를 행하는 것은 시간이나 종이의 손실이 큰 결점이 있으므로, 자동종이 연결장치를 사용하고 있다. 자동 종이 연결장치는 크게 나누어 두 가지 종류가 있다. 하나는 플라잉 타입(Flying splicer)의 연결장치로 연결하고자 하는 새 두루마리 종이를 인쇄기의 속도에 맞추어서 회전시켜 연결하는 것이고, 또 한 가지는 정지연결장치(Zero speed splicer)로 새 종이를 회전시키지 않고 자동으로 연결하는 방법이다.

자동 종이 연결 장치는 눈이나 귀에 해당하는 센서(senser)가 붙어 있으며, 이것이 종이의 상태를 검출하여 필요한 장치를 작동시킨다. 장치에 따라서는 종이의 중심방향으로 향한 1~2개의 마이크로 스위치(micro swith)가 붙어 있으며, 그 접점이 종이의 표면에 접촉되어 있는 것이 있다. 인쇄에 따라 두루마리 종이의 지름은 작게되고, 어느 정도(약 20cm)가 되면 최초의 마이크로 스위치가 작동하여 새로운 두루마리 종이를 연결위치까지 이동시키며, 동시에 연결장치의 암(arm)이나 가속벨트(accelerating belt)가 지정위치까지 이동하여 새로운 두루마리 종이를 인쇄기의 속도까지 가속시킨다.

연결신호는 나머지 종이가 약 6㎜정도 두께로 되었을 때 제2의 스위치가 작동함과 동시에, 포토셀(photo cell)이 동작 상태로 되어 인쇄중인 두루마리 종이의 일단에 설치한 반사경(mirror)에서 반사광을 검출한다. 포토셀에서의 출력은 장치에 보내져 곧바로 연결 동작을 시작한다.

포토셀대신에 2개의 금속 접점을 사용하여 회로의 개폐를 하는 것도 있다. 연결위치를 정확히 검출하여 새 두루마리 종이의 접촉제가 붙어 있는 부분을 인쇄중인 종이에 압착하여 연결한다.

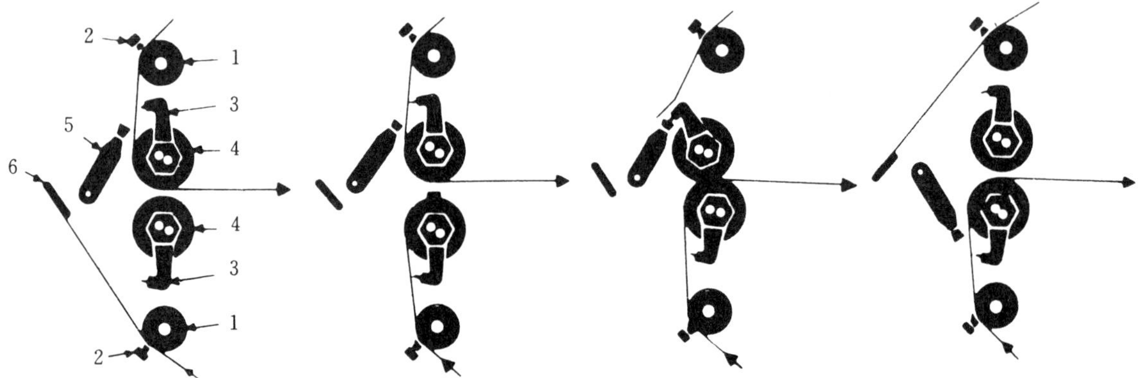

(A) 회전중 급지의 상부 두루마리 종이와 준비 중인 하부 두루마리 종이
(B) 연결준비가 완료된 하부의 두루마리 종이
(C) 연결의 순간
(D) 급지중의 하부 두루마리 종이와 준비중인 상부 두루마리 종이

1. 중간로울러(idler roller)
2. 절단된 두루마리종이의 누름브러시
3. 커팅 나이프(cutting knife)
4. 니프로울러(nip roller)
5. 커터브러시(cutter brush)
6. 감압노즐

그림 9—10. 종이의 연결 순서

(3) 종이 손상 검지기(web break detector)

인쇄되는 도중에 종이가 끊기면 회전 부분에 종이가 말리거나 풀리므로, 종이 절단을 자동적으로 검지하여 즉시 통을 떼거나 급지를 정지하는 장치가 있다.

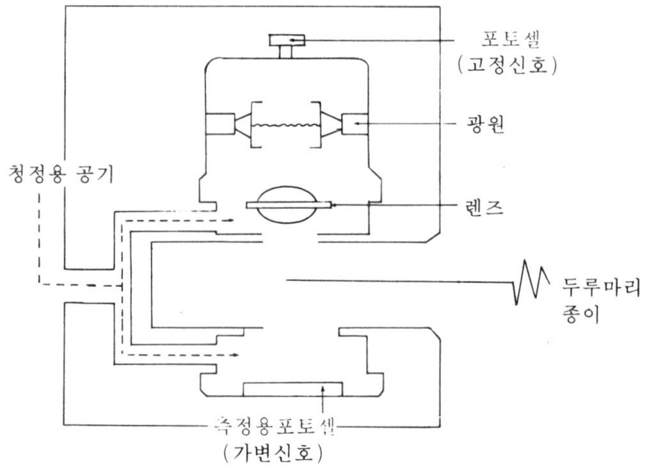

그림 9—11. 검지장치(Edge scanner)

이러한 검지기는 스위치가 붙은 로울러를 이용하는 것이나, 접점을 사용하는 것, 또한 광원과 포토셀의 조합에 의한 것, 압축공기를 두루마리 종이에 붙어 이면에 감압접점을 두어 손상을 검지하는 장치 등 여러 가지가 있으나, 어느 것도 완전하지는 못하다.

이밖에도 인쇄중에 두루마리종이에 습기를 주는 축임물장치(damping appearatus)가 있다.

2) 인쇄장치

인쇄장치는 급지대를 걸쳐나온 두루마리종이에 직접인쇄되는 부분으로, 인쇄판을 수용하는 판통(plate cylinder)과 접촉하여 인쇄가 되게끔 압력을 가하는 압통(impress cylinder)으로 되어 있으며, 개개의 잉킹장치(inking appesratus)가 있는 인쇄유니트를 연결 설치하고 두루마리종이가 유니트를 지나면 그 양면에 인쇄가 된다.

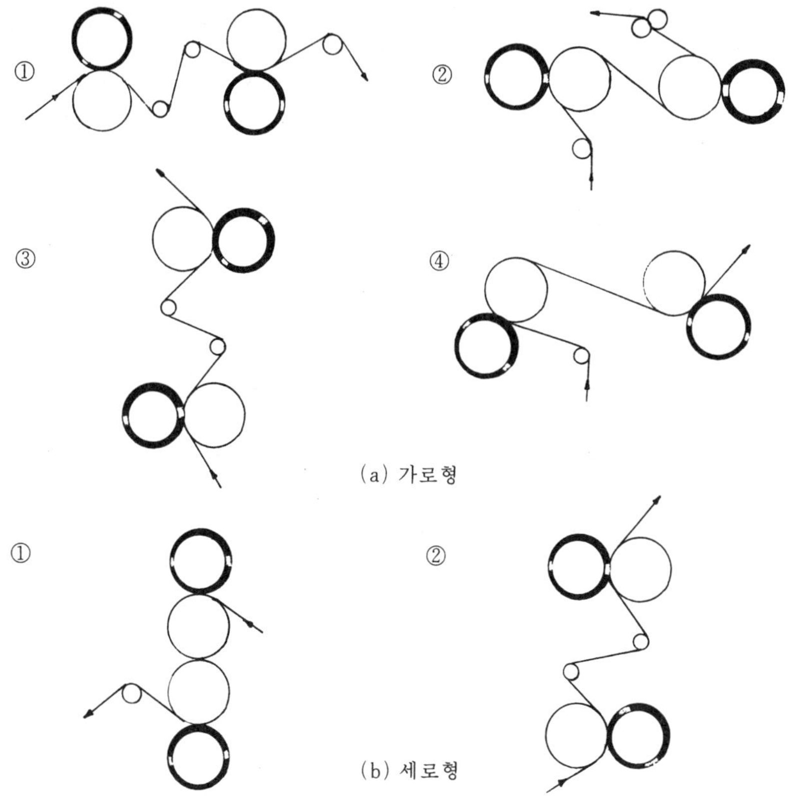

그림 9—12. 판통과 압통의 배열

압통과 판통의 배열은 자리면적이나 판의 교환, 압통 및 판통의 얼룩제거, 종이의 이동, 잉크장치등에 따라 여러 가지로 배열한다. 일반적으로 가로형과 세로형이 있으며, 가로형에는

① 수직배치를 옆으로 배열한 것(perriey type)
② 수평 배치를 옆으로 움직이게 배열한 것(low type)
③ 수평배치를 상하로 움직이게 배열한 것(Z type)
④ 비스듬한 배치를 옆으로 배열한 것(arch type)
세로형에는
1. 수직배치를 상하로 배열한 것(walter or marinon type)
2. 수평배치를 상하로 배열한 것(ultra lightning type)
등이 있으며, 서적윤전기나 신문윤전기에는 ④ 아치형(arch type)이 비교적 많은 편이다.

인쇄에 필요한 인쇄압은 압통의 블랭킷(blanket)의 탄성(elasticity)에 의해 얻어지며, 항상 일정한 인쇄압을 얻기 위하여 압통과 판통의 간격을 조정할 수 있는 장치가 되어있다.

또한 윤전인쇄기는 원압인쇄기에 비교할 수 없을 만큼 고속인쇄이므로 소모되는 잉크량도 대단하다.

따라서 일반적인 잉크 옮김 로울러(ductor roller)에 의한 잉크공급은 불충분하므로 여러 개의 파이프(pipe)를 통하여 직접 잉크 이김로울러(mixing roller)의 표면에 잉크를 뿜어내어 묻히는 방법, 또는 그라비어 인쇄기의 독터(doctor) 같은 것을 설치하여 필요한 량의 잉크만을 계속하여 로울러로 공급하는 방법등이 있다.

3) 그밖의 장치

윤전인쇄는 두루마리 종이를 사용하므로 인쇄도중에 필요한 크기로 인쇄물을 절단하고 접지를 해야한다.

따라서 이러한 장치를 별도로 인쇄기계에 부착, 장치하여 일괄작업이 이루어지도록 되어있다. 절단장치(cutting apparatus)에는 세로 절단과 가로절단이 가능하며 접지 역시 세로 접지와 가로접지가 있으며, 가로 접지에는 실린더접지(cylinder Fold)와 회전날개접지, 칼접지(blade Fold)등이 있다. 접지장치(folding apparatus)에서 나온 인쇄물은 배지팬(delivery fan)의 날개로 받아지고 이 배지팬의 회전에 따라 배지벨트(delivery belt)로 운반된다.

이밖에도 두루마리종이의 진행방향을 바꾸기 위한 방향전환장치로 금속봉인 턴닝바(turning bar)가 필요하며, 이것은 각도를 달리하므로 진행방향을 달리하거나 앞뒤를 반대로 할 수가 있다. 던닝바가 인쇄된 면에 접촉하여 잉크의 더러움이 생길 염려가 있으므로, 터닝바의 표면에 있는 미세한 구멍으로 압축공기를 내보내 터닝바에 인쇄면의 접촉을 가볍게 하여 인쇄면의 더러움을 방지한다.

9—2. 평판인쇄기

평판인쇄기의 특징은 凹판이나 그라비어 인쇄기 등과는 달리 판에서 화선부와 비화선부가 같은 평면에 있으므로 일반적으로 물리적인 방법으로는 인쇄가 불가능하므로 지방과 물의 반발력을 이용하여 인쇄하게 된다.

따라서, 판에 잉크와 함께 축임 물(dampening water)도 공급해 주어야 함으로 물장치가 필요하게 된다. 평판인쇄기는 판에서 직접 피인쇄체에 잉크를 전이시키는 직접인쇄기와, 블랭킷(blanket)을 걸쳐 인쇄하는 간접인쇄기인 오프셋인쇄기로 나눌 수가 있다.

1. 석판수동인쇄기(Lithographic hand press)

이 인쇄기는 직접인쇄기로서 석판의 전사제판용이나 금속평판의 전사등에 사용되며, 판화(woodblock printing)용으로도 사용된다.

가압의 방향은 그림 9-13에서 보는 바와 같이 스크레퍼(scorper)의 수평이동에 의한다. 우선 판반 위에 석판석을 놓고 판면을 물로 적시어 인쇄잉크를 칠한 후, 그 위에 종이를 덮어놓고 팀판(timpan)을 덮어 레버를 내려 핸들로 돌리면 가압되어 인쇄가 된다.

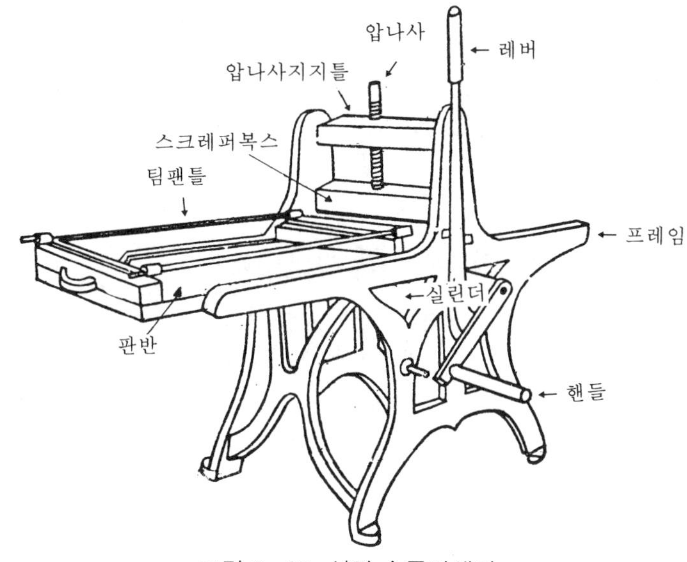

그림 9-13. 석판 수동인쇄기

이것은 1789년경에 독일의 제네펠더(Alois senefelder)가 사용했던 석판인쇄기의 개량형이라고도 할 수 있다.

2. 오프셋인쇄기(offset press)

평판인쇄에서는 오프셋 인쇄기에 의해 비로서 풍부한 농도와 색채 재현과 능률적인 인쇄가 가능하게 되었다. 오프셋 인쇄기는 한 장씩 종이를 넣는 낱장종이(매엽지)용과 두루마리종이(권취지)용인 윤전 오프셋

인쇄기로 나눌 수가 있다.

오프셋 인쇄기에서 가장 중요한 것은 압통과 판통사이에 잉크를 전이시켜주는 고무통(blanket cylinder)이 있어, 세 개의 통으로 되어있는 점이다. 이 인쇄기의 구조는 일반적으로

① 급지 장치
② 인쇄 장치
③ 잉크 장치
④ 축임 물 장치
⑤ 배지 장치

로 되어 있으며, 사용 목적에 따라 주변장치로 남버링(numbering)이나 미싱(sewing machine)장치를 부착하기도 한다.

1875년경 미국의 바클레이(R. Barclay)가 만들은 인쇄기는 종이용이 아니라 양철판 인쇄기(tinplate press)였으며, 1905년경 미국의 루벨(I. Rubel)이 비로서 고무블랭킷을 사용하는 종이 인쇄기를 만들어 사용하게 되었다.

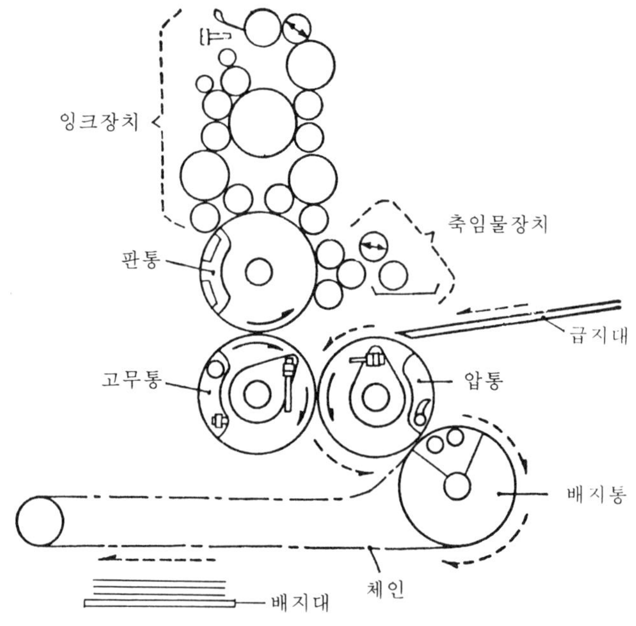

그림 9—14. 오프셋 인쇄기의 구조

1) 잉크장치

오프셋 인쇄기의 잉크장치는 그림 9—15에서 보는 것과 같이 활판윤전기의 실린더 잉크장치와 거의 같다. 구조가 간단한 것 중에는 판통 표면의 일부를 잉크 개임판(ink table)으로 사용하는 것이 있다.

잉크묻힘 로울러(form roller) 10 및 옮김로울러(ductor roller) 4 및 6이김로울러(intermediate roller) 8은 고무 또는 합성수지로 되어 있으

며, 잉크집로울러(fountain roller) 3과 진동로울러(vibrator roller) 9는 금속으로 되어 있다.

또 인쇄의 통 떼임(impression trip)을 할 때는 잉크 로울러(inking roller)가 판면에서 떨어지게 되어 있으며, 잉크의 색깔을 바꿀 때나 작업이 끝났을 때는 각 로울러에 묻은 잉크를 씻을 필요가 있다. 이것을 자동적으로 하기위해서 로울러 세척장치(press washer)가 있다. 세척방법은 탄성이 있는 독터(doctor)로 로울러 표면의 잉크를 제거시키도록 되어 있다.

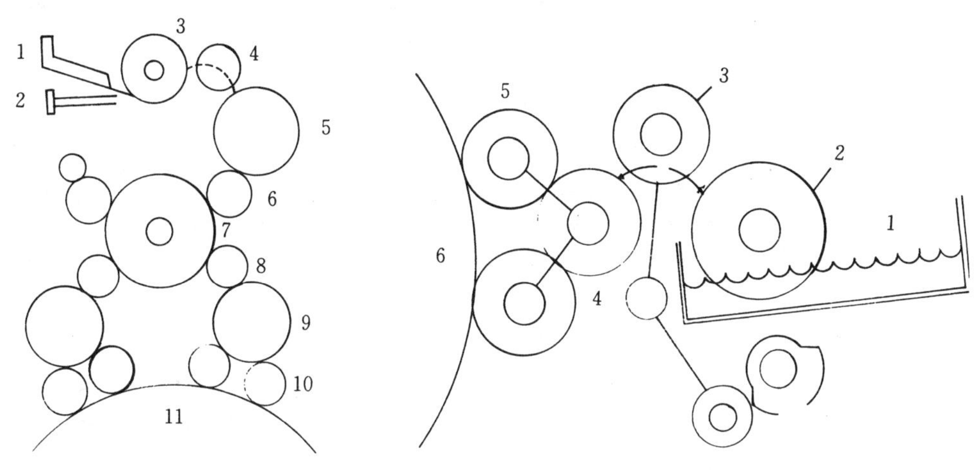

그림 9—15. 오프셋 잉크장치　　　　그림 9—16. 축임물 장치

2)축임물 장치

오프셋 인쇄는 지방과 물의 반발력을 이용한 인쇄이므로, 기계에는 반드시 물축임장치(damping system)가 있어야 한다. 이것은 잉크장치와 비슷한 구조에 의하여 판면 전체에 균일하게 물을 공급할 수 있도록 꾸며져야 한다.

그림 9—16은 축임물장치의 대표적인 예로서, 물통(water fountain) 1에서 놋쇠 물통로울러(water fountain roller) 2가 회전하고 여기에 일정한 간격을 두고 옮김로울러(ductor roller) 3이 접촉한다. 3은 놋쇠나 고무로울러의 표면에 몰톤(molton)을 감은 것으로, 물통로울러와의 접촉시간을 조절함으로서 물량을 조절하도록 되어 있다.

다음의 진동로울러(vibrator) 4는 기어(gear)에 의하여 회전되는 로우러로 좌우로 진동하면서 3으로 부터의 물을 다음 축임로울러 5에 옮기는 놋쇠 로울러이다.

로울러 5는 3과 같은 몰톤의 로울러로 진동로울러와 판과의 사이에서 그 압력으로 회전하며 물을 판에 옮기는 역활을 한다. 몰톤 대신에 얇고 흡수성이 강한 종이를 3㎝정도의 폭으로 하여 로울러의 축에 나선형으로 감아 쓰는 플래스트 오우 댐프(plast-o-damp)라 하여 미국에서 발표된 것도 있다.

이와같이 축임로울러에 의하여 판면에 물을 공급하는 것이 대부분이다.

이러한 방법외에도

① 축임물을 사용하지 않고 잉크장치의 중간로울러나 잉크로울러에 직접 물을 보내어 비화선부에 잉크가 묻지 않도록한 것으로, 다알그랜 축임장치(dall gren damping system)가 있고

② 물미립자를 중간의 로울러표면에 분무함으로써 물통을 없애고 판면에 물을 공급하는 분무방법등이 있다.

3) 인쇄장치

(1) 판통(plate cylinder)

판통은 인쇄판을 감는 주철제의 원통이며 그 표면에 화상을 형성하고 있는 아연판(Zn)이나 Aℓ판 등을 만곡시켜 부착시킨다. 그 판을 고정하는 방법으로서 통축에 평행해서 좁은 凹부가 만들어져 있고, 이 凹부에 두 개의 크립(clip)장치가 있다. 그 하나로 판의 앞 끝을 잡고 다른 하나로 판의 뒷쪽을 나사로 조여서 판을 고정시킨다. 또 판통의 양쪽에는 기어(gear)가 있는데 한쪽은 구동용이고 다른 쪽은 잉크 및 축임물 장치를 움직이는 역할을 한다. 또 양끝의 베어러(bearer)에 대한 언더커트(under cut)는 보통 0.45㎜ 정도이다.

(2) 고무통(blanket cylinder)

고무통은 그 표면에 고무 블랭킷을 감는 주철의 원통인데, 통의 표면에 두 군데 요부를 만들어 블랭킷을 감는다. 블랭킷의 한 끝을 고정하고, 다른 한 끝을 감아 넣어 블랭킷을 팽팽하게 만든다. 고무통의 언더커트는 2.5~3.0㎜ 정도이고, 필요한 패킹(packing)을 하여 고무통의 꾸밈을 완료해을 때 그 지름이 판통의 지름과 일치하도록 한다.

또 고무퉁은 판통과 압통의 중간이 되기 때문에 이 통을 떼어 냄으로써 동시에 다른 통에서 떨어져 이른바 통 떼임(impression throw off)을 하기 좋도록 축에 편심기구(분리장치)가 있다.

(3) 압통(impression or paper cylinder)

압통은 평활하게 연마된 철의 라면이며 다른 통과 마찬가지로 베어러(bearer)가 있으나, 다른 통과는 달리 인압면에서 약간 낮게 되어 있을 정도이다.

압통의 특징은 그리퍼(gripper)가 있는 점인데, 이 그리퍼로 종이를 집어 인쇄를 하고 인쇄한 후에 벌려 종이를 놓는 것은 다른 인쇄기와 같다. 그리고 압통의 표면은 종이가 감기는 부분과 감기지 않는 부분이 있다. 이 감기지 않는 부분이 회전하고 있는 동안에 다음의 용지를 집게 하기 위한 준비, 즉 종이를 움직여 가늠쇠(feed gauge)에 붙이기 까지

의 작업을 한다. 그 때문에 이 준비시간이 짧으면 그만큼 종이가 감기지 않는 부분이 적어지고, 압통의 지름은 작아도 된다.

(4) 통꾸밈

3통을 만드는 방법에는 3통의직경을 같게하는 동경법(equal diameter method)과 표면속도를 같게 하는 투루롤링법(true rolling method)이 있다. 강체와 탄성체가 압력을 받으면 탄성체가 늘어나 표면속도가 달라진다.

따라서 표면속도를 일치시키기 위해서는 강체(판통)를 크게 탄성체(고무통)를 작게 만들지 않으면 안된다.

따라서 투루롤링법이 일반적인 통꾸밈이다.

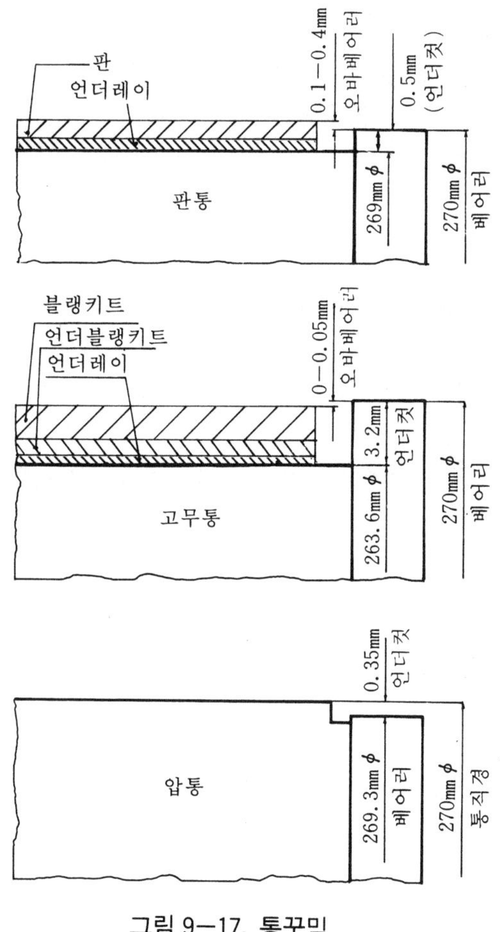

그림 9—17. 통꾸밈

4) 급지장치(feed apparatus)

급지를 위해서 앞가늠쇠(front gauge)와 옆가늠쇠(side gauge)를 사용하는 것은 다른 인쇄기와 마찬가지다. 종이의 급지판(feed board) 위의 일정한 곳에서 멈추면 회전해 오는 압통이 그리퍼(gripper)에 의하여 용지를 옮겨 인쇄를 한다.

그러나 인쇄기는 윤전식의 원리에 따르고 있기 때문에 인쇄의 속도가 빠르고, 또한 정지상태의 용지를 운동 중의 그리퍼가 빨리 집어 가기 때문에 집는 타이밍(timing)이 조금만 틀려도 인쇄 위치에는 상당한 차이로서 나타난다. 그 때문에 압통의 텀블러(tumbler)에 의하여 정지해 있는 종이를 곧 회전중의 압통이 취하는 방법으로서는 매분 60매 정도가 한도이다.

그러므로 자동 급지기(auto feeder) 등을 사용하는 고속도의 기계에서는 가늠쇠(feed gauge)에 단 정지상태의 종이와 연속 회전하고 있는 압통의 그리퍼와의 중간에 중간적 교량 역활을 할 수 있는 기구를 설치하게 되었다. 그것은 가늠쇠에 닿아 정지한 종이를 집고, 그대로 가속도를 붙여 그것이 압통의 원주속도와 같아졌을 때 종이를 압통의 그리퍼에 넘기게 되어 있다. 이와 같이 하면 종이의 속도가 압통의 속도와 같은 속도일 때 종이가 넘겨지므로 급지는 매우 정확하며 유연하다.

이러한 방법으로서 급지통(feed roller or feeding cylinder)을 사용하는 방법이 있다. 이것은 급지판(feed board)에 정지한 종이를 정지해 있는 급지통의 그리퍼가 집고, 이 급지통이 여기서 회전하기 시작해서 가속적으로 빨라져 압통의 원주속도 보다 약간 빨라졌을 때, 종이의 앞끝이 압통의 벌어져 있는 그리퍼로 운반되고 그 끝은 압통의스톱에 닿는다. 그 닿는 상태는 종이의 가장자리가 약간 젖혀질 정도 세다. 이 때 바로 압통의 그리퍼가 종이를 집는다. 종이를 놓은 급지통은 계속하여 회전하여 1회전한 끝에 정지한다. 이러한 운동을 반복함으로 인쇄를 가능하게 한다.

또 다른 방법으로 스윙 그리퍼(swing gripper)가 있다. 하나의 바아(bar)에 그리퍼를 붙이고, 이것이 편심축에 의하여 변속 스윙운동을 하는 것이다. 급지판 위에 위치가 정해지면 스윙 그리퍼가 와서 조용히 종이의 앞 끝을 집는다. 이 그리퍼들을 붙인 바아(bar)는 압통을 향하여 스윙하고 또 그 속도는 가속도적으로 상승하여 압통의 원주속도에 가까워져 압통의 그리퍼에 다가간다. 거기서 종이는 스윙 그리퍼에서 압통의 그리퍼에 바꿔 집어진다. 스윙 그리퍼는 종이를 놓으면 감속하고, 이어서 역방향으로 되돌아가 다시 급지판을 향하여 새종이를 집으러 간다.

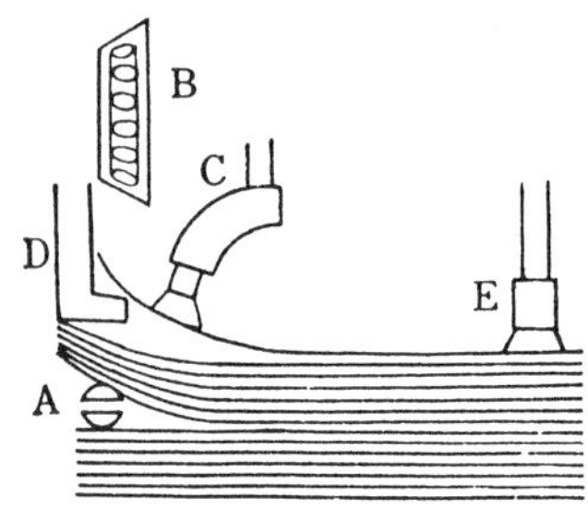

A 가르기바퀴　　D 송풍관 다리
B 종이밀기바퀴　E 앞사커
C 뒤사커

그림 9-18. 덱스터피더의 분리장치

5) 자동급지기(automatic Feeder)

(1) 덱스터피더(Dexter feeder)

이 기구원리는 종이의 분리와 전진이 나누어져 있으며 급지는 종이의 뒷부분에서 한다. 그림 9-18은 그 개요를 나타낸 것이다.

① 종이 조정 바퀴 A가 회전해 종이를 윗쪽으로 넘겨 올린다.

② B가 밑으로 내려와서 종이를 고르고 C가 흡착한다. 이때 D와 E는 윗쪽에 있다.

③ B와 종이를 흡착한 C가 위로 올라간다. 이때 D가 밑으로 내려와서 바람을 보내고 종이를 완전히 분리한다.

④ E가 내려와서 종이를 흡착하고 앞쪽으로 운반한다. 동시에 C는 종이를 놓는다. 이상의 조작을 반복해서 급지를 한다.

(2) 스트림피더(strem feeder)

덱스터방식을 고도화한 것이며, 한 장마다 간격을 두는 것이 아니고 계속 밀어 겹쳐서 보낸다. 시간당 약 10,000매 정도의 급지가 가능하다.

① 종이의 분리는 덱스터와 대략 같으며 분리도 전진도 종이의 뒤끝부분에서 한다. 들어 오리기 바퀴는 없고 조정바퀴 A에 의해 위끝의 종이를 조정해서 분리하기 쉽게 하고 흡입구 B로 빨아올린다. 그 밑에 L자형으로 된 블로어(blower) D가 끝에 공기를 보내고 종이를 뜨게 한다. 또는 조정바퀴 대신에 전진블로어(forward blower)가 있어 종이의 뒤끝 상부에서 강한 바람을 뿜어서, 위 끝의 종이를 떠 올리게 하는 방식의 것이 있다.

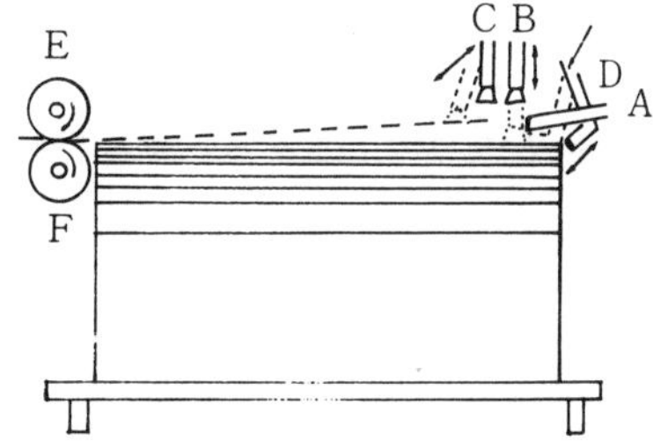

그림 9—19. 스트림피더의 분리장치

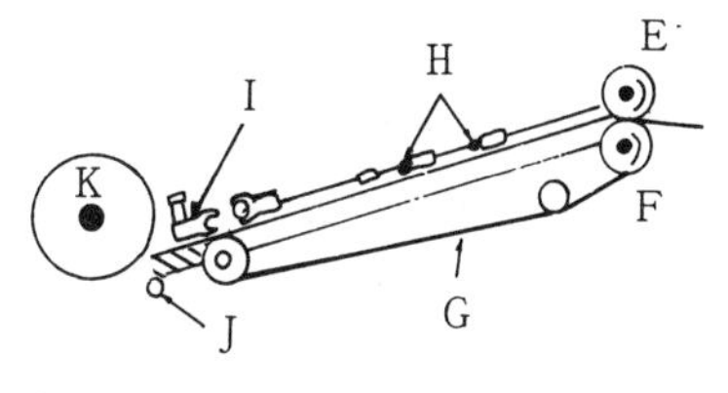

9—20 스트림피더의 보내기 장치

E·F 보내기로러
G 테이프
H 로울러
I 사이드게이지
J 앞고임
K 급지통

② 종이의 전진용 흡입구 C는 이미 전진하는 종이밑에 다음 종이를 약간의 시간을 두고 밀어 넣어 종이 보내기 로울러 E, F에 보낸다. 이후 종이는 어긋나게 겹쳐서 테이프와 로울러 작용으로 부드럽게 급지된다.

(3) 유니버설피더(universal feeder)

현재 중형이하의 오프셋인쇄기의 대부분에 이용하고 있는 급지장치이다. 덱스터(dexter)나 스트림형(strem form)과는 달라서 종이의 분리와 전진을 종이의 앞끝부분(전진방향쪽)에서 하는 것이 기계의 특징이라 할 수가 있다.

① 종이의 분리와 전진은, 우선 블로어 B에서의 압착공기로 쌓여 있는 종이의 상부 몇 장을 뜨게하며 분리하기 쉽게 한다. 또한 사커(sucker) A로 최상부의 종이를 한 장 흡입하고 내보내기 로울러 C에 이동시킨다. 종이는 다음 완속장치를 거쳐 지정된 장치에 정확히 보내진다. 이러한 피더에는 종이 놓는대에 상승장치가 되어있다. 종이를 보내기 시작하면 자동적으로 급지대가 올라가 높이를 일정하게 유지하게 된다.

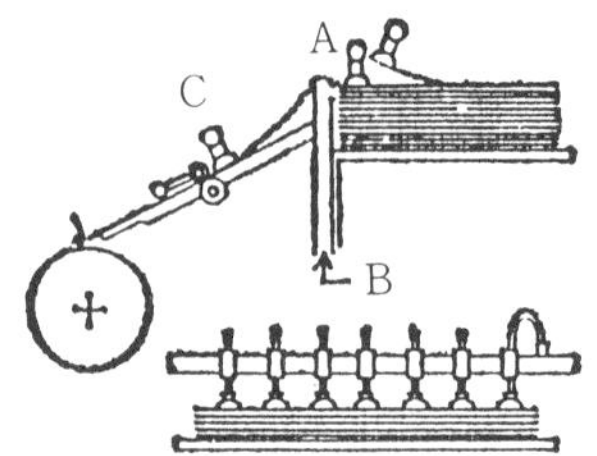

그림 9—21. 유니버설피더

6) 안전장치

종이가 두장이상 동시에 보내졌을 때는 전기식 또는 기계식의 안전장치에 의해 즉시 급지, 인쇄가 멈추도록 되어있다. 반대로 잘못되어 종이를 보내지 못했을 때는 종이에 의한 절연이 끊어져 전기접속이 생겨 운전을 중지한다. 현재 이러한 장치는 유니버설피더뿐만 아니라 덱스터형 스트림형에도 사용하고 이다.

7) 배지장치(delivery)

(1) 체인식 배지장식(chain delivery)

오프셋 인쇄기는 속도가 대단히 빠르므로 대부분 체인식 배지장치를 채용하고 있다.

기계 양쪽에 고정시킨 체인(endless chain)에 그리퍼바(gripper bar)를 걸치고, 여기에 그리퍼를 붙여 이 그리퍼에 의하여 압통의 그리퍼에서 종이를 옮겨 받아 쌓는다.

그림 9—22. 옵셋인쇄기 델리버리

그림 9—23 낱장오프셋 인쇄기

그림 9—24 5색 오프셋 인쇄기

(2) 파일배지장치(pile delivery)

빠른 속도로 종이받이 판에 쌓이는 종이에 대하여 그 종이의 윗면이 자동적으로 하강하는 기구(automatic lowering device)로 체인(chain)의 그리퍼로 옮겨지는 종이의 속도는, 압통의 속도만큼 빠르기 때문에 종이받이 판위에 정연하게 쌓을 수가 없다. 따라서 종이받이판 가까이에서 그리퍼로부터 떨어지는 종이의 뒷쪽을 진공바퀴(흡입 로울러)로 잡아 60% 정도의 완만한 속도로 종이받이 판에 보내는 장치가 필요하게 된다.

이밖에도 고급인쇄로서 많은 인쇄물을 인쇄할 때 뒷묻음 방지로 이중 파일 배지장치를 한 것도 있다.

3. 오프셋 윤전기

점차로 인쇄기술이발달 됨에 따라 판의 수명이 길어지고, 히트 세트 잉크(heat set ink)같은 초건조성 잉크가 개발되고, 신문지와 같이 고급지가 아닌 데도 정밀한 망목(halftone)인쇄를 할 경우 활판보다도 오프셋이 더욱 우수함으로 두루마리지를 사용하는 오프셋 양면 인쇄기의 이용이 보편화하고 있다. 또한 설비 면에서도 낱장 오프셋 인쇄보다 유리하다.

제판 면에서 보면 보통의 평판 제판외에 얕게 부식한 볼록판 다시 말하면, 랩어라운드판(wrap-around plate)을 사용하여 축임물 없이 인쇄하는 것을 드라이 오프셋법(dry offset) 또는 볼록판(letter press)과 오프셋의 조합이기 때문에 레터셋(letter set)이라고도 하는 제판법을 쓰게 된다.

이러한 인쇄에 사용되는 기계를 분류하면 B－S형(blanket to steel design)과 B－B형(blanket to blanket design)으로 구분할 수 있다.

B－S형은 압통이 철의 나면을 가지고 가압하는 방식이고, B－B형은 고무통이 서로 압통을 겸하여 양면 인쇄를 하는 방법이다.

1) B－S형(blanket to steel design)

(1) 오픈형 또는 인라인형(open or inline design)

3통의 인쇄 유니트를 1열로 배열하고 한쪽에서 종이를 넣어 차례로 인쇄하여 배지한다. 이 유니트 사이에 터언바아(turn-bar) 및 안내로울러를 설치함으로 종이의 흐름을 앞뒤 반대로 방향을 바꿀 수가 있고, 또는 반폭의 종이를 사용하여 유니트의 한쪽 만으로 인쇄한 후 다시 반전하여 같은 인쇄 유니트의 다른 반을 통하여 더블엔딩(double ending)하여 종이의 반대면에 인쇄하므로서 양면 인쇄도 할 수 있다. 4조의 유니트(unit)를 오픈형(open form)으로 배열했을 때 가능한 인쇄방법은 다음과 같다.

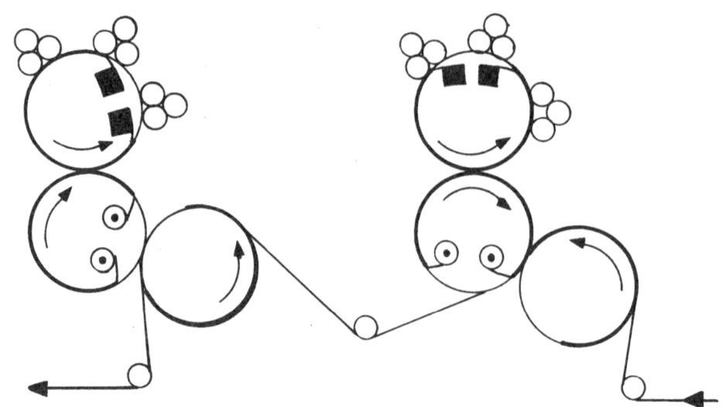

그림 9—25. 오픈형 다색 오프셋윤전기

① 전폭의 종이에 편면 4색인쇄

② 반 폭의 종이에 양면 4색 인쇄

③ 전 폭의 종이에 평면 1색 다른면 3색(제1 유니트와 제2유니트 사이에서 터언바아에 의하여 앞뒤 반대로 할 경우

④ 전 폭의 종이에 양면 2색인쇄(제2유니트와 제3유니트 사이에서 터언바아에 의하여 앞뒤 반대로 한다)

그림 9—26. Universal RZO 4색 윤전기

(2) 드럼형(drum design)

지름이 큰 압통 주위에 지름이 $\frac{1}{2}$ 또는 $\frac{1}{4}$의 2조 또는 4조의 판통, 고무통을 배치하고 편면 2색 또는 4색 인쇄를 하는 것으로, 이 형식을 새털라이트(Satellite)형 이라고 한다. 이것은 압통에 그리퍼가 필요없고 각 인쇄유니트 사이에 종이가 처지는 일이 없다.

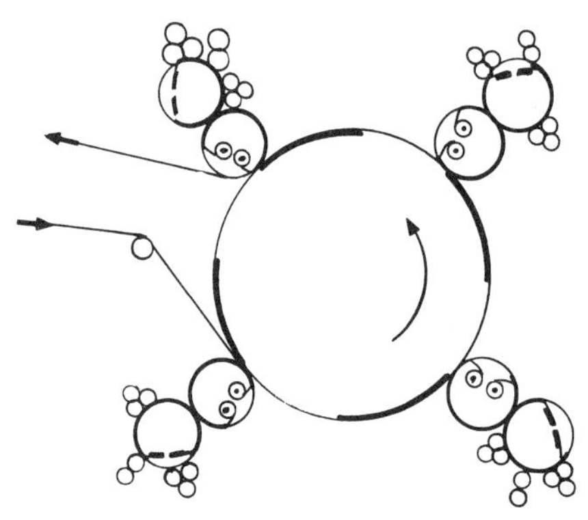

그림 9—27. 단통형 다색 오프셋윤전기

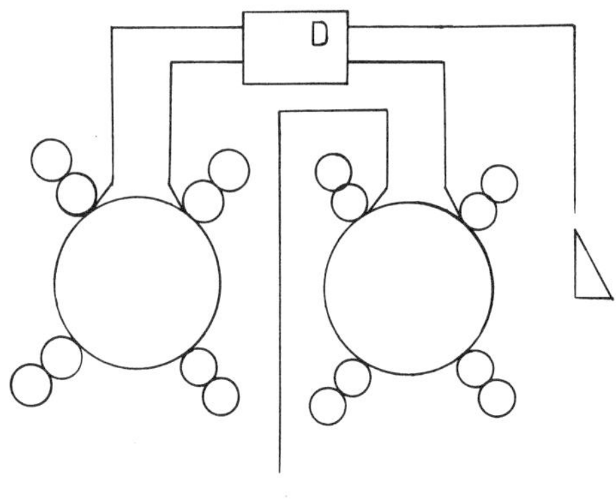

그림 9—28 새털라이트형 4색 양면 오프셋 윤전기

그림 9－28 새털라이트형은 4색 인쇄기를 2대 배열하여 앞뒤 4색 인쇄를 하도록 되어 있는 것이고(Man의 Satellite형), 또한 반 폭의 종이를 사용하여 더블엔딩(double ending)하면 양면 각 4색의 인쇄를 할 수 있다. (Aller-Lery-Maarinoni press) 또한 앞뒤 인쇄가 끝났을 때마다 각각 건조장치를 통하여 잉크의 건조를 촉진하도록 한 것도 있다. 이런 형은 설비비가 많이 들고 융통성은 적으나, 항상 일정한 일을 할 경우 색의 배합이 잘 되고 종이가 고무통 쪽으로 부착하는 경향도 없기 때문에 용지의 장력(tension) 조절을 하기 쉬운 점 등이 우수하다.

(3) 스플릿 드럼형(split-drum or Semi-drum type)

그림 9－29에서 드럼형의 압통을 2개로 분리하여 A, B로 하고 이것을 수평으로 배열하고 각 압통의 주위에 각각 2조(1.4 및 2.3)의 판통과 고무통을 상하로 배치하여 이 사이로 종이를 넣어 단면 4색인쇄를 하는 것이다. 이러한 형에 속하는 것으로 하리스(harris), 코트렐(cottrell)등이 있다.

(4) 2색양면 인쇄기

그림 9－30처럼 중앙에 공통의 압통을 놓고 그 양쪽에 고무통과 판통을배치한 5통으로 구성되어 있는 2색 인쇄기를 2대 배열하고, 그 사이로 두루마리지를 보내어 앞뒤 각각 2색 인쇄를 하는 대형기다. 이러한 형에 속하는 것으로 롤랜드(Roland)가 있다.

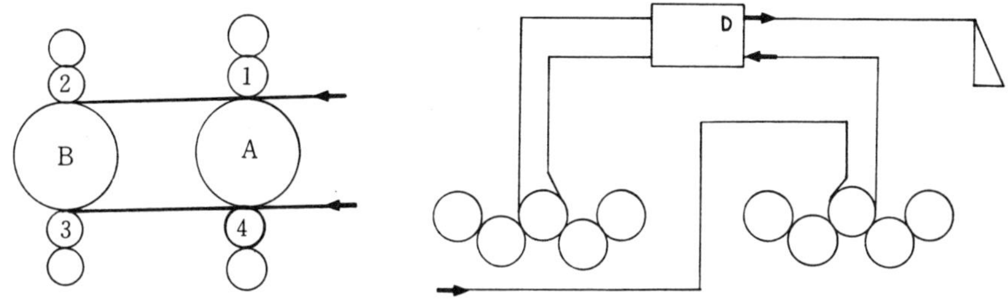

그림 9－29 스플릿 드럼형 오프셋윤전기　　그림 9－30. 2색 양면 인쇄 오프셋 윤전기

2) B－B형(blanket to blanket design)

오프셋 윤전기는 대부분이 이러한 형식으로 되어 있으며, 앞뒤 동시에 인쇄하므로 앞뒤의 인쇄 위치가 정확하고 사용두루마리지(roll paper)의 수를 바꾸고 또한 여러 가지 인쇄색도수의 것을 조합시킬 수가 있고 또한 인쇄의 융통성이 있는 등 여러가지 장점을 가지고 있다.

(1) 4통의 배치

4통에 의하여 앞뒤 동시 인쇄를 하는 유니트형의 4통 배치는 볼록판 윤전기와 거의 비슷하다. 4개의 통을 세로 1열 또는 L자와 같이 배열한 세로형(vertical type)과 가로 1열로 배열한 가로형(horigantal type), 가로 산모양으로 배열한 아아치형(arch type) 등으로 구별되어 있으며 각각 단장점을 가지고 있다.

(2) 종이를 보내는 방법 변화

위에서 설명한 4통을 2조 배열하여 8통으로 인쇄할 경우 종이를 보내는 방법에 따라 다음과 같이 여러 가지로 인쇄를 할 수가 있다.

① 1개의 두루마리지에 양면 2색인쇄가 가능하다(그림 9-31)

② 2개의 두루마리지에 양면 1색인쇄가 가능하다(그림 9-31)

③ 1개의 두루마리지에 단면 3색인쇄가 가능하다(그림 9-32)

④ 2개의 두루마리지에 단면 2색인쇄를 할 수 있다(그림 9-32)

미국의 포온더스(Founders)나 독일의 프라마그(plamag)등은 이러한 오프셋 윤전기에 속한다.

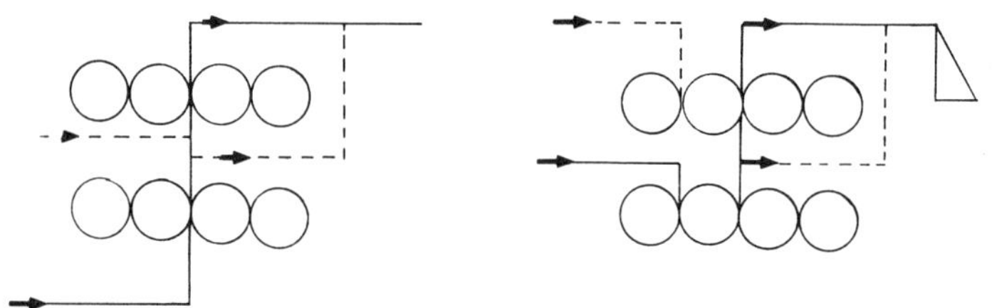

그림 9-31. B·B형 종이보냄 변화　그림 9-32 B·B형 종이보냄 변화

(3) 유니트의 배열

4통으로 구성된 각 유니트의 배열은 볼록판 윤전기에서처럼 탠덤형(tandem type)과 데크형(deck type)으로 구분할 수 있다. 4통이 세로로 배열한 것은 모두 탠덤형이며, 그림 9-33은 두루마리를 1~4개 사용한 때의 종이보냄 변화이다.

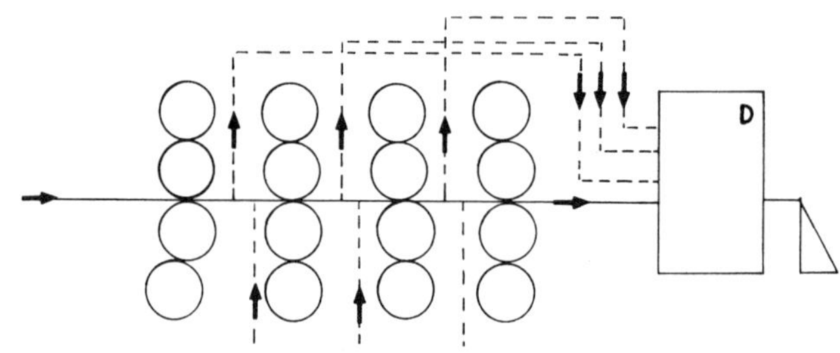

그림 9-33. B·B형 종이보냄 변화

① 1개의 두루마리지에 양면 4색 인쇄

② 2개의 두루마리지에 2색양면인쇄

③ 3개의 두루마리지에 양면 2색인쇄 1부와 양면 1색 인쇄2부

④ 4개의 두루마리지에 양면1색 인쇄가 가능하며, 4통이 가로 및 아아치배열일 경우에는 제1 및 제2 유니트를 상하로 포개어 데크형으로 하고 또, 제3 및 4의 유니트도 마찬가지로 다른 데크형으로 하여 이 두가지를 수평으로 배열하고 있다. 이것은 그림 9-34처럼 종이의 보냄 통로나 두

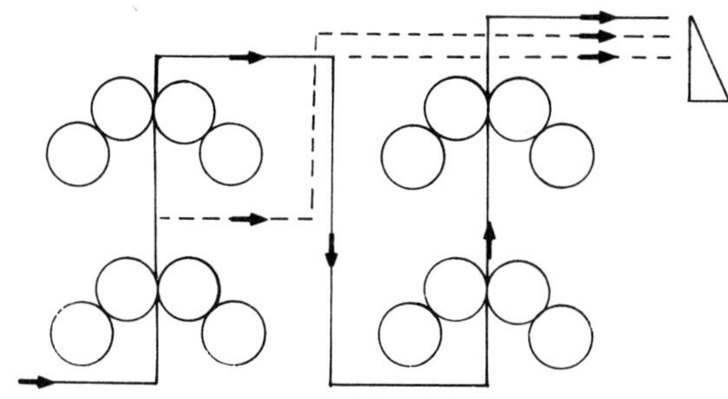

그림 9—34 B.B형 종이보냄 변화

루마리지수를 바꾸면 여러 가지 조합이 되는 것은 가로 배열과 마찬가지이다.

미국의 고오스(Goss)나 불란서의 마리노니(Marinoni)등은 이러한 형에 속한다.

(4) 색인쇄 통의 증가

특수한 형으로서 그림 9—35처럼 아아치형으로 배치된 고무통의 한쪽 또는 양쪽에 또 한개의 색인쇄통을 설치하여 다색인쇄의 효과를 증가시킨 것도 있다. 알라 리조마스터(Aller Lithomaster)등은 이러한 형에 속한 것이다.

(5) 건조장치

오프셋 윤전기에는 잉크 건조장치를 한 것이 대부분이다. 이것은 주로 인쇄기의 두루마리지를 직접 가스버너(gas burner)로 가열하고 이어서, 열풍으로 건조하는데, 증기건조 드럼의 표면에 따라 달리 건조시킨다. 건조를 마친 두루마리지는 냉풍이나 냉각 로울러의 표면에 보내져 잉크를 굳힘(set)한 것도 있다.

기계의 속도에 따라 가스버너의 수를 증가시킨다든가, 종이가 끊어지거나 기계가 정지할 때는 자동적으로 가스를 끄게 되어 있다.

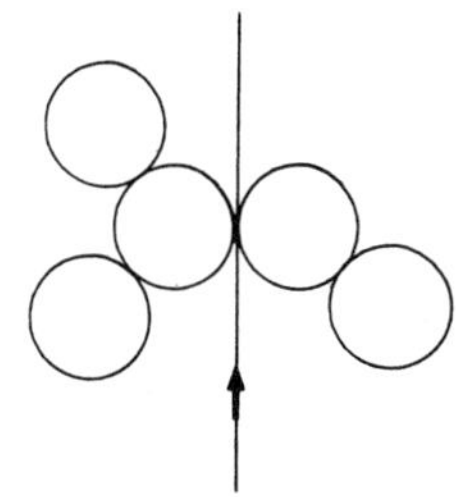

그림 9—35 색인쇄통 부가

제 10 장
오프셋인쇄

제10장 오프셋 인쇄

10—1. 기계 조작과 안전 작업

1. 기계조작의 기본

대부분의 인쇄기에는 가동시키기 위한 몇 개의 보턴 스위치(button switch)와 인쇄기의 상태를 표시하는 램프(lamp)와 계량기(meter) 등이 부착되어 있다. 따라서 이러한 것들을 조작(operation)하는 방법과 순서 및 종이의 지나가는 과정을 정확히 알아야 한다.

1) 인쇄기의 각부 명칭

인쇄기의 각부 명칭은 기계의 종류에 따라 조금씩 다르나 공통된 몇 개의 부분으로 분류할 수 있다.

(1) 급지부(Feeder)

인쇄할 종이를 적재하는 적지판(plie board)과 종이를 1매씩 분리하는 블로어(blower)나 흡입장치(sucker) 및 종이를 보내는 급지판(feed board) 등을 말한다.

(2) 배지부(Delivery)

인쇄된 종이가 배지되어 쌓이는 곳으로 인쇄된 종이를 보내는 체인(chain)이나 발채(flyer), 배지판(delivery board)승강장치, 파우더(powder) 뿌리는 장치 등이 여기에 속한다.

(3) 인쇄 유니트(인쇄부)

인쇄와 종이의 옮김을 행하는 곳으로 판통(plate cylinder), 고무통(blanket cylinder), 압통(impression cylinder), 축임장치(damping), 잉크장치 등이 여기에 속하며 인쇄기계에서 가장 중요한 부분이다.

(4) 기계조작부

기계를 조작하는 부분으로 기계의 측면에 많이 설계되어 있다.

(5) 원동기부분(motor)

2) 기계조작의 기본

(1) 전원 및 처음 회전조작

전원스위치를 넣으므로 인쇄기의 각 부에 전기가 통하게 되고 기계조작이 가능하게 된다. 이 때에 유의해야 할 점은 인쇄기가 회전 가능한 상태로 되었는가를 확인해야 하며, 동시에 주위 사람들에게 기계에 전기가 들어감을 알려야 한다. 2~3초간 간헐적으로 기계를 가동시키며 기계와 모터(motor)에 이상이 없는가를 확인하면서 기계를 가동시킨다.

(2) 급지조작(feeder)

기계를 저속으로 회전시키며 모터의 전류값이 정상인가를 전류계를 보고 확인한다. 순서적으로 급지흡입장치와 급지장치를 가동시켜 1매씩 급지를 시작한다.

(3) 인쇄조작

자동적으로 블랭킷통은 판통에 접촉되고 축임물로울러와 잉크로울러가 판면상에 축임물과 잉크를 공급하여 인쇄가 행하여 진다.

2. 안전작업 및 주의사항

작업환경, 안전교육 및 마음의 준비가 필요하며 작업복을 단정히 하고 기계를 주의하여 취급한다. 주위환경을 정비하여 작업을 원활하게 하여야 하며 각종 인화물질을 많이 취급하므로 특히 화재에 주의하여야 한다.

10—2. 급유작업

1. 급유의 필요성

인쇄기는 가장 정밀한 기계로서 운전중에 금속과 금속의 마찰부분이 대단히 많으므로, 적소에 적합한 급유는 기계의 생명이라 하여도 과언이 아니다.

1) 감마효과(Prevention of abrasion effect)

급유의 가장 큰 효과로 통축(cylinder shaft)과 축받이의 활동면 사이에 윤활유를 급유하므로서 쿠션을 만들고 마찰(friction)을 감소시켜고 마모를 덜어 준다.

2) 냉각효과(Cooling effect)

금속을 팽창시키는 마찰열을 속히 제거하기 위하여 윤활유(lubricating oil)를 주유한다.

3) 응력분산효과

인쇄기계는 무게가 대단히 크므로 활동부의 국부적, 순간적으로 대단히 큰 압력을 받게 된다. 이러한 압력을 분산시키기 위하여 급유를 하게 된다.

4) 기타 효과

그밖에도 금속의 산화방지 및 먼지가 들어가지 못하므로 공간을 밀폐시키는 효과가 있다.

2. 급유시의 주의점

① 윤활장치를 점검한다.

급유관의 파손된 곳이나 조인트 부분으로부터 새어나옴, 기름의 흘러나오는 모양 등을 점검한다. 특히 기름구멍이나 조인트(joint) 부분은 언제나 깨끗하게 유지시킨다.

② 적합한 기름을 적시에 적량만 주유한다.

③ 급유장소를 미리 알아둔다.

오프셋 자동기계에서 특히 주의해야 할 급유장소는 ① 강제급유탱크(순환식 급유펌프) ② 스윙캄부분 ③ 각 통(cylinder)의 물림축 ④ 통기어(cylinder gear) ⑤ 급지부분 ⑥ 원통기어박스 ⑦ 에어펌프 등 이며 중요한 급유장소와 급유일자는 적색, 노랑색, 녹색 등의 색을 달리하여 표시하고 있다. 적색은 매일, 노랑색은 1주일, 녹색은 1개월, 먹색은 6개월마다 급유한다.

3. 급유순서

1) 자동급유장치

① 기름탱크의 유면계(Oil level indicater)를 보고 기준선까지 윤활유가 차 있는가 확인한다.

② 여러시간 동안 기계를 정지해 두었을 때는 기계를 저속으로 회전시키며 수동급유 버턴을 상하로 2~3번 움직인 다음 자동 급유한다.

2) 수동급유기(Hand Oiler)

① 자동급유 되지 않은 부분에 예를들면 오픈기어 면축받이(plain bearing) 그리퍼(gripper) 등은 수동급유 한다.

② 한번에 다량의 윤활유를 급유하면 기름이 벽차 오름으로 주의하여야 한다.

③ 그리스(grease)의 급유

매주 1회 니플(Nipple)에 급유한다.

4. 윤활유(lubricating oil)의 선택

윤활유는 사용목적에 따라 그 종류가 대단히 많다. 따라서 인쇄기의 목적에 알맞는 윤활유를 선택하지 않으면 안된다. 다시 말하면 적합한 기름의 종류는 ① 사용장소(축받이부, 유압부, 기어부, 접동부 등)에 따라 ② 윤활방법(순환, 적하)에 따라 ③ 사용조건(고속, 저속, 연속, 발열상태)에 따라 선택이 달리 되어야 하며 기름의 정제도, 점도(viscosity), 유막강도, 기름의 안전성 등을 고려하여야 한다. 일반적으로 유막은 고점도 일수록 강해지고 고속기계일수록 점도가 작은 것이 필요하다.

5. 윤활유의 수명

윤활유는 장시간 사용하면 그 능력이 저하되므로 다음과 같이 산화량 0.3㎎KOH/g 이상일 경우 계면장력이 15dyne/㎠ 이하일 경우, 색상이 황색→적색→적갈색→흑색으로 변화되는데 적갈색으로 변색되었을 때 교환하여야 한다.

10—3. 급지부(Feeder)의 조정

1. 피이더의 기능

피이더의 기능은 비단 생산능력을 크게 좌우할 뿐만 아니라 균등한 품질을 제작하는 데에도 큰 영향을 미치게 된다. 다시 말하면 피어더의 기능이 좋지 않으면 기계가 운전중에 정지하는 일이 자주 일어나고, 따라서 물의 오름이나 잉크의 공급상태가 달라지므로 농담(density)의 얼룩이 생기는 등 불균등한 인쇄물을 만들게 된다.

피이더의 기능을 대별하여 보면 다음과 같다.

① 본기로부터 종이를 추스리는 부분(Feeder head)에 동력을 전달해 주는 기구

② 본기와 피이더 부분의 타이밍(timing)을 맞추는 기구

③ 한장 한장을 추스려 본기까지 종이를 보내는 기구

④ 급지되어 점차 종이가 줄어 들면 다음 종이가 일정한 위치까지 올라가도록 하는 기구

⑤ 항상 기계의 일정한 위치에 종이를 공급하기 위한 기구(레지스터(register) 장치)

⑥ 뒤틀린 종이나 찢어진 종이 또는 여러 장이 한데 겹쳐 나올때 자동적으로 기계가 정지되어 사고를 미연에 방지하기 위한 안전기구

2. 스트림피이더(Stream Feeder)

스트림 피이더에는 사이드 쎄퍼레이트(Side separate)식과 센터 쎄퍼레이트(Center separate)식이 있으며, 사이드 쎄퍼레이트식은 종이의 양단을 컴베아(Comber)로 떠오르도록 하여 맨위의 종이 한 장을 첫째 흡입빨개(집어 올리는 빨개)로 흡입하여, 제2 및 제3 빨개(전진용 빨개)로 보내며 프레셔 클램프 블로어(Pressure clamp blower)로 종이를

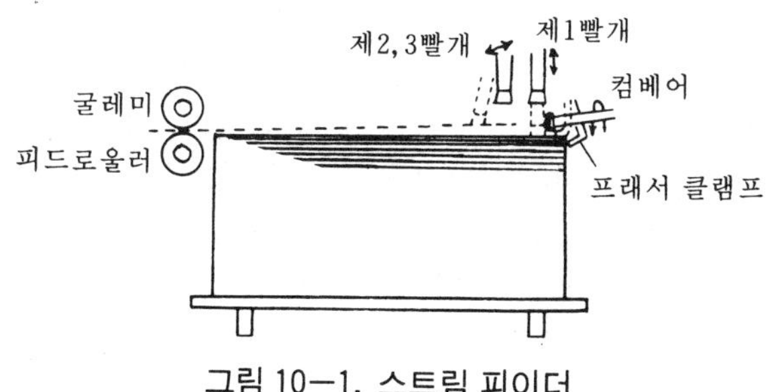

그림 10—1. 스트림 피이더

완전히 떠오르게 한다음 굴레미와 피이더 로울러(Feeder roller)에 넘겨 주는 작업을 반복한다.

이러한 분리장치는 종이 자동 상승 기구의 기준이 되는 중앙의 레버(leveler)를 중심으로 좌우 대칭으로 배치되었다.

1) 중앙분리 피이더(Center separate feeder)의 기능

(1) 에어 브라스트 노즐(공기 추스리개, air blast nozzle)

흡입삭커(pickup sucker)가 종이를 흡입할 수 있도록 맨 윗장 한 장을 떠오르게 하는 역할을 하며, 제1빨개가 내려갈 때부터 올라갈 때까지 공기를 뿜어 냄으로 제1빨개가 종이를 쉽게 흡입할 수 있도록 하고, 적지한 종이 뒷부분에 6~10㎜ 정도 띄어 장치한다. 두꺼운 종이의 경우에는 입구가 적은 노즐을 사용하면 좋다.

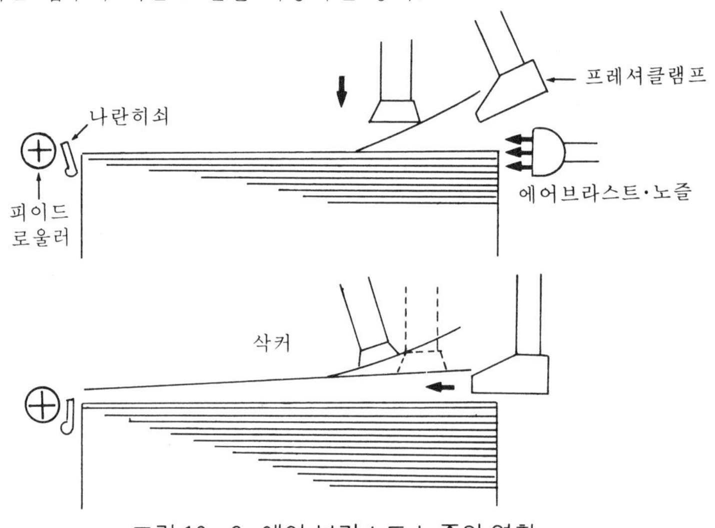

그림 10-2. 에어 브라스트 노즐의 역활

(2) 제1빨개(Pick up sucker)

제1빨개가 반쯤 내려 왔을 때 프레셔 클램프(pressure clamp)가 올라가기 시작하며, 제1 빨개의 공기는 다 내려올 때까지 빨아들이지 못하도록 되어 있다. 충분히 다 내려진 곳에서 일순간 정지하여 종이를 흡입한 다음 25㎜ 정도 올라갔다가 또 다시 그곳에서 반 가량 내려와 정지한다. 이때 프레셔 클램프는 제1빨개가 올라감과 동시에 엇바뀌어 들어가 공기를 내뿜는다. 정면에 있는 나란이 쇠는 이 시점에서 부터 일어나기 시작하고, 프레셔 클램프는 종이의 높이를 검지하고 설정 이하에서는 마그네트 장치(Magnetic switch)를 움직여 상승용 모터를 작동시킨다. 제1빨개는 종이의 종류에 따라 부착된 고무의 선택을 달리하고 일반 종이에서는 맨 윗장과의 사이를 5mm정도, 두꺼운 종이에서는 3mm정도 띄고 될 수 있는 데로 종이와 평행하게 각도를 잡는다.

(3) 프레셔클램프(Pressure clamp)

맨 윗장과 그 밑의 종이를 분리되도록 맨 윗장의 종이면 전체를 떠오르게 하기 위하여 압축공기를 보내는 것으로, 종이 끝에서 프레셔클램프 앞까지 약 15mm 정도의 위치에 둔다.

(4) 제2빨개(Forward sucker)

제2빨개는 제1빨개로부터 종이를 인계받아 피이드 로울러(feeder roller) 위까지 보내준다. 이 때 나란이 쇠는 급지에 방해가 되지 않도록 한다. 종이의 앞끝이 피이더로울러 위에 완전히 도달하면 피이더로울러와 굴레미가 종이를 운반한다. 이 순간 제2빨개의 공기가 끊어지며 종이를 놓고 동시에 나란이 쇠가 다시 일어나기 시작한다. 이러한 반복이 계속되며 급지가 행하여 진다.

2) 스트림 피이더(Stream feeder)의 조작

(1) 기초작업인 용지쌓기

그림 10-3(ㄷ)과 같이 윗면이 평탄하도록 조습을 한다든가 쐐기나 대지등을 사용하여 모양을 조절하고 종이꺽임, 흩어짐, 들쑥날쑥함 등이 없도록 반듯하게 쌓아 올려 충분히 바람을 넣어 종이가 서로 붙지 않도록 해야 하며, 바람을 넣은 후는 다시 바람을 빼야 한다.

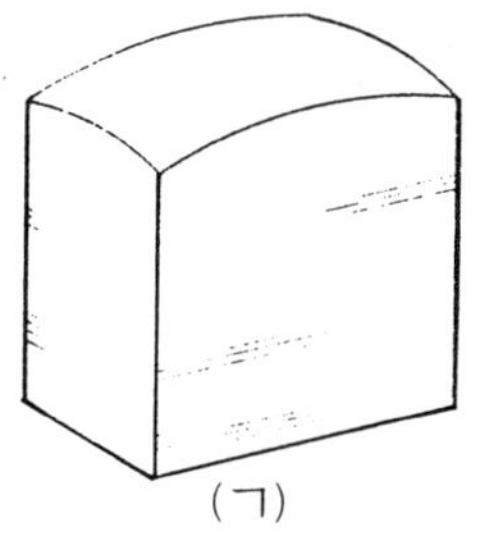
(ㄱ)

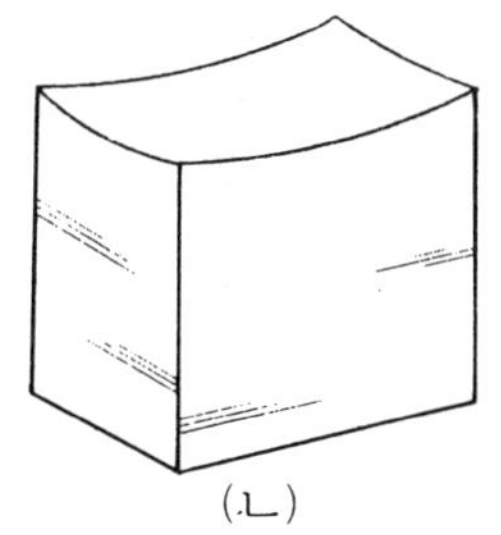
(ㄴ)

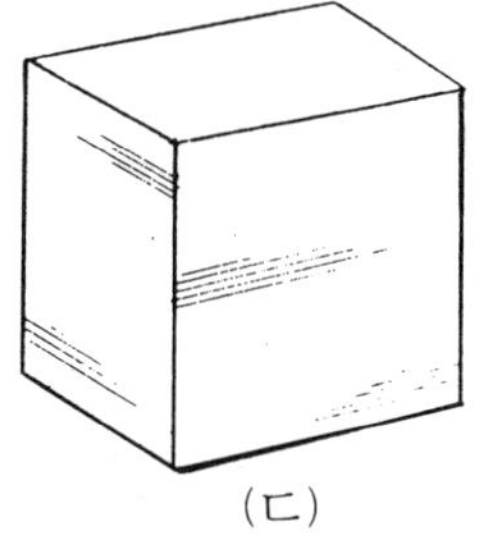
(ㄷ)

그림 10-3. 용지 쌓기

새로운 용지를 쌓을 때 자동상승(leveler)장치의 검지장치 부터 지면에 닿은 곳까지 2cm정도 밑으로 하여 고정시키고 용지를 상승시켜 그림 10-4 ①과 같이 되면 좋다. ③과 같이 되면 종이끝이 걸리기 쉬우며 기

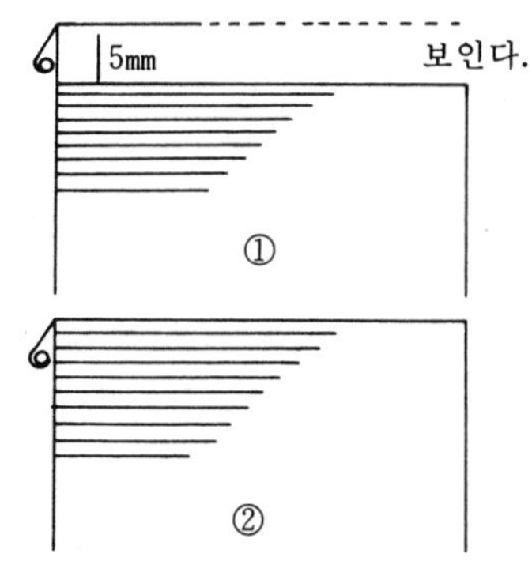

그림 10-4. 급지대종이 높이

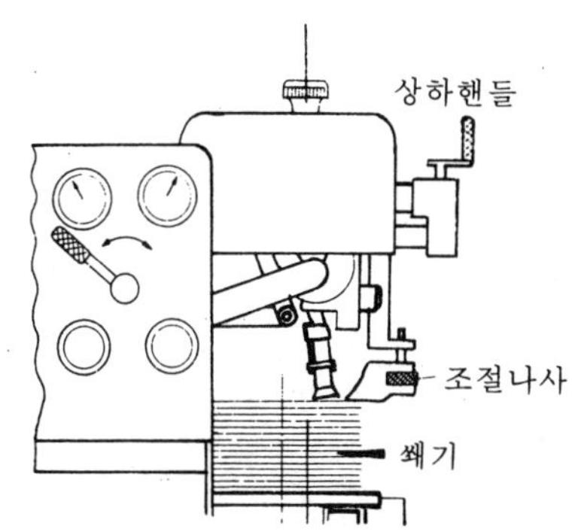

그림 10-5. 피이더 조절

세에 들어가는 타이밍(Timing)이 늦어지거나 종이가 말리거나 한다.

지면의 높이조절은 그림 10-5에서 핸들을 돌려 삭커(Sucker) 전체를 상하로 움직여 조절하며, 지면의 검지는 프레셔클램프가 하고 있으므로 삭커 전체의 상하 움직임으로 지면도 상하로 움직인다.

프레셔클램프에 붙어 있는 조절나사에 의해서도 지면높이를 조절할 수 있으나 이것은 제1빨개와 지면의 관계를 조절하는 것이므로 유의해야 한다.

(2) 프레셔클램프(pressure clamp)와 누름쇠의 위치(sheet guard)

그림 10-6의 ①과 같이 종이를 단단히 누르지 않으면 안된다. 지나치게 깊게 하면 ②와 같이 빨아 올린 종이에 프레셔 클램프가 닿게 되며, 얕게 하면 ③과 같이 쌓놓은 종이를 밀어내어 종이가 말리거나 바람이 잘 통하지 못하게 되어 급지가 잘 되지 않는다. 삭커를 앞뒤로 움직여 프레셔클램프의 위치를 정하며, 동시에 뒤쪽의 종이받침을 정확히 접촉시켜 놓아야 한다.

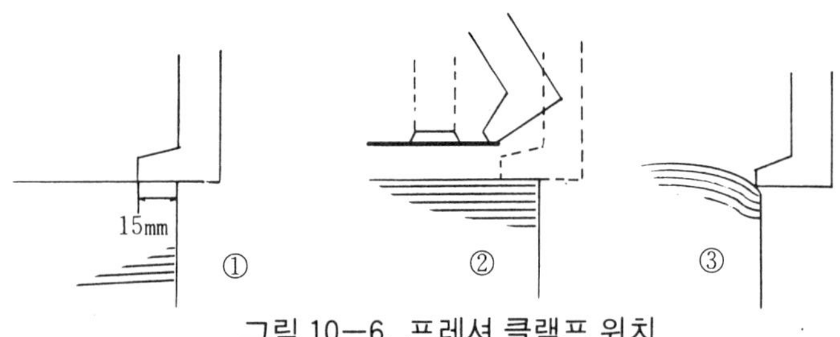

그림 10—6. 프레셔 클램프 위치

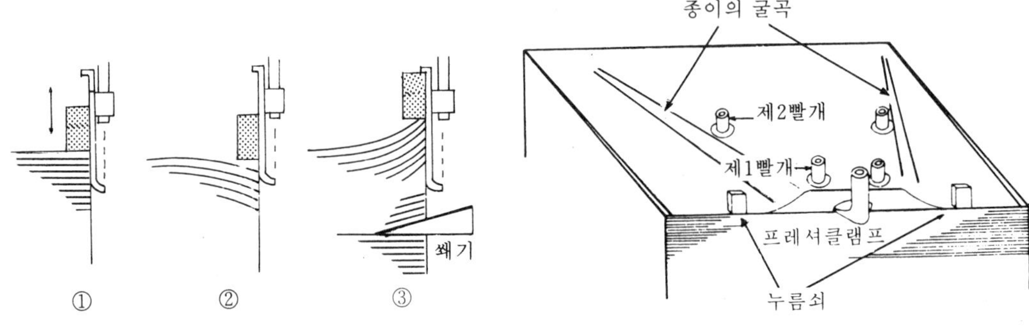

그림 10—7 누름쇠 위치

그림 10—8 용지의 굴곡

그림 10-7에서 보는 바와 같이 누름쇠를 죄고 상하로 움직여 보아 지면을 누르고 있는가를 확인한다.

가장 이상적인 것은 그림 10-7 ①이며 누름쇠는 쌓놓은 종이의 움직임을 막을 뿐만 아니라 그림 10-8과 같이 종이의 굴곡을 만들어 주므로 종이의 벌어짐을 잘 보고 좌우 위치를 잡아 주어야 한다.

제1빨개에서 종이가 빨아 올려져 바람이 불었을 때 누름쇠의 좌우위치를 잘 맞춰주면 그림과 같이 굴곡이 생기고, 그때 마다 제2빨개가 그

정점을 빨아들이도록 하면 부드러운 급지가 된다.

따라서 얇은 종이의 경우에는 누름쇠의 좌우 위치가 대단히 중요하므로 종이가 벌어져 나가는 상태를 보아 가며 위치를 잡아 주어야 한다.

(3) 바람에 의한 종이벌어짐과 누름쇠의 위치

그림 10-9 ①에서 처럼 밑쪽은 조밀하게 위로 올라갈수록 서서히 종이 벌어짐의 폭이 커지도록 에어브라스트 노즐의 높이, 거리, 바람의 세기 등을 조절해야 한다.

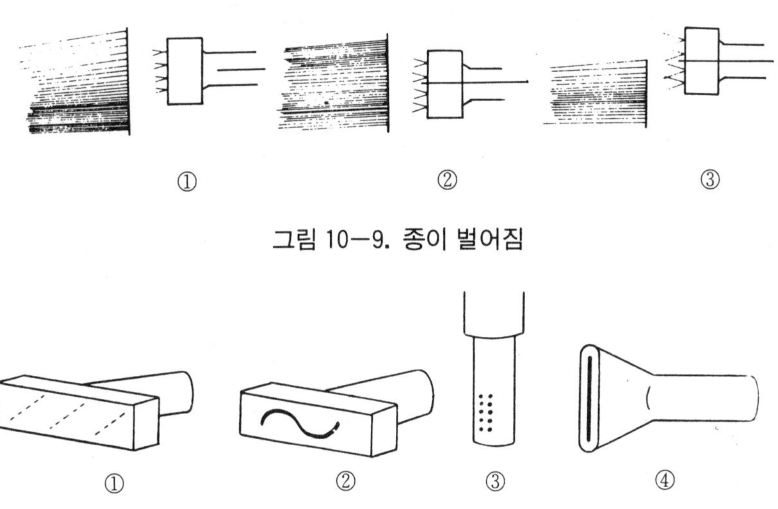

그림 10-9. 종이 벌어짐

그림 10-10. 에어브라스트노즐의 종류

우선 저속으로 급지를 하면서 이상적인 상태로 만들고, 고속으로 함에 따라 바람을 조금씩 증가시켜 준다.

그림 10-10에서 에어브라스트 노즐(airblast nozzle)의 ①②는 일반형, ③은 얇은 종이용, ④는 두꺼운 종이에 사용하면 좋다.

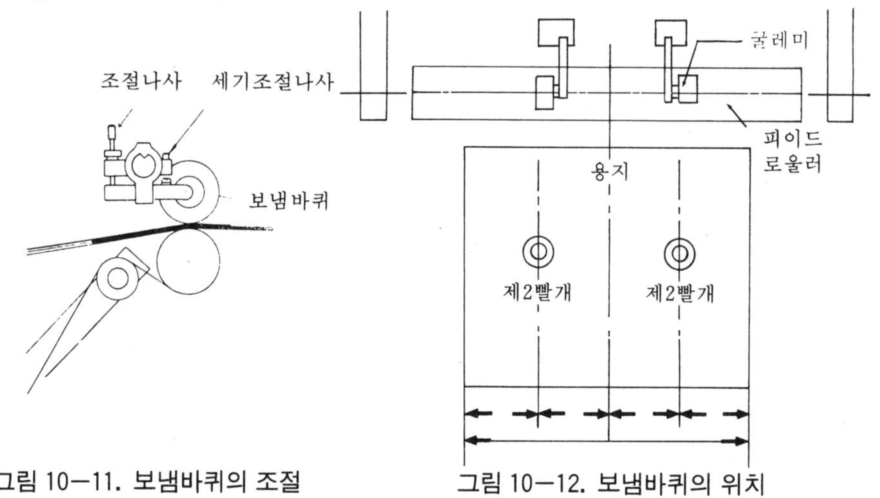

그림 10-11. 보냄바퀴의 조절

그림 10-12. 보냄바퀴의 위치

(4) 보냄바퀴(굴레미)의 조절

제2빨개의 바람이 끊어짐과 동시에 종이보냄바퀴가 종이를 잡는다. 따라서 손으로 보냄바퀴의 좌우 위치로 그림 10-12와 같이 제2빨개의 연장선에 잡아 주어야 하며 손으로 피이더를 천천히 돌려 위치를 정하며 두꺼운 종이에서는 조절 나사를 사용하여 좀 더 강하게 한다.

(5) 2장 급지방지 조절

보내진 종이는 그림 10-13에서 처럼 2장 급지방지 장치에 들어간다. 먼저 기계를 운전하여 급지를 시키며 검지 굴레미 로울러가 가볍게 지면에 닿아 돌아가도록 검지나사를 조절한다. 다음에 접점나사를 조절하여 접점사이에 0.2~0.3㎜가 되도록 조정한다. 여기에 종이조각(인쇄할 종이)을 검지 굴레미 로울러 밑에 넣어 피이더가 정지하는가를 확인한다. 특히 두꺼운 종이 인쇄의 경우에는 안전상 중요하므로 유의해야 한다.

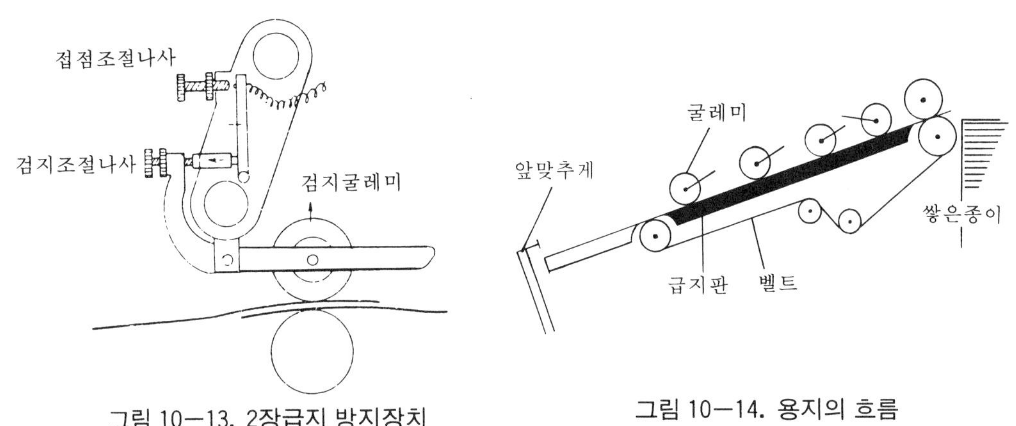

그림 10-13. 2장급지 방지장치

그림 10-14. 용지의 흐름

(6) 용지의 흐름

종이를 나르기 위해 앤드레스(endless) 벨트가 언제나 앞쪽을 향해 운동을 계속하고 있어서 그 벨트위에 종이가 일정한 간격을 두고 바르게 앞맞추개(front gauge)에 도착시키기 위하여 보냄바퀴가 붙어져 있다. 벨트(belt)는 잘 긴장(팽팽하게)되어 있어 헛돌거나 꾸물거리지 않아야 한다. 저속에서 좋은 상태이던 것이 고속으로 바뀜에 따라 피이더가 정지하거나 종이의 흐름이 좌우로 변할 때는, 틀림없이 벨트가 늦추어져 있거나 기름 등이 묻어 벨트가 헛돌거나 하기 때문이다.

또한 벨트의 이음부분이 튀어나와 있거나 양끝이 헐은 부분이 있으면 종이가 잘못 들어가는 원인이 되므로 새것으로 갈아 주어야 한다. 그리고 그림 10-15와 같이 벨트의 위치를 정해야 한다. 보냄바퀴의 위치로 그림 10-16과 같이 급지로부터 바람을 서서히 잡아 당기는 형태 즉 우산모양으로 배치하고 판 위의 종이들을 각각 반듯이 누르고 있어야 한다.

만약 얇은 종이에서 바퀴의 누르는 힘이 지나치게 세거나, 좌우의 힘이 고르지 않거나, 바퀴장치가 종이의 흐름방향에 대하여 조금이라도 틀려있으면 그림 10−17과 같이 급지판 위에서 종이가 울게 되어 핀트불량(맞춤불량) 종이주름 등의 사고가 일어나므로 특히 주의하여야 한다. 이밖에도 여러 가지의 보조기구들이 사용된다. 이것들은 종이를 안정시킨 상태로 앞맞추개(front gauge)까지 정확히 맞추어 주도록 하기 위하여 사용된다.

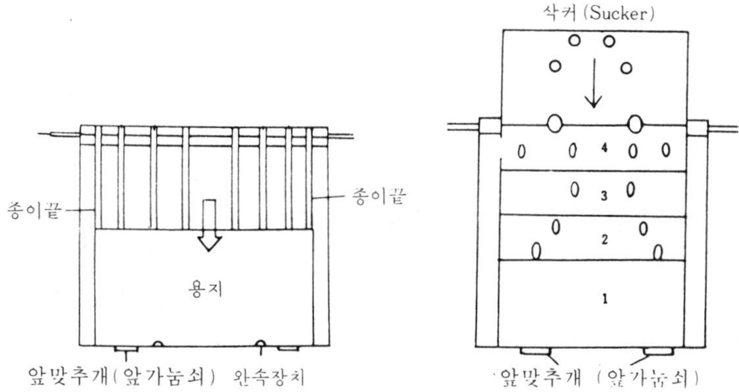

그림 10−15. 벨트 위치　　　그림 10−16 보냄바퀴의 배치모양

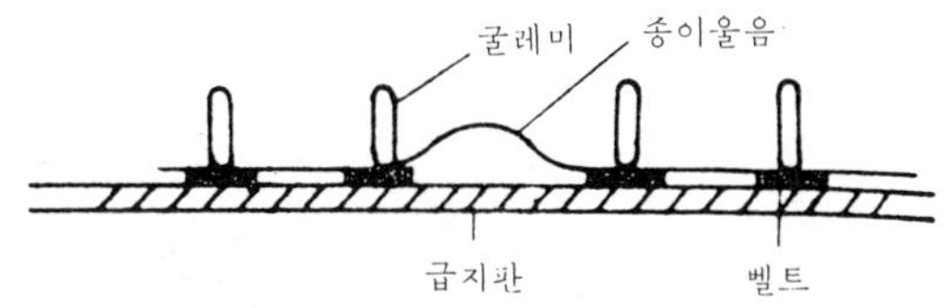

그림 10−17. 종이의 울음

(7) 자동상승장치의 취급

자동상승장치가 불확실하면 급지가 되지 않으므로 주의하여야 한다. 한번 돌때마다 일정량 상승하면 상태가 좋은 것이며, 고속 인쇄시는 한번 회전할 때 마다 1회 상승하지 않으면 안된다. 실제로 급지해서 급지된 매수를 세어 확인하면 좋다.

3) 얇은 종이의 취급

0.05㎜ 전후의 극히 얇은 종이로 흐느적 거리는 종이는 그 취급이 어렵다. 종이추림도 잘 안되며 피이더에 종이를 쌓는데 많은 시간이 소비된다. 뿐만 아니라 종이와 종이 사이에 바람이 들어 있으면 종이가 움직이기 쉽고 급지가 잘 되지 않는다.

따라서 먼저 종이쌓기를 할 때는 포장을 벗기어 그대로 살짝 쌓도록 한다. 그리고 종이 사이에 있는 바람을 손바닥으로 살짝 문질러 빼주도록 한다. 쌓은 양이 적을수록 종이 빠져 나감이 쉬우므로 보통종이보다 약 1/2~3/5정도 쌓도록 한다.

빨개에서는 종이벌림의 바람을 아주 적게 하고, 종이누름(프레셔클램프의 양쪽에 있는것)은 될 수 있는데로 깊게 하며, 누름쇠의 철관은 가급적 얇은 것을 사용한다.

제1빨개는 될 수 있는대로 종이의 뒷모서리 쪽에 놓고 빨개고무의 지름을 적게 해서 종이가 벌어져 부풀어 오르는 것을 눌러 버리지 않을 정도로 높이를 정한다. 프래셔클램프의 바람이 강하면 밑의 종이가 많이 흔들리고, 약하면 양쪽이 들리지를 않아 애를 먹는다.

그림 10－18과 같이 바람이 퍼지고 "○" 부분에 바람이 들어가지 않으면 종이가 틀어지므로 "○" 부분을 잘 보아 떠오르는 상태를 보아 가면서 바람을 조금씩 강하게 한다. 만약 가운데 부분이 부풀어 오르고 "○" 부분이 아무래도 떠오르지 않을 때는 프래셔클램프의 가운데를 테이프로 막아 해소시킨다. 다시말하면 쌓은 종이가 흩뜨러지지 말것과, 종이누름을 알맞게 잘해서 2장이 들어감을 막고 종이의 벌림에서 바람의 세기, 바람에 의한 종이의 떠오름에 주의하여야 한다.

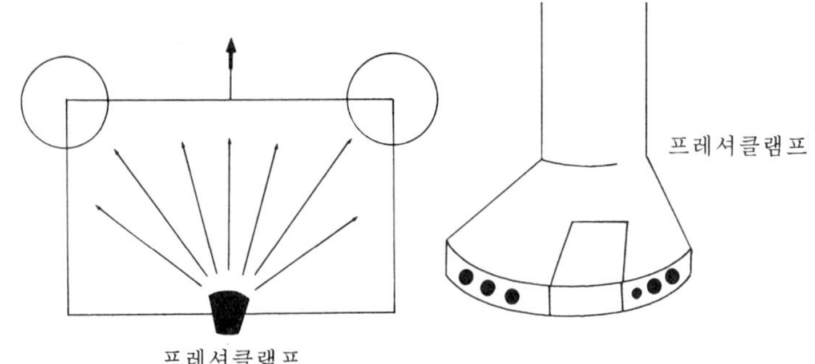

그림 10－18. 프레셔 클램프의 조절

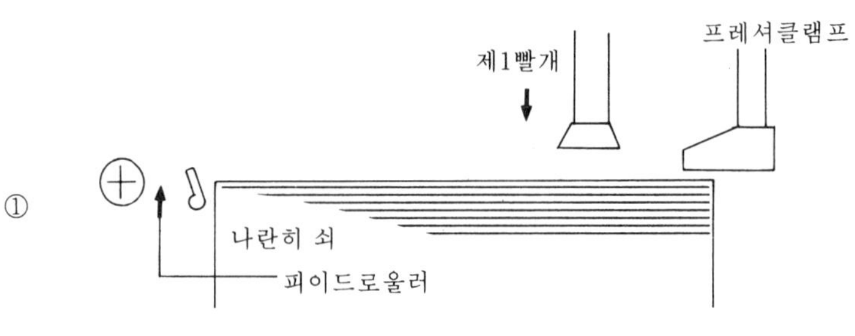

그림 10－19. 급지순서(1)

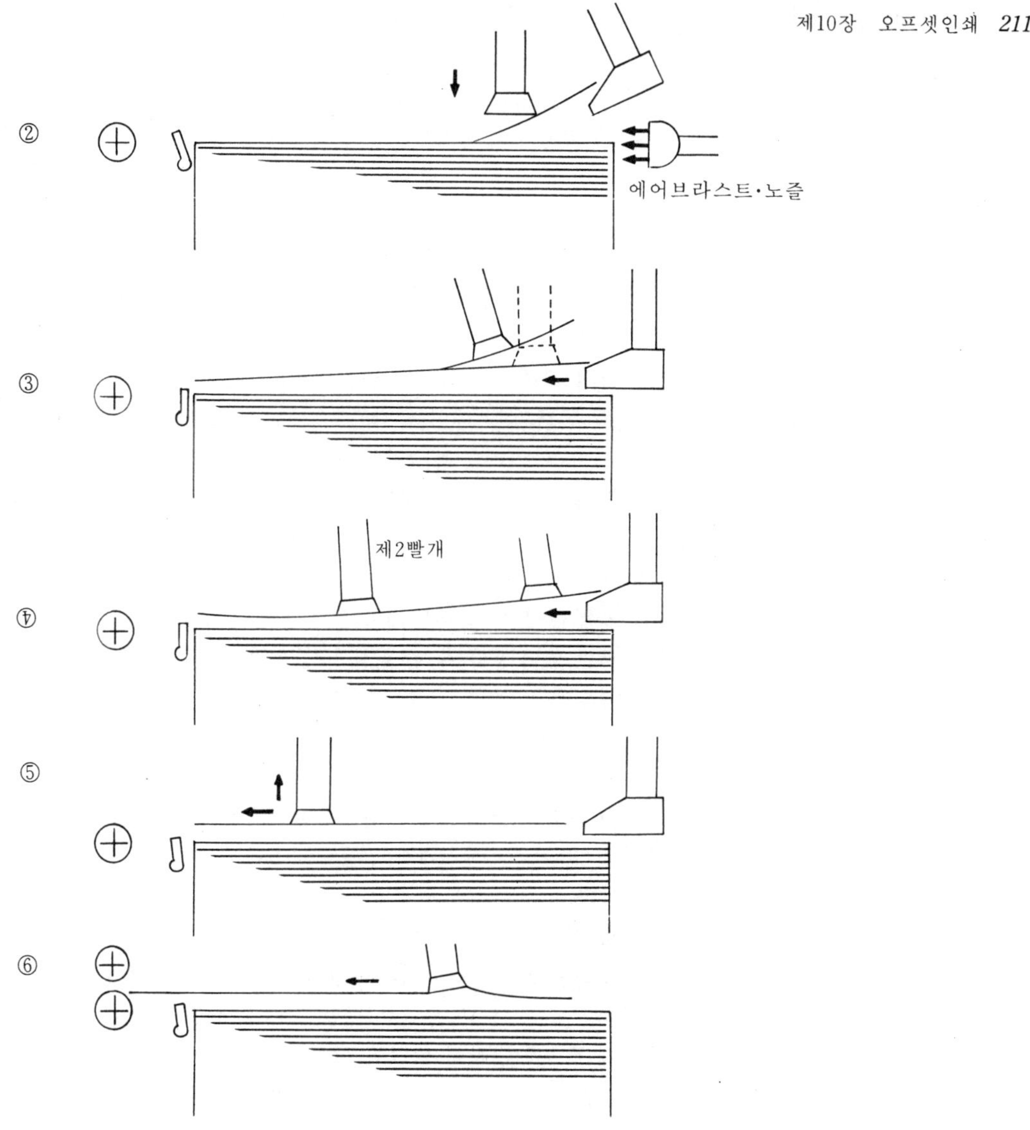

제1빨개는 종이를 집어 올리는 역활을 하며, 제2, 제3빨개는 종이를 보내는 역활을 한다.

그림 10—19. 급지순서(2)

10—4. 레지스터, 그립퍼, 델리버리의 조정

1. 레지스터(Register)장치의 조절

레지스터 장치란 피이더로부터 급지되는 종이 한장 한장을 위치규제를 하여 인쇄통(cylinder)에 정확히 보내 주는 장치를 말하며, 앞가늠쇠(Front gauge)와 옆가늠쇠(Side gauge)가 있고, 대형 인쇄기계에는 완속장치(Slow down)를 부착하여 레지스터 기능을 원활히 하도록 되어 있다. 앞가늠쇠에는 급지방향의 레지스터 기준이 되며 흘러 나온 종이를 정지시켜 일정한 위치를 유지시키면서, 그리퍼(Gripper)가 무는 것을 기다려 무는 동시에 후퇴한다. 앞가늠쇠는 좌우에 둘이 있어서 제각기 전진 후퇴하여 레지스터를 맞춘다. 대형 일본기계와 같이 밑에서 올라오는 형이 있으며, 소형기계나 로랜드(Roland)기계 같이 위에서 내려가는 형이 있다.

그리퍼의 물림을 변화시키지 않기 위하여 될 수 있는한 움직이지 않도록 하는 것이 좋다. 옆가늠쇠는 피이드판(Feed board) 상부에서 종이를 잡고 들어가 일정한 위치에다 밀어 붙인다. 따라서 인쇄의 좌우 방향의 레지스터의 기준으로 하여 피이드 판에 약간 머리를 내어 밀어 회전하므로 하부 굴레미와 종이를 대주는 게이지 스케일(Gauge scale)이 있다. 그리고 그외 종이누름판이 있으며, 하부 굴레미 바로 윗부분에 베어링의 상부 굴레미가 있다. 피이드판과 종이누름판과의 간격은 인쇄할 용지 2~3매 정도로 벌려 둔다. 따라서 실제 인쇄할 용지의 두께에 따라 변경하여야 한다.

간격의 조절은 상부 굴레미축이 엑센트린(eccentric : 편심기구)으로 되어 있으므로 종이 놓을 때 판에 대한 볼록모양으로 조절한다. 상부 굴레미는 스프링에 의해 종이 누르는 힘을 가감한다. 또한 종이누르게판과 함께 상부 굴레미는 캠(Cam)운동에 의하여 들려져 있으며, 종이가 앞가늠쇠에 닿은 다음 순간적으로 내려져서 하부 굴레미와의 사이에 종이를 끼어서 재빨리 눈금판에 대준다. 레지스터 장치에 의하여 일단 정지된 종이를 고속으로 회전하는 압통그리퍼에 물리도록 하는 것은 매우 무리한 일이다.

따라서 앞가늠쇠에 닿은 종이를 물어서 속도를 가하여 압통그리퍼에 종이를 물게하는 스윙그리퍼(swing gripper)가 필요하게 된다. 이 그리퍼는 압통과 같은 속도로 종이를 받은 그리퍼 부분만을 편심 축받이의 회전이나 캠(Cam) 장치에 의하여 들어 올려서 압통그리퍼에 옮겨주고 있다. 쌓은 종이의 상태나 피이더의 상태가 나쁘면 다음과 같이 고장이 일어나는 경우가 있다.

① 종이가 말린다.
② 2장 이상 겹쳐서 나간다.
③ 종이가 솎아져 나온다.
④ 종이가 너무 지나쳐 나간다.

이상과 같은 경우에는 인쇄부에 급지되기 전에 또는 통을 넣기 전에 피이더를 정지하고 통을 띄어 기계를 저속 또는 정지시켜야 한다. 이를 위하여 안전 장치가 설치되어 있다. 안전장치에는 ① 전기 접점형 안전기와 ② 광전관 혹은 트렌지스터(transister)를 사용하여 광량을 변화시키는 안전기가 있다. 전기접점형 안전기는 종이가 앞가늠쇠에 닿았을 때 순간적으로 내려와 종이가 거기 있는가를 검지한다. 좌우 두 곳에 있어 어느 한 쪽만이라도 종이가 와있지 않을 경우에는 촉침이 금속판에 닿아 전기가 통하므로, 마그네트 장치를 움직여 피이더를 정지시키고

통을 떼어 저속으로 한다.

한편 광전관 안전기는 램프에 의해 피이드판에 광을 닫게 하여 그 광량을 광전관으로 받는다. 광량의 변화에 따라 종이의 말림이나 포개짐을 정밀히 탐지한다. 레지스터 장치의 기준은 스윙기구의 운동에 맞추도록 한다. B전판용(4×6판) 인쇄기의 경우 완속장치는 앞가늠쇠의 50㎜정도 앞쪽에서 종이가 닿도록 하며, 완속장치는 속도를 늦추면서 앞가늠쇠에 종이가 닿은 직 후 전기접점형 안전기의 경우 안전기의 촉침이 운동을 한다. 종이에서 촉침이 떨어지면 옆가늠쇠의 상부 굴레미가 내려와서 종이를 눈금판(게이지 스케일)에 댄다. 종이가 눈금판에 닿고 상부 굴레미가 떨어진 다음에 스윙그리퍼가 종이를 문다.

스윙그리퍼가 종이를 단단히 문다음 앞가늠쇠가 달아난다. 스윙 운동을 개시하고 속도를 증가시켜 압통그리퍼에 종이를 옮겨 준다. 이상과 같은 운동을 반복하는 동안 각 장치가 완전히 움직이고 있는가를 또한 프레셔클램프의 장치가 동시에 움직이는 가를 점검하여야 한다.

1)완속장치(Slow-down)

국전용 인쇄기의 경우 피이더판에 흘러 내려온 종이를 앞가늠쇠에 접하기전 약 25~35㎜ 못미쳐서 완속장치에 닿도록 조절한다. 심하게 말리거나 울퉁불퉁한 습성이 나쁜 종이를 쌓을 때 종이꺽기를 한다든가 종이안내판을 사용하면 급지가 부드럽다.

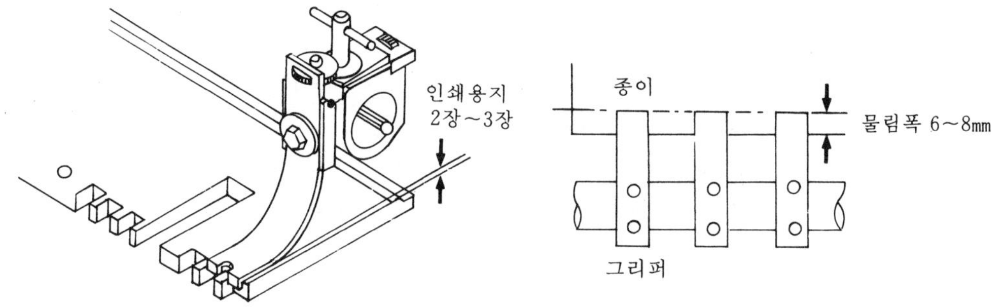

그림 10-20. 앞가눔쇠 조절

그림 10-21. 종이물음 폭

2) 앞가늠쇠 : 앞맞추개(Front gauge)

완속장치에 닿은 것은 그대로 앞가늠쇠(앞맞추개)에 안내된다. 앞가늠쇠로 항상 좌우의 위치를 균등하게 하고, 이것을 알기 위해서는 스윙그리퍼에 물려 보아서 그 물림밥이 좌우가 균등한가 또한 압통에 보내서 압통에서의 물림밥도 같은가를 보아야 한다. 이때 가장 적합한 물림밥은 6~8㎜ 정도이고, 두꺼운 인쇄용지에는 물림밥을 크게 하여 준다.

그림 10-20은 앞가늠쇠가 윗쪽에 달린 기계를 나타내고 있는데 밑에 달린 것도 기능은 같다. 앞가늠쇠는 앞뒤 및 상하로 조절할 수 있게 되

어 있다. 그림 10－20의 핸들을 풀고 앞뒤 나사를 돌리면 가늠쇠가 움직이며 고정나사를 풀고 상하나사를 돌리면 가늠쇠가 움직인다. 이렇게 하여 앞가늠쇠의 위치를 원하는 대로 위치를 정할 수가 있다.

3) 옆가늠쇠 : 옆맞추개(Side gauge)

앞가늠쇠에 종이가 완전히 닿은 순간 종이는 옆가늠쇠(옆맞추개) 방향으로 끌려간다. 이때에 끌리는 양은 5~8㎜ 정도가 가장 이상적이며, 너무 가까이 설정하면 옆가능쇠의 판에 걸리고 스프링이 너무 강하면 지나치게 끌리기 때문에 종이 끝이 접히고 건너 뛰는 등의 사고가 생긴다. 또한 혀의 높이는 완속장치나 앞가늠쇠와 같이 인쇄할 종이 2~3매를 기준으로 할 것이며, 인쇄중에 옆가늠쇠가 적당히 종이를 끌고 있는가를 확인해야 한다.

2. 그리퍼(Gripper)장치의 조절

낱장 오프셋 인쇄기계의 그리퍼는 사람의 손과 같이 중요한 부분이다. 그리퍼의 조절이 나쁘면 종이주름, 더블(Double), 맞춤불량, 쇽크 자국등 여러 가지의 인쇄고장을 일으키고 텀블러 레버(Tumbler lever) 등을 파손하는 수도 있다.

오프셋 인쇄의 정지원인 중 거의가 그리퍼에서 일어나며, 다색기 대형기 일수록 그리퍼 조정에 요하는 시간이 많으며 특히, 옮김통을 2배로 큰 통을 사용하는 기계는 스톱퍼(Stopper) 간격이라든가 굴레미 꾸밈새 등이 미묘하게 영향을 주므로 복잡하다.

따라서 수동 급지시대에 있었던 싱글(single) 그리퍼에서 스프링을 이용한 더블(Double)그리퍼 방식으로 바꾸었다. 또한 그리퍼 자체도 쉽게 교환할 수 있는 판 그리퍼 방식으로 바뀜으로서 정비작업을 용이하게 하고 있다. 오프셋 인쇄기에서 종이를 보내는 과정의 그리퍼에는, 스윙그리퍼(Swing gripper), 델리버리 그리퍼(Delivery gripper)등 여러 가지가 있으나, 이것들은 종이운반이 목적이므로 그다지 문제가 되지 않는다. 그러나 압통그리퍼, 옮김통그리퍼는 인쇄과정에서 종이에 가해지는 인압이라든가 블랭킷에 가해지는 광잉압, 또는 인쇄잉크의 점도 등의 여러 가지 힘에 견딜수 있는 힘이 아니면 곤란하기 때문에 상당한 무는 힘이 필요하게 된다.

1) 그리퍼기구의 각부명칭과 그 역할

압통이나 옮김통에 달린 그리퍼 개폐굴레미는 압통이나 옮김통이 회전과 더불어 후레임(Flame)에 장치된 수도 캠(Cam)에 닿아서 상하로 움직인다. 캠의 정점에서 위로 들려졌을 때 그리퍼축 윗쪽으로 들려지고, 축에 장치된 그리퍼가 그리퍼대로부터 떨어져 종이를 놓은 상태가 된다. 또한 그리퍼 개폐굴레미가 정점을 지나 내려가기 시작하면 그만

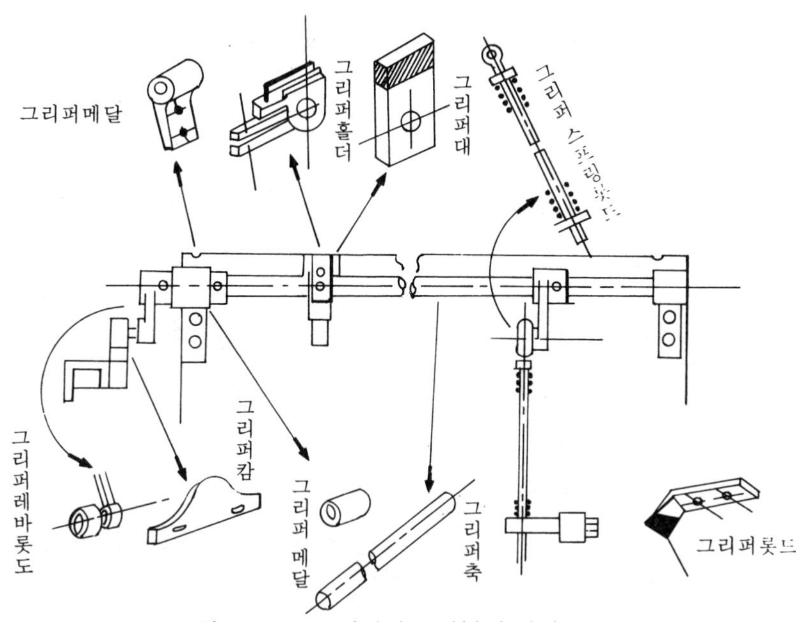

그림 10—22. 그리퍼기구 각부의 명칭

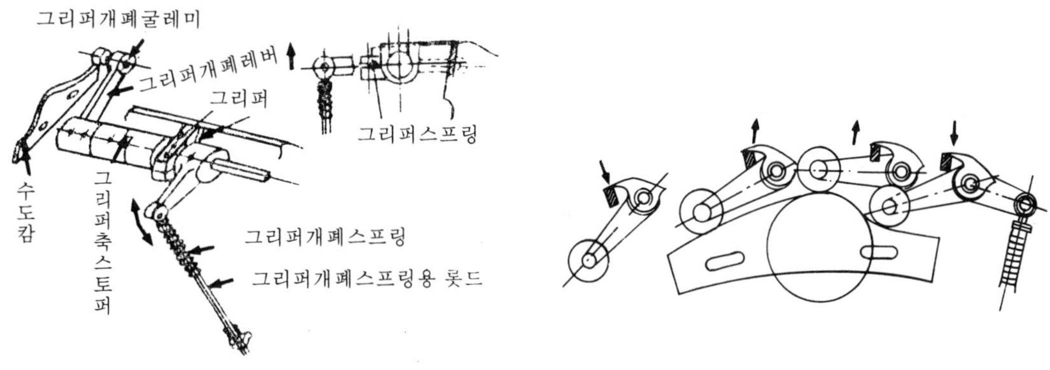

그림 10—23. 그리퍼 개폐기구

그림 10—24. 그리퍼 개폐굴레미와 캄의 관계

큼 그리퍼 개폐스프링의 힘에 의하여 그리퍼가 그리퍼대에 눌려서 합쳐지게 된다.

그리퍼축 스톱퍼(Stopper)는 이 그리퍼 개폐스프링의 미는 힘에 대하여 제한을 하기 위한 것이다. 또한 요즘의 그리퍼는 더블그리퍼로 되어 있으며, 각 그리퍼마다 스프링을 가지고 있다. 이러한 스프링의 힘의 강도가 그리퍼 개폐스프링 보다 강하면 스톱퍼의 부분에 틈이 생기게 된다.

2) 그리퍼의 종류

(1) 싱글그리퍼(Single gripper)

수동기나 저속 또는 소형 자동기에 많이 사용되며, 그리퍼축 키

(key)에 의해 볼트로 고정된다. 이 방법의 그리퍼에서는 개개의 그리퍼의 무는 힘을 조절할 수가 없다. 또한 각 그리퍼의 로우렛(Roulette) 부분이 마모되었을 대 그리퍼축을 빼고 수리하여야 하는 불편이 있다.

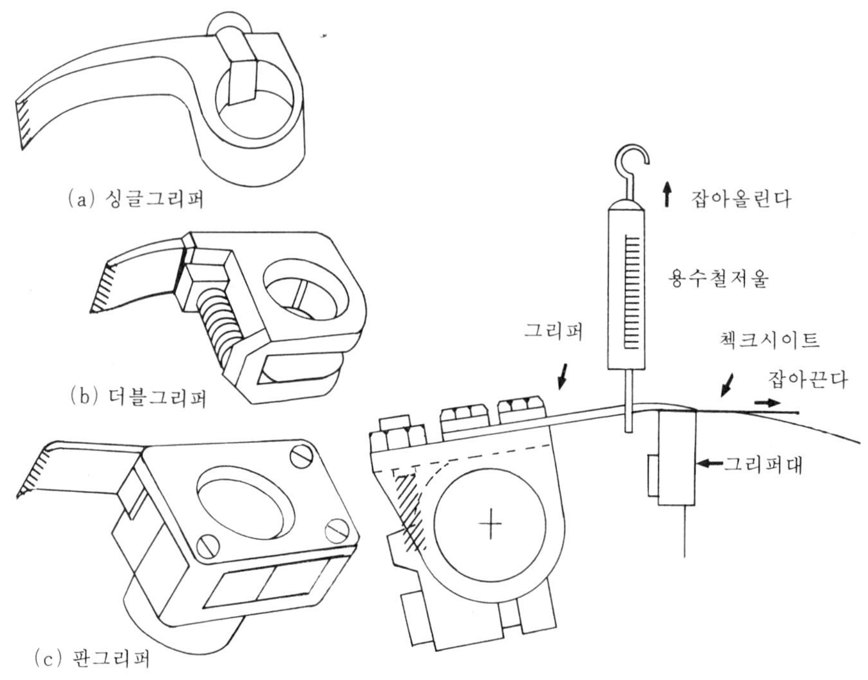

그림 10－25. 그리퍼의 종류

그림 10－26 그리퍼 조절

(2) 더블그리퍼(Double gripper)

이 그리퍼는 등가운데 또는 턱부분에 스프링이 삽입되어 있어서 각 그리퍼 자신이 무는 힘을 조절할 수 있도록 되어 있으며, 스프링에 따라 싱글그리퍼 보다 강한 힘으로 물수 있다.

(3) 판그리퍼(Plate gripper)

그리퍼 끝이 마모되었을 때 그 부분만 간단히 교환할 수 있도록 한 것이다.

3) 그리퍼의 조건

(1) 모든 그리퍼의 물림세기가 전부 균일할 것.

그림 10－26에서 보는 바와 같이 용수철 저울로 잡아 올려 체크 시이트가 빠져 나올 때의 눈금을 보았다가 모든 그리퍼가 균일한가를 확인한다. 세기는 5㎏ 정도가 좋고, 두꺼운 종이에서는 6~7㎏ 정도로 하면 좋다.

(2) 그리퍼의 움직임을 부드럽게 한다.

만약 지분이나 잉크, 스프레이, 파우더 등이 묻어 굳어져 있으면 그리퍼의 움직임이나 무는 힘이 약해지므로 맞춤불량이나 더블인쇄의 원인이 된다.

(3) 물림폭이 균일하게 되도록 한다.

대형 인쇄기계에서는 6～8mm 정도, 소형 인쇄기에서는 4～5mm가 좋다.

(4) 그리퍼대는 평탄하고 균일하게 조절되어야 한다.

그리퍼대의 높이나 그리퍼대와 그리퍼 사이의 접촉이 평평하지 않으면 종이의 변형이 일어난다. 특히 0.1mm 이하의 얇은 종이에서는 종이의 변형이 심하게 된다.

(5) 그리퍼는 종이를 단단히 눌러 미끄러지지 않게 한다.

4) 그리퍼의 조절

먼지 개폐레바(lever)와 스톱퍼(Stopper) 사이에 그리퍼 조절게이지를 넣는다.(0.2mm) 그리고 그리퍼축에 고정되어 있는 그리퍼들을 전부 풀어 그리퍼와 그리퍼 사이에 체크시이트를 끼워 손으로 쥐고 가볍게 빠져 나올 수 있도록 조절나사를 고정시킨다. 체크시이트는 0.05～0.1mm를 사용하고 바르고 균등하게 그리퍼의 위치를 잡아야 한다. 그리퍼의 조절은 그림 10−27의 ①에서 ②로(개폐레바 쪽으로 부터 순서대로)한다. 그리퍼축에 그리퍼를 고정시키면 손가락으로 그리퍼를 2～3번 개폐동작을 해 보고 다시한번 체크시이트를 끼워 빠져 나옴을 확인한다.

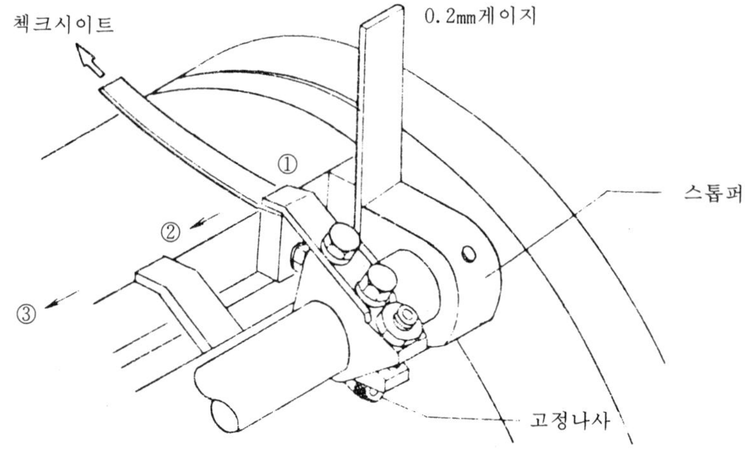

그림 10−27. 그리퍼 점검

5) 그리퍼 전달(물림의 바뀜)

정확하게 물린 종이는 스윙으로 부터 압통에 전달되고, 각 인쇄 유니트(Unit)를 지나 델리버리에 운반된다. 그림 10−28에서는 2색기의 예를 들었으며 물림의 바뀜에 대한 횟수는 (가)에서 4번, (나)에서 6번이나 물림이 바뀜으로 4색기에서는 상당한 횟수가 될 것이다. 따라서 아무리 그리퍼가 잘 조절되어 있다 하더라도 물림의 바뀜에 따라 문제점이 생기게 된다.

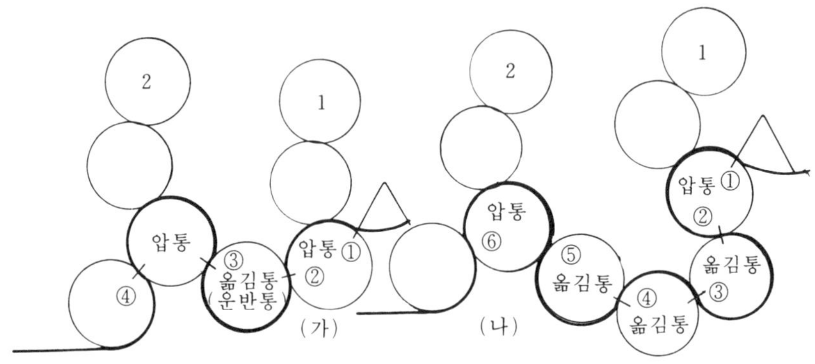

그림 10—28. 그리퍼 바뀜

(1) 물림의 바뀜에 따른 문제점

그림 10—29의 (가)는 물림쪽에 종이가 찢어진 것으로, 물림의 바뀜에서 종이를 지나치게 잡아 당긴 때문이다. 그리퍼가 너무 가깝게 있거나, 타이밍(Timing) 시간이 길었거나, 물림바뀜의 위치가 좋지 않았거나 하는 등의 여러 가지 원인을 생각할 수가 있다. 그림 10—29의 (나)는 종이가 접힌 것으로, 그리퍼의 조절이 나쁘거나, 끝족의 그리퍼 위치가 맞지 않았거나 하는 등을 생각할 수 있다. 그림 10—29 (다)는 종이에 주름이 생긴 것으로, 그리퍼의 조절이 나쁘거나 물림바뀜에서 변형이 생기는 것이다.

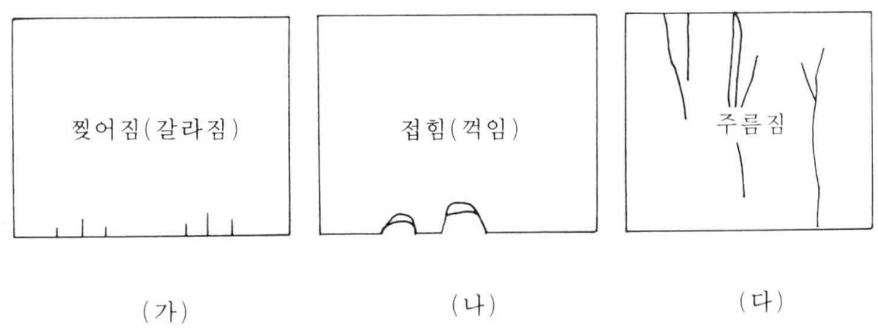

그림 10—29. 그리퍼조절과 용지

(2) 물림바퀴의 위치와 타이밍

물림바퀴의 위치는 그림 10—30에서처럼 A통으로부터 B통에 각 통의 중심을 연결한 0—0 선상에 그리퍼의 물림폭의 중심이 오면 좋다. 이 위치를 찾아내려면 그리퍼대가 붙어 있는 면이 일직선되는 위치 즉, 그림 10—31의 (가)처럼 하면 된다. 이 위치를 확인한 후 (나)와 같이 물림폭의 반맘큼 후진시켜 물림바뀜 위치를 구한다. 예를 들면 6mm의 물림폭을 갖는 것이면 3mm만 후진시킨다.

이 위치에서 그리퍼 개폐의 바퀴와 캠(Cam)의 관계를 살펴보면, 그림 10-32 바뀜하고 있는 순간으로 A통의 개폐바퀴는 캠에 닿기 시작해서 그리퍼가 막 열리기 시작하고 있으며, B통의 바퀴도 캠으로부터 떨어지기 시작하고 있다. 그림 10-33은 물림바뀜이 좋지 않은 것을 보여주고 있다. 따라서 물림바뀜은 위치와 타이밍이 매우 중요하다.

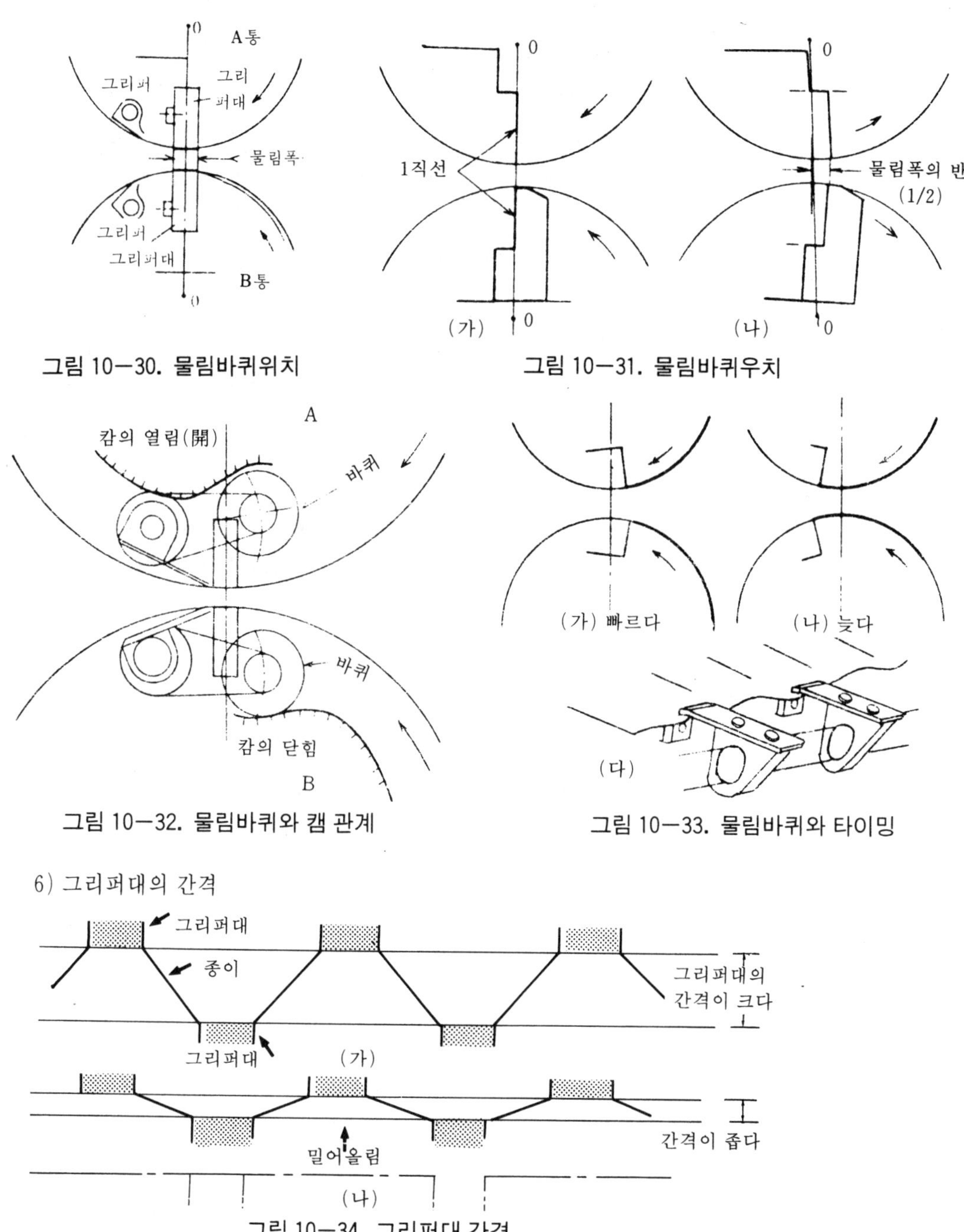

그림 10-30. 물림바퀴위치

그림 10-31. 물림바퀴우치

그림 10-32. 물림바퀴와 캠 관계

그림 10-33. 물림바퀴와 타이밍

6) 그리퍼대의 간격

그림 10-34. 그리퍼대 간격

0.1mm전후의 얇은 종이에서는 물림바뀜이 될 때 그리퍼대(gripper bar)와의 간격이 너무 넓게 벌려져 있으면 종이를 잡아 당겨 물림쪽에 주름을 만들어 맞춤 불량의 원인이 된다. 그림 10−34는 물림바뀜을 할 때 서로 종이를 잡아 당기고 있는 것이다. 압통은 움직이지 않으므로 운반통의 그리퍼대를 압통쪽으로 이동시킨다.

3. 배지장치(Delivery)

배지장치는 인쇄기의 최후 부분을 차지하고 있는데, 압통으로부터 종이를 넘겨 받아 배지대에 쌓은 것으로, 체인(chain)에 의한 방법과 발채(Flier)에 의한 방법이 있다. 수동기계에는 간혹 발채를 사용하나 자동 오프셋기에는 전부 체인(chain)을 사용한다.

1) 하이파일식(High pile) 체인(chain) 배지장치

대형이나 고속인쇄기에서 배지대 위에 많은 인쇄물을 쌓기 위하여 파일배지를 이용한다. 압통에서 배지그리퍼로 바꾸어 무는 부분에 종이받이 실린더 표면의 노즐(nozzle)에서 공기를 품어내어 인쇄면을 더럽히지 않도록 블로우어(Blower) 장치를 한다.

배지그리퍼의 종이를 안내 레일(Guide rail)이 높은 배지대 위로 운반하고, 캠이나 델리버리에 달려있는 굴레미에 의해 그리퍼가 개폐되면서 배지대 위에 종이를 내려 놓는다. 그러나 종이의 습성에 따라 떨어지는 거리가 다르므로 앞 캠(Spear head cam)으로 그 그리퍼의 개폐하는 위치를 조절해야 하며, 배지대의 뒤쪽에 있는 브레이크(흡입바퀴) 바퀴로 진공을 이용하여 종이의 속도를 늦춘다. 브레이크 바퀴도 뒤쪽 종이추림판에 달린 상부에 통기구멍이 있고, 고정바퀴와 그 바깥쪽을 쉴새없이 회전하는 구멍이 뚫린 회전바퀴로 되어 있다. 고정바퀴의 구멍에 회전바퀴의 구멍이 맞닿을 때 종이를 빨아들여 종이에 브레이크를 걸어 추려지기 쉽게 한다.

배지대에 떨어진 종이는 추스림판에 의하여 전후 좌우로 추리면서 쌓는다.

에어브레이크(air break)에 걸린 종이는 속도를 늦추지만 얇은 종이나 인쇄판에서 말린 종이는 물림 쪽에서 잘 추려지지 않기 때문에 휭거(Finger)라는 장치를 사용한다. 휭거(finger)는 좌우 두 군데 있으며, 한장 한장 배지되는 물림쪽을 시계추 같은 것이 끼어 가지고 종이추리는 앞 부분까지 가져온다. 이것은 돌출된 끝부분에 빨개(sucker)가 달려있어 종이 뒷쪽을 빨아들여 앞으로 가져오는 것이다.

2) 뒷묻음(set off) 방지

뒷묻음을 방지하는 데는 일반적으로 파우더 스프레이(Powder spray)법이 있으며, 파우더 상자안에 300gr~400gr 정도의 식물성 가루를 넣고 펌프로 공기를 불어 넣어 노즐로부터 인쇄기에 살포시킨다. 이것

은 노즐의 수도 많고 그 각도도 잘 조정되는 장점을 가지고 있다. 필요한 최소량의 가루를 인쇄면에 골고루 살포시키기 위하여 옥시드라이(Oxidry) 장치가 있다. 이것은 장방형의 파우더 상자 안에서 표면이 凸凹로 된 쇠로울러가 회전하고, 그 밑에는 방전관이 붙어 있어 로울러의 凹부분에 있는 가루가 방전관에 오면 그 전위차에 의해 많이 쌓이면 서서히 내려가도록 자동하강장치가 되어 있다. 하리스기계나 로랜드기계 등에는 잉크의 뒷묻음을 방지하기 위하여 복식배지(Double pile delivery) 장치를 사용하며, 단단한 그리퍼장치와 인쇄면을 더럽히지 않은 종이 받이 바퀴(chain wheel), 정위치에 정연하게 쌓기 위한 완속장치(Slow down), 종이를 밀어내는 장치, 위에서부터 바람을 불어주는 통풍장치, 집게(Finger), 자동파일(pile) 장치 등으로 구성되어 있다.

10-5. 잉크(ink)장치와 축임물 장치

축임물을 공급하는 축임물장치와 잉크장치는 각통과 함께, 실제 인쇄가 되는 부분으로 가장 중요한 부분이다. 잉크장치는 잉크집(Ink fountain)에 있는 잉크를 판면에 공급하는 기구를 말하며, 이 기능은 잉크를 공급하는 것은 물론 잉크량을 일정하게 유지하고 잉크를 유동적으로 함과 동시에 잉크피막을 균일하게 분산시켜야 하며, 잉크피막을 균일하게 분산시키기 위해서는 이질물을 회수하는 기능도 가져야 한다.

1. 잉크장치의 구조

잉크로울러의 배열은 잉크집 로울러, 이김로울러, 진동로울러의 순으로 되어 있으며, 판통의 기어가 진동로울러를 회전시켜 주면 다른 로울러는 같이 접촉되어 회전한다. 잉크장치는 잉크집(Fountain), 독터(doctor), 잉크집로울러(ink Fountain roller), 옮김로울러(ink doctor roll-

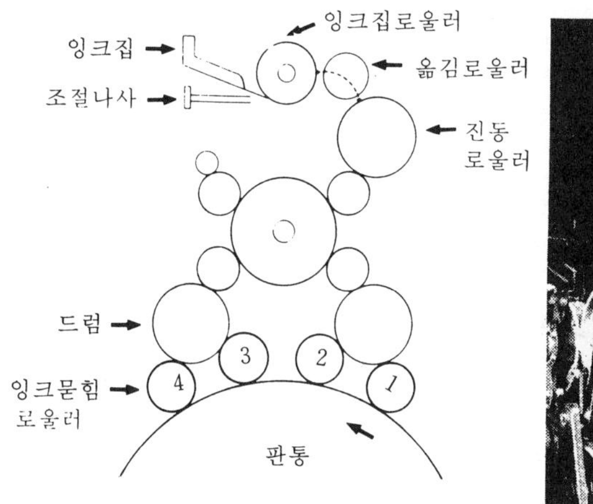

그림 10-35. 잉크장치와 로울러배치

er), 이김로울러(mixing roller), 진동로울러(vibration roller), 이김로울러(mixing roller) 및 묻힘로울러(ink horm Roller)의 순으로 구성되어 있다. 잉크집로울러와 진동로울러는 금속이나 또는 경질의 합성수지로 되어 있으며 구동 기어로 회전한다. 그밖의 로울러는 대부분 고무로울러로 되어 있으며, 그 장치와 이탈은 쉽게 할 수 있게 되어 있다. 묻힘로울러와 옮김로울러는 다른 로울러나 판에 접촉하는 강도를 조절할 수 있다.

1) 잉크집(Ink fountain)

잉크집은 잉크를 공급하며 인쇄물의 잉크 묻는 면적에 따라 공급량을 잉크칼(doctor)과 잉크로울러의 회전수로 조절한다. 잉크칼은 직접법과 간접법이 있는데, 잉크집 로울러(Ink fountain roller)에 경사지게 장치되어 있으며 칼날이 로울러에 닿은 면을 정확히 45°의 각도로 유지하여야 한다. 잉크칼날과 로울러 사이의 간격이 잉크공급량(피막의 두껍고 얇은 정도)을 결정하며, 잉크로울러의 회전 거리가 잉크 공급의 많고 적음을 결정하여 준다. 옮김로울러가 잉크집 로울러에 닿을 때에, 잉크집 로울러의 회전거리로 옮김로울러에 묻는 잉크막의 넓이가 되며, 잉크집 로울러의 회전거리는 캠(Cam) 장치로 운동하며 레칫기어(Ratchet gear) 걸림이 걸리는 거리에 비례한다. 이 레칫기어에 걸리는 이빨의 많고 적음은 캠(Cam)으로 조절한다.

2) 잉크 옮김로울러(Ink doctor roller)

잉크집 로울러에 불연속저으로 접촉하며 잉크 이김로울러에 잉크로 옮겨주는 고무로울러로, 판통이 1회전 하는 데에 한번 접촉하는 것과 판통이 2회전 할 때에 한번 접촉하는 것이 있으며, 1개로 되어 있다. 이 로울러는 정지상태에서 급격한 회전을 반복하기 때문에 다른 로울러보다 마모가 크므로 점검을 자주 해야 한다. 점검방법은 옮김로울러가 이김로울러에 접촉한 상태에서 0.2㎜ 정도의 얇은 금속판이나 필름조각으로 좌우의 균일성을 점검한다.

잉크집 로울러와의 접촉압을 스프링으로 조절할 수 있다.

3) 잉크 진동로울러(Vibration roller)

통(cylinder)의 회전 전달로 돌아가면서 옆으로 이동한다. 잉크를 이기기 위하여 진동하므로, 이 장치를 여러 가지로 고안한 새로운 장치들이 많다. 이 로울러는 작은 기계에서는 20㎜ 정도, 큰 기계에서는 30~40㎜ 정도의 좌우 폭이 있으며, 좌우의 움직임이 적으면 잉크가 넓혀지지 않아 줄 모양의 농담 얼룩을 초래하고 판통이 2회전 할 때 1왕복하도록 되어 있다. 현장에서 자주 경험하는 색얼룩(앞부분과 뒷부분의 농담 차이)의 원인은 묻힘 로울러와 진동로울러에 의한 것으로, 진동로울러가 정지하고 있을 때 좌우 운동을 하고 있을 때 보다 묻힘로울러에 잉크를 전이시키는 양이 많게 되므로, 진동로울러의 타이밍을 조절하여 판면의 잉크공급을 일정하게 하여야 한다.

4) 잉크 묻힘로울러(Form roller)

묻힘로울러는 직접 판면에 잉크를 전이시키는 목적을 갖고 있기 때문에 다른 로울러 보다도 중요하다. 묻힘로울러의 상태가 나쁘면 색얼룩 같은 여러 가지 인쇄장애를 발생시킨다. 묻힘로울러는 3~5개 정도의 로울러로 구성되어 있으며, 그림 10-35에서 1과 2의 로울러로 잉크 전체의 70~90%의 잉크를 판면에 묻혀주고 3과 4로 이것을 잘 분산시켜 준다. 따라서 1과 2의 로울러에는 진동로울러로 부터 많은 잉크가 공급되는 것이 가장 중요한 것이다. 따라서 1과 2의 로울러는 3과 4의 로울러 보다도 약간 강하게 판면에 접촉시켜 잉크의 접촉 폭이 3과 4의 로울러 보다 넓게 되어 있다.

예를 들어 3과 4의 접촉 폭이 4mm라면 1과 2는 5mm 정도가 될 것이다. 그림 10-36은 로울러의 접촉 폭을 나타낸 것으로 (1)은 올바른 것, (2)는 진동로울러가 너무 강하여 로울러가 굽어 있으며, (3)과 (4)는 한족의 압이 너무 강하든가 약하여 평형이 이루어 있지 않으며, (5)는 로울러의 상태가 나쁜 것이므로 교환하여야 한다. 진동로울러와 묻힘로울러의 조정은 그림 10-37과 같이 0.03mm의 종이 3매를 로울러 사이에 끼우고 잡아 당겨 종이가 찢기지 않을 정도로 하고 로울러의 가운데와 양 옆의 2매를 검사한다.

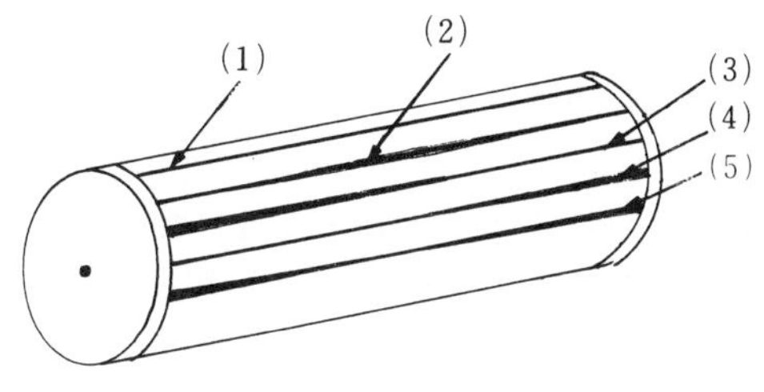

그림 10-36. 잉크로울러의 접촉 폭 점검

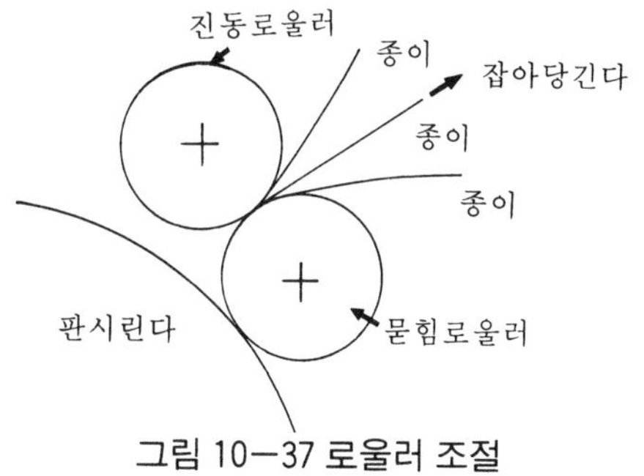

그림 10-37 로울러 조절

2. 축임장치(damping system)와 구조

축임물 로울러는 판에 축임물을 공급하기 위한 것으로 공급되는 물은 판 성질에 따라 약산성이나 물을 사용한다. 축임물 로울러는 축임물 통(Pan), 축임물 통로울러(Fountain roller), 축임물 옮김로울러(Damp doctor roller), 축임물 진동로울러(Damp vibrator roller), 축임물 묻힘로울러(Dam formroller) 등으로 나눌 수 있으며, 축임통의 물을 축임물 로울러가 워엄기어(worm gear) 장치로 천천히 돌아가면서 축임물 옮김로울러에 전하고, 다시 축임물 진동로울러에 옮기고 묻힘로울러가 판에 일정량의 물을 균일하게 묻혀 준다. 축임물 묻힘로울러는 고무로울러로 모울턴(molton)을 감아 물을 보유할 수 있도록 한다. 축임장치는 잉크장치에 비하여 로울러가 적기 때문에 취급은 간단하나 보수성(물가짐)을 유지하기 위하여 포(천), 모울턴, 테이프 등을 감는 작업을 해야 하며, 전부 놋쇠로 되어 있으므로 산(Acid)에 부식 되는 것을 막아야 한다.

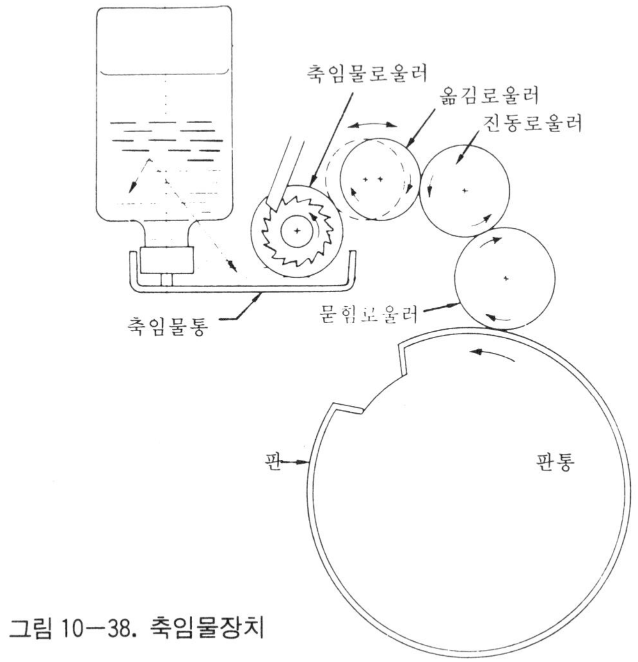

그림 10—38. 축임물장치

1) 축임물통과 축임물통 로울러

로울러가 크롬표면 그대로 물을 공급하는 경우 그 표면에 잉크가 부착되어 물오름에 얼룩을 발생하기 때문에 산화크롬층을 수시로 제거해야 하며, 통에서도 산화물, 섬유, 종이 찌꺼기 등이 누적되어 있으므로 정기적으로 제거하여야 한다. 로울러의 크롬 산화층을 제거하는데는 탈지면에 아라비아고무액(gum arabic solution)을 묻혀 파미스톤으로 문지른다.

2) 축임물 옮김로울러

축임물 로울러와 진동로울러의 양측에 균등하게 접촉하고 진동을 일으키지 않도록 해야 한다. 너무 강하게 하면 물이 가운데로 모이고, 균등하지 않으면 한쪽으로 모여서 물오름에 얼룩이 발생한다.

3) 축임물 묻힘로울러

로울러의 진동을 가급적 적게 하여 주며 판면과 접촉할 때 판의 공간부에서 다시 판면에 접촉할 때 충격이 매우 적을 정도로 감지되면 좋다.

3. 고스트(Ghost)현상

고스트라는 것은 영어의 귀신 또는 형상이란 뜻으로, 의미대로 예기치 않은 시간과 장소에서 갑자기 나타나는 현상을 말한다. 인쇄중 백빼기(백발)의 적은 문자가 문자와는 관계없는 민짜(solid)부분에 같은 형태로 나타나는 때가 있다. 이와 같은 현상을 고스트현상이라 하며, 오프셋인쇄에서 축임물을 사용하므로서 발생된다. 그림 10−39의 (1)은 잉크묻힘 로울러가 판면을 굴러가는 그림인데, Ⅰ로부터 Ⅱ로 굴렀을 때 로울러의 표면에 판의 축임물이 묻어 그대로 판에 도달하여 축임물이 판에 묻기 때문에, 잉크묻힘 로울러로부터 판에 잉크의 전이가 방해되어 (2)와 같은 인쇄가 되어 고스트현상이 일어난다.

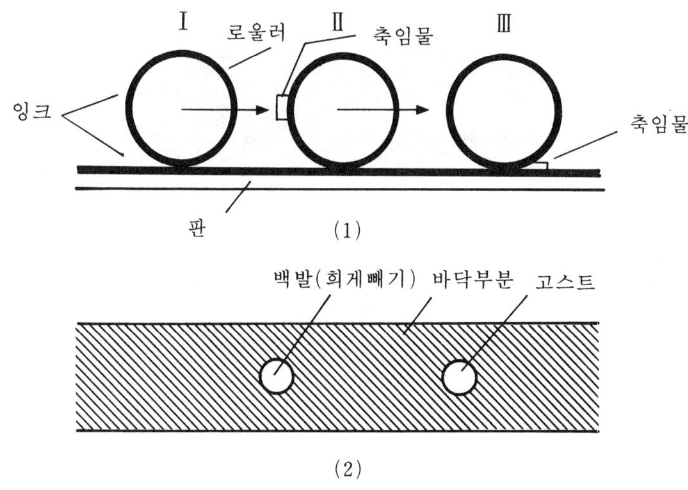

그림 10−39. 고스트 현상

10−6. 통꾸밈(Cyider packing)

통(cylinder)에는 판통(plate cylinder), 블랭킷통(Blanket cylinde-r), 압통(Impression cylinder)의 3통으로 되어 있으며, 대부분 판통은 고정되고 블랭킷통과 압통은 회전축에서 움직일 수 있게 되어 있다.

통은 강한 주철로 되어 있으며 그 양쪽에 베어러(Bearer)와 기어가 장치되어 있어 3통이 같은 속도로 회전하고 있다. 판통과 블랭킷통은 판과 블랭킷을 장치할 수 있도록 여유를 깎아 냈는데 이것을 컷 다운(cut down)이라 한다. 3통은 압통의 기어에 의하여 블랭킷통이 회전하고 다시 판통이 회전하도록 동력 전달이 되어 있다.

1. 통꾸밈의 기준

1) 피치원 직경(pitch circle diameter)과 베어러(Bearer)

기어 이빨의 한가운데의 직경으로 두 개의 기어가 서로 맞물려 회전을 하고 있을 때 이 두 기어피치원은 서로 정확하게 접해 있으며, 베어러의 직경과 통기어의 피치원 직경과 일치 되도록 꾸며져 있어 베어러가 통을 꾸미는데 기준이 된다. 베어러면에서 각 통의 표면이 어느 정도 들어가 있는가를 나타내는 양이 컷 다운(Cut down) 또는 언더컷(under cut)이라고 하며, 판이나, 고무 블랭킷, 페킹지(packing paper)를 통에 감아도 통기어는 서로 완전히 맞물고 동력전달을 할 수 있는 것이다. 그러나 근래의 기계는 인쇄용지의 두께에 따라 압통을 블랭킷 통에 좀 더 가까이 하기 위하여 베어러 직경을 피치원 직경보다 작게 만들거나 통 베어러 보다 통면이 凸 상태로 올라와 있는 것도 있다.

그림 10—40. 베어러와 통기어

2) 통꾸밈과 각 통의 표면속도

각 통의 꾸밈방법이 적당치 못하면 각 통은 기어의 물림으로 회전하므로 각 통의 표면속도가 일치하지 못하여 내쇄력이 나빠지며, 각 통끼리의 미끄럼(Slip)등 때문에 인쇄회전에 문제점을 가져오게 된다. 또한 통꾸밈은 인쇄물의 상하방향의 길이에도 영향을 준다. 그림 10—41(A)에서는 3통을 베어러의 높이로 꾸며 3통의 표면속도가 같게 한 것이다. 따라서 3통의 표면 이동거리는 AB로 같다.

그림 10—41(B)는 판통이 베어러보다 높게 블랭킷은 낮게 꾸민 것으로, 이 경우 판면의 회전거리 AB와 CD는 같으나 판통의 중심으로부터 AB의 각도가 90°라면 CD의 각도는 90°보다 작아질 것이다. 예를 들어 89°라 할 때 판통 CD가 89°, 회전 블랭킷통 EF가 89°, 압통 역시 FG가 89° 회전하므로 인쇄물이 된 길이 FG는 원래의 회전거리 AB보다 짧아질 것이다.

그림 10−41(C)는 반대로 판통을 베어러 보다 낮게 블랭킷통을 베어러보다 높게 꾸민 경우로 인쇄물의 길이가 판의 길이보다 길게 될 것이다. 그림 10−41(D)는 판통과 블랭킷통의 직경을 같게 하고 압통의 직경을 달리한 것이다. 압통을 작게 하면 회전이 짧아지고 크게 하면 회전이 늘어난다. 따라서 적절한 통꾸밈으로 직경에 맞는 인쇄압을 얻도록 해야 한다.

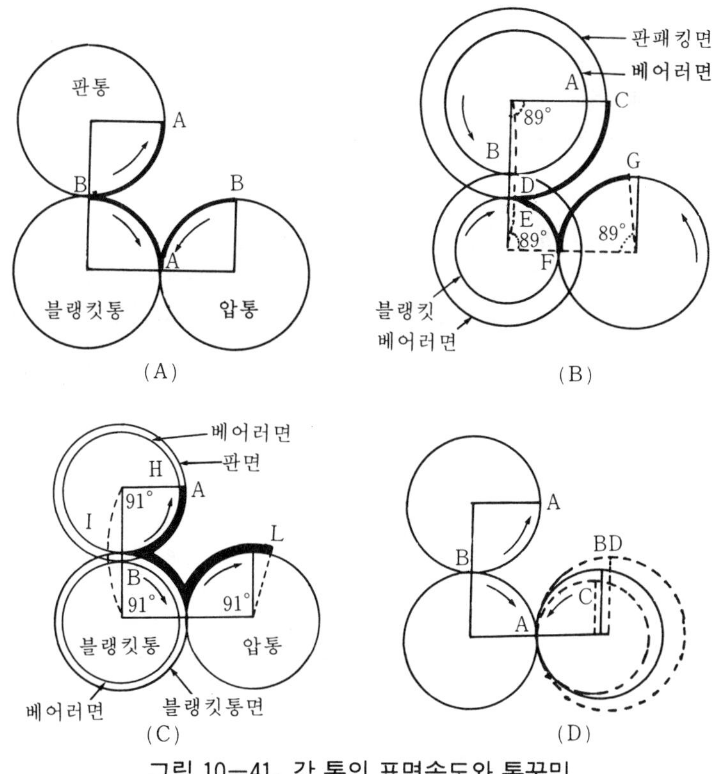

그림 10−41. 각 통의 표면속도와 통꾸밈

3) 통간격 조절

블랭킷통의 통축(sylinder shaft)은 그림 10−42와 같이 편심좌철(Fc-centric wiasher)이 장치되어 이 편심좌철의 움직이는 양에 따라 블랭킷

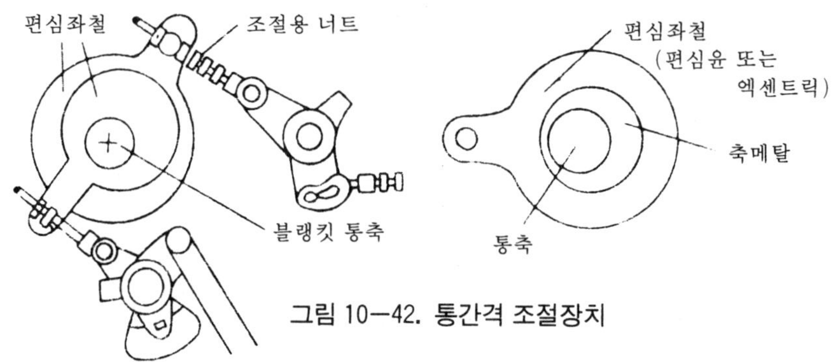

그림 10−42. 통간격 조절장치

통이 판통에 다가가는 거리를 알 수 있으며, 편심좌철에 연결되어 있는 조절용 너트(nut)로 조절한다.

2. 통꾸밈

1) 통꾸밈의 종류

통꾸미는 데는 하드페킹(Hard packing), 세미하드페킹(Semi hard packing), 소프트페킹(Soft packing)이 있으며 기계의 종류나 인쇄용지의 종류에 따라 선택 사용한다. 하드페킹은 상질지, 크라프트지, 폴리에스터 등 단단한 것을 사용하며 소프트페킹은 천과 같이 탄력이 있는 것을 사용한다.

2) 통꾸밈는 방법

(1) 동경법(The equal diameter method)

탄성체인 고무블랭킷은 인압을 가하면 음푹하게 들어가는 현상이 일어나므로, 들어간 양을 계산하여 블랭킷통을 크게 꾸며 3통의 직경을 같도록 하는 것으로, 실제 3통은 기어가 서로 맞물려 회전하므로 표면속도가 다르게 되여 판의 미끄럼이 일어나므로 판이 까지거나 하는 사고가 생긴다.

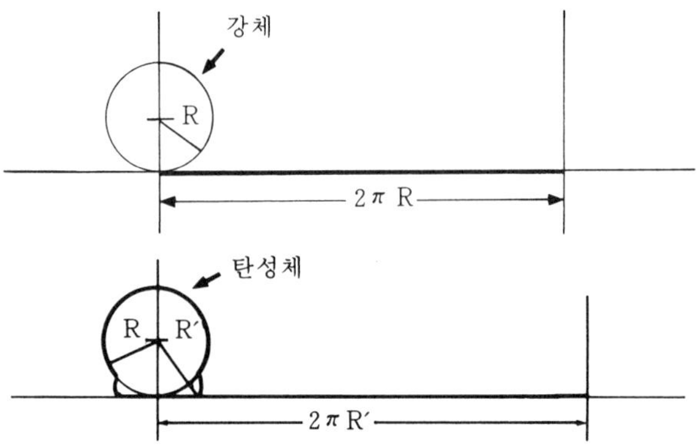

그림 10—43. 강체와 탄성체의 관계

(2) 트루롤링법(True rolling method)

강체와 탄성체가 압이 가해져서 접촉 회전할 때 탄성체의 접촉표면이 늘어난다. 따라서 표면속도를 서로 일치시키기 위하여 강체를 크게 탄성체를 작게 해야 하므로 판통보다 블랭킷통의 직경을 작게 한 것이다.

(3) 트루롤링법에 의한 통꾸밈

표 10—1에서 통기어의 피치원 직경(a), 베어러(bearer)의 직경(b), 컷다운(cutdown) 양(e), 통꾸밈양(f), 베어러 간격(h) 등은 임의로 조절할 수 없으나, 그 나머지는 계산에 의하여 통꾸밈을 한다.

① 오버 베어러양(over bearer)(c)=꾸밈양(f)-컷다운양(e)

② 꾸밈통 직경(d)=(오버베어러양(c)×2)+베어러 직경(b)

③ 판페킹 필요량(g_2)=판통꾸밈량(f_1)-판재의 두께

④ 블랭킷페킹 필요양(g_2)=블랭킷통꾸밈량(f_2)-블랭킷 두께

⑤ 판통과 블랭킷통 간의 인쇄압(I_1)=판통 오버 베어러양(c_1)+블랭킷통 오버 베어러양(c_2)-판통과 블랭킷통 베어러 간격(h_1)

⑥ 블랭킷통과 압통간의 인쇄압(I_2)=블랭킷 오버 베어러양(c_2)+압통 오버 베어러양(c_3)+종이두께-블랭킷통과 압통베어러 간격(h_2)

예를들어 판통의 컷다운량이 50/100mm이고 블랭킷통의 컷다운량이 230/100mm, 베어러 간격이 5/100mm인 오프셋 기계에서 판을 65/100mm로 블랭킷을 2.3mm로 통을 꾸민다면 인쇄압력은 얼마인가?

인쇄압력은 판통오버 베어러+블랭킷통 오버 베어러에서 베어러간격을 제한 것이므로 다음과 같다.

표 10-1. 단색 오프셋기 통꾸밈의 예

(0.1mm 종이의 경우)　(단위 mm)

기호 / 통	a 피치원직경	b 베어러 직경	c 오버 베어러량	d 꾸밈통 직경	e 컷다운량	f 꾸밈량	g 꾸밈재료	h 베어러간격	i 인쇄압
판　통	270.00	270.00	0.10	270.20	−0.50	0.60	판,판하 0.60	0.00	0.10
고무통	270.00	270.00	0.00	270.00	−3.20	3.20	꾸밈종이 1.65 블랭킷 1.55		0.10
압　통	270.00	269.30	0.35	270.00(주)	+0.35	0	0	0.35	

(종이를(0.10mm) 가한 경우 직경은 270.20mm가 된다.

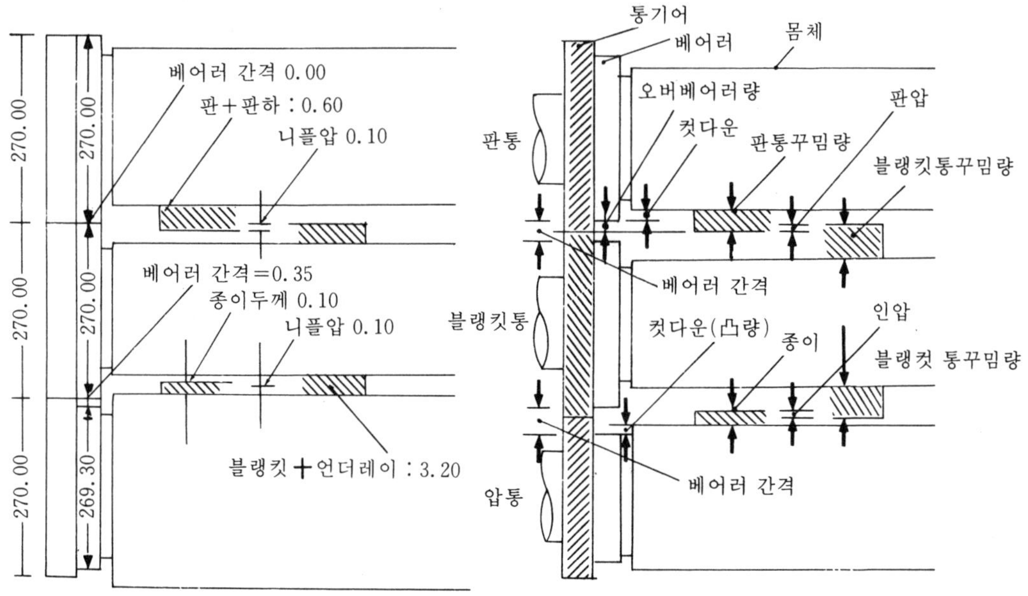

그림 10-44. 통꾸밈의 예　　　그림 10-45.통꾸밈

$$해답=(\frac{65}{100}-\frac{50}{100})+(\frac{230}{100}-\frac{230}{100})-\frac{5}{100}=0.1mm$$

통꾸밈에서 블랭킷통의 오바페킹(over packing)이 됐을 경우에는

① 화상이 좀크게 인쇄된다.

② 각 통의 표면 속도가 달라진다.

③ 판통과 블랭킷통의 미끄러짐(slip) 현상 및 마찰현상이 일어난다.

④ 판의 마모로 내쇄력이 급격히 떨어진다.

고무통이 판통보다 크게 통꾸밈이 되면 판의 아래위 방향의 화선과 비화선부의 경계선에서 뒤쪽방향으로 마찰된 상태로 반짝거리고 또한 고무통 표면에서도 화선의 뒤쪽으로 잉크나 종이, 먼지 등이 남이 있게 된다. 반대로 고무통이 판통보다 작게 통꾸밈이 되면 판통의 화선부(Image area)는 앞쪽방향으로 마찰된 상태로 반짝거리고 고무통 표면에서도 화선부가 앞쪽으로 잉크나 종이 먼지 등이 남아 있게 된다.

판의 마찰이 판의 앞쪽에서는 일어나지 않고 뒤쪽에서만 일어날 경우는 블랭킷의 조임이 약하므로 강하게 조인다.

통꾸밈의 허용범위는 하드패킹, 세미하드패킹, 소프트패킹=1：2：4 정도로 소프트 패킹의 허용범위가 가장 크다.

3) 통꾸밈의 실제

(1) 판붙임

레지스터 마크(Register mark)가 없을 경우 좌우의 화상(Image)에 인쇄지를 맞추어 반으로 접어 중간선을 긋는다. 중간선은 레지스터 맞춤의 기본이 되는 것이므로 정확해야 한다. 소형기계인 경우 바(Bar)에 평행으로 판을 단후 페킹을 한 뒤에 아래 위 방향은 판통의 물림끝에 맞추고, 옆방향은 기어의 끝에서부터 판의 위치를 정하여 판을 바이스(vice)에 단다. 대형자동기계의 경우는 판통에 달려 있는 바이스에 직접 판을 단다. 먼저 바이스의 중간을 판통 중앙으로 오게 하고 판을 눌림바이스에 넣어 중앙선에 판을 맞춘 다음 물림바이스를 중앙에서 끝으로 조여 붙인다.

(2) 블랭킷 붙임

블랭킷 이면에 있는 화살표 방향(인쇄방향)을 확인한 후 반으로 접어 물림과 물림끝의 양쪽 평행상태(폭의 균형)를 점검한다. 필요한 구멍을 정확히 펀치(punch)로 뚫어 물림쪽에서부터 홈에 감아 페킹지를 넣고 기계를 회전시키며 블랭킷통에 감아 나간다. 이때에 주의할 점은 이물질이나 절단된 페킹지에 유의하여 손으로 점검하면서 감는다.

(3) 통꾸밈의 점검

꾸며진 판통이나 블랭킷통이 정상으로 되었나 또는 인압이 정확한가를 점검한다.

10—7. 인쇄고장과 그 원인

인쇄에 들어갈 단계에 이르기 까지에는 여러가지 사전 준비작업이 있다. 그 모든 사전 준비작업이 충분히 잘 되지 않으면 오프셋 인쇄에 있어서의 고장이나 그 대책 등에 어려움이 따르게 된다.

인쇄량이 많은 인쇄의 경우 인쇄도중에 기계를 세우고 손질을 하면 레지스터(register) 불량을 일으키기 쉽다. 일단 인쇄에 들어간 이상은 도중에서 기계조정을 하지 않아도 좋도록 사전 준비작업에서 미리 기계의 구석 구석을 세밀히 점검해 두어야 한다.

① 기계의 각 부, 특히 각 실린더(cylinder)의 표면이나 베어러(bearer)는 깨끗하게 잘 손질이 되어 있는가 사소한 티끌이라 하더라도 그냥 넘겨보내서는 안된다.

② 수도와 착탈의 타이밍은 이상이 없는가

③ 각 부분에 대한 주유는 충분한가

④ 나사 등 모든 것이 모두 다 잘 조여져 있는가

⑤ 기계의 회전소리는 정상적인가, 이상한 잡음은 나지 않는가, 어떠한 사소한 소리라도 이상한 소리는 철저히 조사해야 한다. 그 소리가 나지 않을 때까지 손을 보아야 한다.

⑥ 블랭킷의 얼룩체 잡기는 잘 되어 있는가, 각 실린더의 꾸밈이나 베어러의 간격은 어떠한가 다시한번 확인한다.

⑦ 그것이 지금 인쇄하여야 할 색판임에 틀림이 없는가 다시 본다. 검판을 할 때는 잘못된 글자 같은 것만을 볼 것이 아니라, 크고 작던간에 판에 험집같은 것이 없는가, 특히 판 뒷쪽에 무엇이(이물질) 붙어 있지는 않은가 꼼꼼하게 검사할 필요가 있다. 판에 무엇이 붙어 있을 때 이것을 떼어버리거나 문지를 때 잉크주걱을 사용해서는 안된다. 대나무주걱을 만들어 사용하도록 해야 한다.

⑧ 잉크의 농도나 축임물의 농도조절은 잘 되어 있는가

⑨ 물그릇 통의 물이나 해면은 깨끗한가, 고무, 징크터(tincture), 스톤파우더(stone powder)등 부자재는 다 갖추어 있는가

⑩ 종이는 완전히 손질이 잘 되어 있는가, 종이가 우굴쭈굴한 곳은 없는가, 데니슨 왁스 시험결과를 알고 있는가

오프셋 인쇄뿐 아니라 대체적으로 인쇄에서의 고장은 기술적 문제에 원인이 있다기 보다는 부주의로 인해 발생하는 경우가 더욱 많고 또한 크다. 예를 들면 교정인쇄를 할 때 발견되어 교정판에서는 바로 잡았으나, 원판 바로 잡는 것을 잊어 먹은채 그대로 본인쇄를 하여 못쓰게 되는 등, 그와 같은 예를 왕왕 볼 수 있다.

오프셋인쇄의 고장은 빨리 발견하여 빨리 손질을 하도록 하지 않으면 안된다.

1. 레지스터 어긋남

레지스터 어긋남을 일으키는 원인으로 다음과 같은 것을 들 수 있다.
① 제판에서의 실패
② 인쇄기계의 정밀도 및 조절불량
③ 종이의 적성부족

1) 제판으로 인한 레지스터 어긋남
판에서는 사소한 차이의 레지스터 어긋남이지만 인쇄에서는 퍽 크게 나타난다.
① 3색분해상(3color separation image)이 잘 맞지 않았다.
② 포지티브나 네거티브를 촬영할 때
③ 필름을 사용했을 때 신축이나 혹은 홀더(holder)에 접촉불량
④ 콤포서(composer)를 사용했을 때 보내기 불량
⑤ 수동 빛쬐임의 경우 레지스터 마아크나 대지의 신축과 같은 경우에는 다시 판을 만드는 도리밖에 없다.

2) 인쇄기계로 인한 레지스터 어긋남
조절불량으로 인하여 일어나는 레지스터 불량은
① 종이가 게이지 위치에 이르기까지
② 압통에 종이가 옮겨지고 인쇄가 끝날때 까지
③ 그 이후의배지까지 3분야로 나누어 생각할 수 있다.
(1) 종이가 게이지 위치에 이르기까지
① 종이가 피이더(Feeder)에서 꺾여져 나온다(주로 피이더의 흡입타이밍이 좌우가 맞지 않거나 보내기 굴레미의 좌우 불균형에 기인하는 경우가 많다).
② 종이받이의 좌우 불균형
③ 급지게이지(feed gauge)나 옆게이지(side gauge)로 들어가는 거리를 잘 맞추어야 한다. 너무 가까우면 너무 당겨져서 불룩하게 일어나고 너무 멀면 옆게이지에 닿지 않는다.
④ 급지게이지나 옆게이지의 고정나사가 늦춰져 있다.
⑤ 급지게이지나 옆게이지에 먼지등 이물질이 끼어 있거나 게이지 받이판이 마모되어 있다.
⑥ 급지게이지의 떨어짐이 늦으면 종이가장자리가 상하거나 찢어져 레지스터가 맞지 않는다.
(2) 압통에 종이가 옮겨져 인쇄가 끝날 때까지
① 그리퍼(gripper)와 그 베어러의 높이가 일치되지 않아 동일 평면상이 되지 못할 경우, 너무 낮으면 강한 종이는 실린더 가장자리에서 불그러질 우려가 있으며, 고저가 있으면 레지스터가 잘 맞지 않으며 심한 경우 종이에 주름이 잡힌다.

② 그리퍼가 너무 마모되어 있으면 종이를 무는 힘이 약하므로 교환하는 것이 좋다.

③ 텀블러(tumbler) 스프링이 강한 경우, 압통의 그리퍼가 종이를 무는 힘은 이 스프링의 강약 여하에 달려 있으므로 너무 약해서 종이가 빠져도 곤란하지만, 너무 강하면 그리퍼 자국이 나며 메탈이나 그리퍼축의 마모가 빨라 진다.

④ 덤블러의 타이밍과 위치가 나쁠 경우

⑤ 그리퍼의 강도 불균형의 경우, 약한 부분에서 종이의 비틀림이 생겨 레지스터가 맞지 않게 된다.

3) 인쇄 이후

① 압통과 배지실리더의 그리퍼 상호 개폐가 잘 일치되지 못하는 경우, 종이가 배지되지 않거나 파손되며 다음 인쇄의 레지스터가 잘 맞지 않는다.

② 종이받이통의 그리퍼 및 체인그리퍼의 지나친 강도의 경우, 물린 부분의 종이가 이미 복원능력의 한도를 넘으면 변형을 일으켜 다음 인쇄부터 레지스터가 잘 안맞는다.

4) 종이로 인한 레지스터 어긋남

① 종이의 신축

② 종이 말림(curl)

③ 그리퍼가 종이를 찬다. 이러한 경우에는 종이와 그리퍼를 유의하여 점검하여야 한다.

④ 종이의 바닥불균형

5) 종이 가장자리와 직각

종이의 가장자리가 직선으로 되어 있지 못하면 레지스터가 맞지 않으며 급지게이지 쪽과 옆게이지 쪽의 가장자리는 직각으로 종이가 되어 있어야 한다.

2. 주름, 보풀, 까짐

1) 주름(ruck)

종이 자체에서 주름이 생기는 원인으로는 대체로 3가지 원인으로 생각할 수가 있다.

① 종이 가장자리가 쭈글쭈글하다.

② 종이가 우글었다.

③ 종이의 바닥 자체가 나쁘다.

(1) 가장자리가 쭈글쭈글 하다.

이것은 종이자체의 함유 수분이 주위의 수분보다 적다는 것을 의미한다. 공기의 관계습도가 보다 높기 때문에 종이의 주변만이 함수량이 많고 종이속은 그렇지 못하기 때문에 이러한 현상이 일어난다. 그리고 종이결방향보다는 그 직각 방향으로 늘어나기 쉽기 때문에 세로결 종이는 짧은쪽, 가로결 종이는 긴쪽이 더욱 이러한 현상이 크다.

① 종이에 통풍이 잘 되도록 종이 매수를 적게 하고 발채상자(rack)에 나누어 놓는다.

② 천장에 매달고 재빨리 통풍시켜 바람을 주도록 한다. 이때에 주의할 것은 직접 종이에 바람을 주지 말고 간접통풍을 시켜야 한다.

(2) 종이바닥이 불균일한다.

공기의 관계습도가 낮아졌을 때 이러한 현상이 일어나므로 같은 방법으로 통풍시킨다.

(3) 종이바닥이 불균일하다.

이런 것은 대부분 섬유나 기타 보조제에 따른 종이얼룩이라 할 수 있다. 이러한 현상이 심하면 수분 함유량도 다르며 응력이 달라 인쇄물이 부분적 신축이 생기게 된다.

(4) 블랭킷의 고저가 심할 경우

블랭킷의 고저가 심하면 레지스터가 맞지 않을뿐 아니라 주름이 잡히기도 한다.

(5) 종이의 불룩솟음

(6) 판모양으로 인한 주름

폭 넓은 줄무늬 모양이 실린더와 평행 방향으로 있으면 잉크의 옮음이 좋아서 인쇄하기가 좋다. 그러나 그와 반대로 줄무늬를 인쇄하여야 할 뿐 아니라 화선의 폭이나 화선 사이의 여백이 넓은 경우 엷은 종이는 그 흰부분에 주름이 생기는 경우가 있다. 이와 같은 경우 축임물을 최대한으로 줄여 여백의 신축을 줄여 준다.

2) 종이 까짐과 보플(scuffing)

종이 까짐이나 보플이 원인이라고 생각될 때는 의심나는 종이의 그 부분을 접어 본다. 자연스럽게 불룩해지도록 접어 확대경으로 잘 검사를 한다. 만약 원인이 종이에 있지 않다면 다른 원인을 점검하여야 한다.

① 먼지나 재단시의 칼밥

② 종이의 정전기

③ 몰톤(molton)의 섬유찌꺼기

④ 먼저인쇄 때의 스프레이 파우더가루 등

까짐이나 보플이 있으면 다음과 같은 상태가 일어난다.

① 블랭킷에 작은 백점이 여러 군데 생긴다.

② 톤이나 좁고 길죽한 민짜 인쇄 부분이 메꾸어진다.

③ 민짜인쇄의 잉크오름이 나빠진다.

④ 로울러의 잉크광택이 죽는다.

⑤ 잉크의 전이성이 나빠진다.

⑥ 인쇄물이 선명하지 못하다.

검사결과 까짐이나 보풀이라는 것이 확인되면 판과 블랭킷을 깨끗이 닦고, 판에 고무를 입힌다. 비화선부에도 이러한 현상이 일어나면 블랭킷이 노화된 것으로 보고 스톤파우더와 유황가루를 반반씩 섞어 닦는다. 화선부에서만 이러한 현상일 일어나면

① 콤파운드(compound)를 섞어 잉크의 택(tack)을 줄인다.

② 고속기계의 경우 인쇄속도를 낮추어 본다.

③ 종이 뒷면에 인쇄를 하여 본다. 상질지 같은 것은 앞면보다 뒷면이 보폴음이 적다.

④ 잉크에 드라이어(drier)의 양을 줄인다. 그 이유는 잉크는 건조되기 시작하면서 점도가 증가하기 때문이다.

⑤ 종이가 기계로 들어가는 곳의 솔이나 굴레미, 빨개고무 등을 부드럽게 조절하여 종이의 정전기를 줄인다.

⑥ 축임물량을 적당히 조절한다.

3) 블랭킷(blanket)에 종이가 달라붙음

① 각 실린더 그리퍼의 개폐타이밍이 나쁘다

② 그리퍼 자체나 그리퍼받이의 불균형

③ 잉크의 택이 너무 강하다.

④ 인압이 너무 크다.

⑤ 블랭킷의 노화

⑥ 종이 가장자리의 파손

3. 잉크의 전이불량과 인쇄얼룩

1) 잉크의 옮김

① 흰종이에도 잉크가 잘 오르기 않는다.

② 처음에는 좋은듯 하나 잠시후에는 군데 군데 얼룩이 있다.

③ 뒤에 인쇄한 잉크가 벗겨질듯 잘 오르지 않는다.

이러한 경우는 잉크의 일드값(yield)이 크기 때문이다. 잉크집에서는 로울러가 약간 움직이므로 일드값이 큰 잉크는 로울러에 잘 묻지 않는다. 잉크는 외부의 힘이 가해지면 유연해지고 방치하면 다시 원상태로 돌아가는데, 이러한 성질을 틱스트로피(thixo tropy)라 한다. 따라서 옮김이 불량한 잉크는 잉크집 잉크를 모두 끄집어 내어 바니스(varnish)를 섞어 잘 이긴 후 사용한다. 또한 종이먼지나 기타 먼지 또는 잉크의 유화(emulsion)현상에 의하여 이러한 결과를 발생하는 경우도 있으니 조심하여야 한다.

잉크집에서 나온 잉크는 이김로울러→묻힘로울러→판→블랭킷→종이

순으로 전이되므로 각각의 전이성이 좋아야 한다.

이김로울러가 좌우로 움직이면서 잉크를 이기는 동안에는 큰 힘이 가해지고 있으므로 일드값이나 틱소트로피에 대한 문제점은 별로 없으나 단지 점도가 문제된다. 점도가 너무 높으면 잉크가 평균적으로 잘 펴지지 않는다. 따라서 기계에 큰 부담을 주므로 점도는 약한 것이 좋겠으나, 점도가 약하면 강한 압력으로 인하여 잉크가 화선 밖으로 밀려 나오므로 더러움을 주게 된다. 따라서 점도는 높고 일드값은 적은 것이 결과적으로 무난하다.

종이에 잉크의 흡착은 흡수가 잘 되는 종이와 압이 강할수록, 압이 가해지는 시간이 길수록 좋다. 또한 잉크의 점도(tack)가 낮은 것이 종이에 흡수가 좋다.

따라서 잉크의 조절은 인쇄목적에 따라 적절하게 변화되어야 한다.

2) 인쇄얼룩

처음 인쇄할 때는 별 이상이 없으나 잉크가 건조됨에 따라 얼룩이 생기는 경우가 있다. 특히 민짜판 인쇄에서 이러한 경우를 볼 수가 있다.

(1) 종이바탕이 나쁘다

종이의 본바탕이 나쁘면 잉크의 매질이 종이에 불균형으로 흡수되어 건조될 때 그 상태가 달라진다. 이런 경우 잉크의 점도를 약간 크게 하거나 심하면 종이를 바꾸는 수 밖에 없다.

(2) 잉크의 점도가 너무 크다.

잉크의 점도가 너무 크면 로울러가 잉크를 완전히 이기지 못하므로 종이에 잉크 옮음이 불균형으로 된다. 이런 경우 겔바니스(gel varnish)나 콤파운드(compound)를 약간 첨가하던가 00바니스를 조금 섞는다. 그러나 지나치면 미스팅(misting)을 일으킬 염려가 있으므로 유의하여야 한다.

3) 후쇄잉크가 잘 전이되지 않는다.

작업관계로 1색이나 2색을 인쇄한 다음 3~4일 후에 다시 인쇄를 할 경우 이러한 현상을 볼 수 있다. 얼른 보기에는 잘 옮아진 것 같으면서도 조금만 손으로 문질러도 금방 벗겨진다. 이러한 현상을 크리스탈리제이션(crystallization)이라 한다.

그러나 수지형 잉크는 아마인유형 잉크에 비하여 아프터택(after tack)이 강하므로 이러한 현상이 적다.

크리스탈리제이션은 잉크로 형성된 피막이 종이, 잉크, 보조제, 물, 산화중합 등이 복합적으로 작용하기 때문이라고 생각된다.

아트지나 상질지, MC지 등에 특히 이러한 현상이 일어나므로 유의하여야 한다. 크리스탈리제이션이 일어나면 인쇄물의 온도를 높이거나 마른 걸레로 닦아본다. 그래도 효과가 없을 경우 탄산마그네시아나 스톤파우더로 문지른다.

(1) 먼저인쇄의 아프터 택(after tack)

단색인쇄에서는 별로 까짐이나 보플이 없는데, 2색 또는 4색 인쇄중에 종이가 까지거나 보플이 생기는 수가 있다. 이러한 경우 대부분 아프터 택에 있다고 보면 된다.

흡유도가 큰 종이일수록 아프터택 현상이 적으며, 잉크가 건조되기 전 2~4시간 전까지는 강하게 나타난다. 따라서 쌓아 놓은 인쇄물중에서 위에 있는 인쇄물은 건조된 듯하나 속에 있는 인쇄물은 아직도 아프터택이 강하므로 인쇄물을 옮기거나 통풍을 시켜 건조시킨다.

4) 다색인쇄에서 잉크옮음 불량(trapping)

다음 인쇄를 하는 잉크의 택이 강하면 먼저 인쇄한 잉크가 덜 건조되었기 때문에 잉크가 잘 오르지 않을 뿐 아니라, 반대로 먼저 인쇄된 잉크가 블랭킷에서 택이 강한 잉크에 말려 들게 된다. 따라서 다음 인쇄에서 잉크의 택을 줄이는 것이 바람직하다. 또한 화선면적이 적은 판이나 잉크량이 적은 판을 먼저 인쇄함으로 양 잉크의 아프터 택에 의한 사고를 줄일 수 있다.

5) 민자판(solid)의 얼룩인쇄

(1) 상하에 층이 생긴다.

민짜인쇄 시작에서 부터 30~35㎝정도 까지는 제대로 인쇄가 되나 그 후 부터 층이 생겨 엷어지는 수가 있다. 이것은 묻힘로울러에 묻은 잉크가 민짜부분에 옮아가면 위의 이김로울러 부터 잉크의 공급이 부족하기 때문이다.

따라서 4개의 묻힘로울러의 직경을 변경한다. 4개를 전부 달리하기 어려울 때는 중간의 2개를 작게 같은 직경으로 하고, 양쪽 2개를 같은 직경으로 꾸민다.

어떤 경우에는 묻힘로울러의 원주를 판의 유효길이 만큼 크게 할 수도 있다.

(2) 좌우로 벗겨진다.

좌우 양끝이나 한쪽 끝에서 인쇄가 잘 안되는 경우가 있는데, 이것은 ①로울러에 잉크피막이 생겨 잉크를 받지 않거나 ② 로울러가 친수성으로 된 경우이다.

① 로울러에 잉크피막이 생겨 잉크를 받지 않는다.

로울러의 세척이나 손질을 잘 못하면 엷은 잉크피막이 남는다. 이러한 막이 점차 중복되면 완전한 건근피막으로 되는데 이것을 그레이징(greasing) 현상이라 한다.

또는 아라비아 고무막도 경화되면 이러한 현상이 일어난다.

깨끗이 세척을 한 다음 알코올 또는 3~5%의 탄산가리 수용액으로 잘 닦는다.

② 잉크로울러 표면이 친수층이 되는 것은 잉크의 유화현상에서 일어나므로 축임물을 적게 사용한다.

(3) 잉크의 유화(emulsifying)

물과 기름은 서로 반발하지만 계면활성제에 의하여 융합될 수도 있다. 따라서 매우 적은 기름이 물가운데 분산되어 있는 것을 유화라하며, 수중유형(O/W)과 유중수형(W/O)으로 유화현상을 나눌 수 있다. 산이나 알카리도 표면활성제의 역할을 하므로 잉크와 접촉하면 유화되므로 종이의 PH에도 유의하여야 한다.

가장 큰 유화의 원인은 잉크와 축임물, 아라비아 고무, 산 등에 기인하므로 인쇄목적에 따라 적절히 조치하여야 한다.

(4) 후로큐레이션 (flocculation)

잉크의 성분인 매질과 안료 사이에 소량의 물이 들어가게 되는데, 이러한 물은 친수성인 안료와 혼합되어 잉크가 광택을 잃어 버리게 된다. 이러한 현상을 후로쿠레이션이라 하며, 유지분이 약한 잉크나 산성 또는 축임물중의 아라비아고무, CMC(sodium carboxy methyl cellulose) 등이 이러한 현상을 조성한다. 따라서 축임물의 산성도를 약하게(PH 5~6)하며 가능한 물량을 줄인다. 잉크는 제조 후 일정기간이 지나 성숙된 것을 사용한다.

(5) 모틀링(mottling)

인쇄물의 잉크나 광택이 마구 구겨 놓은 것 같은 얼룩이 생기는 수가 있는데 이것을 모틀링이라 하며 인압불량, 나사자국, 파일링(pilling)등이 기인된다.

(6) 나사(천) 자국이 난다.

비교적 규칙적으로 생기기 때문에 알아내기 쉽다. 블랭킷을 너무 강하게 감았던가 헌나사를 사용하여 탄력이 없어졌기 때문에 생기는 경우도 있다.

(7) 파일링(piling)

잉크가 판이나 블랭킷에 다량으로 남아 처지는 수가 있다. 이것을 판남음, 블랭킷 남음이라 하며, 어쨋든 판이나 블랭킷에 잉크가 남아 처지는 것을 파일링이라 한다. 민짜인쇄에서 잉크옮음이 좋지 않고 망점부분(dot area)과 희게 빼기가 메꾸어지기 쉬워 잉크의 옮음이 균일하지 못한 현상이 일어난다. 처음부터 이러한 현상이 일어나는 경우와 인쇄도중에 이러한 현상이 일어나는 수도 있다.

① 처음부터 파일링이 일어나는 경우

- 잉크에 혼합되어 있는 안료입자가 너무 크다.
- 안료와 매질의 혼합에 이상이 있다.

이상과 같이 잉크 자체에 문제가 있을 경우에 이러한 현상이 일어날 수 있으니 잉크를 바꾸어 보는 것이 좋다.

② 인쇄도중의 파일링

3,000~5,000매 정도 인쇄를 하는 도중에 파일링이 생기기 시작하는 경우가 있다.

• 블랭킷은 그다지 심하지 않으나 판남음이 심할 때는 비교적 잉크의 점성과 택이 약할 경우

• 판에는 별지장이 없으나 블랭킷에 많이 남을 때는 반대로 잉크의 점성이 너무 강하므로 콤파운드(compound)나 바니스 등을 혼합하여 사용한다.

• 지분이 많을 경우

• 콘스타아치를 과량으로 혼합할 경우 가급적 적게 혼합하는 것이 좋다(5% 이하)

• 스프레이 파우더를 과량 사용할 경우에는 물론이고 잉크가 유화되었을 경우나 그밖에 인쇄실에 먼지가 심할 때, 인쇄실 온도가 급격히 바뀔 때, 잉크에 드라이어가 너무 많이 혼합되어 있거나 점성이 큰 잉크 등에서는 파이링이 생기기 쉬우므로 주의하여야 한다.

6) 로울러 축임물장치 변화

(1) 미스팅(misting) 현상

① 콤파운드나 콘스타아치를 사용하여 본다.

② 잉크에 바니스를 너무 많이 혼합했을 경우

③ 정전기에 의한 경우

(2) 로울러의 잉크가 잘 펴지지 않는다.

① 로울러에서 광택이 적어지는 경우 축임물의 양과 산성을 적게 한다.

② 잉크가 너무 점성이 크다.

③ 안료(pigment)와 매질(vehicle)의 혼합비율이 적당치 못하였을 때 리버링(livering)되었을 경우 잉크의 유동성이 나빠진다.

(3) 축임물 로울러가 더러워진다.

① 잉크가 친수성이다.

② 축임물의 산성이 너무 크다. 따라서 PH는 6정도로 한다.

③ 후로큐레이트(flocculate)된 잉크

④ 축임물(damping water)의 양이 너무 적다

7) 뒷 빛침과 침투

① 종이 자체가 너무 투명할 경우

② 종이에 핀홀(pinhole)이 많을 경우

③ 기름 흡수도가 큰 종이 등에서 이러한 현상이 많이 일어난다.

8) 뒤붙음(set off)

인쇄물이 서로 달라 붙는 것을 스티킹(sticking)이라 하고, 더욱 심하

게 여러 장이 달라 붙는 것을 블록킹(blocking)이라 한다.

① 종이의 표면이 평활할수록 뒤묻음이 크다.
② 부드러운 종이가 뒤묻음이 적다.
③ 흡유도가 큰 종이일수록 뒤묻음이 적다.
④ 정전기에 기인하는 경우
⑤ 수지형 잉크는 비교적 뒤묻음이 적다.

4. 더러움(Scumming)

1) 극소부분의 더러움

① 연마전판의 상처가 그대로 남은 경우

② 판의 취급에 부주의 했을때에 이러한 현상이 일어나기 쉽다. 아라비아 고무(gum arabic)는 7~12% 정도의 것을 사용하며 반드시 건조시킨다. 해면으로 아라비아 고무를 칠한 다음 그 해면으로 다시 한번 잘 고르게 펴고 다음에 마른 탈지면으로 균일하게 닦아낸다.

2) 중심부의 진한 더러움

① 판에 이물질이 붙어 솟아 올랐을 때 특히 아라비아 고무 덩어리로 해서 생기는 경우가 많으므로 주의한다.

② 판이 균일하지 않을 경우

③ 감광액 도포중 기포가 생길 경우

3) 넓은 면적의 더러움

① 전면에 걸쳐 더러움이 생기나 판에는 감지되지 않을 경우

② 넓은 범위의 더러움이 판에 감지되어 있다.

③ 부분적으로 광범위하게 더러움이 있다.

이러한 경우는 잉크중의 안료나 매질의 융합이 좋지 않거나, 안료가 비교적 친수성이므로 잉크의 안료가 물에 융해되는 경우나 매질의 점도가 너무 낮은 것 또는 엣칭(etching) 부족 등에서 오는 것이 많다. 따라서 축임물을 적게하고 PH를 6이 되도록 하며, 약간의 호외 바니스를 잘 혼합하여 사용하는 것이 좋다.

만약에 점자국 같은 더러움이 광범위하게 흩어져 있을 경우에는 인쇄판의 산화일 수도 있으므로 주의하여 원인을 찾아야 한다.

4) 줄무늬 더러움

더러움이 줄무늬처럼 나는 경우가 있다. 그 대표적인 것이 기어 마크(gear mark)다. 이러한 현상이 심하면 판이 까지는 등 화선이 상처를 가지게 되는 경우도 있다.

(1) 세로 방향의 줄무늬 더러움

이러한 종류의 더러움은 대부분 현장관리 잘못으로 일어나므로 대책이 비교적 간단하다.

① 1~0.5㎝나 그보다 더욱 굵게 더러움이 나타나는 경우

• 잉크집 칼날이 변형되어 있는 경우

• 잉크집의 잉크량을 조절하는 나사 또는 나사구멍이 마모되어 있을 경우로, 잉크집의 나사는 도구를 사용하지 말고 반드시 손으로 조절하여야 한다.

• 잉크묻힘 로울러의 굵기가 불균일할 때

• 축임물량이 적은 경우

• 판 또는 블랭킷의 패킹(packing)이 잘못되어 있을 경우

② 칼이나 바늘같은 것으로, 그은것처럼 가는 선이나 점으로 더러움이 나타날 경우

• 1~2색을 인쇄한 후 3색째 인쇄할 때 먼저 인쇄한 색의 더러움이 나타나는 경우가 있는데, 이것은 종이의 처짐을 방지하기 위하여 급지되는 쪽 밑에 있는 강판의 조절이 잘못되어 인쇄물을 긁는 경우와, 통이 인압으로 들어가기 전에 장치되어 있는 솔이 인쇄물에 닿아 더러움이 생기는 경우가 있다.

(2) 가로방향의 줄무늬 더러움

기어자국(gear streak)이나 쇼크자국 같은 스트레이크(streak)에 기인되는 경우가 많다.

5) 기어마크

아무리 정밀한 기계라 할지라도 완전무결 할 수는 없다. 기어등의 절삭공작에서는 허용오차 범위는 5μ이라 한다. 따라서 완전하게 기어마크를 없앨 수는 없다고 보는 것이 보통이다.

① 원동기어의 물림상태를 관찰하여 기어의 마모가 크면 새 것으로 교환한다.

② 잉크 로울러의 중간기어는 다른 기어에 비하여 연한 재료를 사용하는 것이 보통이다. 그 이유는 다른 기어는 교환하기 어렵기 때문이다. 따라서 중간기어의 마모로 인하여 기어마크가 일어나는 경우가 있으므로 주의하여야 한다.

③ 3개의 실린더(cylinder)와 축임물장치, 잉크장치 등이 복합적으로 작용하므로 스트리이크 현상이 일어난다.

④ 블랭킷의 탄성은 기계의 여러가지 오차를 흡수함으로 스트리이크를 감소하여 준다. 통꾸밈이 잘못되었을 때는 역시 스트리이크가 일어나기 쉽다.

⑤ 잉크로울러에 그레이징(greasing)이 생기면 판과 미끄러움이 일어나므로 로울러 자국을 낸다.

6) 더블(double)현상

판에서는 이상이 없으나 인쇄결과 부분적으로 농담의 차이가 생기는

경우를 말한다.

① 기계의 진동에 의한 경우로 기계의 수평이나 실린더의 평형, 지나친 기계의 고속운전 기계의 마모 등에 이러한 현상이 많이 일어난다.

② 판 두께의 불균형이나 블랭킷 꾸밈이 불량할 때

③ 드라스트 베어링(thrust bearing)의 헐거움이나 메탈 측면의 마모 등에 의하여 좌우로 더블이 생기는 경우가 있다.

제 11 장
그라비어 인쇄

제11장 그라비어 인쇄 (gravure printing)

11—1. 개요

그라비어 인쇄는 사진 제판법에 의하여 제작된 凹판 인쇄의 일종으로 凸판이나 평판같은 인쇄 방식은 원고의 농담을 망점면적비율로 재현시키지만, 그라비어는 동일한 면적에서 판의 깊고 낮음으로 농담을 재현하는 것이 근본적인 재현 방식이다.

그라비어 인쇄의 원명은 Rotary Photo Gravure이지만 간단히 Roto Gravure…, 더 간단히 하면 Gravure라고 부른다.

그라비어 인쇄는 1879년에 칼·클리치(Kal Wengel Klietsch 1841~1926)가 발명한 산분식 그라비어판(Herio Gravure)이 시초이다. 그러나 산분식 그라비어는 다량 인쇄가 되지 않으므로 1893년에 백선 스크린을 사용하여 현재의 그라비어(윤전식 사진 凹판)를 완성하였다.

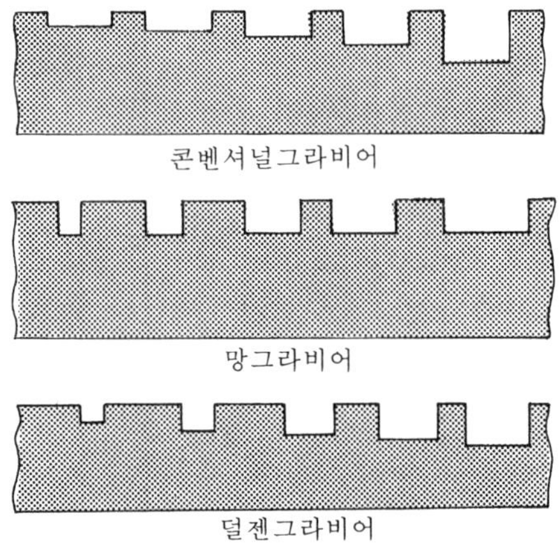

그림 11—1. 각 그라비어판의 단면도

그라비어 판면은 스크린선으로 둘러싸인 4각형의 凹점(Cell)의 집합으로 성립하고, 각 凹점은 같은 면적 비율로 되어 있으나 원고의 농도에 따라 깊이가 다르다.

이러한 인쇄판 전면에 잉크를 올리고 표면의 잉크를 독터 브래이드(doctor blade)로 긁어내면, 凹점에만 잉크가 남아 피인쇄체에 인쇄를 하면 전이된 잉크의 두께가 다르므로 원고의 농도가 재현된다.

이와같이 같은 면적에서 깊이가 다른 凹점으로 농담을 나타내는 그라비어를 콘벤셔널 그라비어(Conventional Gravure) 또는 보통그라비어라고 하며, 이것은 그라비어 제판의 기본이 된다.

凸판이나 평판처럼 凹점의 깊이는 같으나 면적비가 다른 그라비어를 망점 그라비어(halftone gravure)라고 한다. 망점 그라비어에는 망포지 필름을 원판으로 하여 凹점(Cell)의 깊이는 일정하게 하고, 망점의 면적 비율을 달리하여 계조(gradation)를 재현하는 방식과, 凹점의 깊이와 망점의 면적 비율을 동시에 변화시켜 계조를 재현시키는 방식의 2가지로 분리한다.

깊이가 일정하고 망점 면적비가 다른 것은 일반적으로 카본티슈를 사용하는 대신에 감광액을 판통에 도포하고, 원판인 망 포지티브를 밀착하여 노광 및 현상 처리등을 하여 판을 만드는 망점 그라비어 방식을 직접 망점 그라비어(direct method)라 한다.

직접법과 달리 카본티슈를 사용하는 방법은 망점 면적비율과 망점 깊이를 동시에 변화시키는 제판법으로서, 연속계조의 포지티브 필름과 망 포지티브 필름을 원판으로 사용하는 망점 그라비어인 덜젠 그라비어(Dulgen gravure)가 있다.

그러나 망점의 면적과 깊이를 동시에 변화 시키는 망점 그라비어는 제판이 복잡하고 시간이 많이 걸리므로 실용성이 크지는 않다.

또한 제판하는 방법에 따라 화학적인 제판법과 기계적인 제판법, 레이저 제판법의 3가지로 다시 나눌 수가 있다.

그라비어 인쇄는 凸판이나 평판 인쇄에 비하여 제판 방법이나 인쇄과정, 인쇄물에서 큰 특색을 갖는다.

잉크를 흡수하는 성질이 작은 피인쇄체를 가지고 고속 인쇄를 하므로, 휘발성이 큰 유기 용매를 인쇄 잉크에 사용하는 특성이 있다.

그라비어 인쇄를 크게 분류하면 다음과 같다.

① 출판 그라비어

신문, 잡지, 포스터, 팜플렛(pamphlet), 카다로그, 상업 인쇄물 등

② 포장 그라비어

폴리 에틸렌, 셀로판, 알루미늄 호일, 라벨 등

③ 특수 그라비어

벽지, 건자재, 비닐, 우표 등

이와같이 넓은 분야에서 이용되고 있는 그라비어 인쇄의 특징은 다음과 같다.

(1) 판이 凹판이기 때문에 잉크의 전이량이 많고 농담의 재현성이 풍부하다.

(2) 앤드레스(endless) 제판이 가능하여 건자재, 벽지같은 앤드레스 무늬의 인쇄가 가능하다.

(3) 건속성 잉크를 사용하기 때문에 고속 인쇄가 가능하다.

(4) 종이, 금속, 수지, 유리 등 대부분의 피인쇄체에 인쇄가 가능하다.

(5) 휘발성이 강한 유기 용매를 인쇄 잉크에 사용하기 때문에 환기에 어려움이 있다.

11-2 보통 그라비어(conventional gravure) 제판

콘벤셔널 그라비어의 제판은 감광성을 부여한 카본 티슈(carbon tissue)를 가지고, 같은 망점 면적비율에 凹부의 깊이만을 달리하여 원고 농담을 재현하는 방식이다.

이 공정을 다음 그림 11-2에서 보는 것처럼 감광성을 부여한 카본 티슈(pigment paper)에 그라비어 스크린을 통하여 노광을 한다. 다음에 노광한 카본티슈 위에 원고에서 얻은 연속계조의 포지티브 필름을 통하여 노광한 다음, 미리 준비한 실린더(Cylinder)위에 전사하여 온탕으로 현상하면 티슈의 화상이 만들어져 젤라틴(gelatine)의 내식막이 형성된다. 이 화상 주위의 불필요한 부분을 아스팔트로 도포하고 수정하여 염화 제이철액(Fecl₃)으로 부식시킨다. 이것을 충분히 수세한 다음 판의 내쇄력을 보강하기 위하여 크롬 도금하여 완성시킨다.

1. 카본 티슈(Carbon tissue)

카본 티슈는 적색 안료를 혼합한 젤라틴을 흡수성과 유연성이 뛰어난

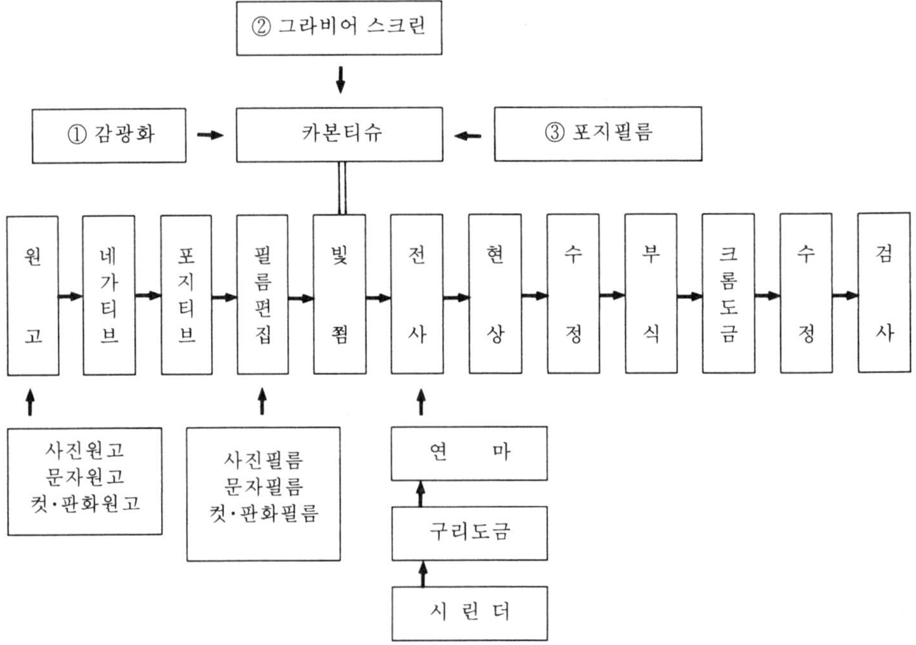

그림 11-2. 코벤셔널 그라비어 제판 공정

종이에 도포한 것으로, 안료페이퍼(Pigment Paper)라고도 한다.

카본 티슈 자체는 감광성을 가지지 못하나, 중크롬산카리($K_2Cr_2O_7$) 수용액(3~5%)에 침적시킨 후 건조하면 빛에 대하여 감광성을 갖게 된다. 이것을 카본 티슈의 센시타이즈(Sensitize)라고 한다.

카본 티슈의 감광성 부여에 주의할 점은 다음과 같다.

① 중크롬산카리의 용액이 묽으면 콘트라스트가 높고 감광도는 낮으며, 진하면 반대로 된다.

철분이 많은 물은 암반응(dark reaction)을 일으키기 쉬우므로 주의해야 한다.

② 일반적으로 PH는 5~6정도의 약산성이 좋으며, 산성용액에서는 감광도가 증가하지만 콘트라스트는 떨어진다.

산성도의 조정은 암모니아로 하는 것이 일반적이다.

③ 유리판같은 지지체에 카본티슈의 젤라틴막을 잘 밀착시켜 건조시키며, 지나친 건조는 감광도가 떨어지고, 반대이면 얼룩의 원인이 되므로 약간 습기를 갖는 상태로 건조한다. 센시타이징한 카본 티슈는 300~550nm의 파장 영역에서 감광성을 가지나, 최대 감도는 380nm 범위이므로 자외선이 풍부한 광원을 사용하는 것이 좋다.

또한 카본 티슈 대신에 로토필름(Roto Film)을 사용할 수가 있다. 이것은 미국의 듀퐁사에서 나온 것으로 은염 레지스트 필름으로 콘벤셔널 그라비어에는 물론 특수망점 그라비어 제판에도 사용된다.

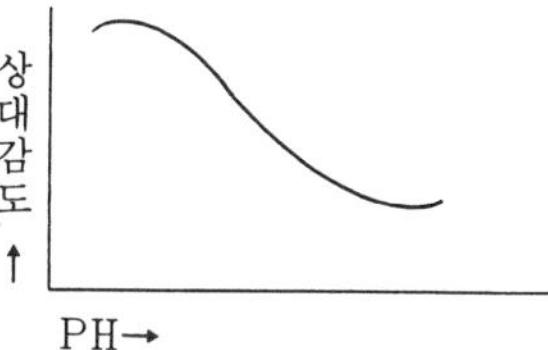

그림 11－3. PH와 카본 티슈의 감도

2. 카본 티슈의 노광

망점 면적이 같고 깊이가 서로 다른 凹점을 만들기 위하여, 포지티브 필름으로 빛쬠하기 전에 그라비어 스크린(백선 스크린)을 카본 티슈와 밀착하여 노광한다. 백선 스크린에서 빛이 들어가는 부분(투명 부분)과 빛이 차단되는 부분(흑선부분)이 차지하는 길이의 비는 3：1~2.5：1로서, 인쇄물의 농담과 관계가 있다. 백선 스크린의 종류는 보통 스크린선 외에 벽돌 모양과 모랫발 모양의 스크린도 사용한다. 또한 스크린의 선수는 150~200선/inch이 일반적이다.

그림 11－4. 백선스크린

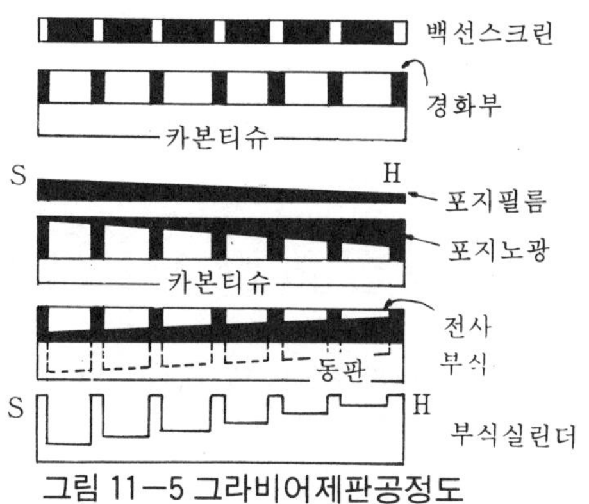

그림 11－5 그라비어제판공정도

카본 티슈에 백선 스크린과 포지티브의 노광 순서를 바꾸어도 관계는 없으나, 스크린 노광을 먼저 하므로 맞춤이나 카본 티슈가 잘 펴지기 때문에, 포지때는 안정된 작업을 할 수가 있다.

밀착을 좋게 하기 위해 진공 빛쬠틀을 사용한다. 빛쬠틀(소부기)은 오프셋 평판용보다 유리틀의 위치가 아래쪽에 있으며, 평판처럼 필름원판이 흑백의 2계조뿐인 망목 인쇄물과는 달리 그라비어에서는 연속계조이기 때문에 凹점보다 얕은 톤(tone)이 많다. 그렇기 때문에 유리면에 자국이나 흠집등이 없어야 하며, 진공 정도가 약하면 뉴으톤링(newton's ring) 같은 것이 생길 염려가 있다.

백선 스크린의 노광이 끝났으면 연속 계조의 포지티브 노광을 해야 한다.

포지티브의 노광은 직접 농담 재현이므로 그레이스케일(Gray Scale)을 중심으로 적정한 시험 노광을 하여 가장 알맞는 계수 관리가 필요하다. 필요하다면 유리면이나 필름면에 전사 현상하여 내식막의 농도를 계산하고, 그 특성을 조사하여 적정 노광량을 결정하며, 현상과 부식에서의 변화량을 고려해야 한다.

또한 스크린 노광에서 형성된 내식막은 부식되어서는 안되므로, 포지 노광량보다 10%정도 더 하는 것이 좋다.

3. 전사(transferring)와 현상(development)

전사하기 전에 구리를 도금한 실린더(cylinder)면을 잘 연마하여 알카리용액으로 지방성분을 완전히 제거하고, 물로 잘 씻어 낸 다음 다시 산성 용액으로 반복하여 다시 한번 지방분을 제거하여 전사 불량이 일어나지 않도록 실린더를 준비해야 한다.

전사는 1개의 실린더에 1개의 카본 티슈를 붙이는 방식과, 수매의 티슈를 분할하여 붙이는 방식이 있다.

실린더의 대형화로 카본 티슈의 신축이 문제가 되므로 분할하여 티슈를 붙이는 것이 좋다.

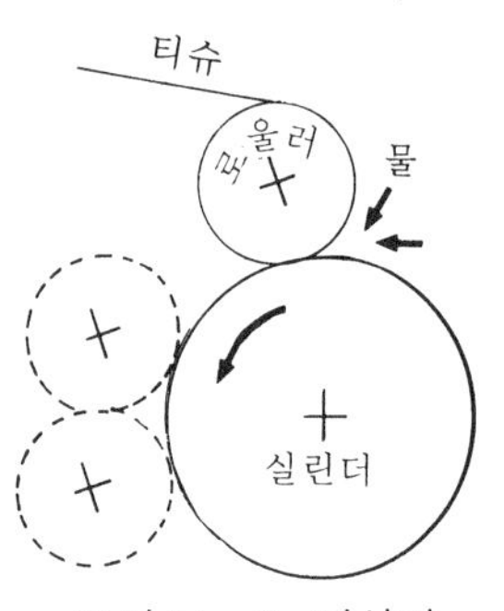

그림 11-6. 전사기 (실린더용)

또한 칼라 인쇄인 경우에는 맞춤의 정밀도를 높이기 위하여 핀시스템(pin system)으 채용하는 것이 좋고, 전사시 물의 온도는 20℃ 전후가 좋다.

전사가 끝난 실린더는 가능한 빨리 현상 탱크에 걸어 다음과 같이 현상한다.

① 상온(18~20℃) 정도의 물에 적셔 교반 하던가, 수중에서 회전시킨다. 이때 물은 대지를 통해 안쪽의 미감광 젤라틴을 팽윤시킨다.

② 물을 뜨거운 물로 바꾸면 팽윤된 미감광 젤라틴이 녹기 시작하여 대지가 뜨면 떼어낸다.

③ 재차 실온의 물로 균등하게 냉각시킨다음 알콜을 사용하여 강제 건

조시킨다. 현상 직전에 알콜을 헝겊에 묻혀서 대지면에 묻히면 흡수를 촉진시켜 대지가 쉽게 떨어진다.

현상이 완료된 젤라틴의 내식막은 스크린에 의한 내식막이 12~14μ이고, 포지티브의 하이라이트부가 10μ정도이다. 그러나 전혀 발이 들어가지 않은 민판 부분이라도 1μ 이하의 막이 형성된다. 이것은 필름에서 포그(Fog)현상과 같은 원리다. 따라서 사진 원고의 계조(gradation)는 10μ범위에서 재현되어 진다.

현상이 완료된 실린더에서 여러 각도로 반사광을 보면 극히 엷은막이 나타나는 간섭색(분홍색)이 나타나는데, 내식막이 두꺼우면 이 간섭색은 나타나지 않는다. 만일 그레이스케일(grayscale)의 농도가 1.75부분까지 간섭색이 보이면 노광부족이거나 현상과도가 되며, 1.85의 부분에서 약간 이러한 현상이 있으면 노광량이 적정이라고 할 수 있다.

4. 실린더 부식(Cylinder etching)

부식되서는 안될 부분은 방식 니스(아스팔트)로 처리하고, 실린더의 온도를 상온(20℃)으로 한 다음 염화 제이철($FeCl_3$)용액으로 부식을 한다.

부식 과정을 보면

① 젤라틴막이 염화 제이철을 흡수하여 팽윤한다.

② 염화제이철 용액은 팽윤된 젤라틴 막을 통하여 실린더의 구리면에 도달한다.

③ 구리면의 부식이 시작된다.

이것은 염화 제이철이 구리에 대한 부식 작용과 젤라틴막을 통과하는 침투 작용이 동시에 이루어지므로 단계적 부식이 가능하고 가스나 기포의 발생이 거의 없으며, 부식 속도는 시간에 비례한다.

염화 제이철 용액에서 일부는 물에 의하여 가수분해하므로 수산화철과 염산이 된다.

$$FeCl_3 + 3H_2O \rightarrow Fe(OH)_3 + 3HCl \cdots\cdots ①$$

이러한 가수 분해에 의하여 부식액은 강한 산성이 되기 때문에 구리와 반응한다.

$$Cu + FeCl_3 \rightarrow CuCl + FeCl_2 \cdots\cdots ②$$
$$+\ CuCl + FeCl_3 \rightarrow CuCl_2 + FeCl_2 \cdots\cdots ③$$
$$\overline{Cu + 2FeCl_3 \rightarrow CuCl_2 + 2FeCl_2 \cdots\cdots ④}$$

부식하는 방법은 액을 흘려 보내며 부식하는 것과 부식액통에서 부식하는 방법이 있으며, 계조(gradation)를 조절하는 방법으로 단액법, 연속 희석법, 다액 단계법의 3종류가 있다.

① 단액법은 Be′ 39° 전후의 액을 사용하여 전체의 계조를 1액으로 부

식하는 방법이다. 이것은 액의 침투와 시간이 비례하는 것을 이용하는 것으로, 샤도우(shadow) 쪽의 계조가 급격히 떨어지는 결점이 있다.

② 단액 연속희석법은 최초의 농도(Be′43°)로 습윤시키며, 점차 물로 희석시켜 소요시간이 경과했을 때 Be35°가 되도록 하는 것이다. 이것은 액을 희석할 때 생기는 열과, 계속되는 가수 분해에 의한 콜로이드(colloid) 상태의 수산화 제이철〔$Fe(OH)_3$〕의 확산 문제가 처리되어야 한다.

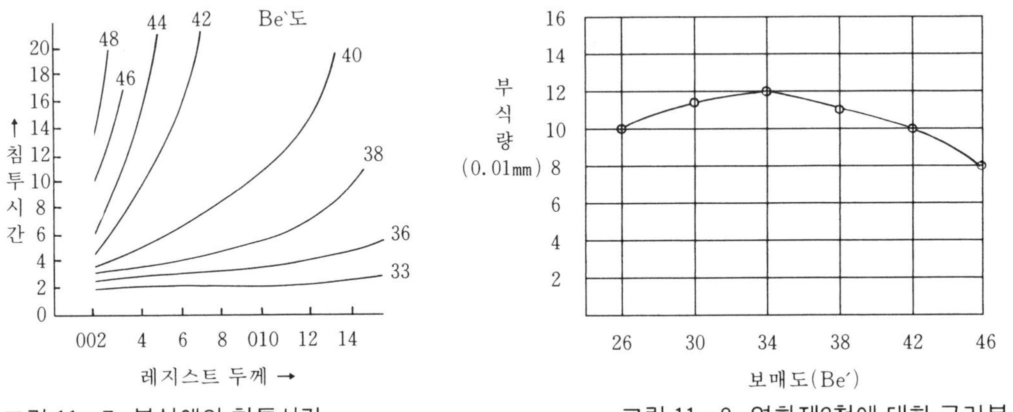

그림 11—7. 부식액의 침투시간

그림 11—8. 염화제2철에 대한 구리부식

③ 다액법은 가장 널리 사용되고 있는 것으로, 염화 제이철 용액의 비중(Be′) 농도에 따라 젤라틴(gelatine) 내식막에 흡수되는 속도가 다른 성질을 이용해서 진한액(Be′43°)으로부터 순차로 엷은 액을 여러 종류 만들어 적당한 시간에 교체 해가는 방법이다.

용액의 종류가 많을 수록 작업이 어려우나, 변동이 많은 과정에서 계수 관리가 가능하며, 그레이스케일의 계조를 조절하는 것이 단액에서는 불가능하나 다액에서는 가능하다.

단액 연속희석법에서는 자동 교반기와 항온 냉각 장치가 되어 있는 자동 부식기를 사용하는 것이 좋다.

부식 깊이는 하이라이트에서 3~4nm 샤도우에서는 인쇄 조건과 피인쇄체의 종류에 따라서 20~60nm 정도가 일반적이다. 그러나 농도 재현은 잉크로 나타내며 잉크의 채도나 농도는 색상, 명도, 투명도, 건조 후의 표면 상태 등에 따라서 다르다. 먹잉크로 인쇄할 때 적당한 판은, 녹색 잉크에서는 색상과 투명성때문에 약하고 부족하다. 따라서 녹색판은 먹색판보다 더 깊게 부식해야 한다.

부식을 완료한 실린더는 묽은 황산용액으로 내식막을 제거하고, 판면을 금속 연마제로 연마한 후 용해제로 닦아내며 완성한다. 그러나 부식이 끝난 판일지라도 세밀하게 검사를 해서 잘된 판이면 내쇄력을 증가시키기 위해 크롬도금을 해야 하며, 결함이 있는 판은 여러 가지 방법에 의하여 수정을 한 다음에 크롬 도금을 해야 한다.

5. 센시타이징의 종류

카본티슈는 엷은 종이에 젤라틴막을 도포한 것이므로 온도, 습도의 영향을 받기 때문에 여러 가지의 문제점을 가지고 있어 실린다의 감광화에 대한 기술개발이 계속되어 왔다.

1) 실린더 위에 직접 감광액을 도포하는 방법

이 방법은 티슈나 이와 유사한 재료를 사용하지 않고 凸판이나 평판처럼 직접 실린더 위에 감광액을 도포한다음. 포지티브 원판을 통하여 빛쬠을 하는 방법이다.

이 방법은 빛쬠원판으로 망포지티브를 사용하므로 컨베셔널 그라비어처럼 레지스트를 통하여 부식하지 않고 실린다의 비화선부만을 선택적으로 부식하기 때문에 이것을 망그라비어 제판법이라고 한다.

2) 비 카본티슈 사용

종이와 카본티슈 대신에 무신축의 폴리 에스테르 필름(EB)에 할로겐화은 유제를 도포한 것으로 로토필름(Roto Film)이나 로타로고 필름(Rotargo Film), 코닥 그라비어 레지스트 필름(kodak Gravure Resist Film) 등이 있다.

노토 필름은 듀폰사의 제품으로 지지체 위에 유제층과 베이스의 분리가 가능한 스트리핑(stripping)층과 셀로로즈층 그 위에 올소유제를 도포했으며, 지지체의 반대쪽에 할레션 방지층을 만든 것이다.

이것은 스크린 빛쬠할때 황색 광원에서는 경조로, 청자나 자외선에서는 연조가 얻어진다.

노타로고 필름(Rotargo Film)은 그림 11-9처럼 6층으로 되어 있고, 청감성(regular)유제와 올소(ortho)유제를 혼합한 것이다.

UV필터를 사용하면 레귤러유제에 감광화하여 연조로 되고, 연속계조의 포지로 빛쬠하면 황필터에 의하여 올소유제에 경조가 되므로 스크린

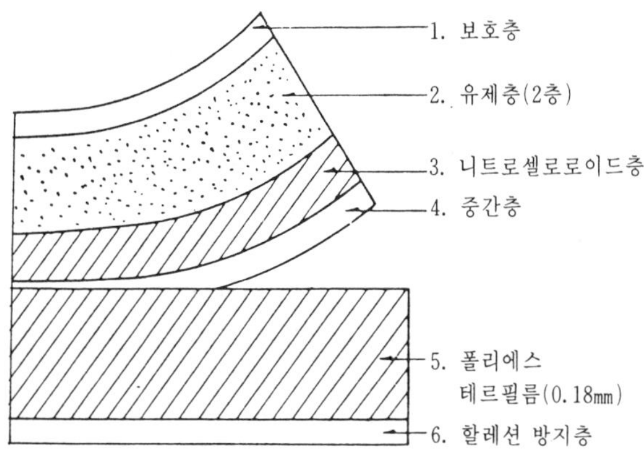

그림 11-9. 로타로고 필름단면도

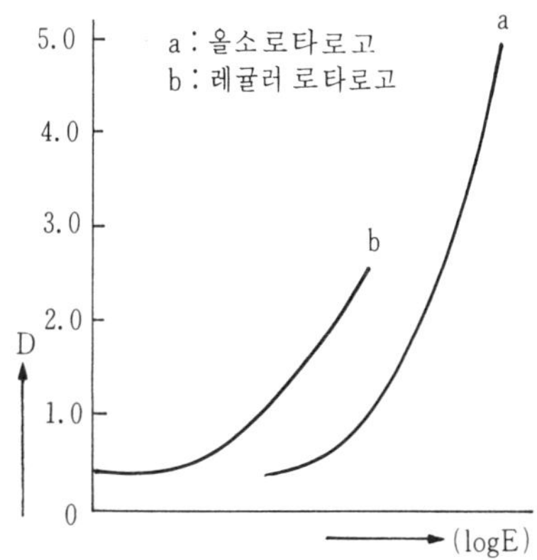

그림 11-10. 로타로고필름 특성곡선

빛쬠에 사용된다.

현상은 1액으로되지 않고 피로가롤(pyrogallol : $C_6H_3(OH)_3$)과 알카리액으로 현상하며 이러한 현상에 의하여 노광된 젤라틴이 경화된다. 노토필름이나 노타로고필름 등은 지지체가 무신축임으로 색맞춤이 좋다. 이 밖에도 카본티슈의 뒷면에 패킹시트를 첨부하여 신축을 줄이는 방법도 있다.

11—3. 망점그라비어(Halftone Gravure) 제판

컨벤셔널 그라버어의 결점을 보완하기 위해 개발된 것으로, 카본 티슈를 사용하지 않고 사진 제판에서 빛쬠하는 것처럼 구리 도금한 실린더에 직접 감광화 한 다음, 망목 포지티브를 통하여 노광한 후 현상 부식하는 방법이다. 이것은 원고의 농담을 망점의 면적 비율로 재현시키는 것으로, 이러한 제판법을 직접 망점 그라비어(inverted halfton gravur-e)라고 한다.

또 다른 망점 그라비어 제판법은 콘벤셔널 그라비어와 망점 그라비어의 장점을 공유시키기 위하여, 두 가지의 제판법을 결합시켜 망점의 깊이와 면적을 동시에 변화시키는 것이다. 이 방법으로 망점의 깊이는 카본 티슈에 의하여, 망점 면적 비율은 망포지티브필름에 의하여 결정되며, 이렇게 망점길이와 면적을 동시에 변화시키는 방법 몇가지를 예를 들면,

① 알코그라비어(Alco)로 이것은 노트 필름과 마젠타 콘텍트 스크린을 사용하여 빛쬠을 4번하고 부식은 44°Be~41°Be의 2액으로 한다.

② 덜젠그라비어(Dultgen)이것은 연속계조포지티브와 특수스크린으로 망목 포지티브를 만들고, 만들어진 2개의 포지티브를 차례로 카본티슈에 빛쬠하여 현상전사한 후 3액을 사용하여 부식하는 방법이다.

③ 하드도트그라비어(hard dot)로 이것은 망목 네가로부터 하드도트의 망포지를 만드는 것이 특징이다.

연속 계조포지와 망네가로부터 만들은 망포지를 노토 필름에 빛쬠하며 부식은 고온에서 1액으로 한다.

그러나 이렇게 변형된 망점 그라비어는 제판이 복잡하고 시간이 많이 걸리는 결정을 가지고 있다.

일반적인 망점 그라비어는 표현 재현성이 불충분하지만 앤드레스(endless)제판이 용이하고, 맞춤이 쉬우며, 제판 비용이 비교적 싸다는 등의 이점이 있기 때문에 패키지(package)인쇄, 건자재 인쇄 등 그 범위가 다양하다.

망점 그라비어는 근본적으로 망점의 깊고 얕음이 없기 때문에, 하이라이트의 망점에서도 샤도우와 같은 깊이가 되어 필요 이상의 인쇄 농도가 되지만, 그렇다고 망점을 극소화 할 수는 없다.

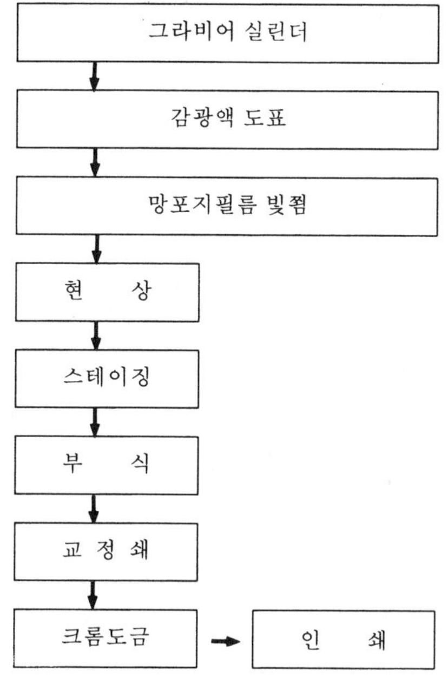

그림 11—11. 망점그라비어 공정

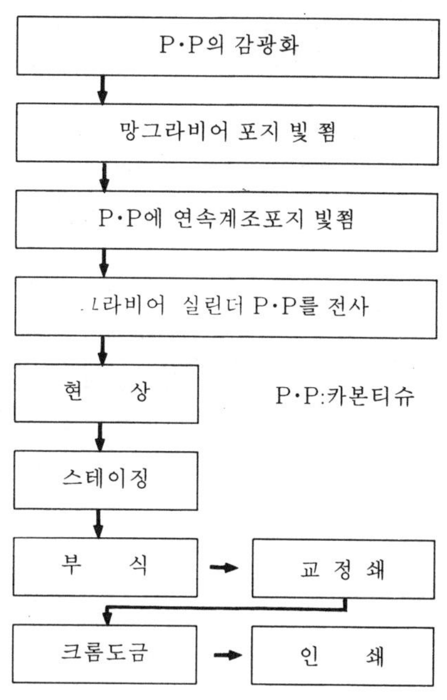

그림 11—12. 망점그라비어 공정(2매 포지법)

그라비어 인쇄는 판의 凹점에 잉크를 담고 그것을 피인쇄체에 옮기는 것이기 때문에, 凹점이 지나치게 적으면 잉크가 나오지 않는 경우가 있다. 따라서 평판 인쇄보다 최소점을 크게 해야 하지만, 그렇게 하면 하이라이트부가 깨끗하지 않다.

가장 좋은 방법은 망점의 깊이도 동시에 변화시키는 것이나, 제판이 매우 어려운 점이 있으므로 망점 그라비어이면서 카본 티슈를 사용하는 TH그라비어 방식이 개발되었다. TH그라비어는 사진 공정에서 교정 인쇄까지는 평판 인쇄 방식으로 하기 때문에 교정 인쇄를 간단하게 할 수 있으며, 그라비어 본인쇄에서는 트래핑(trapping) 고스트(ghost), 도트게인(dot gain) 같은 평판 인쇄 특유의 결점이 없다.

11—4. 레이저 그라비어

기계적인 제판은 실린더의 구리면을 전자 조각기를 사용하여 직접 망凹점을 조각하는 방식이다. 이 방식은 분해 포지티브까지는 화학적 부식법과 같으며, 분해포지를 인화지에 각 색판마다 노광하고, 그 인화 지상의 화상을 전자 조각기(electronic engravure)의 원고 실린더에 걸고 스캐닝하여 조각한다.

전자 조각기에 의한 그라비어판은 앤드레스 제판이 용이하고, 제판 공정이 깨끗하다. 또 공해가 없으며 계조 재현성도 좋다. 반면 속도가 느리고 문자면이 깨끗하지 못한 결점이 있다.

레이저 광선을 사용하여 그라비어판을 조각하는 방식은 영국의 크로스 필드사(crosfild electronic co.ltd)에서 레이저 그라비어 700으로 발표되었다.

이것은 보통 그라비어판통에 에폭시 수지(epoxy resin)의 분말을 도포하여 자외선오븐(UV-oven)으로 0.4mm두께의 균일한 플라스틱 코팅통을 만들고, 이것을 다이아몬드바이트에 의해 구리의 표면을 마무리하면서 레이저로 동시에 조각하는 방식이다.

조각 깊이는 0~35nm이며 250개의 계조를 얻을 수 있다.

이것은 레이저(laser)를 이용하기 때문에 고속 고품질의 제품이 가능하며, 전산 사식이나 칼라 스캐너와 연결하여 사용할 수 있다.

11-5. 그라비어 인쇄

그라비어 인쇄기는 매엽식 인쇄기와 두루말이식 윤전 인쇄기로 분류되지만, 종이 급지 장치와 배지 장치를 제외하면 기본적인 구조는 다음 4가지의 주요 부분으로 되어 있다.

① 판통(판실린더)

② 잉크 장치

그림 11-13. 그라비어 인쇄기

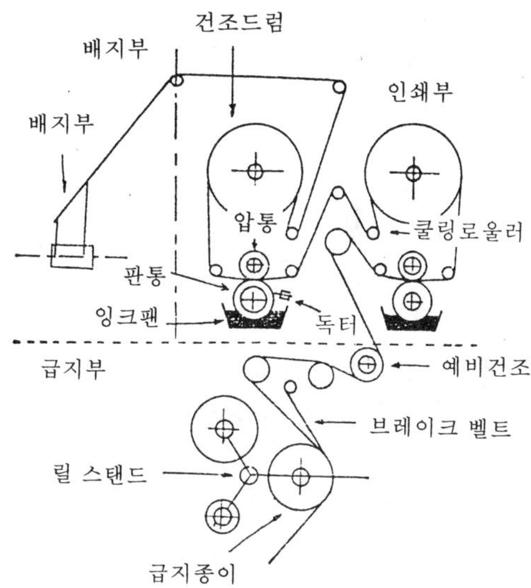

그림 11-14. 그라비어 인쇄기의 기본구조

③ 인압 장치
④ 건조 장치

1. 판통(판실린더)

판통은 사용하는 방법에 따라 3가지로 분류할 수가 있다.

① 판통에 제판된 판을 감아 붙이도록 되어 있는 것으로 매엽(낱장) 인쇄기에서 많이 사용되며, 제판, 도금 설비가 간단하며 좁은 장소에서도 판을 보존할 수 있는 장점이 있다. 반면 판을 실린더에 붙이는데 많은 시간이 걸리고, 사이가 떠서 잉크가 흘러 들어갈 위험이 있으며, 조임 부분에서는 독터(doctor)가 닿지 않게 할 필요가 있으므로 대형 고속 인쇄에서는 적당하지 않다.

② 축이 실린더에 부착되어 있는 것으로, 장점은 인쇄 준비가 비교적 간단하며 판통 자체에서 발생하는 맞춤(pint)의 오차가 적다. 단점으로는 실린더마다 샤프트(shaft)가 필요하며, 무겁고 보관하기가 어렵다.

③ 실린더와 축이 별도로 되어있어 인쇄 작업시에 실린더를 축에 정착하는 것으로, 제조비가 싸고 세로로 세워 보관할 수 있기 때문에 장소가 적게 들며, 가벼우므로 관리하기가 쉬운 장점이 있다. 그러나 샤프트에 실린더를 장착 하려면 시간과 준비가 많이 필요하며, 오래 사용하면 다소 오차가 생겨 정확한 맞춤이 어려운 결정이 있다.

2. 잉크 장치

그라비어 인쇄에서는 유동성 안료 잉크가 사용되기 때문에, 잉크에 분산되어 있는 안료(pigment)의 분말이 침전하지 않도록 교반과 순환을 쉬지 않고 계속 하여 항상 균일한 상태가 되도록 해야 한다. 또 판의 凹부에 잉크를 충분히 채워 넣고 잉크가 凹부 안에서 건조하여 고착화 되지 않도록 가능한한 실린더가 잉크통에 충분히 침적 되도록 해야 한다.

잉크 장치에는 인쇄 잉크를 판에 공급하는 것으로 잉크판, 잉크탱크, 잉크펌프 등이 있으며, 잉크 공급방식에는 침적형, 로울러 전이형, 분사형 등이 있다.

침적형은 장치가 간단하며 청소 및 잉크 교환이 쉬운 장점이 있으나, 잉크 표면에 건조 피막이나 기포등이 나타나기 쉽다.

로울러 전이형은 바니셔 로울러(Furnisher roller)로 잉크를 판에 전이 공급시키는 방법으로, 판의 凹부에 잉크가 충분히 공급되어 인쇄 효과가 좋으나, 잉크의 점도가 변하기 쉽고 잉크 교환이 어려운 결점이 있다.

분사형은 노즐로 판에 잉크를 공급하는 형식으로, 휘발성 잉크의 증발을 막기 위해 판통이 잉크 탱크에 둘러 쌓여 있다. 이것은 판에서 잉크의 건조가 어려우므로 판의 상태를 좋게 하며, 떼어 낼 수 있기 때문에 다른 장소에서도 잉크 준비가 이루어져 편리하다.

그라비어 인쇄에서는 凸판이나 평판과 달리 독터(doctor)를 사용해서 화선부에 필요한 잉크를 남기는 특징이 있다.

판면에 부착된 여분의 잉크를 독터로 닦아내어 실린더에 부식된 화상의 샤도우(shadow)에서 하이라이트(Highlight)까지 선택적으로 필요한 잉크를 담아 원고를 재현시킨다. 따라서 독터의 성능이 좋아야 고속 인쇄가 가능하며, 좋은 인쇄물을 얻을 수 있다.

(a) 잉크통 부착형 (b) 로울러 전이형 (c) 잉크 분사형

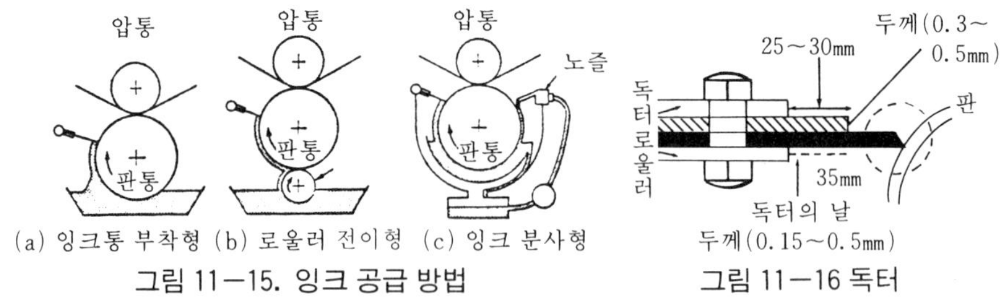

그림 11-15. 잉크 공급 방법

그림 11-16 독터

3. 인압 장치

그라비어 인쇄기의 인압 장치는 여러 가지 가압 방식이 사용되고 있다.

가장 간단하고 단순한 방법은 수동 회전에 의한 것, 버튼 조작에 의한 모터드라이브에 의한 것, 또는 증기압이나 유압기구가 사용되고 있다.

그라비어 인쇄기는 120~150kg/m² 이상의 압력이 필요하며, 강압일수록 잉크의 전이가 양호하여 좋은 인쇄물을 얻을 수 있는 반면에, 종이에 주름이 잡힐 염려가 있다.

4. 건조장치

그라비어 인쇄에서 가장 많이 일어나는 장해는 잉크의 건조가 충분하지 못하기 때문이다.

잉크의 건조 능력은 인쇄기의 속도와 밀접하게 연계되어 있으며, 건조에 필요한 온도, 배풍량 및 시간등이 상호 관련되어 결정된다.

그라비어 인쇄기는 일반적으로 증기 드럼, 냉풍에 의한 배풍 장치, 열풍에 의한 배풍 장치가 있으나, 각각 장 단점이 있으므로 인쇄기의 크기, 형태, 속도 유니트간의 종이 주행 거리에 따라 필요한 설계가 이루어져야 한다. 또 인쇄물의 완성품이 손상되지 않게 하기 위하여서 건조부의 위치는 가능한 한 판면에서 먼쪽이 바람직하다.

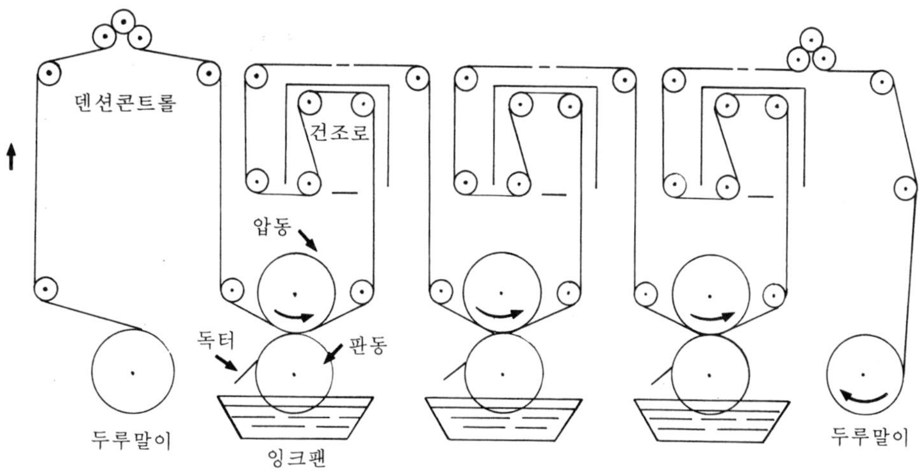

그림 11－17. 유니트타이프 다색인쇄기

제 12 장

특수인쇄

제12장 특수인쇄

일반적으로 인쇄라고 하면 정보전달을 목적으로하는 신문이나 잡지, 카다로그, 포스타등을 생각하게 되며, 또한 이러한 인쇄물이 주종을 이루고 있는 것도 사실이다.

그러나 산업이 발달하고 상품의 고급화가 요구되므로, 상품의 부가가치를 위한 여러 종류의 인쇄방법과 인쇄이용이 필요하게 되었다. 따라서 일반목적을 위한 인쇄의 수요에 못지않게 특수목적을 위한 인쇄방식이나 응용의 다변화, 양적 수요가 이루어지고 있다.

특수인쇄와 일반인쇄를 분명하게 구별한다는 것은 매우 어려운 일이며, 또한 구별하는 방법도 여러 가지가 있겠으나, 본 장에서는 편 이상 다음과 같이 구별하고자 한다.

① 특수한판식을 사용하는 인쇄로서 공판 인쇄나 콜로우타이프인쇄, 플렉소인쇄 등.

② 종이 이외의 피인쇄체를 사용하는 인쇄로서 금속판인쇄, 플라스틱이나 필름인쇄, 유리인쇄, 나무판인쇄 등.

③ 특별한 기구와 제판법에 의한 인쇄로서 전사인쇄, 실링인쇄, 카본인쇄, 돌출인쇄, 곡면인쇄, 금박인쇄 등

④ 특수한 용도를 갖는 인쇄로서 배선판 인쇄, 직접회로 인쇄, 식모인쇄, 자기인쇄 등

12—1. 특수한 판식을 사용하는 인쇄

1. 실크스크린(silk screen) 인쇄

1) 실크스크린 개요

실크스크린인쇄는 망목상의 실크(망사 screen fabric) 위에 형(pattern)을 만들고, 스퀴이지(sqieezee)나 고무로울러로 실크의 망목을 통해서 묽은잉크를 피인쇄체로 밀어내어 인쇄하는 방법으로서, 나이론스크린(nylonscreen)이나 데프론스크린(teflon screen) 대신에 금속스크린도 있다. 실크스크린이란 이름은 처음에 실크를 스크린으로 사용했기 때문이다.

실크스크린의 제판방법에는 수공적인 방법과 사진제판방법으로 나눌 수가 있다.

인쇄물의 정밀도는 스크린의 선수에 좌우되므로 스크린눈(screen opening)이 거칠면 정밀한 인쇄물을 얻을 수 없다.

(1) 스크린 제판

틀(frame)에 맨 스크린은 제판을 하기전에 스크린 표면을 깨끗이 해야하며 특히 사진제판 방법에서는 지방이 있으면 감광막의 접착이 좋지 않으므로 중성세제로 재처리해야 한다. 수공적 제판법으로는 형지(card boad)에 인쇄되는 부분을 조각해서 오려 내고, 이것을 적당한 위치의 스크린에 잘 고정시켜 판을 만드는 조각제판과, 직접 스크린위에 여러 가지 방법을 동원하여 묘화(drawing)하는 묘화제판이 있다.

사진제판법에는 직접법과 간접법, 혼합법 등으로 나눌 수가 있다.

직접법은 틀에 맨 스크린위에 중크롬산 감광액이나 디아조계통의 감광액을 균일하게 도포하여 잘 건조시킨후 원판 포지티브필름을 밀착 노광하고, 물로 현상하여 화선부와 비화선부를 만드는 제판법이다. 간접제판은 그라비어에서 전사하는 것처럼, 카본티슈(carbon tissue)나 스크린제판용 필름에 직접법과 같은 방법으로 얻은 화상을 스크린위에 옮겨 전사하는 방법을 간접 제판법이라고 한다.

(2) 스크린인쇄

스크린인쇄는 판내부에 있는 잉크를 스퀴이지(squeezee)로 강제로 스크린의 망목을 통하게 하는 것이므로, 잉크내기의 가감과 인쇄압의 조절을 적절하게 하지않으면 안된다.

스퀴이지 각도는 판면(plate face)에 대하여 45°가 표준이며, 각도를 작게하면 잉크가 많이 나오고, 각도를 크게하면 잉크가 엷게 칠해진다. 또 고무스퀴이지의 재질이 연하고 탄력이 있으면 잉크를 내보내는 양이 많고, 스퀴이지의 압력이 클수록 두껍게 인쇄된다. 스크린 망목의 조밀정도(선수)에 의해서도 잉크량이 달라지며, 스퀴이지끝의 모양이 둥굴수록 잉크의 양이 많아진다.

인쇄장치는 평면인쇄기와 회전인쇄기가 있으며, 곡면인쇄용의 회전기는 스퀴이지가 고정되어 있고, 그 바로밑에 피인쇄체가 두 개의 로울러로 지지되어 판의 왕복이동함으로 곡면인 피인쇄체에 인쇄가 된다.

실크스크린인쇄는 피인쇄체의 재질이나 형태가 매우 다양하고 그 종류도 많으므로 인쇄방법도 여러 가지가 있다.

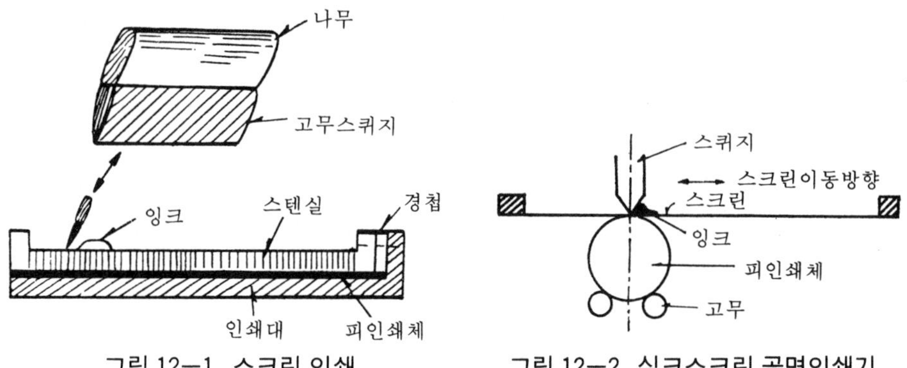

그림 12—1. 스크린 인쇄

그림 12—2. 실크스크린 곡면인쇄기

(3) 실크스크린의 특성

설비가 간단하여 제판이 비교적 쉽기 때문에 작은 부수의 인쇄에 많이 이용하고 있다.

종이는 물론 대부분의 재료에 인쇄가 가능하며 판의 유연성이 좋아 곡면인쇄에 적합하다. 또 착색량이 많기 때문에 강한 색의 인쇄물이 얻어진다.

그러나 도자기나 유리그릇처럼 생활용품의 인쇄에서는 잉크의 선택을 적절하게 하여 유해성이 없도록 해야 한다.

2) 제판전처리

스크린 인쇄에 사용하는 천은 다공성이며 망목(mesh) 구조로 되어 있다.

아무리 엷은 망사라 할지라도 틀에 부착되면 팽팽히 퍼진 상태에서 충분히 강한 장력을 갖어야 하며 산이나 알카리 같은 용제나 래커(lacquer), 염료같은 화공약품에 충분히 견딜 수 있을 뿐만 아니라 수없이 반복되는 스퀴이지의 압력에도 견딜 수 있어야 한다.

스크린의 망목은 메쉬(mesh)로 표시하며 #8××~#18××가 있으며 #12××가 중간으로 가장 많이 사용한다.

××는 "Double Extra"를 의미하며 예를 들어 #12××의 스크린은 Mesh수가 125, 망목의 크기가 0.0045인치, 간격비율 32%를 나타낸다.

(1) 스크린틀 준비

지정된 장력으로 스크린을 긴장시킨후 스크린을 틀에 고정시키는 방법에는 카펫트용 못이나 굵은 호치키스용 스탬플 같은 것으로 박거나 접착제로 접착하는 방법을 사용하는데 일반적으로 접착방법을 사용한다.

접착제로서는 용제증발건조형, 수지경화용, 순간접착형, 호트멜트형(hot melt adhesive), 적외선경화형 등 다양하다.

① 용제증발 건조형은 가장 많이 사용되는 것으로 속건성으로 작업성도 좋고 취급이 용이한 반면 증발건조시 냄새가 심하며 잉크나 용제에 용해되기 쉬워 망사붙임 완료후 스크린의 접착면을 보강해야하는 결점이 있다.

② 수지경화형은 2약반응형으로 경화하면 용제에 견디는 힘이 강하며 강력한 접착력을 갖이고 있으나 건조시간이 많이 걸리고 2액 혼합형이므로 액의 손실이 많은 결점이 있다.

③ 호트멜트형은 일정 이상의 가열에 용해되고 상온으로 돌아가면 경화하는 접착제로서 열에 약한 스크린에는 사용이 어려운 결점이 있다.

④ 적외선 경화형은 일정한 파장의 적외선에 경화하는 접착제로서 전용의 적외선 장치가 필요하며, 열의 영향을 받기 쉬운 스크린은 사용할 수 없는 결점이 있다.

3) 수공적인 제판

인쇄되는 화상은 잉크나 그밖의 다른 매개체가 스크린 망목이 뚫인 부분을 통과하여 스퀴이지에 밀려 나오므로 인쇄가 되는 것이기 때문에 화선부를 제외한 부분의 스크린 망목을 막아(block－out)줘야 한다.

블록크아웃에는 종이나, 필름, 아교(glue)나 래커(lacquer), 세락(shellac)같이 건조되어 굳어지는 유동성 물질, 감광유제를 사용하는 사진제판법 등 매우 다양하다.

(1) 블록크 아웃(block－out)법

① 스크린 중앙에 오도록 밑그림을 인쇄대에 올려놓고 핀트맞춤 가이드를 밑 그림에 잘맞추어 테이프로 잘 고정시킨다.

② 스크린을 내리고, 스크린을 통해 보면서 밑그림의 각부분을 연필이나 펜으로 잘 그린다.

③ 인쇄되지 않은 부분의 스크린에 아교를 칠한 다음 그대로 건조하면 건조된 아교는 견고한 불투명 막을 형성한다. 그러나 이것은 150～200회 정도 인쇄가 가능하므로 다량인쇄는 불가능하다.

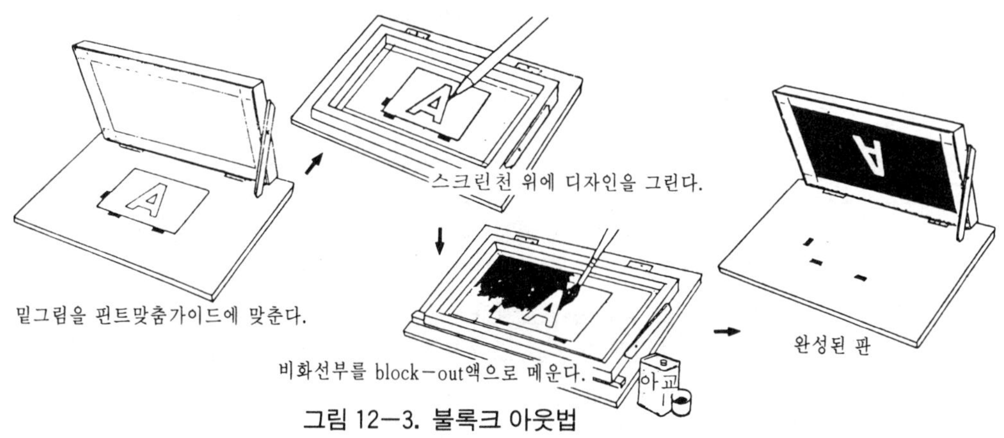

그림 12－3. 불록크 아웃법

(2) 해먹 빼기법

이것은 묘화제판에서 고무 빼기법과 같은 원리를 이용한 것으로 스크린에서 화선부를 해먹으로 묘화한 다음, 화선부와 비화선부 전체의 스크린을 구루(아교)로 칠한다음 잘건조시킨 후 등유같은 용제로 스크린에 칠하면 해먹이 칠해진 화선부만 구루가 녹아 인쇄판이 된다.

(3) 종이형지(paper stencil)이용법

모든 제판법에서 가장 간단한 것으로 보통 종이를 여러 종류의 도구를 사용하여 형지를 만들거나 또는 등사원지를 사용하는 방법이 있다.

등사원지는 다공성 종이의 표면에 화학적인 방법으로 카본을 칠한 것으로 장력이 강하다.

(4)필름형지 이용법(Film stensil)

2개의 층으로 이루어지는 투명하고 엷은 필름으로 윗층에는 래커나 수용성의 유제가 칠해져 있으며 밑층은 지지체의 역할을 하는 것으로 유제층과 베이스의 분리가 가능한 스트리핑(stripping)필름과 같은 형태이며 제판법은 다음과 같다.

① 밑그림 위에 유제가 있는 면을 위로 오게하여 마스킹테이프로 고정시킨다.

② 필름베이스는 그대로 두고 필름을 투과하여 보면서 디자인을 오려낸다.

③ 오려낸 필름을 베이스면으로 부터 잘 벗긴다.

④ 접착액(래커+신나의 일종)으로 필름을 스크린에 잘붙이며 필름에 접착액이 닿으면 필름이 스크린에 접착하는데 알맞는 유연성이 생긴다.

⑤ 판이 완전히 건조되어 있으면 뒷면에 있는 필름 베이스를 벗기낸다. 이 때 필름베이스를 벗겨낸 화선부와 유제층이 붙어있는 비화선부가 형성되어 판이 완성된다.

이에 필요한 제판필름(Stencil Film)으로는 래커필름, 수용성 필름, 내구성 래커 필름의 3종류가 있으며 색상으로는 청색(Blue), 녹색(Green), 호박색으로, 필름의 반사가 적고 필름을 통하여 보이는 원도의 색이나 명암의 왜곡이 비교적 적은 청색(Blue)이 일반적으로 많이 사용된다.

4) 사진적인 제판

수공적인 제판은 여러면에서 제약을 많이 받기 때문에 원화를 충실히 재현시키는 데는 어려움이 따를 뿐만아니라 다량 인쇄도 어렵다.

사진제판에는 스크린에 감광유제를 도포하는 직접법과 감광필름에 먼저 노광하고 현상한 필름을 스크린에 옮겨 제판하는 간접법(전사법)이 있으며 특정한 제작상의 필요에 의해 2가지 방법중 1개를 선택하게 된다.

(1) 직접법

이것은 일반적인 사진제판에서 판제판(plate making)과 거의 같다.

① 스크린을 점검하여 풀이나 지방분을 완전히 제거한후 건조한다.

② 중크롬산암모니움 감광액을 스크린에 도포한다.

도포하는 방법은 처음 도포한 감광액이 건조한 다음에 같은 방법으로 두번 도포하며, 처음 도포액은 스크린의 망목을 막고 두번째 도포액은 유제층을 형성한다.

③ 포지필름을 감광화하는 스크린에 밀착시킨다음 위에서 노광한다.

④ 큰물통에 스크린을 세워놓고 양쪽에서 더운물을 가지고 현상하여 화선부와 비화선부를 형성시키며 현상은 노광후 가급적 빨리하는 것이 좋다.

(2) 간접법(전이법)

① 두루마리나 낱장으로 되어있는 감광 필름을 포지필름보다 약간 크

게 자른다. 이 필름은 명실용필름으로 실내에서의 작업이 가능하다.

② 포지필름과 밀착하여 필요한 광원으로 노광한 다음 약 1분정도 현상액으로 현상한다.

③ 처음에는 온수(약 35℃)로 천천히 현상하며 끝마무리는 냉수로 필름을 차게한다.

④ 인쇄기위에서 스크린에 밀착시켜 부착시킨다음 필름의 베이스를 벗기어 망목을 나타나게 한 다음 래커나, 구루(glue) 종이 등의 마스킹 재료를 사용하여 판의 스크린틈을 마스킹하여 완성한다.

2. 콜로타이프(collo type)인쇄

젤라틴감광액(gelatin sensitizing solution)을 사용하는 판으로, 광에 의하여 경화한 젤라틴은 화선부(image)로서 잉크를 받고, 경화되지 않은 비화선부는 수분을 흡수하여 팽윤되므로, 현상하면 잉크를 받지않은 비화선부가 형성된다. 평판인쇄의 일종으로 사진인쇄에 많이 이용한다.

1) 콜로타이프제판법

두꺼운 유리판을 지방이 완전히 제거되도록 연마해서 밑칠액(substratum solution)으로 밑칠을 한다. 이것은 유리면의 더러움을 제거하고 감광막이 유리판에 잘 밀착하도록 하기 위해서다. 중크롬산안몬 감광액을 암실내에서 준비한 유리판에 칠하고, 45℃ 전후로 보온하면서 건조시키면 오골오골한 주름모양의 피막이 형성된다.

밑칠액으로는 난백액, 젤라틴액, 생고무의 벤졸용액 등이 사용되며 연속계조(continuous tone)의 사진 네가티브(Negative)를 밀착하여 빛 쪼임한다.

젤라틴은 일반적으로 냉수에는 녹지않으나 물을 흡수하는 성질이 있다. 따라서 물로 현상하면 빛을 받지않은 부분은 물을 흡수해서 팽윤하며, 노출된 부분은 그 정도에 따라 팽윤정도가 달라진다. 그러나 충분히 경화된 부분은 팽윤이 일어나지 않는다. 이렇게 현상한 판에 글리세린(glycerine)과 티오황산나트리움($Na_2S_2O_3$) 수용액으로 판면에 팽윤처리를 한다.

2) 인쇄 및 특징

잉크를 주면 팽윤된 부분은 잉크가 묻지않고, 팽윤정도에 따라 잉크의 부착량이 달라져 그라비어(gravure) 인쇄처럼 잉크막의 두께가 다르게 인쇄된다.

이것은 연속계조의 사진판이 얻어지므로 그림엽서나 사진앨범등에 이용되며, 종이 외에 천같은 피인쇄체에도 인쇄가 가능하다. 그러나 지지체가 유리이며 인쇄면이 젤라틴이므로 내쇄력이 부족하여 1판에 500~3,000매 정도 밖에 인쇄할 수가 없다.

3. 플렉소 인쇄(floxo graphic printing)

플렉소 인쇄란 탄성체(elestic body)의 판재료를 사용하여 인쇄하는 것을 말하며, 판으로는 고무를 사용하며 대단히 가벼운 인쇄압을 주어 인쇄하는 凸판인쇄이다. 처음에는 알콜에 녹인 염료잉크를 사용했기 때문에 아닐린 인쇄(aniline printing)라고도 하나 지금은 안료잉크를 사용한다.

1) 제판법

제판법에는 수공적인 조각법과 형을 떠서 성형하는 성형법이 있다.

조각법은 가장 간단한 방법으로 먼저 원도를 만들고 이것을 고무판에 전사하여 필요한 여러 가지 조각기를 가지고 조각하여 판을 완성한다.

성형법은 보통 사진제판법으로 만들은 구리 또는 아연 凸판에서 열경화성 수지인 베크라이트(bakelite)로 모형을 뜨고, 다시 이것에서 고무인쇄판을 만든다.

고무판 뒷면은 연마기로 연마하여 판두께를 일정하게 한다.

고무의 경도는 70°가 보통이며, 경도가 높은 것이 내쇄력이 크다.

이밖에도 플렉소용 감광성수지판이 있다. 이것은 고무와 같은 탄성을 가져야 함으로 고무계통의 수지를 사용하고, 凸판 인쇄에서 감광성수지판을 만드는 것과 비슷하다.

2)인쇄

이 인쇄는 웨트인쇄(wet printing)를 할 수 없기 때문에 인쇄잉크는 건조가 빠르고 광택이 있는 내마찰성, 내구성, 내광성이 좋은 잉크를 사용해야 한다.

플렉소인쇄는 제판 및 복제판을 비교적 간단히 만들 수 있으며, 판면이 유연하므로 소프트한 느낌을 낼 수 있다. 계조(tone)가 없거나 인쇄압이 균일하게 걸리는 그림모양의 인쇄물 제작에 좋다. 또한 종이 뿐만 아니라 알루미늄박같은 여러 종류의 피인쇄체에 인쇄가 가능하다.

알루미늄박 인쇄는 전처리로서 알루미늄박의 지방분을 완전히 제거하거나, 수지칠을 해서 잉크의 접착을 좋게 한 후 플렉소인쇄를한다.

4. 정전기인쇄(electrostatic printing)

잉크의 전사를 정전기(static electricity)를 이용하여 인쇄하는 방식으로, 거의 인쇄압이 없는 볼록판, 오목판, 스크린의 인쇄라고 할 수 있다.

1) 평판형 정전인쇄

얇은 금속판위에 절연성(insulation) 잉크로 인쇄하여 드럼에 감고 화선부가 방전극의 밑을 통과할 때 대전된다. 대전된 화선부에 토너

(toner)를 살포하면 정전기력에 의하여 토너가 화선부에 선택적으로 부착되고, 이것을 종이에 접촉시키며 종이의 뒷면에서 강한 전압을 걸어주면 판의 화선부에 부착된 토너가 종이에 전사된다. 이렇게 전사된 토너를 열이나 용제로 융착시켜 마무리한다. 이때 화선부와 비화선부를 이루고 있는 금속판은 어스시켜 대전되지 않도록 한다.

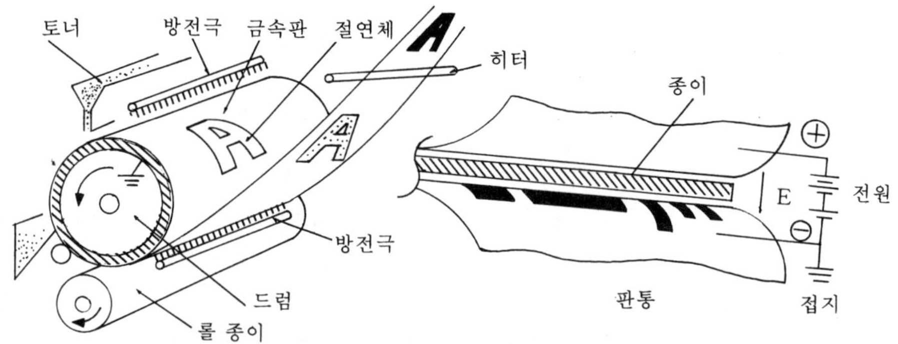

그림 12-4. 정전 평판인쇄　　　　그림 12-5. 그라비어 정전기 인쇄

2) 凹판형 정전기인쇄

보통 그라비어인쇄와 비슷하나, 기계적인 압력을 가하는 압통대신에 정전기와 정전기의 흡입력을 사용하는 것이 다르다.

그림 12-5와 같이 정전압 그라비어 인쇄기는 판통과 정전압통사이에 1000~3000V 정도의 전압을 가하여 전계(E)를 형성시킨다.

이렇게하면 凹부에 있는 잉크는 전계(E)를 따라 끌려나와서 종이에 옮겨진다.

사용하는 잉크는 액체와 분말이 있으며, 분말잉크를 사용하는 경우에는 융착시켜 종이에 고정시켜야 한다.

3) 스크린 정전기인쇄

이것은 도전성의 물질로 스크린을 만들고 스크린과 종이사이에 1,000~3,000V의 전압을 주어 전계를 형성시킨다. 이때 종이와 스크린의 간

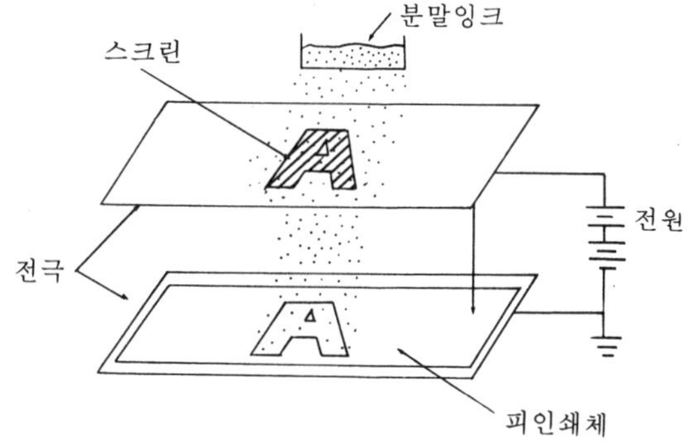

그림 12-6. 스크린 정전기 인쇄

격을 적절한만큼 띄운다.

분말의 잉크가 스크린을 통과할 때 전계에 의하여 떨어뜨리던가 또는 튀어오르게하여, 잉크를 종이에 부착시키고 부착한 잉크를 융착한다. 전기도전성 스크린 대신에 광도전성스크린을 사용하는 것도 있다.

이것은 먼저 스크린을 대전시켜두고 거기에 빛을 주어 정전잠상을 만든다.

정전잠상과 분말잉크의 대전극성을 맞추어 잉크를 스크린에서 떨어뜨려 인쇄한다.

4) 정전사진

일반사진과 정전사진의 차이점은 사용하는 감광재료이다.

일반사진은 화학적인 원리를 이용하는 것에 비하여, 정전사진은 빛에 의한 물리적인 원리를 이용한 것으로, 사용하는 재료는 광도전성인 세렌 황화카드늄, 산화아연고등을 이용한다.

정전사진은 복사라고하며 현상방식에 따라 건식과 습식으로 나누며, 광도전성종이를 이용하여 직접 피인쇄체에 화상을 형성하는 직접법이 있다.

1) 건식직접법 정전사진

전기저항이 비교적 높은 수지를 지지체로하고, 그 위에 10nm 정도

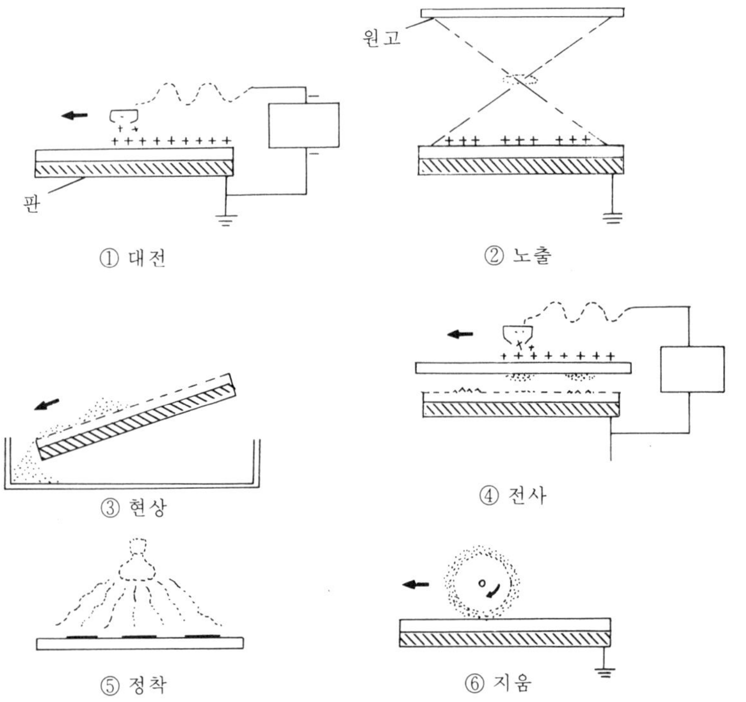

그림 12-7. 건식 간접법의 정전사진 원리

의 두께로 광도전성 재료분말을 도포한 감광지를 사용한다.

먼저 감광지에 4,000~5,000V의 전압을 걸어 코로나 방전을 시킨다. 이 방전에 의하여 감광지 표면은 일정하게 대전되고, 대전된 감광지 표면에 문자나 도형을 광학적으로 투영한다.

빛을 받은 부분은 대전된 정전기가 없어지고 화상에 해당되는 부분(빛을 받지 않은 부분)은 정전기가 그대로 남아 있어 정전잠상(electrostatic latentimage)이 형성된다.

이렇게 음전기로 형성된 잠상을 현상하기 위해서는, 양전기로 대전된 토너를 잠상위에 뿌린 후 열로 융착시켜 고정시킨다.

2) 건식 간접법의 정전사진

금속판위에 광도전성 물질을 20~100nm 정도의 두께로한 감광판에 약 7,000V 전압의 코로나 방전으로 대전시킨다. 직접법과 같은 방법으로 하여 잠상위에만 토너를 부착시킨다.

전사시킬 피인쇄체의 뒷부분에 정전잠상과 같은 극성의 강한전기를 걸면, 판위의 토너가 피인쇄체로 옮겨지고 이것을 융착시켜 고정시킨다.

12—2. 종이 이외의 피인쇄체를 사용하는 인쇄

1. 금속인쇄(metal decorating)

금속판인쇄(tin—plate printing)는 금속판의 보호와 미화를 목적으로 금속판에 인쇄 및 니스칠(varnish coating) 마무리를 한다. 이것은 예쁘고 화려한 여러 색의 인쇄를 해서 상품의 부가가치를 높이고 있다. 금속판은 탄력성이 없으므로 판면쪽을 유연하게 하지 않으면 인쇄가 곤란하므로 오프셋 인쇄방식을 취하고 있다.

1) 인쇄준비

금속판을 공기속에 방치해 두면 산화되어서 녹이 생겨 인쇄 및 제통가공이 곤란하게 된다. 방청제로서 파암유, 면실유 등을 엷게 칠해 녹을 방지한다음 금속판에 주석도금이나 아연도금을 한다.

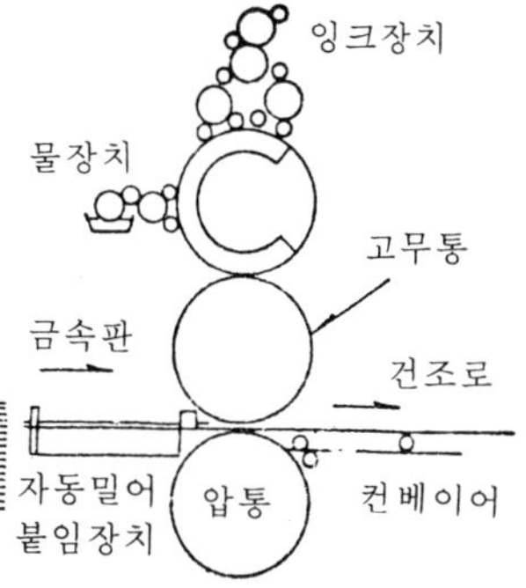

그림 12—8. 금속판 오프셋 인쇄기

2) 내면니스칠(varnish lining coating)

통의 내용물(알카리성, 산성, 식품류등)들의 종류에 따라 화학반응을 일으키지 않는 안정된 니스칠을 한다. 내약품성 바니스에는 석탄산수지·폴리아미드수지등이 사용된다. 건조는 건조장치내에서 열풍가열(120℃)하여 산화중합을 촉진시킨 후 냉각해서 쌓기대 위에 쌓아올린다.

3) 바탕색칠(ground colour coating)

합성수지바니스에 티탄백(TiO_2)을 가한 것이며, 전면 또는 부분적으로 백색인쇄를 한다. 바탕 인쇄의 백색은 인쇄효과를 좋게 한다.

4) 인쇄

인쇄기는 윤전인쇄기를 사용하며 3통수직식의 것이 많이 사용된다. 평면인쇄는 고무통과 압통의 접촉압만으로 인쇄가 되고, 곡면체의 인쇄일 때는 凸판오프셋방식으로 해야 한다.

튜브인쇄(collapsible tube printing)는 그림 12−9에서 회전원판의 보빈에 꽂힌 바탕색 칠을 한 튜브에 오프셋 인쇄를 한다. 잉크의 색은 연한 색부터 차례로 짙은 색으로 하며 인쇄잉크는 내광, 내열성이 있고 전이성과 밀착성이 좋은 것으로, 그 피막은 마찰과 신장력이 커서 균열이나 잉크의 피막이 떨어질 염려가 없는 것을 택한다. 인쇄 후 건조로에서 건조하므로 열관리가 중요하며, 적정온도 이상에서는 피막이 약해지고 적정온도 이하에서는 뒷면에 옮겨지게 되어 불량품이 된다.

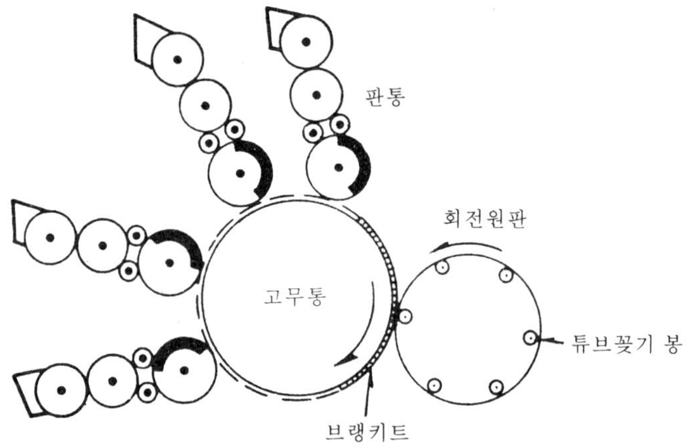

그림 12−9. 튜브 인쇄기

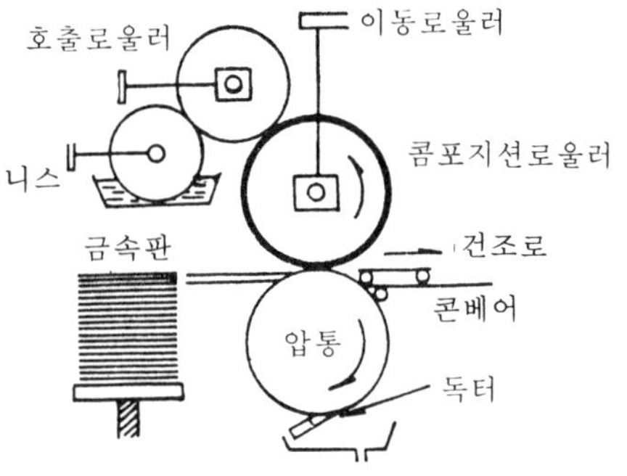

그림 12−10. 금속판니스칠 기계

5) 마무리 바니스칠

인쇄가 끝난 후 니스칠용 기계를 사용하여 마무리 바니스를 얇게 칠하고 건조한다. 니스칠하는 목적은 인쇄면을 보호하고 광택을 가지게하여 상품의 부가가치를 높이기 위해서다. 천연 수지 도료의 바니스는 변색하기 쉬우므로 일반적으로 합성 수지인 변성알키드수지 바니스나 또는 래커등을 상당히 얇게 칠한다.

2. 플라스틱인쇄(plastic printing)

1) 비닐인쇄(vinyl printing)

인쇄방식은 그라비어가 주체이며 오프셋 인쇄나 플렉소(flexography), 스크린인쇄로도 피인쇄체로서 인쇄가 된다. 일반적으로 합성수지(synthetic resin)는 잉크에 대해 비흡수성이므로 인쇄잉크가 고착되기 쉽도록 수지와 그 용제가 잉크속에 들어 있다. 예를 들면 염화비닐과 초산비닐의 공중합제 및 초산에틸이나 초산알루미늄 등의 용제를 사용해서 비닐의 표면을 팽창시켜 안료를 고착시킨다. 인쇄후 적외선으로 열건조한다.

2) 폴리에틸렌인쇄(poly ethylene)

폴리에틸렌은 수지가 안정되어 있어 용제에 용해되기 힘들고, 따라서 용제로 팽창고착되지 않는다. 때문에 증기나 열 또는 전자처리를 해서 그 표면을 활성화하고 잉크를 잘 받도록 하던가 또는 필름위에 코팅을 한다.

플라스틱필름은 신축이 크고 열에도 영향받기 쉬우므로, 낮은 온도에서 인쇄하지 않으면 안된다. 인쇄는 그라비어를 주로 하며 플렉소인쇄에서도 사용되고 있다.

3. 셀로판인쇄(cellophane printing)

셀로판은 펄프(pulp)를 주체로 해서 제조되나 글리세린 등의 안정제를 함유하고 있으므로 흡수성이 있어 신축이 일어난다. 따라서 인쇄는 보통의 온도, 습도에서 하는 것이 바람직하다. 화상이 정밀한 것이나 색도가 많은 것은 그라비어 인쇄방식으로 하고, 간단한 그림의 것은 플렉소방식(고무凸)이 많이 사용되고 있다.

최근 셀로판에 뒷면인쇄(리버스프린트, rverse printing)를 하여 볼 수 이도록 인쇄하는 것이 늘어나고 있다. 이것은 인쇄면의 마찰을 막고 셀로판의 독특한 투명성과 광택을 살릴 수가 있기 때문이다. 색도인쇄의 색상을 높이기 위해 백색을 나중에 인쇄한다. 보통의 셀로판외에 염화비닐피막을 도포하여 신축을 적게한 방습셀로판이나 폴리셀로판 등이 포장용으로서 많이 사용되고 있으며, 잉크는 냄새가 없고 해롭지 않는 것이어야 하며, 인쇄 후, 열건조하는 것이 보통이다.

4. 셀룰로이드인쇄(celluloid printing)

셀룰로이드층의 얇고 두꺼운 정도에 따라 인쇄방식도 다르며, 금속판과 같이 평판오프셋기로 인쇄하나, 셀룰로이드필름에는 그라비어 또는 플렉소방식으로 인쇄한다. 셀룰로이드는 침투성이 없으므로 잉크는 고착성이 좋고 건조가 빠른 수지형의 것을 사용한다.

미리 잉크에 벤졸·아세톤·질산알루미늄 등의 용제를 약간 첨가해 두면 좋다. 용제를 첨가하지 않을 때는 저온가열에 따른 건조로 접착을 좋게하기 위해 메틸알콜로 사전처리를 할 때도 있다.

투명셀룰로이드는 뒷면에서 인쇄하고 그 위에 백색인쇄를 한다. 인쇄후 전면에 래커니스로 마무리를 하여 잉크피막을 보호하거나 혹은 투명셀룰로이드를 인쇄된 셀룰로이드면에 래미네이트(Laminate) 할 때도 많다.

5. 유리인쇄(glass printing)

유리면에 직접 실크스크린 인쇄하는 방법과 凸판오프셋법(letterpress offset printing)으로 인쇄하는 것이다. 인쇄잉크는 유리질안료와 바니스로 되어 있고, 속건성이며 피막의 고착성이 좋은 것이다.

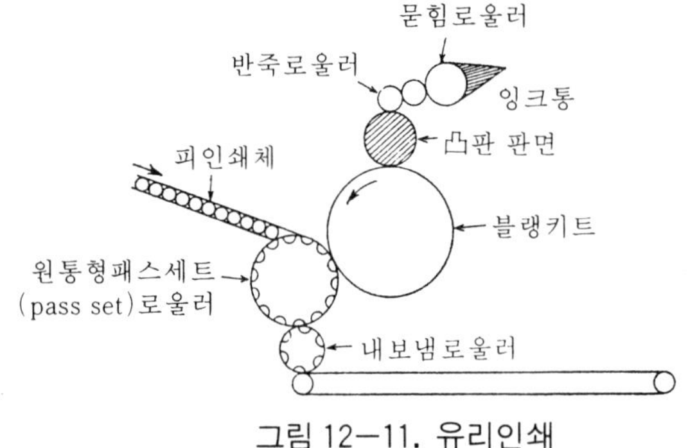

그림 12—11. 유리인쇄

인쇄된 것은 가열로에 보내져 가열(600℃)된 후에 냉각되면, 잉크속의 기름끼가 제거되어 유리질안료가 유리의 표면에 융착된다. 이것에 사용되는 실크스크린인쇄기는 평면 또는 곡면의 피인쇄체에 접합한 인쇄기구를 사용하며, 금속 스크린을 사용한다.

6. 날염인쇄(textile printing, carico printing)

과거의 틀염색에서 시작한 날염을 다량 생산화 하기 위해 날염인쇄를 하게되었다. 인쇄는 그라비어방식을 많이 사용하고 있다. 날염에 사용되는 직물은 천연 합성의 어떠한 섬유도 관계없다.

날염방법에는 수공적날염법(틀종이날염·스크린날염·나무판날염)과 기계적 날염법(평판날염·凹판 날염)이 있다.

1) 수공 날염법

깔깔한 틀종이(stencil)를 잘라 비단천에 붙이거나, 세락을 칠한 틀종이(card boad)를 스크린에 접착해서 옻 또는 페인트로 보충하는 틀종이 방법과, 비단천(또는 금속망)에 중크롬산암모늄과 젤라틴의 용액을 칠하고 건조해서 감광화한 다음 포지필름을 밀착하여 적당한 광원으로 빛쬠한 후 물로 현상하면 빛에 의한 감광부가 불용해성이 되어 화선부를 형성하므로 실크스크린 인쇄가 가능하게 된다.

다색물일 때는 셀룰로이드판 또는 투명비닐판에 각 색마다 임의의 모양을 손으로 그린 것을, 천틀에 대고 감광화시켜 현상한 후 젤라틴막을 보강한다.

또한 나무판식 날염은 원판을 조각한 목판을 만들어 이 그림의 부분에 염료를 칠해 천에 전사하는 방법으로, 목재는 단단한 것을 사용한다.

색료는 염료계의 것과 안료계의 것이 있고, 염료계의 경우 인쇄 후 습기를 주어서 증기로 찐 후 건조하면 염료자체가 천에 염착이 되어 선명한 색깔을 낸다. 안료계의 경우는 인쇄 후 감아내거나 널어 건조한 후 55°~65℃의 열상자(가스·전기·적외선)를 수분 통과시킨다.

2) 기계날염법

평판원판에서 전사하여 로울러로 옮겨 인쇄판을 만드는 평판날염법과 凹판날염법이 있다.

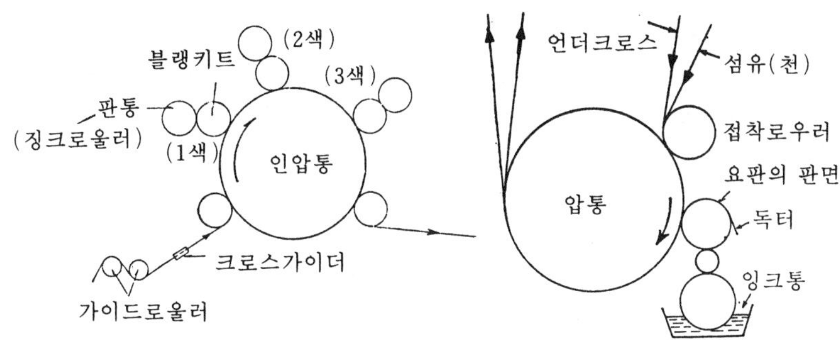

그림 12-12. 평판 날염법　　　　그림 12-13 凹판 날염법

평판오프셋 윤전기는 기계의 주축을 이룬 커다란 인압통 주변에 각 색판을 세트하는 장치를 가지고 있다. 다시말하면 판통에는 아연판 원통을 삽입하고, 이것에 착색로울러(inking roller)와 물로울러(damping roller)를 배치하여 이 판통과 꼭 같은 크기의 오프셋용 고무로울러를 장치한다.

연속무늬의 인쇄에는 보통의 브랭키트는 사용하지 못하므로 고무로울러로 한다. 고무의 굳기는 종이인쇄에 비해 연하며, 이 로울러가 압통 및 판통과의 접촉압력을 가감한다.

천이 주름지지 않도록 적당한 장력을 주어서 배치조정을 정확히 해 로우러를 통해서 인쇄하며, 일반적으로 수지 및 유지, 아교질물에 적당한 약품류를 배합하고, 이것에 염료를 가해서 풀모양이 된 것을 반죽해서 염료로 사용한다.

인쇄한 후 천에 습기를 준다음 증기열로 건조해서 끝낸다.

凹판날염은 구리실린더에 직접 손으로 밀거나 기계조작 한 것, 혹은 凸판에서 구리실린더에 가압해서 凹형을 만든 구리凹판실린더에 염료를 채워 그림12-13과 같이 압통과 구리凹판실린더 사이에 천을 넣어서 염색(실크인쇄)하는 것이다.

염료는 견직물일 때는 염료계의 염료를, 목면·삼·화학섬유·인조견 등일 때는 안료계의 잉크에 풀을 섞은 것을 사용한다.

색도만큼 염색한 후 열로울러에서 건조시켜 증기로 찌거나 드럼으로 가열해서 색을 들이고, 물로 씻어 풀끼를 제거해서 만든다.

7. 나뭇결인쇄

천연의 아름다운 나뭇결(wood grain)무늬를 건축용재·가구류·전기제품등에 살리기 위해서 인쇄가공하는 것이다. 종이에 나뭇결무늬를 인쇄해서 벽지나 창호지에 사용하는데서 시작하여, 베니아판의 표면을 정리해서 다시 평활하게 만들고 바탕칠한 후 베니아판에 직접 인쇄하는 방법과, 종이나 염화비닐에 인쇄한 후 멜라민 또는 폴리에스테르 수지가공을 해서 겹붙혀(laminate) 장치판을 만드는 방법이 있다.

완전연속무늬를 인쇄하기 위해서 판면은 이음줄이 없도록 한다. 그림은 나뭇결의 사진에서 사진제판하여 주판 및 보조의 색판을 만들고, 착색지에 인쇄하면 나뭇결의 모양을 잘 나타낼 수가 있다.

12-3. 독특한 기구나 작업으로 하는 인쇄

1. 전사인쇄(decalccmania decals)

전사인쇄는 도자기에 그림 그려넣기에서 시작한 것이며, 같은 그림무늬를 전사지 위에 하는 인쇄이다.

전사지(decal paper)에는 크롬페이퍼(chrom paper)나 챠이너페이퍼(china paper)와 같은 단지와 이층으로 된 복합지 그리고 상질의 모조지를 라미네이트(laminate)하여 그 위에 폴리비닐계의 수지를 도포하여 마무리한 세프레이트지가 있다. 복지는 라이스페이퍼(얇은 종이)를 대지에 풀로 붙여서 말리고 그 위에 특수도료(철분, 아라비아고무, 알킨산나트륨을 배합한 것)를 칠하고 광을 낸 것이다.

이 전사지에 평판직접인쇄기로 인쇄하고, 잉크의 건조직전에 안료(도자기용 물감)를 산분하고 그 위에 니스칠을 해둔다. 한편 도자기에 속건니스를 칠하고 마르기 전에 라이스페이퍼를 발라 물을 칠한 후에 이 라이스페이퍼를 벗기면 안료가 전사된다. 이 도자기를 소성로에서 800℃ 정도로 구우면 안료가 융착되며, 사전에 안료의 색견본을 작성해 두고 원료의 혼합을 알아두면 편리하다.

전사인쇄는 도자기뿐만 아니라 그릇종류의 전사에 이용되며, 이 경우 보통잉크로 인쇄하고 전사된 것에 투명래커를 뿜어서 보호하도록 한다.

2. 카본인쇄(carbonizing)

카본인쇄용의 원지는 복사용지라 하며, 불투명도 및 평활도가 높은 유연한 것으로 표면은 잉크흡수성이 좋고 내부는 흡수성이 작은 것이 사용된다. 복사전표의 뒷면전체에 이면인쇄를 하는 것을 카본인쇄라 하며, 필요한 부분만 인쇄하는 것을 스포트카본인쇄(spot carbonizing)라고 한다.

카본잉크는 상온에서는 고체상태이며 가열하면 연화하고 냉각하면 고체상태로 되며, 각 잉크가 가지는 융점에서 5~10℃ 정도 높은 온도로 인쇄한다.

인쇄기의 잉크장치는 가열되고 보내기장치는 냉각해두며, 인쇄는 凸판방식과 그라비어방식이 있다.

카본대신에 백색도료막을 종이에 칠해서 발색시키는 노카본지(nocarbon paper : cabonless paper)도 있다. 이것은 카본입자를 백색수지로 캡셀화해서 단압(필기압력)으로 이 캡셀(capsule)을 파괴하여 흑색의 복사가 얻어지는 것과 상엽지의 뒷면에 칠해진 무색의 약제와 하엽지의 표면에 칠해져 있는 무색의 약제가 필기할 때의 압력으로 화학반응을 일으켜서 발색하는 것이 있다.

3. 시일인쇄(seal printing)

시일인쇄는 약품용 봉함지에서 처음으로 시작되었으며 알루미늄박, 플라스틱, 도피 가공지나 합성수지 등 피인쇄체가 다양하며 레테르, 카드, 명함 등의 인쇄에 사용된다.

실인쇄의 특징은 인쇄와 동시에 엠보싱 라미네이팅(embossing laminating)가공, 핫스탬핑(hot stamping) 등의 공정 등을 행하는 것이다. 실은 사용 목적에 따라 인쇄뒷면에 여러 종류의 접착제를 사용하며, 실인쇄는 凸판, 오프셋, 실크스크린, 그라비어 등의 판식을 이용할 수 있으나 대부분 凸판으로 아연凸판이나 구리凸판을 사용하며, 인쇄는 평압윤전방식으로 한다.

실은 주로 광고나 상품표시, 가격표시등에 사용하기위한 인쇄물이 대부분이다.

4. 폼인쇄(business Printing)

연속복사전표는 텔레타이프·회계기·전자계산기등을 효율적으로 작용시키기 위해 사용된다. 연속전표를 동양에서는 보통 폼(Form)이라 하고 있으나 유럽(Europe)에서는 연속 비지네스 폼(continous business form)이라 한다.

그림 12—14. 폼인쇄기

이 연속전표를 제작하는데는 특수한 기술과 기계설비가 필요하다. 폼은 인쇄물이지만 제품으로서는 종이가공이 중점으로 되어있는 기계로 인쇄제작된다. 즉, 펀치(punch)부에서 구멍을 뚫고 미싱줄을 넣고 카본원리의 한쪽에 엷게 카본왁스를 칠하는 원타임카본(one time carbon)의 풀칠, 지그재그접기 등의 가공을 하게 된다. 연속전표용지는 상질지나 모조지의 원료를 특별히 초지(paper making)한 것을 사용하며, 치수의 정밀도가 요구되는 것이다.

제판은 조판이나 선(line)을 제도하고 이것에 사진식자한 글자를 넣어서 사진제판을 거쳐 凸판 및 평판으로 제판한 것을 사용한다.

인쇄에 있어서는 폼은 원지인 감겨있는 종이에 일정한 장력을 주는 것이 필요하다. 인쇄의 올바른 위치를 내기 위해서는 시간이 걸리고 인쇄예비지가 많이 필요하게 된다.

1) 폼인쇄의 분류

비니네스폼은 기업의 전분야에서 사용되고 있기 때문에 용도가 매우 다양해지고 이다.

(1) 입력폼(input form)

컴퓨터 데이타의 분산처리의 보급에 따라 단말기(터미널)용의 입력전표로서 OCR, OMR, 자기폼, 바코드폼(barcode) 등이 있다.

① OCR(Optical Character Reader;광학적 문자판독장치), OMR(Optical Mark Reader;광학적 마크판독장치)폼은 직접 쓴 문자 혹은 마크를 판독하여 입력데이타로서 컴퓨터에 데이타를 입력시키기 위한 폼이다.

② 자기폼(Magnetic tape form, Magnetic ink Character form)은 자기테이프를 용지에 붙인 폼이나 자기잉크로 인쇄한 폼을 말하며 OCR 폼에 비하여 취급이 간편하고(기름오염등에 대한 허용성) 온습도에 비

교적 안전한 장점이 있어 입출고, 부품이나 공정관리용으로 제조현장에서 널리 사용한다.

또한 금융기관에서 정기적금카드 각종 회원권, 우표류, 항공권, 통행권 등 응용범위가 대단히 넓다.

③ 바코드폼(Barcode Form)은 물품이나 정보의 이동을 추적하여 생산 및 물동량의 증가를 향상시키기 위해 숫자나 문자 등을 흑백의 스트라이프 바(Stripe bar)로 표현한 것으로서 바코드시스템은 주로 유통업계에서 사용하는 폼으로 가격표, 꼬리표, 지불전표 등이 있다.

(2) 출력폼(out put Form)

일반적으로 비지니스폼이라고 하며 마지널 펀치(marginal punch), 가로 혹은 세로 머신(machine) 등을 갖는 연속폼을 말하며, NIP(Nom Impact Printer)용 백지폼을 포함하는 스톡폼(Stock Form)과 인쇄디자인이된 카스텀폼(Custom Form 또는 Design Form)과 라벨폼등이 있다.

5. 잉크 젯트인쇄(Ink Jet Printing)

화상(image)을 형성시키고자 하는 종이 뒤에 전기장을 걸어주고, 전기장에 의하여 끌려 떨어지는 잉크가 종이에 붙어 화상을 형성하는 방법이다. 원리는 직경이 약 0.005㎜ 정도의 노즐(nozzle)이 부착된 작은 통안에 특수한 잉크가 들어있고, 노즐앞에는 화상의 신호에 따라 작용하는 신호전극이 있으며, 분사되는 잉크의 방향을 조절하는 편향전극과 화상형성을 위한 종이가 있다.

잉크젯트 인쇄는 매우 작은 잉크방울이 피인쇄체에 충돌하여 화상이 형성되나, 잉크방울은 매우 작은 입자(1/1,000㎜정도)의 충돌이기 때문에 소음은 전혀 생기지 않는다. 이와같은 인쇄를 비접촉인쇄(Non Impact Printing)라고 하며, 화상 형성은 규칙적으로 배열하는 점으로서 표현되므로 이 문자를 도트매트릭스(Dot matrix)문자라고 한다.

매트릭스란 행렬의 의미로서, 16×18나 20×24 등과 같이 가로와 세로로 나열되어 있는 점의 수를 곱하여 문자의 밀도로 나타낸다.

잉크젯트장치의 추력이 50KHz에서 1초에 50,000개의 잉크방울을 만들 수 있으므로 20×24의 매트릭스로 나타내는 문자는 1초에 약 104개를 출력할 수 있다.

잉크젯트용 잉크는 일반인쇄용과 달리 특수하게 조성되어 있다.

이것은 잉크의 표면장력이나 점도 잉크의 비중과 잉크방울의 대전성 등의 특수 잉크이며, 잉크젯트인쇄는 잉크노즐이 막히기 쉽고 문자물의 농도가 낮은 결점이 있다.

6. 부출인쇄(raising printing)

인쇄한 착색부분을 융기시켜서 인쇄물을 가치있게 만드는 방법으로서, 두드려지게 하려는 부분에서 압력을 가하는 凸부분과, 잉크를 받는 凹부분을 만들어서 凹부에 잉크를 넣어 종이를 놓고 凸판으로 압력을 가한다. 이 방법은 다이 스탬핑법(die stamping)으로 대형인쇄에 일반적으로 사용된다.

또는 명함이나 메뉴등의 소형인쇄물에 사용하는 방법으로 인쇄된 잉크위에 천연수지 및 합성수지의 혼합분말을 뿌려서 가열 융착시켜 완성하는 방법이 있다.

7. 금은인쇄

금색, 은색인쇄물을 만드는데는 금, 은 붙이는 법과 금, 은 인쇄법이 있다.

금, 은 붙이는 법은 금, 은색이 인쇄되는 부분에 금붙이기잉크(바니스와 황색안료), 은붙이기 잉크(바니스와 백이나 청색안료)로 인쇄해두고, 이것이 마르기 전에 금붙이기 기계(bronzing machine)로 금속가루를 부착시킨다. 금붙이기 잉크는 금속가루와 화학작용을 하지 않고, 건조가 빠르며 금속가루가 벗겨 떨어지지 않는 것을 사용한다.

금, 은 인쇄법은 금가루, 은가루를 바니스에 혼합한 잉크로 인쇄한다. 가능하면 이 잉크는 매질과 가루를 별도로 해서 인쇄직전에 섞으면 우수한 광택이 얻어진다. 판식은 凸판, 평판, 그라비어의 어느 판식에도 이용할 수 있다.

12—4. 특수한 용도를 갖는 인쇄

1. 프린트배선(Printed circuit)

전자부품들이 제기능을 나타내는데 필요한 연결선을 인쇄로 만드는 것이 인쇄배선이고, 이 판을 인쇄배선판이라고 한다.

인쇄배선판의 구조는 전자부품을 고정시키는 면의 반대면에 전기전도체 인쇄를 하고, 구멍을 통해서 삽입된 전자부품의 연결선을 납땜하는 것이다.

피인쇄체인 배선판은 절연체로서 종이에 페놀수지로 처리한 종이페놀재료가 일반적으로 사용된다.

제판방법은 절연체위에 금속피막(구리박)을 만들어 배선도의 네가티브를 통하여 노광하고 현상하여 부식하는 부식방법과, 카본 블랙이나 은가루같은 전기전도성 잉크를 가지고 실크스크린 인쇄를 하여 전도성 배선을 만드는 방법이 있다.

스크린인쇄나 사진제판법에 의한 부식방법은 내산성이 강한 가열건조형인 UV경화잉크가 일반적으로 사용되며 비화선부의 금속피막은 부식액으로 용해제거한 다음에 화선부의 내산잉크나 내산막(resist)을 탈막제거하여 회로를 완성한다.

스크린인쇄법에 대하여 사진제판법을 포토에칭(photo etching)이라고 한다.

2. 식모인쇄(flock printing)

그림이나 글자를 인쇄한 잉크의 부분에 정전기를 이용해서 가는 털조각이나 나이론, 양털, 금속가루, 유리가루 같은 것을 부착시켜 우단모양으로 나타내는 인쇄로서, 일반적으로 실크스크린인쇄를 사용한다.

3. 스테레오 인쇄(three dimensional printing, 3D printing)

스테레오인쇄란 입체사진인쇄를 말하며, 투명플라스틱시트에 오프셋인쇄한 것을 형광등으로 투과해서 보는 것과 불투명플라스틱시트나 종이에 오프셋인쇄한 것을 반사광으로 보는 것이 있다. 어느 것이나 투명플라스틱제 렌티큘러렌즈(lenticular lens : 양면 볼록렌즈의 집합)를 인쇄면에 정확히 겹친 것이다. 렌티큘러렌즈의 작용에 의해 입체상을 볼 수가 있다.

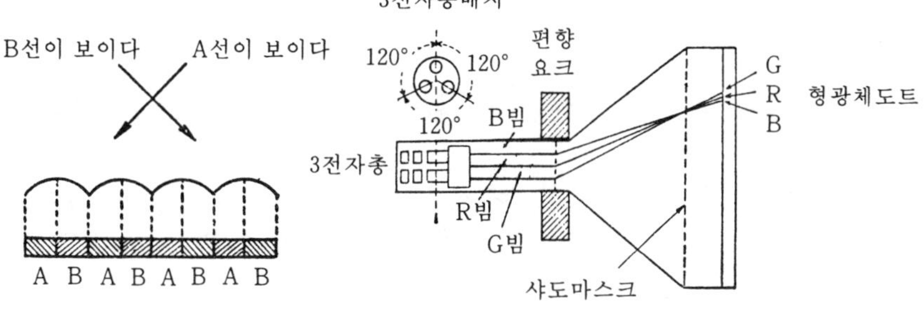

그림 12-15. 렌티큘러렌즈 확대

12-5. 부가가치를 높이는 특수인쇄

특수잉크를 사용하여 인쇄의 변화를 주어 수요자들과의 커뮤니케이션을 밀접하게 하는 효과를 주는 인쇄로서 그 종류가 매우 다양하다.

① 수중사진

처음에는 백지상태지만 물에 적신 다든가, 물속에 넣으면 글자나 그림이 나타난다.

백상지 위에 낱장 그라비어 인쇄기로 인새하며 추첨권, 교재, 잡지의 부록등에 이용한다.

② 러브 프린트 (love print)

아무것도 보이지 않지만 연필로 문지르면 글자가 나타난다.

코트지에 낱장그라비어 인쇄기로 인쇄하며 유아용 학습교재등에 사용된다.

③ 스크랏치 인쇄(scratch print)

은색의 부분을 손톱이나, 동전등으로 문지르면 은색이 벗겨지면서 글자나 그림이 나타난다.

카드용지에 먼저 오프셋 인쇄를 한 다음 OP니스 처리를 하고 그위에 스크린인쇄로 은색을 인쇄한다.

주로 퀴즈, 경품권, 잡지 부록등에 사용된다.

④ 발색인쇄(colordevelopment)

인쇄물 표면을 약알카리성의 펠트펜(Felt pen)으로 문지르면 글자나 그림이 나타나는데 건조되면 지워진다. 나타나는 색은 적색과 청색이며 잉크의 조성에 따라 지워지는 시간을 조절할 수 있다.

⑤ 감열사진(thermo photo)

아이롱(iron)으로 가열하면 문자나 그림이 나타난다. 이것은 연속계조의 원고로 사용할 수가 있다.

⑥ 액정인쇄(liquid crystal print)

온도에 의하여 색이 변하는 인쇄물서 코트지에 실크스크린으로 인쇄한다. 그러나 액정잉크는 비교적 값이 비싼것이 결점이며 온도계나 잡지부록등에 사용한다.

⑦ 발포인쇄

발포잉크로 인쇄한 다음, 아이롱 등의 열에 의하여 글자나 그림이 나타난다.

발포인쇄는 아트포스트지에 실크스크린으로 인쇄하며 잡지의 부록으로 사용한다. 또 연하장의 간이스탬프로도 사용할 수 있다.

⑧ 센트프린트(scent print)

향료를 마이크로캡슐에 넣은 잉크로 인쇄한 다음, 손톱 등으로 문지르면 캡슐이 터져서 향기가 난다.

주로 팜프렛이나 광고등에 사용되는데 용지는 아무 것이나 무방하다. 인쇄는 실크 스크린 인쇄를 한다.

⑨ 향기인쇄(fragrance print)

센트프린트와 같이, 손톱 등으로 문지르는 것이 아니라 책을 펼치면 자연히 향기를 풍긴다. 이 경우 잉크에 향료를 섞는 것이 아니라 특수처리를 하였기 때문에 1개월정도의 보향성이 있다.

용도는 잡지의 부록, 광고, 카드(card) 등에 주로 쓰이며 용지는 코트지(coated paper), 인새는 실크스크린 인쇄로 한다.

⑩ 축광(back light)인쇄

인쇄물을 태양광이나 형광등 등에 쪼인 다음 어두운 곳에서 보면 빛나 보인다.

축광 인쇄는 어떤 종류의 종이에나 인쇄할 수 있으며 실크스크린 인쇄를 한다. 용도는 잡지의 부록, 시일(seal) 등에 주로 쓰인다.

⑪ 비즈인쇄

잉크에 미세한 유리가루를 섞어서 인쇄한 다음 빛에 비추면 반사하여 빛난다.

용지는 특별히 선택하지 않아도 된다.

인쇄는 실크스크린 인쇄를 하며 주로 잡지의 부록이나 시일 등에 쓰인다.

⑫ 페이퍼 그림물감

수용성 잉크를 패렛트처럼 인쇄해 놓고 물을 함유한 붓으로 칠하면 잉크가 녹아서, 그림을 그릴 수 있다.

용지로는 백상지나 켄트지를 사용하며, 건식오프셋으로 인쇄하는데 그림칠, 잡지의 부록 등에 사용한다.

제 13 장
인쇄물가공

제13장 인쇄물 가공

글을 쓴 것을 정리해 둔다는 것은 고대사회에 있어서 상형문자로 쓴 납의 서판(타블레트)을 링으로 해서 철해두던 시대로 부터 시작되었다. 그 이전에 바빌로니아(babylonia) 및 앗시리아(assyria)에서는 전쟁의 이야기나 조상의 전기를 후세에 남기기 위해서 돌을 조각하는 일을 습득하였다. 그러나 그 돌에 조각한다고 해도 한 개의 돌에 긴 이야기를 기입한다는 것은 불가능 하므로, 어떤 사람은 5개로 하고 어떤 사람은 20개를 한 조로 하여, 각 조에는 번호를 붙여서 읽어나가는데의 순서나 보존의 방법등을 생각해 내었다.

지금의 제본기술은 이와같은 역사속에서 미적요소, 대량생산, 읽기가 편리한 방향으로 발달을 계속하여 왔다.

서적의 장정(book binding design)에는 대체로 다음과 같이 두 가지의 목적을 가질 수가 있다. 첫째는, 종이를 순서바르게 가지런히 하고 흐터지는 것을 막으며, 읽기나 쓰기에 편리하도록 한다. 둘째는, 문화의 기록, 지식의 원천으로서 오래 보존하기 위함이다.

13—1. 제본의 종류와 공정

1. 제본의 종류

제본(book binding)의 종류는 한식제본과 양식제본으로 크게 나누어진다.

한식제본은 이조 초기시대부터 행하여진 제본양식으로 한 면에 두 페이지(page)를 인쇄한 종이를 둘로 접어서 한 쪽을 꿰메어 한 책으로 만든 것이다. 그러나 오늘날 제책이라 하면 일반적으로 양식제책을 뜻하게 된다.

제본양식은 매우 다양하나 그 표지 만드는 법, 조립법, 알맹이의 취급법 및 제본에 사용되는 기계등에 따라 양장, 반양장 호부장 등으로 나눌 수가 있다.

1) 양장제본(case bound)

속장과 표지를 따로 가공하여 제본하는 방식으로서, 실로맨 속장을 다듬제단한 다음 표지를 싸서 만든다. 표지를 속장보다 조금 크게 만들어 약간 튀어 나오게 한 것이 특징이다. 양장으로 제책된 책은 책장이 완전히 펴지며, 책이 아름답고 튼튼하며, 사전류나 장서류등에 많이 이 이용된다.

2) 반양장제본(unbound editon)

속장을 실로 꿰맨다음 표지를 씌우고 표지와 속장을 함께 다듬질하는 제본으로서 표지는 일반적으로 아트지나 백상지를 사용한다.

반양장으로 만든 책은 책장이 완전히 펴져 양장제본과 마찬가지로 보이지만, 양장제본에 비하여 견고하지 못하고, 아름다움이 덜하다.

보통 대학교재나 교양서적, 소설등에 많이 사용한다.

3) 호부장제본

속장을 먼저 철사로 꿰매고 등에 풀칠을 하여 눌러 말린다음, 표지를 씌우고 표지와 속장을 함께 다듬재단을 하는 것이 일반적이나, 간편하게 속장의 앞뒤에 낱장으로 된 표지를 대고 속장과 함께 철사로 맨다음, 이 철사가 보이지 않을 정도로 폭이 좁은 클로스(cloth)등으로 처리하는 방법도 많이 사용하고 있다.

4) 중철제본

주간지등에서 많이 이용하는 방법으로, 속장에 표지를 대고 펼쳐놓은 다음에 한 가운데를 실이나 철사로 맨다음, 한가운데를 접어 표지와 함께 다듬제단을 하여 마무리하는 제본이다.

5) 무선철제본(perfect binding)

책의 속장을 실이나 철사로 매지않고 등부분을 강력한 접착제(adhesive)로 강압접착시켜 굳히고, 표지를 싼다음 속장과 표지를 함께 다듬제판 하는 것으로, 무선철이란 실이나 철사로 꿰매지 않은데서 붙어진 이름이다.

무선철제본은 책의 열림이 양장만은 못하지만, 호부장보다는 양호한 편으로 모든 공정을 자동화함으로 처리시간이 매우빠르기 때문에 일반화되어 가고 있다.

이밖에도 노트나 일기장 수첩등에 많이 사용하는 스프링 제본도 사용범위가 다양화 해가고 있다.

표 13—1. 제본양식의 비교

구 분	양장제본	반양장제본	호 부 장	무 선 철
엮 음	실로꿰맴	철사 또는 실	철사로 꿰맴	접착제로 접착
면 지	반드시 있음	있는것, 없는것	있는것, 없는것	있는것, 없는것
면지붙이기	전 면	끝만, 전면	끝 만	끝 만
표 지 가 공	가 공	불필요	불필요	불필요
표 지 크 기	속장보다 크다	같 다	같 다	같 다
마무리재단	표지·속장별도	함 께	함 께	함 께

2. 책의 각 부 명칭

① 표지(book cover)

서적(책)의 알맹이(속장)를 보호하고 내용을 표시하며, 더욱 장식등을 목적으로 하는 책의 외장을 가리킨다.

표지의 제1차적 목적이 책의 몸체를 보호하는 데 있기 때문에, 비교적 두꺼운 종이나 판지(card board)등을 사용하여 만든다.

또 가죽, 천, 크로스등으로 싸기도 하며 표지에는 책명, 권수, 저자명, 발행소명등을 표시하고, 장식의 효과를 높이기 위해서 이것을 금은박으로 인쇄하기도 한다.

표지는 앞표지와 뒷표지, 또는 표1, 2, 3, 4등으로 각 면(face)을 구분한다.

② 등(back)

서책을 엮은 쪽, 또는 꿰맨 쪽 바깥 부분을 등 또는 책등이라고 한다. 이 등은 책에 따라 둥그스름하거나 모나게 되어 있다. 둥그스름한 것은 둥근등(round back), 모난 것은 모난등이라고 한다.

③ 등글자(back title)

책등에 인쇄되었거나 박(leaf)으로 표시한 글자를 말함다. 대개의 경우 앞표지와 마찬가지로 서적명, 저자명, 발행소 등이 표시되어 있다.

④ 돋음띠(band)

양장제책에 있어 등에 가로로 몇 개의 줄이 도드라져 나온 것이 있다. 이것을 돋음띠라고 한다.

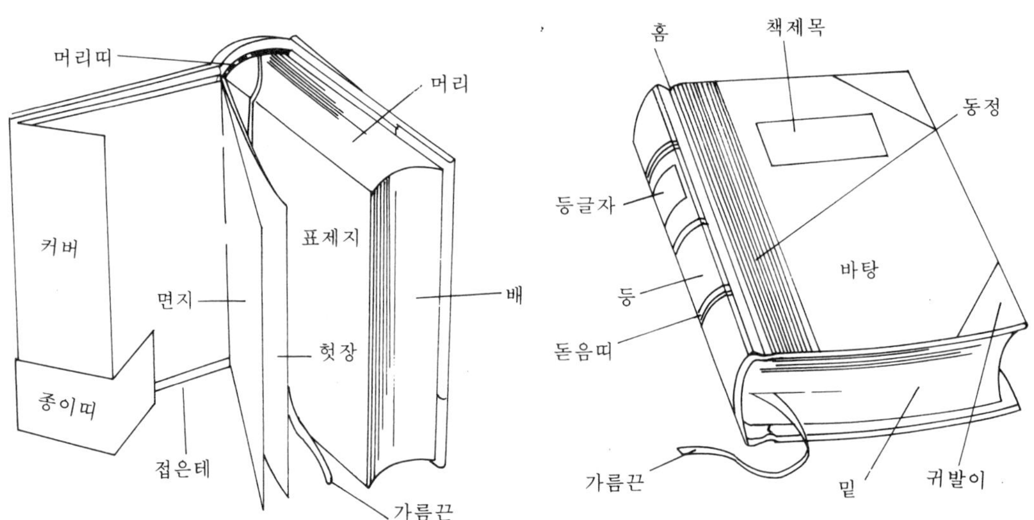

그림 13—1. 책의 각부 명칭

옛날 서구라파에서는 두꺼운 종이나 양피지(lambskin)등을 사용한 큰 책이 많았으므로, 책을 꿰맬 때에 굵은 마사를 사용하여 각 접장(인쇄지의 접은 곳)을 튼튼하게 꿰매어 엮었기 때문에, 제책이 끝난 다음에도 그 부분이 표지의 등에 몇줄의 돋음띠로 되어 남았다. 이것을 돋음띠(band)라고 불렀으며, 후에는 그것이 등글자의 보호와 장식을 겸하게 되었다.

그러나 현재는 실제로 꿰매어 엮은 실이 표지의 등에 도드라지는 일이 없기 때문에, 고전적인 호화본을 만들기 위해 표지를 만들 때에 일부러 골판지 등으로 심을 넣어 위장하여 돋음띠(false band)를 만드는 경우가 있다.

⑤ 등턱

양장제책에서 앞뒤 표지와 등의 경계를 이루는 도드라진 부분을 가리킨다.

⑥ 홈(grove)

양장제책에서 표지의 여닫음을 좋게 하기 위하여 표지용지와 등과의 사이를 밀착시키지 않고 조금 떼어놓아 홈처럼 골을 내는데, 이 골을 홈이라고 한다.

⑦ 머리띠(head band)

양장본에 있어 속장(몸체)의 아래 위 끝에 붙인 천을 말한다. 본래는 색실을 서로 엇바꾸어서 접장을 꿰매어 책을 튼튼하게 함과 동시에 장식의 역할을 하였지만, 현재는 일반적으로 무늬천을 사용한다. 책의 보강에도 다소의 도움이 되지만 장식의 목적이 더 크다.

⑧ 평면(side)

책표지는 등과 앞뒤의 평평한 부분으로 되어 있다고 할 수 있겠다. 이 앞 뒤의 평평한 부분을 말한다.

이것을 흔히 앞표지, 뒷표지라고 한다. 그러나 만일 책표지의 한쪽에 동정이 붙여 있으면 그 동정(outside) 이외의 부분을 가리킨다.

⑨ 동정(outside)

책표지의 한 쪽 부분(엮은 쪽)에 색다른 크로스나 가죽을 붙이는 경우가 있다. 등가죽과 앞표지의 일부분을 덮는 일이 많다. 이것을 동정이라고 하는데, 표지를 보다 더 견고하게 하고 장식의 효과도 있다.

⑩ 책귀(book joint)

양장제본에서 속장의 맬묶(gutter space)양 모서리를 비집어낸 부분으로 이 귀가 표지의 홈부분에 접하여 책이 여닫게 한다. 배킹(backing)작업에서 이일을 한 다음 등굳힘 작업을 하게 된다.

⑪ 귀발이(corner)

양장제책에서 표지의 여는 쪽 아래 위 귀에 크로스나 가죽등을 세모꼴로 붙이는 경우가 있다. 이것을 귀발이라고 한다.

귀발이의 세모꼴 높이는 동정의 너비와 동일하게 하는 것을 원칙으로 한다. 이 귀발이는 장식을 위한 것이다.

⑫ 가름끈(tassel)

책장 사이에 끼워 놓은 끈을 말한다. 책의 읽은 곳등을 표시하는데 쓰인다.

⑬ 머리(head, top edge)

재단하여 완전히 제책된 책의 윗쪽면을 말한다.

⑭ 밑(tail edge)

머리와 반대되는 말로써 책의 아랫쪽면을 말한다.

⑮ 배(fore edge)

등과 반대되는 말로써 책의 여닫는 쪽의 면을 말한다.

⑯ 엮음쪽

책의 엮음쪽 부분을 말한다.

⑰ 면지(end papers, end leaves)

책의 속장과 표지를 접합하기 위해서 표지의 안쪽에 붙이는 종이이다. 붙어있는 쪽에 따라 앞면지, 뒷면지라고 한다. 면지의 절반은 표지에 붙어있고 한쪽은 그대로이다. 면지는 책의 속장과 표지를 견고하게 붙도록 하는 외에 장식의 효과도 있다.

⑱ 헛장(fly leaves)

앞 뒤 면지와 책의 속장 사이에 인쇄하지 않은 종이를 한장 넣는 경우가 있다. 이것을 헛장이라고 하는데 책의 체재를 돋보이게 하기 위해서 사용한다.

⑲ 표제지(title page)

책의 본문 인쇄지 앞에 붙이는 종이로서 서적의 제목, 부제목, 저자명, 출판사 등이 인쇄된 페이지이다. 면지, 겉장 화보 등과 속장 사이에 둔다. 이것을『도비라』라고 부르는 이도 적지 않다.

⑳ 책가위(book jaket, dust cover)

책 표지 위에 덧씌우는 외피에서 온 말이다. 책옷이라고도 할 수 있겠다. 그러나 구한말에는 표지를『册衣』라고 한 때도 있었다.

보통 책카바(book cover)라고 하며 책이름·도안등을 인쇄한 것과 종이 바탕을 그대로 한 것이 있다.

㉑ 띠피(book band)

책의 표지나 케이스의 아랫쪽에 감는 띠모양의 종이이다. 여기에 보통 서적명, 그리고 내용의 간단한 소개, 또는 비평의 일부등을 인쇄하여 광고의 효과를 거둔다.

㉒ 판권장(colophon, imprint)

서적, 잡지의 출판사항을 기재한 것이다. 일반적으로 책의 발행 연월일, 저자, 출판사 주소, 등록번호, 가격 등 출판에 관한 사항을 인쇄하여 붙인 것이나 인쇄한 면을 말한다. 보통 판권지는 본문의 뒷쪽에 있지만, 잡지등은 판권지를 따로 두지않고 표제지 또는 목차의 한쪽을 사용하기도 한다.

3. 제본공정

대개의 인쇄물은 제본되어 책이 완성된다. 이 제본공정은 인쇄물에 따라 다르나, 여기서는 보통 하고있는 책·잡지의 양장식제본에 대해서 말한다.

1) 인쇄책

인쇄기에서 인쇄되어 나온 인쇄물을 페이지대로 접어 한책의 견본을 만들고, 잘못된 것이나 쪽빠짐등이 있나 없나를 주의하여 확인한다.

2) 나눔절단(cutting)

본문의 인쇄지는 전판(full size) 또는 반재판이므로, 그대로는 너무 커서 접기가 힘들기 때문에 접기쉬운 크기로 절단한다. 이것을 절단분할이라고도 하며, 이 절단분할의 공정은 제본의 모든 공정중에서 가장 중요한 것이다.

3) 접기(folding)

절단분할이 끝난 인쇄지는 손 또는 접지기로 페이지 순서가 되도록 하고, 인쇄물의 모서리가 지각이 되도록 잘 접는다.

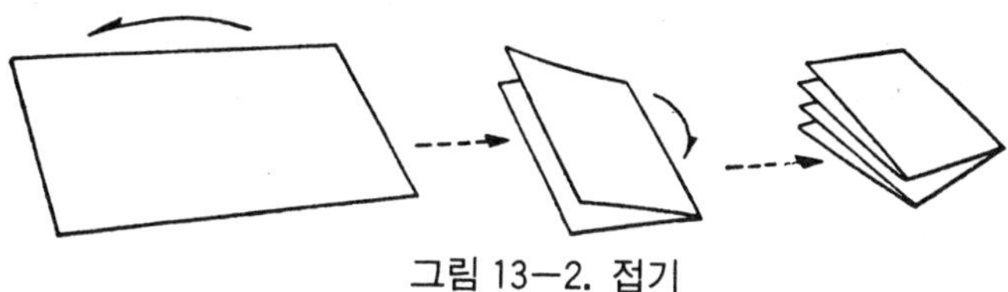

그림 13-2. 접기

4) 딴쪽접기

본문과는 별도로 인쇄하여 본문의 전후 혹은 중간에 부속인쇄물(그림·속표지·중간속표지·접는표·색인쇄그림판)등을 끼워 넣은 것을 말하며, 2페이지의 것, 4페이지의 것 혹은 본문보다 큰 접어넣기 그림판 등 여러 가지의 것이 있다.

5) 쪽맞추기(gathering)

쪽맞추기는 한책분의 페이지가 순서로 이어지도록 한묶음씩 합치는 것을 말한다. 일반적으로는 손쪽맞추기와 기계쪽 맞추기로 분리된다.

① 손쪽맞추기

우선 눈짐작으로 100매단위를 한 묶음으로 해서 쪽번호(page number) 순으로 부채꼴로 배열하고, 끝에서 한 장씩 집어 간다. 이때 장수가 적을 때는 한 번에 쪽맞추기가 되지만 분량이 많으면 두 번으로 나누어서 쪽맞추기 한다. 또 얇은 용지등을 한 장씩 집어내는 방법과 두껍게 접은 것을 한 장씩 뽑아내어 집어가는 방법도 있다. 쪽맞추기가 대략 끝나면 겹장, 빠진 것(쪽빠짐)이 없는가를 검사(collating)한다.

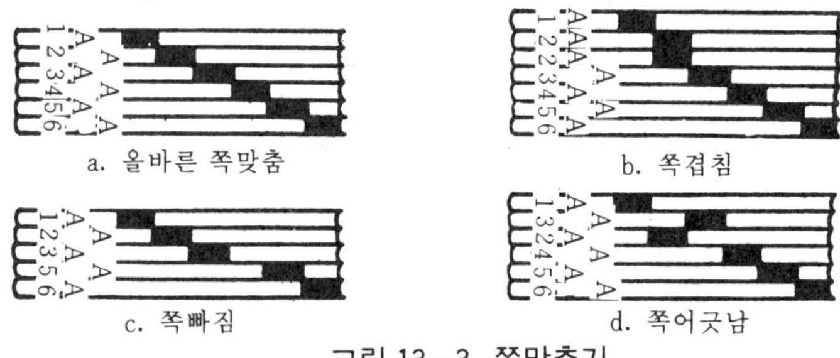

그림 13—3. 쪽맞추기

② 기계 쪽맞추기

손쪽맞추기의 방법에 따라 접은 묶음을 각 박스에 넣은 다음 마지막에 접은묶음부터 순번으로 컨베이어(conveyor) 위에 모으는 장치(gather system)로써, 이 기계는 박스의 하부에 흡착장치가 있어 각 박스의 최하부에 접은 것이 떨어지도록 되어 있다. 집어내기, 떨구는 것은 집기 클립의 조정장치에 의해 자동적으로 확인할 수 있도록 되어 있다.

쪽맞추기에는 특히 주의할 것은 쪽어긋남과 쪽빠짐등이다. 쪽어긋남은 접은 묶음의 순서가 잘못되었을 경우를 말하고, 빠져있으면 쪽빠짐이 된다.

(6) 면지붙이기

면지(end paper)는 속장과 겉장을 연결하는 부분이며, 속장의 내구성을 좌우하는 중요한 부분이다. 따라서 본문용지보다 두껍고 질긴 종이를 책에 대해서 세로결이 되도록 하고, 이것을 두 개로 접어서 속장의 앞뒤에 놓고 각각 매는 부분을 풀로 접합한다. 면지에는 바름면지(붙이는 면지), 감는면지, 이음면지등이 있다.

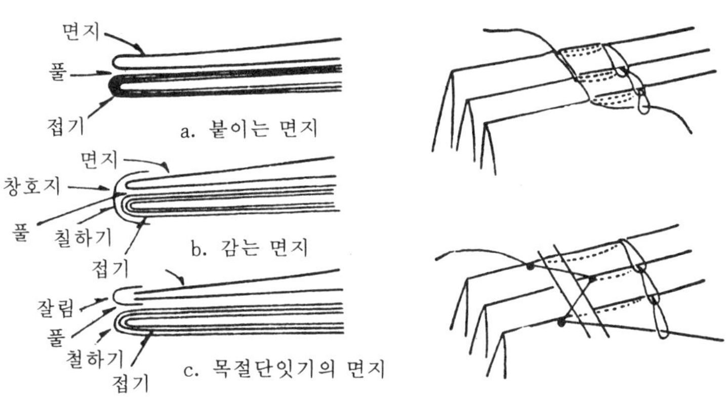

그림 13—4. 면지의 종류　　그림 13—5. 실로 철하기

7) 실철하기(thread sewing)와 철사철(wire stitching)하기

올바르게 쪽맞춤한 것을 한권의 묶음으로 철한다. 이것에는 실철과 철사철이 있다. 실철하기는 철기계에 걸어 각 묶음의 등을 실로 얽혀서 연결시키는 것이다.

철사철은 잡지와 같이 철사철기계로 철할 뿐이며, 간단하지만 기계의 바늘이 녹슬거나 뚫기가 곤란한 결점도 있다.

그림 13-6 철사철기

8) 고르기(pressing)

고르기란 실로 엮은 책의 등을 압축하거나 나무망치로 두들겨서 균일한 두께로 하는 작업이다. 또 접은 쪽사이에 있는 공기를 없애고 凹凸을 없애기 위해 누름기계에 걸어 압축시켜 고르게 한다.

9) 굳힘(gluing)과 다듬절단(trimming)

몇 책 분을 모아서 등에 아교를 엷게 하여 굳히고, 3면을 절단하여 요구되는 치수대로 다듬절단한다.

10) 책끝장식(edge decoration)

책의 3면의 끝을 잘 갈고 닦아서 유백액을 칠하고 금박을 붙인다. 이밖에 염료를 칠하거나 대리석(marble)무늬를 만들어 책을 아름답게 꾸민다.

11) 원형내기(rounding)와 배킹(등붙임 backing)

책끝장식이 끝나면 원형내기라는 작업을 해서, 등과 언저리에 반원형의 모양을 낸다. 기계도 사용하나 보통 손으로 둥글게 하면서 등을 쇠망치 혹은 나무조각으로 가볍게 문지른다. 각진 등의 책은 이 조작을 하지 않는다. 다음에 책등의 양끝을 양쪽에 기울면서 표지두께 만큼의 귀를 낸다. 이것을 배킹이라 하며, 보통 기계로 한다. 배킹기는 원형을 낸 책을 끼워서 귀를 내기 위해 등을 두둘기는 기계이다.

그림 13-7. 원형내기

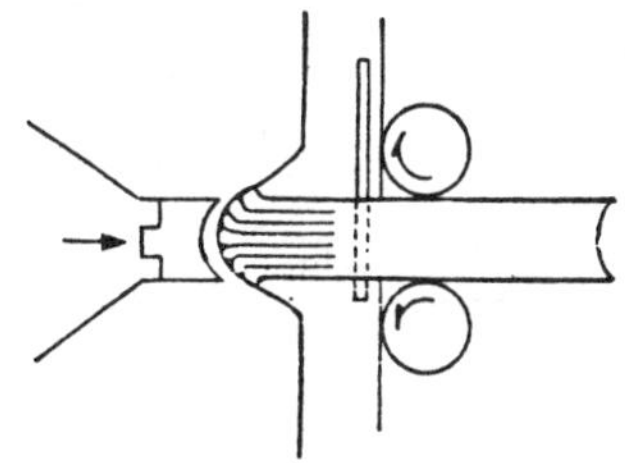

그림 13-8 배킹

12) 등굳힘

몇 권의 책을 겹쳐서 등에 아교(glue)를 칠하고 천을 붙여 압축기에 걸어서 다시 아교를 칠한 뒤, 적당한 두께의 종이를 붙이고(back lining) 그 위 아래에 머리띠(꽃천; head band)을 붙이는데 이 작업을 등굳힘이라 하며, 이것으로 책의 속장이 완성되는 것이다.

13) 표지붙임(case making)

표지는 먼저 책의 치수에 맞추어서 마닐라지, 글로스(book binding cloth) 혹은 가죽 등 장정의 재료를 소정의 치수로 잘라, 그 뒷면에 아교를 칠해 표지 및 뒷표지의 위치에 마닐라 판지를 한장식 놓고, 등에는 등지를 대고 사방에서 클로스를 접어 넣어 붙인다.

등폭은 책의 두께에 맞추어서 치수를 결정하나, 만일 등폭을 잘못결정하면 모처럼 만든 표지도 사용치 못하게 된다.

이것에 금박을 누르는데, 조각한 구리 凸판을 가열해서 이것에 금박을 놓고 박누름을 한다. 이외에 색박누르기나 천표지등도 사용된다.

14) 포장(casing), 풀칠

등굳힘이 끝난 속장은 등의 접착제가 건조된 후에 이것에 표지를 붙인다. 이 작업을 포장이라 한다. 다음에 표지의 홈에 아교를 칠해두고 등굳힘 할 때에 밀착시켜 뜨거운 인두로 홈을 문질러서 융착시킨다. 다음에 면지에 풀을 칠하고 표지를 합쳐서 가압해서 밀착시킨다.

최후에 한 책씩 검사를 하고 특히, 표지의 박누르기나 인쇄에 결점이 없는가 등에 대해서 주의하고, 최후에 포장해서 마무리를 한다.

책등에는 그림 13—10에 표시한 것처럼 타이트백(tight back), 홀로백(hollow back), 플렉시블백(flexible back)의 세가지 양식이 있으며, 일반적으로 많이 사용하는 것은 홀로백이다.

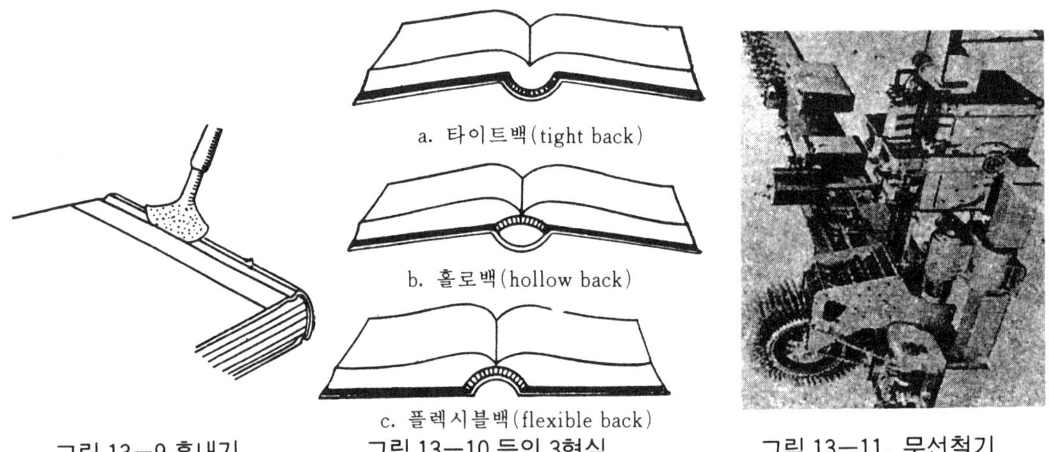

a. 타이트백(tight back)

b. 홀로백(hollow back)

c. 플렉시블백(flexible back)

그림 13—9 홈내기

그림 13—10 등의 3형식

그림 13—11. 무선철기

4. 기계제본

일반적으로 제본공정은 접기, 쪽맞추기등 많은 손작업을 거치고 있으나, 근래 출판물의 수요가 증가됨에 따라 대부분이 기계화되여 균일한 제품을 높은 능률로 생산하게 되었다.

특히, 일반서적 등 그 제본공정이 간단한 점에서 양산화가 되었고 접기, 쪽맞춤, 포장, 3면 절단 등을 일괄공정으로서 하고 있으며, 더욱 좋은 질의 접착제(adhesive)가 개발되어 무선철(adhesive binding)에 의한 전면 기계화된 설비를 사용하게 되었다. 뿐만 아니라 개개의 작업기계를 특수하게 설계된 컨베이어피더(conveyor feeder)로 연락함으로서 제본의 전공정을 자동화하였다.

13—2. 표면가공

인쇄물의 효과를 표면가공을 통해서 아름다움을 더한층 높일 수 있으며, 인쇄물의 고급화와 피인쇄체의 다양화에 따라 그 필요성이 증대되고 있다. 또한 근래 합성수지와 도료의 개발에 의해 특히 지기관계의 가공에 커다란 수요를 갖게 되었다.

1. 표면가공(surface treatment)의 목적

인쇄물의 내용·목적·용도에 따라 표면가공에는 여러 가지 형태가 있으나 일반적으로 보아 다음과 같은 기능과 목적이 있다.

① 인쇄지면의 광택내기
② 잉크퇴색의 방지
③ 습기방지
④ 인쇄면이나 지면의 강도를 크게 한다.
⑤ 인쇄효과나 장식효과를 높인다.
⑥ 약품에 견디는 힘을 크게 한다.

이러한 표면가공의 목적을 만족시키기 위하여 일반적으로 다음과 같은 표면가공을 하게 된다.

① 광택니스칠·인쇄
② 비닐필름 입히기
③ 셀룰로이드 입히기
④ 왁스칠
⑤ 금·은 붙임

2. 가공법

1) 광택니스칠(varnishing)

인쇄물의 광택내기 가공으로서 널리 사용되고 있는 것이며, 인쇄물의 전면 혹은 일부에 한다. 광택니스로서는 무색 투명하고 속건성으로 에스테르고무(ester gum)·코펄(copal)(천연수지로 녹는점이 125∼150℃)등 합성수지나 천연수지를 용재로 녹인 것을 사용한다.

2) 비닐코팅(vinyl coating)

건조 니스와 20%이내의 초산비닐수지(vinyl acetate resin)혼합물을 사용하며, 비닐액은 무색투명으로서 인쇄효과를 손상시키지 않고 내구성을 증가시키는 것이어야 한다.

3) 비닐필름입히기(vimyl film lamination)

이것에 사용되는 필름은 거의가 염화 비닐필름(vinylchloride film)이 사용되며, 그림 13—13과 같이 필름을 합쳐 붙인다.

비닐코팅에 비해서 투명도·광택등이 좋으며, 대전성이 없고 내유성에 뛰어나며, 중량감이 있고 특히 장기보존등에 대단히 적합하다.

그림 13—12. 비닐코팅

4) 셀룰로이드입히기

인쇄물에 셀룰로이드(celluloid)를 접착제로 붙이고 로울러로 가압밀착시킨다. 비닐가공에 비해서 광택도 좋고 튼튼하며, 인쇄면의 보호도 훨씬 좋다. 접착제로서는 초산알루미늄을 많이 사용한다.

5) 왁스칠(waxing)

왁스칠재료는 파라핀왁스(parafin wax)를 주성분으로 한 것을 가열용해한 것이며, 내수성이 좋기 때문에 방습·방수·내유지성을 주기 위해서 하는 것이다. 특히, 왁스가공은 종이컵·쥬스컵·식료품의 포장가공에 많이 이용되고 있다.

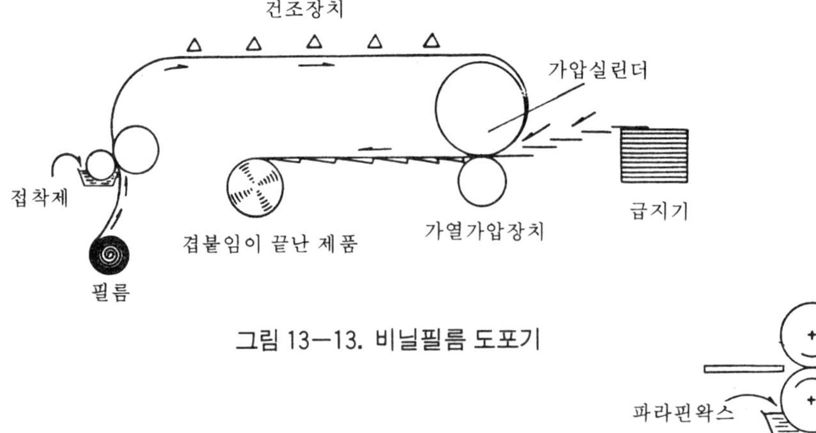

그림 13—13. 비닐필름 도포기

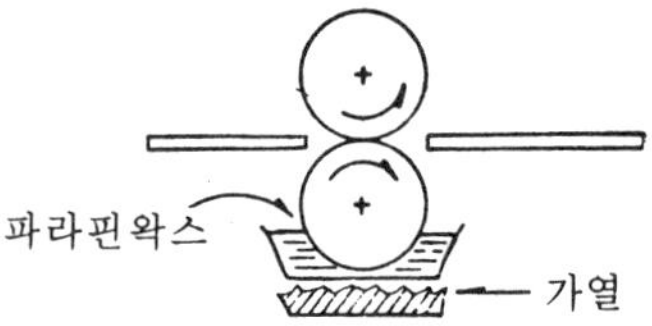

파라핀왁스
가열

그림 13—14. 왁스칠

13—3. 지기(carton;paper container)가공

상품 판매방법의 변천과 함께 지기인쇄 분야의 중요성이 증가되었다. 특히 최근의 지기제품은 내용품의 우수성을 확인시키는 유력한 선전의 역할을 하고 있고 더욱 보존저장, 사용상의 편리등을 목적으로 하고 있으며 그 종류는 ① 골판지(corrugated brown) 상자 ② 판지(carton) 상자 ③ 조립상자 등이 있다. 또한 지기재료로서는 보통 판지마닐라보오드지(A마닐라(manila)·제트마닐라·MC마닐라)·카아드보오드지 등이 사용되고 있으며 무게는 200~300 파운드의 것이 보통이다.

판지의 인쇄방법으로서는 평판이나 凸판이 사용되며, 지기인쇄의 특징상 민짜인쇄가 많으므로 凸판방식의 것이 선이나 틈메우기 광택 등이 좋으나, 원가·제판일정의 관계로 보통 평판이 많이 사용되고 있다.

또 인쇄잉크로서는 내광성·내마찰성·내유성·내약품성·무독성 등의 것이 사용된다.

1. 접는 지기(folding carton)

튼튼한 접는 상자용 판지에 인쇄하고 틀에 의해 따내서 조립상자로 한다. 두꺼운 종이가 필요한 때에는 합판지를 사용한다. 종이의 결, 신축, 접착제와 건조에 주의하고 작업에 지장이 없도록 한다.

1) 틀따내기·접는 금내기(die cutting and creasing)

이것은 일정한 모양으로 따내는 작업이며, 형판기에는 평압식, 원압식이 있다. 모양판을 기계에 걸고 따내기틀의 날에 대응하는 숫틀을 삽압부에 장치한다. 그림 13-15의 실선부는 칼날로 잘리우고 점선부는 누름날로 접는 금이 생긴다.

모양따내기와 접는 금내기는 같은 기계로 하지만, 두꺼울 경우는 따로 금내기를 할 때도 있다. 모양따내기, 접는 금내기가 끝난 것은 바탕에서 떼어 제함기에 건다.

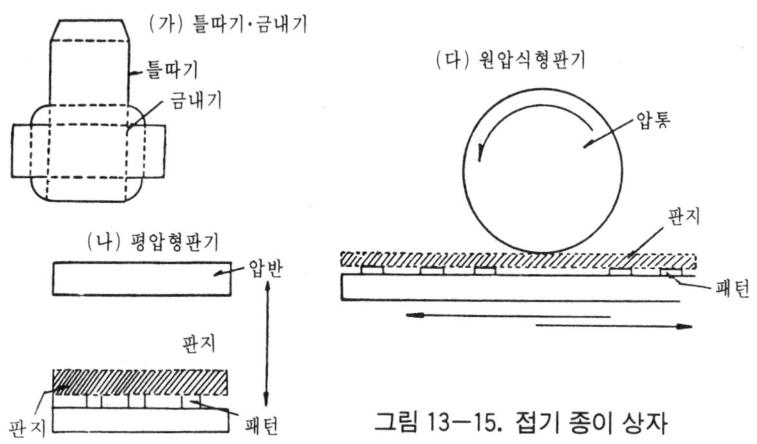

그림 13—15. 접기 종이 상자

2) 제함(sack making)

접는 상자를 만들 때 종이를 접은 후 바탕에 풀을 칠해서 필요한 모양으로 만드는 기계를 제함기라 하며, 싱글과 더블홀딩이 있다.

만약 필요한 상자의 모양이 네 가지 공정이 필요하다고 하면, 싱글은 두곳에 금을 접은 후 바탕을 합쳐 붙이는 것이며, 더블홀딩(double folding)은 네 가지 공정의 모든 금을 접어서 합쳐 붙이는 것이다. 현재는 이 더블홀딩이 일반적으로 널리 이용되고 있다.

그림 13—16. 제함기

접착제에는 아교에 산류(acid)를 약간 첨가한 것이나 혹은 초산비닐 에멀션을 사용한다.

캬라멜케이스와 같은 형식의 종이상자는 인쇄가 끝나면 소정의 치수로 하여 단책형으로 재단한다. 겉상자 제조공정은 급지→줄내기→풀칠→접기→풀억제→절단으로 된다. 또 속상자 윤전식 따내기기계는 바로잡기, 압통줄내기, 따내기등의 각부로 되고 두루마리로 보내온 종이는 줄내기부와 압통사이에서 줄내기를 하고, 암수 양틀커터로울러를 지나 여백을 남기고 따게 된다.

13—4. 눌러박기

인쇄물을 한층 아름답게 하는 방법으로 눌러박기가 있다. 이것은 표지 또는 표지의 등에 금글자나 은글자를 넣는 것이며, 오래전부터 하고 있다. 또한 평평한 부분에 자국무늬를 넣는 방법도 있으며, 이것은 주로 제본을 비롯하여 장정의 효과에 이용되고 있다.

1. 눌러박기(stamping:blocking)

순금박도 사용되나 일반적으로 알루미늄의 착색박이나 구리합금의 것이 사용되고 있다. 이 눌러 박기는 금 특유의 광택, 유연성, 결이 세밀한 것이므로 장정효과를 올릴수가 있으며, 알루미늄이나 구리합금으로 만든 박(leaf:foil)은 뒤에 접착제가 칠해져 있어 눌러박기를 쉽게 할 수 있다. 금속뿐만 아니라 피복력(coverage)과 광택이 풍부한 잉크를 인쇄와 같은 방법으로 눌러박기를 하는 잉크박기, 단순히 쇠판을 가열하여 틀누름하는 민박기(blind stamping:tooling)등이 있으나, 민박기 만으로 하는 경우는 드물고 금박박기나 색박기를 동시에 함으로 한층 효과를 내는 것이 일반적이다.

박박기에 있어서 먼저 필요한 쇠판(stamping block)의 판재는 인쇄량이 많을 경우는 강철을 택하나, 일반적으로 구리에 조각해서 사용한다. 작은 량의 경우는 전기판이나 구리凸판으로 대용할 수도 있으나, 실제로는 드물며 조각높이는 대략 활자와 같다.

박 박기기계는 수동식과 자동식의 두 가지가 있으며, 구조는 두 가지 모두가 표지를 올려 놓는 판반(form bed)과 금박판을 짜넣은 체이스(chase)를 유지하고 가열할 수 있는 구조의 상반과, 그 상반인 압반(platen)을 상하로 이동시켜서 압력을 주는 구조로 되어 있다.

제 14 장
인쇄재료

제14장 인쇄재료

14—1. 제판재료

1. 지지체(up holder)

1) 마그네시움(Mg)

은백 색의 금속으로 비중 1.75, 녹는 점 651℃ 끓는 점 1,120℃이며, 습기가 있는 공기중에서는 산화피막을 형성하기 때문에 광택을 잃어버린다.

물에는 거의 녹지 않으나 끓는 물과 반응시키면 수산화마그네슘($Mg(OH)_2$)이 되고, 가열한 마그네슘에 물을 작용시키면 산화마그네슘으로 되면서 수소를 발생한다.

$$Mg + 2H_2O \rightarrow Mg(OH)_2 + H_2\uparrow$$
$$Mg + H_2O \rightarrow MgO + H_2$$

공기중에서는 많은 열과 밝은 빛을 내면서 타고 흰 색의 산화마그네슘이 된다.

$$2Mg + O_2 \rightarrow 2MgO$$

이 밝은 빛은 1,340℃의 강한 연소열과 자외선 광을 내므로 사진촬영용 광원으로 사용하며, 분말마그네슘을 산화제($KClO_3$, $KMnO_4$, NH_4NO_3 등)와 혼합한 것을 현광분말(Flash powder)이라 한다.

인쇄에서 마그네슘판의 사용은 비교적 근대의 일로, 아연판보다 현저하게 부식이 빨리되나 제판하기 전에 잘 연마(graining)하여 산화피막을 완전히 제거해야 한다.

이것은 환원제로서 중요하며 인쇄지지체 활자합금, 조명용으로 널리 이용하고 인쇄용 마그네슘판은 마그네슘 85.4% 이상, 알루미늄 2.8%, 망간 0.3%, 아연 1.0%의 것이 비교적 인쇄적성에 알맞는다.

2) 알루미늄(Al)

청백색의 금속으로 비중 2.7, 녹는 점 658℃, 끓는 점 1,800℃이며, 연성(ductility), 전성(malleability)이 풍부하고 열전기의 양도체이다.

알루미늄의 경도는 아연과 납의 중간정도이나, 경금속이기 때문에 인쇄판으로써는 적절한 연마제를 사용해야 한다.

공기중에는 쉽게 산화되어 산화알루미늄의 피막을 형성하며, 이 피막은 내부를 보호하여 산화부식에 견디는 성질을 가지게 된다.

알루미늄은 염산, 황산, 가성소다에는 용해되지만 진한질산이나 유기산에는 용해되기 어렵다.

$$2Al+6HCl \rightarrow 2AlCl_3+3H_2$$
$$2Al+2NaOH+2H_2O \rightarrow 2NaAlO_2+3H_2$$

산소와의 결합력이 강하고 많은 량의 열을 내므로 금속을 환원하는데 쓰이며, 이 방법을 테르미트(thermit)법이라 한다.

$$4Al+3O_2 \rightarrow 2Al_2O_3+2\times 380Kcal$$
$$Cr_2O_3+2Al \rightarrow 2Cr+Al_2O_3$$

인쇄용 알루미늄판으로 凸판 및 평판 특히 PS판에 많이 이용되고 있다.

이것은 비중이 아연의 1/3 정도이므로 대단히 가벼워 판을 다루기가 어렵고, 표면의 산화피막이 매우 안정되어 정면 및 연마하기가 힘들고, 판도 무르고 굴곡성이 적기 때문에 부러지기(접힘) 쉬운 결점이 있다. 그러나 아연판에 비하면 친수성이 크고 연마한 사목의 정밀도가 뛰어나 인쇄적성에 알맞기 때문에 PS판을 비롯하여 금속인쇄판에 가장 많이 사용하고 있다.

또한 Al-Cu, Al-Zn, Al-Cu-Zn 등의 인쇄판 합금, 사진조명용, 인쇄판 연마제 등으로 사용되고 있다.

3) 아연(Zn)

청백색의 결정형으로 금속광택을 가지며, 비중이 6.9~7.2, 녹는 점 419℃, 끓는 점 925℃이고 비교적 펴짐성, 뽑힘성이 크다.

공기중에서 산화아연이나 염기성탄산아연 막이 형성되어 내부를 보호한다.

$$2Zn+CO_2+H_2O+O_2 \rightarrow ZnCO_3Zn(OH)_2$$

산이나 알칼리에 녹아 수소를 발생한다.

$$2Zn+2HCl \rightarrow ZnCl_2+H_2$$
$$2Zn+2NaOH \rightarrow 2NaZnO+H_2$$

아연에 카드미움(cd)이 소량 포함되면 열에 견디는 힘이 강해지므로 인쇄용으로서는 소량의 카드미움을 가진 것이 좋다. 순수한 아연은 제판중에 행하는 버닝(burning)이 어렵게 되는데, 이것은 결정 변화가 일어나 경도가 감소하고 기계적 강도가 떨어지기 때문이다.

따라서 인쇄판으로 합금을 많이 사용한다.

(1) Zn-Pb-Cd 합금

아연 99% 이상, 납 0.5 이하, 카드미움 0.5% 이하의 합금으로 130℃에서 재결정이 일어나고 200℃에서 재결정현상이 현저하므로, 이것은 凸판에서 부식에 견디는 힘이 저하되는 원인이 된다.

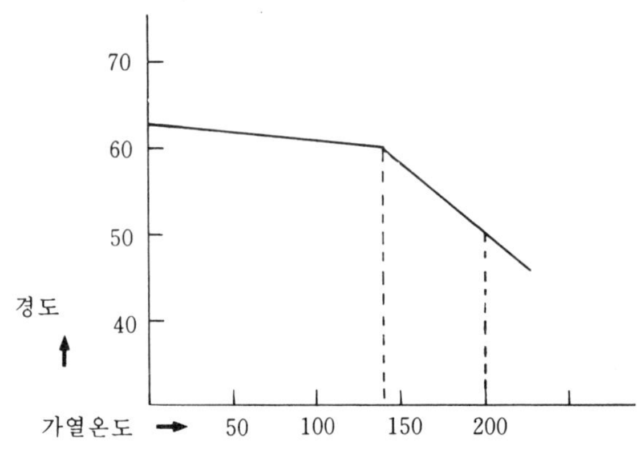

그림 14-1. Zn-Pb-Cd의 재결정

(2) Zn-Al-Mg 합금

아연 99.6% 이상, 알루미늄 0.08% 이하, 마그네슘 0.08% 이하의 합금으로, 가열온도에 따라 경도가 높아지고 재결정온도에서도 기계적강도가 그렇게 많이 저하되지 않으므로, 부식에 견디는 힘이 커 凸판에서 파우다레스(powderless)법에 많이 사용된다.

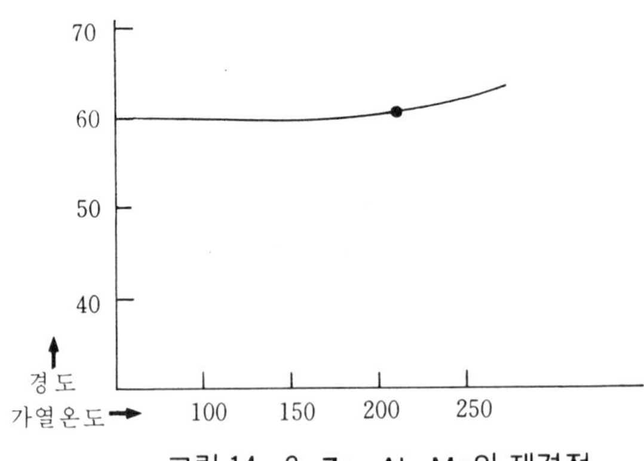

그림 14-2. Zn-Al-Mg의 재결정

4) 구리(Cu)

붉은 색의 광택이 있는 금속이나 공기중에서 표면이 산화되어 광택을 잃는다.

비중 8.93, 녹는점 1,083℃, 끓는점 2,310℃로 펴짐성, 뽑힘성이 크며, 열전기의 양도체이다. 습한 공기중에서 염기성탄산구리($CuCO_3Cu(OH)_2$로 되어 녹색이 된다.

공기중에서 가열하면 산화구리가 되며, 산화력이 있는 산에는 녹는다.

$$Cu + 2H_2SO_4 \xrightarrow{\text{가열}} CuSO_4 + 2H_2O + SO_2$$

제이염화철을 부식액으로 사용할 경우 유독가스가 발생되므로 주의해야 한다.

$$2Cu + 2FeCl_3 \rightarrow CuCl_2 + 2FeCl_2$$

이것은 그라비어나 凸판에 많이 사용하며, 凸판용으로는 구리 99.3% 이상 니켈 0.2% 이하 카드미움 0.5% 이하의 것으로 경도가 90kg/mm² 이상이 좋다.

5) 납(Pb)

백색의 연한 금속으로 비중은 11.3으로 327℃에서 녹기 시작한다.

Pb^{++}는 인체에 해로우나, 수도관으로 납을 사용할 수 있는 이유는 표면에 불용성인 염기성탄산납〔$PbCO_3Pb(OH)_2$〕를 만들기 때문이다.

$$2Pb + H_2O + O_2 + CO_2 \rightarrow PbCO_3Pb(OH)_2$$

퍼짐성은 크나 뽑힘성은 작으며, 가열하면 산화물이 된다.

수소보다 이온화 경향이 적지만, 표면에 금속을 보호하는 튼튼한 막을 형성하기 때문에, 염산 및 황산에는 쉽게 녹지않는다. 그러나 질산에는 녹으며, 초산에는 공기중의 산소가 녹는 것을 돕는다.

$$3Pb + 8HNO_3 \rightarrow 3Pb(NO_3)_2 + 2NO + 4H_2O$$

납축전지와 인쇄활자합금, 그리고 지형연판에 많이 사용된다.

6) 활자합금(type metal)

활자합금은 활자를 주조(type casting)하기 위하여 납(Pb) 안티몬(Sb) 주석(Sn)이 적당한 비율로된 합금이나 경도를 증가시키기 위하여 소량의 구리를 첨가한다.

활자의 물리적, 기계적 강도는 안티몬과 주석의 양에 비례하지만, 주조를 하기위해서는 유동성이 좋아야 하므로 성분금속의 비를 적절히 사용해야 한다.

납 81.5%, 안티몬 15%, 주석 3.5%의 합금이 가장 좋은 유동성을 갖는다.

또한 유동성을 크게 하기 위하여 0.3~0.75%의 비소를 사용하기도 한다.

활자합금의 녹는 점은 300~400℃이며, 주조 온도가 약간 높아지면 가스가 발생하여 다공질이 되고, 냉각하여도 매끈한 면의 활자를 얻을 수 없는데, 이것은 합금중의 철이나 아연, 니켈같은 불순물이 포함되어 있기 때문이다.

조판에 사용되는 조립활자용은 비교적 단단한 성질을 가져야 하므로 납 67%, 안티몬 28%, 주석 5% 정도가 좋으며, 지형용으로는 납 80%~87%, 안티몬 10~15%, 주석 3~5%, 조각용은 납 60%, 안티몬 30%, 주석 10%의 것이 비교적 좋다.

일반적으로 안티몬의 양을 증가시키면 녹는 점이 높아지고, 주형에서 떨어지기 쉬워지며 주석의 양을 증가시키면 납과 안티몬의 결합을 도우며 유동성을 크게 한다. 안티몬과 주석의 비가 2 : 1이 됐을 때 강도가 가장 높다.

활자합금의 배합은 먼저 납(녹는점 327℃)을 용해로에서 500℃ 정도로 가열한 후, 안티몬(녹는점 630℃)을 함께 넣어 주면 서서히 녹는다. 이 때의 온도가 630℃ 이상되지 않도록 주의한다. 다음에 300~400℃로 냉각시킨 후 주석을 가하여 녹힌다. 만약 녹는 시간이 오래 걸린다고 해서 온도를 500℃ 이상으로 하면, 주석이 산화되므로 좋은 합금을 얻을 수 없다.

안티몬(Sb)은 은백색의 금속으로 응고할 때 팽창하는 성질이 있으며, 상온에서는 공기중에서 변하지 않으나 가열하면 산화물이 된다.

$$4Sb+3O_2 \xrightarrow{\text{가열}} 2Sb_2O_3$$

주석(Sn)은 은백색의 금속으로 비중 7.3, 녹는 점 232℃, 끓은점 2,276℃이며, 뽑힘성은 적으나 100℃로 가열하면 펴짐성은 커진다. 공기중에서 매우 안전하나 높은 온도로 가열하면 연소하여 산화주석이 된다.

$$Sn+O_2 \xrightarrow{\text{가열}} SnO_2$$

진한 염산이나 진한황산 및 알카리에는 녹아서 열을 형성한다.

$$Sn+2HCl \rightarrow SnCl_2+H_2$$
$$Sn+2NaOH \rightarrow Na_2SnO_2+H_2$$

금속 주석은 펴짐성이 풍부하기 때문에 종이같은 엷은 박을 만들어 각종 포장지로 할 수 있으며, 활자합금에 많이 사용한다.

7) 탄성고무

고무나무에서 나오는 유액(latex)을 응고 시킨 것으로, 포름산(formic acid)을 가하면 고무질의 미립자는 응고하여 액으로부터 분리되는데, 이것을 잘 수세한 후 건조시킨 황갈색의 반투명체가 생고무$(C_5H_8)n$이다. 이 때의 n값은 약 3,000정도이다.

고무를 열분해시키면 이소프렌(isoprene)이 되며, 이소프렌을 부가중합시키면 고무상의 물질을 얻을 수 있다.

고무는 물, 알코올에는 녹지 않으나 이유황탄소(CS_2), 크로로포름($CHCl_3$), 벤젠(C_6H_6), 석유등에는 녹는다.

탄력성, 신장성, 장력성이 크므로 인쇄에서 오프셋용, 브랭킷을 비롯하여 각 종 제판에 사용된다. 그러나 천연고무는 그대로 사용할 수가 없어 가황한 것으로, 천연고무에 3~10%의 황을 가하고 잘 혼합하여 140℃ 정도로 가열하면 탄력성이 크며 기계적, 화학적 강도가 커진다.

이것은 황원자가 고무분자와 분자를 연결시킨 결과이며, 생고무에 황 46%정도 포함시킨 것을 특히 에보나이트라고 한다.

8) 석판석($CaCO_3$)

석판석(lithogrphic stone)은 평판기술의 기원을 이루는 판재료로서, 유명한 독일의 제네필더(Alois Seneferder)(1771~1834)가 처음으로 사용했다.

독일 소오렌(Solnhoten)에서 나오는 석판석은 탄산석회($CaCO_3$) 97.22%, 무수규산(SiO_2) 1.9%, 산화알루미늄(Al_2O_3) 0.28%, 산화철(Fe_2O_3) 0.46%로 되어 있으며, 담황색의 균등한 미립자로서 세공을 가지고 있다. 일반적으로 담황색은 질이 연하고, 암색은 단단하다. 석판석 표면에 해먹(lithograpic drawingink)으로 화선부를 만들면 해먹에 포함되어 있는 비누는 가수분해하여 지방산을 유리하고, 이 지방산은 석판석의 주성분인 탄산칼슘($CaCO_3$)과 반응하여 지방산 칼슘이 된다.

$$\times COONa + H_2O \rightarrow \times COOH + NaOH$$

$$2\times COOH + CaCO_3 \rightarrow (\times COO)_2Ca + H_2CO_3$$

지방산칼슘은 물에 녹지않고, 마찰에 잘 견디며, 감지성이 강하여 지방성 잉크를 잘 받게되어 화선부가 되고, 그밖의 부분은 세공이 있으므로 수분을 보유할 수 있다.

다음에 아라비아고무($C_{12}H_{20}O_{10}$)를 엷게 도포한 다음 건조시키고 질산고무액으로 부식(etch)하면 점액산이 석판의 작은 구멍에 달라붙어 물에 녹지않고 수분을 잘 가지며 잉크를 반발하는 비화선부를 만들게 되어 인쇄판으로 사용할 수 있다.

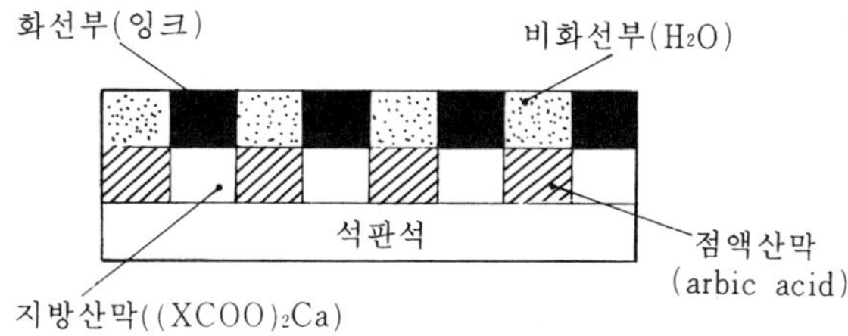

그림 14—3 석판인쇄

2. 판면처리제(abreasive)

1) 연마제(abrsive)

인쇄에서 가장 기초적인 원리는 수분과 지방의 반발력을 이용한 것이다. 석판석은 다공질이므로 수분을 함유할 수 있으나, 인쇄판의 주축을 이루는 금속은 수분을 가질 수가 없으므로, 금속의 표면에 미세한 凹凸의 사목(모랫발 grain)을 세우기 위하여 연마가 필요하다.

凸판용은 박탄이나 침강성 탄산칼슘으로 그라비어용에는 숫돌을 사용했으나, 평판용에는 다음과 같은 연마제가 사용된다.

(1) 카보란담(carborndun)

주성분은 탄산규소(SiC)로서 전기로에서 규산(SiO_2)과 코오크스를 200℃ 정도로 가열하여 얻는다.

다이아몬드 다음가는 경도를 가지며, 연마능력은 크고 깊은 사목을 세울 수 있는 장점이 있으나, 연마도중 입자가 금속판을 파고들어가는 결점이 있으므로 알루미늄판용으로는 사용할 수 없다.

(2) 아란담(alundum)

알록사이트(alaxite)라고도 하며 주성분은 산화알루미늄(Al_2O_3)이다.

이 연마제는 입자가 부서져도 새로운 예리한 단면이 생기므로 연마능력이 비교적 좋다. 아연판용으로 많이 사용하나 경도가 크기 때문에 알루미늄판에서는 조심하여야 한다.

(3) 금강사(garnet sand)

산화규소(SiO_2)가 주성분이며, 칼슘, 마그네슘, 철, 망간등의 산화물을 소량 가지고 있는 것으로, 천연으로 얻는 연마제 중에서는 경도가 7.8~8로 가장 크다.

연마능력은 카보란담이나 아란담같은 인공연마제보다는 떨어지지만, 금속판에 매몰되지 않기 때문에 알루미늄판 연마에 매우 적합하다.

이밖에도 규산(SiO_2)이 주성분인 규사(silicasand)나 석영분말(quartz carshed) 같은 천연연마제가 있다. 그러나 이것들은 연마능력이 떨어지므로 다른 연마제와 혼합하여 사용한다.

그러나 이러한 연마제만 가지고는 연마를 할 수가 없다.

이러한 연마제를 잘 분산시키고 압력을 가할 수 있는 연마구와 윤활제, 그리고 가장 중요한 연마기계가 필요하다. 연마구는 철구와 자기구, 유리구가 이용되며, 윤활유는 소량의 중크롬산($H_2Cr_2O_7$)을 첨가한 보통물을 사용한다.

2) 정면제(counter etching material)

연마한 후 보관한 판은 불균일한 산화피막을 가지게 되는데, 이러한 표면에서는 잉크의 감지성이 좋지않으므로 정면을 하게 된다. 정면을 하면 다음과 같은 효과를 얻을 수 있다.

① 금속면을 깨끗하게 하여 감광액과의 부착성을 크게 한다.

② 빛에 의하여 경화된 내식막을 판면에 잘 밀착시키며, 평판에서 화선부의 내식막을 단단하게 하고, 평凹판에서는 비화선부의 내식막이 부식에 견디는 힘을 크게 해준다.

③ 지방성잉크와 금속판과의 친화성을 좋게하고, 전사나, 직접묘화에서는 화선을 구성하는 잉크가 판면에 충분히 부착하도록 한다.

④ 비화선부에서는 아라비아고무등의 친수성 피막을 견고하게 하여 인쇄 중 불감지화효과를 더욱 좋게 한다.

평판아연판용으로는 70%의 질산수용액 10cc와 가리명반 30gr을 물 1,280cc에 녹혀 사용하며, 질산과 명반은 서로 공존하여 아연표면에 염기성황산알루미늄($Al_2(SO_4)_3$ $2Al(OH)_3$을 만들어 친유성을 가지게 된다. 알루미늄판은 공기중에서 안전한 피막을 형성하므로 정면이 어렵다.

알루미늄판용으로는 빙초산(CH_3COOH) 25cc를 물 500에 묽혀 사용하며, 산화피막이 지나치게 많을 때는 약 3%의 인산(H_3PO_4)수용액을 사용한다.

3) 판면 산화방지제

금속판을 보관할 때 제판처리 후 화선을 보호하기 위하여 사용하게 되며, 아연판용으로는 중크롬산소다($Na_2Cr_2O_7$) 19.5g이나 중크롬산암모늄 18gr을 비중 1.84되는 황산(H_2SO_4) 3cc와 물 1,000cc에 녹여 수용액으로 한다.

알루미늄판용으로는 48%의 부롬화수소(HBr) 8cc와 중크롬산암모늄 65gr을 물 960cc에 녹혀 사용한다.

산화방지제는 중크롬산염중에서 산화제이크롬(Cr_2O_3)과 삼산화크롬(CrO_3)의 혼합물이 금속피막에 입혀져 공기중의 산화를 방지하고, 아라비아고무층의 부착을 좋게하며 전해되어 부식되는 것을 억제하는 성질을 가지게 된다.

$$2(NH_4)_2Cr_2O_7 + H_2O \rightarrow 2(NH_4)_2CrO_4 + 2Cr(OH)_3 + \frac{1}{2}O_2$$
$$2Cr(OH)_3 + (NH_4)_2Cr_2O_7 \rightarrow Cr_2O_3 + CrO_3 + (NH_4)_2CrO_4 + 3H_2O$$

불감지화는 비화선부에서 잉크의 감지를 방지하기 위한 것으로, 이것을 에칭(etching)이라고 한다.

3. 감광제

1) 중크롬산 암모늄〔$(NH_4)_2Cr_2O_7$〕

중크롬산암모늄은 성막물질로 난백이나 아라비아고무같은 탄수화물과 혼합되어 있을 때, 빛에 의하여 6가의 코롬이 3가의 코롬(Cr_2O_3)으로 환원되고, 이 3가의 크롬이 다시 성막 물질을 경화시켜 물에 녹지 않은 화선부를 형성하게 된다.

$$Cr_2O_7'' \rightarrow CrO_4'' + CrO_2 + \frac{1}{2}O_2$$
$$CrO_4'' \rightarrow CrO_2 + \frac{1}{2}O_2 + O''$$
$$2CrO_2 \rightarrow Cr_2O_3 + \frac{1}{2}O$$
$$Cr_2O_3 \rightarrow 2CrO + \frac{1}{2}O_2$$

감광막의 **pH**가 높아지면 반대로 감도는 낮아진다. 그 원인은 수용액 중에서 중크롬산염이 다음과 같은 반응이 일어나기 때문이다.

$$Cr_2O_7'' + H_2O \rightarrow 2HCrO_4'$$
$$H_2CrO_4 \rightarrow H^+ + HCrO_4'$$
$$HCrO_4'(\text{오렌지색}) \rightarrow H^+ + CrO_4''(\text{레몬황색})$$

위의 반응에서 감도에 영향을 미치는 것은 $HCrO_4'$ 이온인데, 알칼리성일 때는 $HCrO_4'$ 이온이 적어짐으로 감도가 떨어진다. 중크롬산염용액에 알칼리를 가해주면 다음과 같이 반응하여 감도가 떨어진다.

$$Cr_2O_7'' + 2OH^- \rightarrow 2CrO_4'' + H_2O$$

중크롬산염을 완전히 CrO_4'' 이온으로 만들어주면 감도는 약 25% 감소하며, 암반응(dark reaction)은 매우 느리므로 보존성은 매우 좋다. 따라서 **pH**를 8~9로 하여 감광액을 보존하면 좋다.

2) 유기감광제

중크롬산염 감광액은 온도와 습도의 영향을 받으며, 사용할 때마다 서로 액을 준비하여야 하며 포그(Fog)가 생기는 등 여러 가지 결점을 가지고 있다.

이러한 결점을 보완하기 위하여 유기 감광제를 사용하게 되었다.

유기감광제는 포지감광제에서 발전한 디아조감광제와 감광성수지가 대부분이다.

이것은 대단히 안전하며, 온도와 습도에도 영향을 받지않고, 보존성이 좋으므로 프리센시타이즈판(pre-sensitized plate)용으로 사용한다. 제판용으로 많이 사용하는 유기감광제는 감광성디아조니움염과 아지드(azide)화합물이다.

이러한 화합물이 감광성을 가지는 이유는 디아조기와 아지드가 빛에 의하여 분해되어서 질소를 내놓기 때문이다.

$$R-\langle\bigcirc\rangle-N_2Cl \xrightarrow{\text{빛}} R-\langle\bigcirc\rangle-Cl+N_2$$

빛에 의하여 분해된 염이 수용액일 때는 페놀유도체를 만들며, 건조상태에서는 할로겐화 유도체를 만든다.

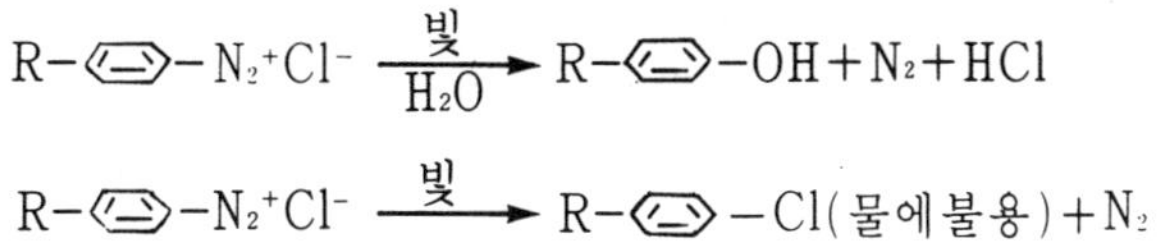

$$R-C_6H_4-N_2^+Cl^- \xrightarrow[H_2O]{빛} R-C_6H_4-OH+N_2+HCl$$

$$R-C_6H_4-N_2^+Cl^- \xrightarrow{빛} R-C_6H_4-Cl(물에불용)+N_2$$

그러나 올소디아조옥사이드(O-diazo oxide)는 다음과 같이 특수하게 분해하여 산을 만든다.

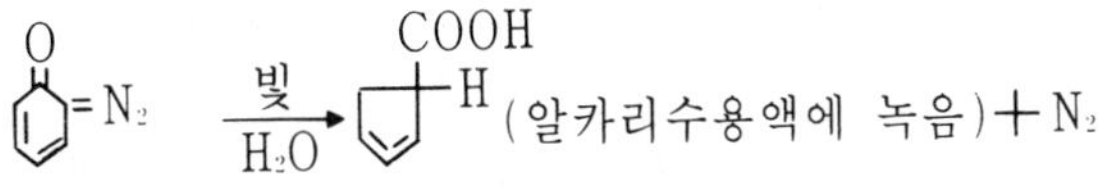

$$C_6H_4(=O)=N_2 \xrightarrow[H_2O]{빛} C_5H_5(COOH)H \ (알카리수용액에\ 녹음) + N_2$$

디아조 감광제의 최대감도는 350~400nm의 단파장이므로 자외선이 풍부한 광원을 사용해야 한다.

(1) 네가포지(N-P)형 감광제

오프셋 인쇄용으로 사용되는 프리센시타이즈판(presensitized plate)에 사용되는 감광제는 대체로 P-아밀디페놀아민과 그 유도체를 포로마린으로 축합하여 얻어지는 디아조수지(diazo resin)을 사용한다.

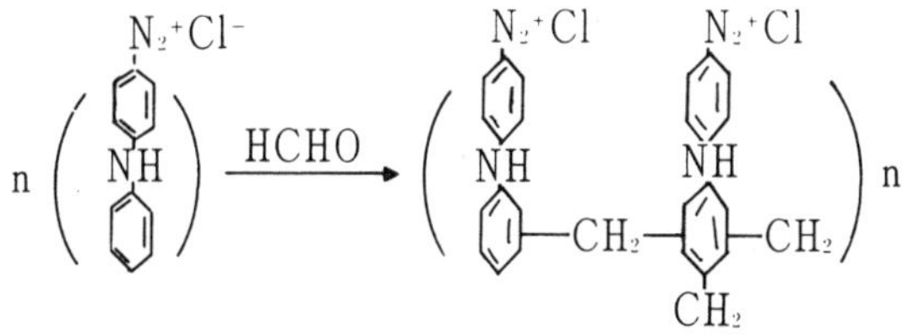

$$n\left(N_2^+Cl^- - C_6H_4 - NH - C_6H_5\right) \xrightarrow{HCHO} \left(\ldots\right)_n$$

이러한 디아조감광제는 빛에 의하여 디아조기가 유리하여 물에 녹지 않으므로 화상으로 된다.

(2) 포지-포지(P-P)형 감광제

포지티브로 빛쪼임하여 포지티브형의 화상을 만드는 오프셋용 프리센시타이즈판을 만들기 위하여 사용되는 감광제로 올소디아조옥사이드(O-diazo oxide)형의 감광제이다.

이것은 빛에 의하여 분해 생성되는 카복실기(-COOH)를 가지기 때문에 알칼리 수용액에서는 녹는다.

이 감광제를 칠한 감광판에 포지티브필름을 통하여 빛을 준 후 인산나트리움(Na_3PO_4)과 같은 약한 알칼리수용액으로 현상한다.

이렇게 현상하면 빛을 받은 부분은 녹아서 탈막되어 포지티브의 인쇄판화상을 얻을 수 있다.

3) 감광성 수지

감광성수지로 제판에 이용되는 것은 포토 레지스트(photo resist)와 포토 릴리프(photo relief)의 두 가지 형태로 나누어진다.

포토레지스트는 주로 凸판제판에 이용되나, 평판용 화상을 만드는데도 사용된다. 그러나 포토릴리프는 凸판제판에 많이 사용된다.

(1) 내식성 감광제(photoresist)

제판감광용으로 가장 잘 알려진 것은 폴리비닐알코올 계피산에스테르(poly vinyl cinnamate)로, 이 수지는 분자내에 있는 계피산에스테르의 2중결합이 빛을 받으면 열리고 선상의 폴리비닐알콜올의 분자가 망상결합구조로 된다.

이러한 것을 광가교반응(photo-crosslinking Reaction)이라고 하며, 이러한 성질을 이용하여 금속판에 유기용제로 녹힌 수지용액을 칠하여 판을 완성한다.

이 감광판에 네가티브필름을 통하여 빛을 주고 톨루엔(toluene)같은 용제로 현상하면 포지티브상의 레지스트(resist)가 얻어진다. 이러한 종류의 감광제는 감광피막이 매우 안전하고 암반응(dark reaction)이 일어나지 않은 특성을 가지고 있다.

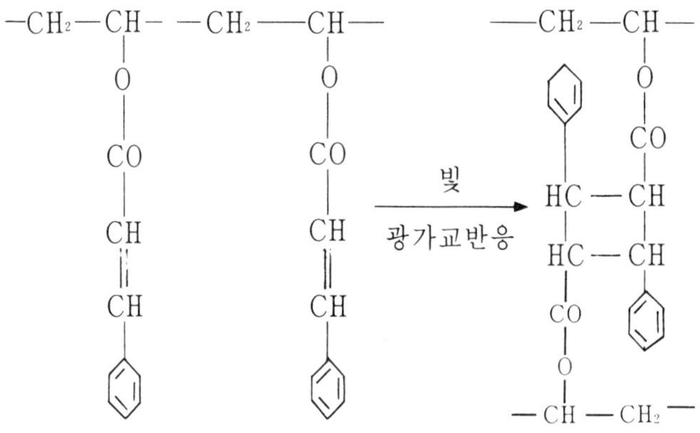

$$-CH_2-\underset{\substack{|\\ O\\ |\\ CO\\ |\\ CH\\ \|\\ CH\\ |\\ C_6H_5}}{CH}-\quad -CH_2-\underset{\substack{|\\ O\\ |\\ CO\\ |\\ CH\\ \|\\ CH\\ |\\ C_6H_5}}{CH}- \xrightarrow[\text{광가교반응}]{\text{빛}} \begin{matrix} -CH_2- & CH- \\ | & | \\ C_6H_5 & O \\ | & | \\ | & CO \\ | & | \\ HC & -CH \\ | & | \\ HC & -CH \\ | & | \\ CO & C_6H_5 \\ | & \\ O & \\ | & \\ -CH & -CH_2- \end{matrix}$$

(2) 凸형감광제(photorelief)

아크릴산(acrylic acid) 또는 에스테르($CH_2=CHOOR$)가 빛에 의하여 2중 결합이 열리고 부가중합하는 성질을 이용한 것이다.

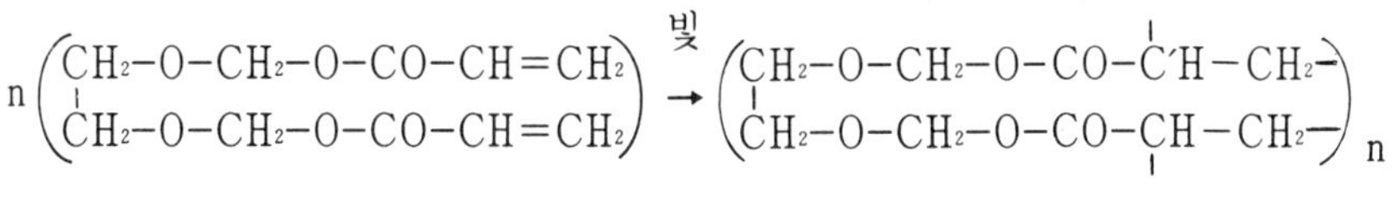

$$n\begin{pmatrix} CH_2-O-CH_2-O-CO-CH=CH_2 \\ | \\ CH_2-O-CH_2-O-CO-CH=CH_2 \end{pmatrix} \xrightarrow{\text{빛}} \begin{pmatrix} CH_2-O-CH_2-O-CO-\overset{|}{C}'H-CH_2- \\ | \\ CH_2-O-CH_2-O-CO-\underset{|}{C}H-CH_2- \end{pmatrix}_n$$

감광층으로는 아크릴에스테르를 세로로즈아세테이트와 혼합하여 광중합개시 물질로, 소량의 안트라키논(AntraQuinon)을 첨가한다. 금속판같은 지지체에 0.5㎜정도의 두께로 칠한 후 이 감광판에 네가티브필름을 통하여 빛을 준 후 0.08N의 가성소다용액으로 현상하여 빛을 받지 않은 부분을 용해제거하면 凸상의 인쇄용 릴리프를 얻는다.

14-2. 사진재료

1. 감광성물질

사진에 이용되는 감광성 염류로 중요한 것은 은염류이며, 이밖에도 크롬산염 및 유기물질이 있다. 일반적으로 금속원소가 두 종류 이상의 원자가를 가지고 있는 것은 대부분 감광성을 가지고 있다. 이러한 염류는 빛에 의하여 제이염은 제일염으로, 제일염은 제이염으로 단일염류보다는 다른 물질을 혼합할 때 감광도가 빨라 지며, 유기물질과 혼합될 때는 더욱 감광도가 빨라진다.

현재 사용되고 있는 사진감광제는 할로겐화은이 대부분이지만, 목적에 따라 철 크롬, 망간, 수은같은 비은염을 사용하는 경우도 있다. 또한 은염 이외에 감광성수지의 이용도가 점점 높아가고 있다.

1) 감광층의 구조

감광재료는 용도에 따라 여러 가지 지지체에 감광유제를 도포하여 만들어지며, 일반적으로 지지체(EB)의 두께는 0.08~0.13㎜, 감광층의 두께는 0.015~0.025㎜ 정도이다. 인화지는 종이에 바라이다($BaSO_4$)를 코팅하여 m^2당 무게로 표시하며, 근래는 종이에 수지를 코팅하여 RC (Resin Coat) 페이퍼라하여 실용화되고 있다.

흑백네가티브의 구조는 보호층, 유제층, 접착층, 지지체 및 할레이션 방지층으로 구성되어 있다.

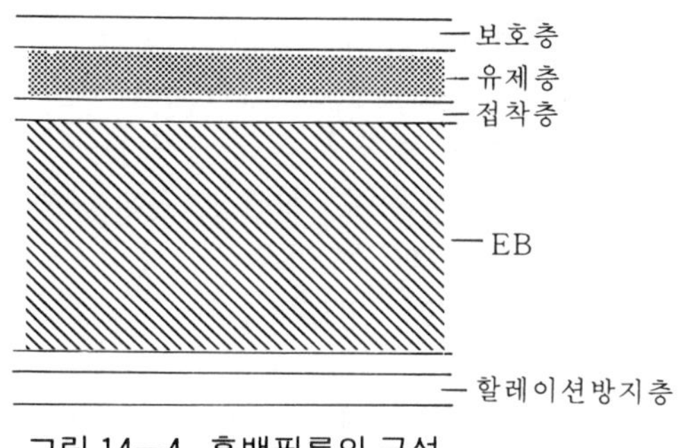

그림 14-4. 흑백필름의 구성

2) 질산은($AgNO_3$)

금속은을 질산에 용해시켜 얻을 수 있으며,

$$3Ag + 4HNO_3 \rightarrow 3AgNO_3 + 2H_2O + NO$$

무색투명한 결정형으로 198℃에서 녹는다.

순수한 건조상태에서는 빛에 의하여 변화가 없으나, 유기물질과 공존할 때는 즉시 빛에 의하여 흑화한다.

$$2AgNO_3 + H_2O \xrightarrow{\text{빛}} 2Ag + 2HNO_3 + \frac{1}{2}O_2$$

알코올에서는 용해하지 않으나 혼합액은 쉽게 용해하며, 수용액은 암모니아수에 의하여 침전을 생성하고 과량의 암모니아수에서는 다시 용해한다.

고감도유제에 사용되는 질산은은 인화지에 사용되는 것보다 순도가 높아야 하며, 구리나 중금속같은 불순물이 섞이면 포그(Fog)의 원인이 된다.

3) 염화은(AgCl)

천연에서 광석으로도 산출되나, 일반적으로 질산은으로부터 얻는다.

$$AgNO_3 + NaCl \rightarrow AgCl + NaNO_3$$

백색의 침전물로 가열하면 260℃에서 용해하여 황색으로 변하고 빛에 의하여 흑화된다. 염화은 젤라틴은 309~403nm에서 감광화하므로 같은 염화은이라도 성막물질에 따라 감광파장이 다르다.

염화은이 흑화하는 것은 은의 환원이며, 가역반응도 동시에 일어나므로 염화은중에 염소흡수제로서 질산은, 아질산은, 질산카륨, 몰직자산 등을 첨가하면 흑화현상이 크게되어 증감효과를 얻게된다.

4) 브롬화은(AgBr)

질산은용액에 브롬화칼륨을 가하여 얻는다.

$$AgNO_3 + KBr \rightarrow AgBr + KNO_3$$

이것은 담황색의 분말상침전물로 물에는 극히 적게 녹는다.

암모니아수에서는 백색으로 변하여 약간 용해하나, 티오황산소다($Na_2S_2O_3$)에는 잘 녹는다. 브롬화은은 편편상, 분말상 입상 결정등의 이성질체가 있으나, 입상성의 것이 감도가 가장 크다.

수용액의 침전물은 450nm에서, 알코올침전물은 438nm에서 감도가 가장 크다.

또한 은염류중에서 브롬화은이 가장 감도가 크며, 제라틴유제로서 유제를 가열하다가 암모니아수에 성숙시키면 감광성이 더욱 증가한다.

2. 현상주약(developer)

현상작용은 환원작용에 의한 것이나, 환원제라고 해서 전부 현상제가 될 수는 없다.

현상이라는 것은 빛의 양에 따라 잠상(latent Image)을 가시화시키는 것으로, 환원제 중에서 이러한 성질을 갖는 것은 그렇게 많지 못하다.

현상약은 무기현상약과 유기현상약으로 나눌 수 있다. 무기현상약은 황산제일철($FeSO_4$)뿐이며, 유기성 현상약은 수산기(OH)나 아미노기(NH_2)같은 현상기를 반드시 가져야하며, 이러한 현상기를 2개 이상 가지고 있는 벤젠(Benzene)이나 나프탈린(Naphthalene)의 유도체이다. 그러나 이러한 현상기를 가지고 있다해서 전부 현상약이 될 수 없고, 적당한 위치에 있어야 한다. 벤젠핵에 할로겐원소가 치환되면 용해도가 증가하고, 현상능력이 증가하며, 칼본산기(－COOH)나 황산기, 케톤기등이 치환되면 현상능력이 반대로 떨어지거나 잃게 된다.

현상능력은 현상액의 환원가로 측정하게 되는데, 하이드로키논의 환원가는 10.46으로 가장 크고, 메톨이 7.05이다.

1) 하이드로키논(Hydroquinon:$C_6H_4 \lt {}^{OH(1)}_{OH(4)}$

무색침상의 결정형으로 169℃에서 녹으며 물, 알코올, 에텔에 잘 녹으며, 수용액은 공기중에서 방치하면 갈색으로 된다.

이러한 변화는 알카리용액에서 현저하며 이것은 공기중의 산소를 흡수하기 때문이다.

따라서 알칼리수용액은 환원성이 크기 때문에 현상제로 사용된다.

$$2AgBr + C_6H_4(OH)_2 \rightarrow 2Ag + C_6H_4O_2 + 2HBr$$

그러나 산성용액에서는 금속은을 녹이므로 은염류의 환원은 반드시 알카리성용액에서 해야 한다.

$$2Ag + C_6H_4O_2 + H_2SO_4 \rightarrow Ag_2SO_4 + C_6H_4(OH)_2$$

이러한 용해성은 은화상의 감력에 사용되며, 가성알칼리는 현상능력은 좋으나 젤라틴막을 손상시킬 염려가 있으므로, 탄산 알카리를 일반적으로 사용한다.

① $HO{-}C_6H_4{-}OH + Na_2CO_3 \rightarrow NaO{-}C_6H_4{-}ONa + CO_2 + H_2O$

② $NaO{-}C_6H_4{-}ONa \rightleftarrows 2Na^+ + {}^-O{-}C_6H_4{-}O^-$

③ ${}^-O{-}C_6H_4{-}O^- + 2Ag^+ \rightarrow O{=}C_6H_4{=}O + 2Ag$

④ (quinone) $+ Na_2SO_3 + H_2O \rightarrow$ (hydroquinone, OH / OH) $-SO_3Na + NaOH$

현상주약은 두 종류 이상 혼합하여 사용할 때 단독보다 몇 배 큰 능력을 가지게 된다. 이것을 초가성성이라고 하는데 MQ(metol과 Hydroquinone) 현상액이 대표적이며, 메톨의 양을 많게하면 연조화상이 되고, 반대로 하이드로키논의 양을 증가시키면 경조화상이 얻어지며, 메톨과 하이드로키논의 배합비율은 1 : 2이나 1 : 3으로 하고, pH는 9~10.5가 가장 좋다.

2) 메톨(metol : $C_6H_4 \langle {OH(1) \atop NHCH_2 \frac{H_2SO_4}{2}(4)}$)

화학명은 모노메틸파라미드페놀 셀페이트(Mono methyl paramid phenol sulphate)이며, 메톨이란 이름은 Hauff와 AgFa의 특허명이다. 무색침전상의 결정형으로 가열하면 용해하여 분해된다. 물에 잘 녹으며 알코올, 에틸에는 잘 녹지 않는다.

수용액은 과량의 알카리에 의하여 메톨염기(C_6H_4;OH $NHCH_3$)를 유리시키며 이 염기의 녹는 점은 87℃이며, 산화하면 키논(Quinone)으로 된다. 메톨과 탄산나트륨과의 혼합액은 환원력이 수용액보다 크며, 이것은 네가티브를 잘 표현하는 특징이 있으므로, 순간적인 촬영이나 노출이 부족한 건판의 현상에 적당하다. 그러나 단독으로는 포그현상이 크므로 하이드로키논과 혼합해서 쓰는 것이 일반적이다.

3. 현상보조제

현상주약이 완전한 현상 능력을 갖도록 도와주는 것으로, 현상주약에 혼합하여 사용하는 약품이다.

현상액에 알카리를 가하면 환원작용을 크게하며, 하이라이트(highlight)와 샤도우(Shadow)를 정밀하게 표현하여 준다.

따라서 알카리염은 현상촉진제이며, 이것은 일반적으로 산소를 흡수하여 불안전하게 되고, 주약의 산화에 의하여 지지체를 착색시킬 염려가 있다. 또한 아황산나트륨을 혼합하면 산화작용을 억제시켜주므로, 주약을 보호하게 되는데 이것을 보호제라고 한다.

이렇게 주약을 촉진시키거나 보호하는 약을 현상 보조제라고 한다.

1) 현상촉진제

알카리가 현상작용을 크게하여 주는 원인은 알카리가 현상주약과 반응하여 알칼리염으로 되고, 이염은 전해작용이 크기 때문에 세미키논

(Semi Quinone)을 많이 생성하기 때문이다.

이러한 촉진재는 일반적으로 탄산나트륨(Na_2CO_3), 수산화나트륨(NaOH), 붕사($Na_2B_4O_7 10H_2O$)가 사용된다.

① $Na_2CO_3 \rightarrow 2Na^+ + CO_3''$ (가수분해→알카리 용액)

② $HO-C_6H_4-OH + 2Na^+ + 2OH^- \rightarrow NaO-C_6H_4-ONa + 2H_2O$

③ $NaO-C_6H_4-ONa \rightleftarrows 2Na^+ + {}^-O-C_6H_4-O^-$ (세미키논)

2) 산화방지제(보항제)

현상액의 내구성을 크게하기 위하여 사용되는 물질로, 보통 아황산나트륨(Na_2SO_3)이나 아황산칼륨(K_2SO_3) 등이 사용된다. 이것은 액속에 녹아있는 산소를 직접 흡수, 제거하여 하이드로키논 등 현상주약의 산화를 줄이고, 산화한 현상주약(키논)을 모노슬폰산염의 형태로 환원시켜 현상능력을 재생시키거나, 키논에 의하여 유제막이 오염되는 것을 방지하는 역할을 한다.

3) 억제제

현상작용을 둔화시키며 미노광(no exposure)부분의 포그(fog)현상을 방지하기 위하여 첨가하는 약품으로서, 보통 브롬화칼륨(KBr)을 사용하며 전체액의 0.2% 이하를 사용하는 것이 일반적이다.

브롬화은의 용해도는 매우 적으며($\frac{1}{10^6}$정도) 가역반응을 한다.

$$AgBr \rightleftarrows Ag^+ + Br^-$$

따라서 르샤트리(Le chatelier)의 원리에 의하여 브롬의 이온을 더 가해주면 윗 반응은 역으로 진행되어, 은이온의 생성을 억제시킬 수가 있다.

이러한 억제제는 브롬화칼륨이나 유기산같은 공통이온을 갖고 있으며, 현상액을 묽게하거나 액의 온도를 내려도 억제능력을 가질 수가 있다.

억제제(보호제)의 량은 현상액에 따라 달라지나 일반적으로 주약에 대하여 2~3배가 보통이다.

4. 정착제(Fixer)

현상을 완료한 건판이나 인화지에 생긴 은화상외에 브롬화은, 염화은, 요도화은 등이 남게되는데, 이렇게 남은 하로겐화은을 용해하여 제거시키는 정착이 필요하다. 정착을 하면 정착제와 할로겐화은이 복분해에 의하여 녹게 된다.

보통 정착제는 티오황산소다($Na_2S_2O_3$ $5H_2O$)가 사용되며, 이것은 무색의 결정형으로 물에 녹아 알카리성 반응을 가진다.

할로겐화은과의 반응은 다음과 같다.

$$Na_2S_2O_3 + 2AgBr \rightarrow Ag_2S_2O_3 + 2NaBr$$
$$Ag_2S_2O_3 + Na_2S_2O_3 \rightarrow Ag_2S_2O_3\ Na_2S_2O_3$$
$$Ag_2S_2O_3Na_2S_2O_3 + Na_2S_2O_3 \rightarrow Ag_2S_2O_3 2Na_2S_2O_3$$

이 때에 생성된 티오황산은 ($Ag_2S_2O_3$)이나 제일복염($Ag_2S_2O_3Na_2S_2O_3$)은 물에 녹지 않으나, 제이복염($Ag_2S_2O_3 2Na_2S_2O_3$)을 물에 녹게 되므로 이것이 생성되어야 비로서 정착이 완료되는 것이다. 용액의 농도나 온도는 정착작용을 크게하는 성질이 있으나, 농도가 40% 이상일 때는 오히려 정착 작용을 느리게 하며 제라틴막을 상하게할 염려가 있으므로, 20% 정도로 조절하는 것이 좋다.

정착 후에 화상을 충분히 수세하여야 한다. 화상에 남아있는 티오황산소다가 분해하여 유황이 화상은을 유하은(Ag_2S)으로 변화시켜 착색시키거나, 유황이 습기와 산소를 흡수하여 황산으로 되고, 이것이 은화상을 용해시켜 퇴색시키므로 충분한 수세가 필요한 것이다.

5. 감력 및 보력

현상처리하여 얻어진 사진화상의 농도나 콘트라스트(contrast)가 적당하지 않을 경우 감력(reduction) 및 보력(intensification)의 처리로 어느 정도 화상에 수정을 가할 수 있다.

노출이나 현상이 과도인 경우는 감력으로 농도를 줄이고 노출이나 현상이 부족한 경우는 보력으로 농도를 증가시키면 된다. 변화는 화상의 고농도부(Shadow) 및 저농도부(highlight)에서 미묘하게 다르며 일반적으로 이러한 처리에 따라 화상의 콘트라스트도 영향을 받게 된다.

일반적으로 감력이나 보력으로 화상을 보정하여도 적정한 노출이나 현상처리에 의하여 얻어진 화상보다 좋은 효과를 얻기는 어렵다. 또한 이러한 처리로 화상입자의 구조가 변화하여 입상성의 증대나 선예도의 저하를 가져오기 쉽다. 따라서 이러한 처리는 불가피한 경우의 구제처치인 것으로 생각하는 것이 옳다.

1)감력

감력은 농도(density)와 콘트라스트를 변화시키는 방법에 따라 다음의 세가지 종류로 분류가 된다.

① 비례감력(proportional reduction)

그림 14-5에서 처럼 화상의 농도에 비례하여 농도의 감소현상이 일어나 콘트라스트가 저하한다. 이것은 현상과잉에 의한 농도증가등의 감력에 적합하다.

② 등감감력(subtractive reduction)

그림 14-6에 표시한 것처럼 화상의 저농도부에서 고농도부에 걸쳐 거의 같은 농도의 감소현상이 일어나 콘트라스가 변하지 않는다.

노출과잉의 네가티브화상이나 밀착화상의 전체 흑화농도를 줄이는데 적합하다.

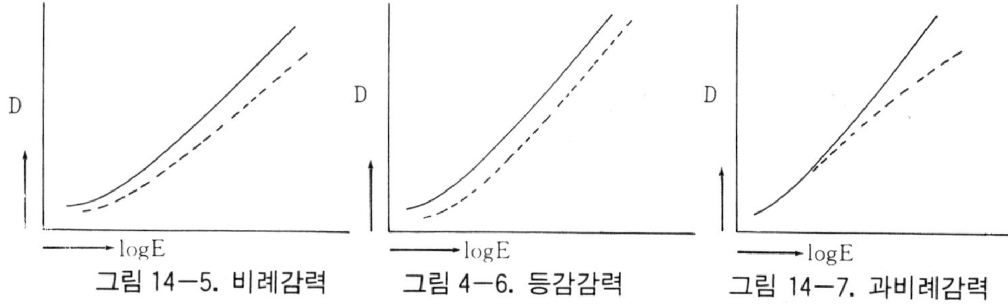

그림 14-5. 비례감력　그림 4-6. 등감감력　그림 14-7. 과비례감력

③ 과비례감력(super proportional reduction)

그림 14-7에 표시한 것처럼 저농도부에 비하여 고농도부의 농도감소가 현저하므로 콘트라스트가 크게 떨어지는 감력으로 하이콘트라스트인 피사체(원고)로 현상과잉의 경우에 적합하다.

(1) 감력방법

감력제의 산화제(전자공여체)로 화상은의 일부를 은염으로 바꾼다.

Ox(감력제)→Red(환원제)+e′

Ag+e′→Ag^+…감력

은염이 가용성의 경우는 직접 용해제거되어 은화상 농도가 저하하지만 불용성염의 경우는 이것을 다시 다른화합물로 용해한다. 또한 은을 다른 착색물질(예를들면 청색물질)로 바꿔서 화상의 빛흡수를 주려서 감력효과를 얻는 경우도 있다.

① Farmer 감력법

이것은 1883년에 E.H Farmer에 의하여 고안된 감력액으로 은화상을 적혈염으로 불용성인 페로시안화은으로 하고 이것을 티오황산나트륨(하이포)으로 용해 감력한다.

4Ag(은화상)+$4K_3Fe(CN)_6 \rightarrow 3K_4Fe(CN)_6 + Ag_4Fe(CN)_6$

$Ag_4Fe(CN)_6 + 2Na_2S_2O_3 \rightarrow 2Ag_2S_2O_3 + Na_4Fe(CN)_6$

페로시안화카륨과 티오황산나트륨의 함유율에 따라 감력의 타입이 달

표 14—1. Farmer 감력액(1액)

A액	페로시안화카륨 물을 타서	100g 1,000ml
B액	디오황산나트륨(결정) 물에 타서	500g 1,000ml

라진다. 페로시안화카륨이 많으면 등감감력형, 적으면 비례감력형이 된다.

$$Ag_4Fe(CN)_6+6Na_2S_2O_3 \rightarrow 2(Ag_2S_2O_3 2Na_2S_2O_3)+Na_4Fe(CN)_6$$

표 14—1의 용액에서 이 경우는 거의 등감감력형으로 되며, A액이 많으면 화상은 보다 경조로 되며, 탄산나트륨을 10%정도 첨가하면 연조가 된다.

네가나 포지의 흑화농도를 감력할 때는 A : B : 물의 비율을 2 : 1 : 10~15로 하여 사용액으로 한다.

표 14—2. Farmer 감력액(2액)

A액	페로시안화카륨 물을 타서	7.5g 1,000ml
B액	티오황산나트륨 물을 타서	200g 1,000ml

표 14—2의 용액에서 이 경우 사용방법은 A액에 1~3분 담갔다가 물로 수세한 다음 B액으로 4분간 처리한다. 이 경우 ①의 비례감력으로 된다.

② 과망간산카륨감력액

이것은 과망간산카륨과 황산의 혼합액으로 되었으며 화상은은 직접 가용성의 황산은으로 산화된다.

$$10Ag+2KMnO_4+8H_2SO_4 \rightarrow 5Ag_2SO_4+K_2SO_4+2MnSO_4+8H_2O$$

③ 과황산암모늄감력액

이것은 과비례감력형으로 화상은은 과황산암모늄에서 직접, 가용성의 황산은으로 산화된다.

$$2Ag+(NH_4)_2S_2O_8 \rightarrow Ag_2SO_4+(NH_4)_2SO_4$$

④ 재현상에 의한 방법

이것은 은화상을 다시 할로겐화하여 노광한 다음 작용이 약한 현상액으로 흑화하고 흑화하지 않은 부분의 할로겐화은은 정착액으로 제거한다.

$3Ag + CuSO_4 + 3NaCl \rightarrow Ag_2SO_4 + CuCl_2 + AgCl + 3Na^+$
$AgCl + Dev$(현상액)$\rightarrow Ag + Ox + Cl^-$

표 14—3. 표백액

황산구리	100g
염화나트륨	100g
황산(1.84)	25ml
물을 타서	1,000ml

표 14—3의 표백액으로 황색이나 적색의 암실에서 화상은을 충분히 표백한다. 이후 충분히 노광한 다음에 미립자 현상액으로 현상, 정착, 수세를 한다.

2) 보력(intensification)

보력도 감력처럼 비례보력, 과비례보력, 역비례보력의 3가지로 나눌 수가 있으며 보력방법으로는 사진화상에 금속이나 금속화합물을 부착시키던가 그색을 바꿔서 인화지 등의 감광파장영역에 대한 빛의 흡수를 증가시켜 농도를 크게하는 방법 등이 있다.

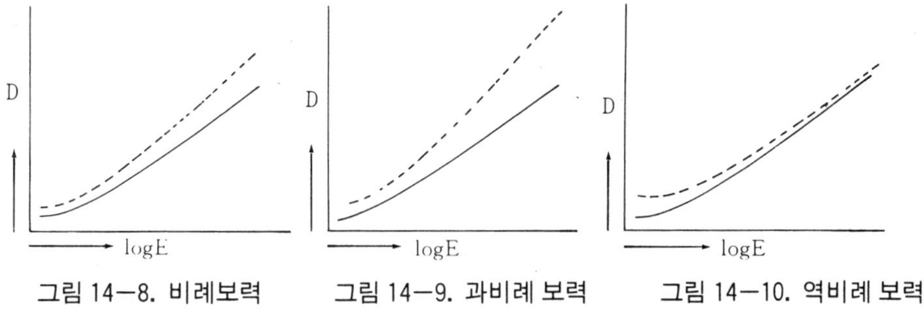

그림 14—8. 비례보력　　그림 14—9. 과비례 보력　　그림 14—10. 역비례 보력

대표적인 보력에는 수은보력, 크롬보력과 조색에 의한 보력이 있다.

① 수은보력

$2Ag + 2HgCl_2 \rightarrow 2AgCl + Hg_2Cl_2$

아황산염으로 처리할 경우 다음과 같이 반응이 일어나 과비례보력이 된다.

$Hg_2Cl_2 + Na_2SO_3 + H_2O \rightarrow 2Hg + Na_2SO_4 + 2HCl$

암모니아로 처리할 경우는 다음과 같이 된다.

$Hg_2Cl_2 + 2NH_3 \rightarrow Hg + Hg(NH_2)Cl + NH_4Cl$

현상액으로 처리할 경우는 다음과 같다.

$2AgCl + Hg_2Cl_2 + Dev \rightarrow 2Ag + 2Hg + Ox + 4Cl$

14—3. 인쇄용지

종이는 인간의 사상을 전달 보존하는 문명의 원천으로, 인쇄외에도 그 쓰임이 다양하다.

지금부터 약 5000년전에 이집트(Egypt)의 나일강변에 무성한 파피루스(pupyrus)라는 식물을 필기재료로 한 것이 종이의 시초라 하겠다.

BC200년경에 소아시아에서 양피지(lambskin)를 사용했으며, AD105년에 중국 후한의 채륜이 삼같은 식물을 사용하여 종이를 처음으로 만들었다.

우리 나라에서는 기원은 알 수 없으나 평양의 옛 분묘에서 옷칠한 관속에서 발견된 것이 가장 오래된 것이며, 중국의 채륜보다도 100여년 앞섰다고 한다. 현재 보관되어 있는 것은 신라의 것으로, "범한다리니"가 가장 오래된 것이다.

세종대왕 2년에 지금의 북문밖 세검정 부근에 조지소를 설치하여 종이를 만들었다.

1. 펄프(pulp)

제지용 펄프의 주원료는 목재이지만, 레이온 섬유의 제조에 쓰이는 레이온펄프(rayonpulp)도 사용한다.

펄프를 기계적으로 처리하면 섬유가 해리하여 섬유표면의 막이 파괴돼 죽처럼되어서 섬유의 결합과 점착력이 생기고, 섬유의 밀도가 커지게 된다.

종이의 강도는 섬유소분자$(C_6H_{10}O_5)_n$의 $-OH$기와 $-O-$기 간에 생기는 수소결합(hydrogen bond)에 의한 것으로, 섬유들간의 점착력을 가지게 되어 힘이 있는 종이를 만들게 된다.

2. 펄프의 종류

펄프는 크게 두 가지로 나눌 수가 있는데, 목재를 화학처리하지 않고 기계적인 처리만으로 껍질을 벗기고 적당한 길이로 절단하여 분쇄해서 얻는 것으로, 누런색을 가지며 값싼 하급지의 원료를 사용하고, 이런 펄프를 MP(mechaincal pulp)라고 한다. 일반적으로 사용된느 재료는 침엽수이며 펄프의 수율이 90%나 되어 가장 높다. MP펄프에는 고속으로 회전하는 돌회전연마기(grinder stone)로 분쇄한 GP(ground pulp)가 있고, 원목대신에 조각나무를 사용하며, 섬유의 결합이 좋아 GP보다 더 힘있는 종이를 만들 수 있는 RGP가 있다. 나무조각(chip)을 120℃ 전후로 수분간 가열하여 가압형의 정제기로 분쇄한 것으로 MP중에서 종이의 힘이 가장 좋은 TMP가 있다.

또한 원목에서 나무껍질과 불순물을 화학적으로 처리하여 제거한 것으로, 이 펄프는 솜처럼 부드럽다. 이러한 펄프를 화학펄프라하며 CP (chamical pulp)로 나타낸다.

CP방법으로는 가장 오래 되었고, 또 일반적인 SP(Sulfite pulp)법이 있다. 이것은 목재조각(chip)을 아황산용액에서 고압고온처리(140℃) 하는 방법으로, 목질이 설폰화되어 용해한다.

아황산펄프법과 함께 CP의 대표적인 방법중의 하나가 KP(kraft)법이다. 이것은 소다법을 개량한 것으로 Na_2S를 함유한 NaOH로 목재를 펄프화한 것이며, 침엽수나 활엽수전부를 원료로 사용할 수 있다.

쇄목펄프(GP)와 화학펄프(CP)의 중간인 CGP법이 있다. 이것은 섬유소 결합물질을 일부 용출시켜서 섬유간의 결합을 약하게 하고, 기계적 처리를 해서 섬유를 분리하는 것이다. 종이는 GP와 SP의 함량에 따라 다음과 같이 분류한다.

① 상질지 100% SP
② 중간지 70% 이상 SP
③ 상갱지 40% 이상 SP
④ 갱지 40% 이하 SP

3. 종이의 제조 공정

1) 수해(beating)

펄프에 적당한 기계적 처리를 하여 부풀리는 것으로, 덩어리인 섬유는 해리하여 섬유 표면의 막이 파괴되고 섬유간의 간격이 좁아지게 된다. 따라서 서로 결합력이 생기며, 또한, 종이의 표면을 평활하고 강하게 해준다.

2) 사이징(sizing)

소수성 콜로이드 종이에 내수성을 갖게하고, 잉크의 퍼짐을 막게 하기 위하여 종이의 표면을 아교·송진·녹말 합성수지같은 교질재료로 피복시키는 공정을 말한다. 이때 사용되는 교질재료를 사이징이라고 한다.

3) 전충(loading)

사이징을 하기전이나 후에 수해기속에서 점토, 백토, 활석, 탄산석회 같은 광물질 분말을 넣어서 정착시키는 공정을 말한다. 이 때 사용하는 물질은 물에 용해하지 않고 화학적으로도 중성이며, 재료나 인쇄잉크등의 약품에 작용하지 않은 물질을 사용한다.

이것은 종이를 순백불투명하게 하고 지면을 치밀 평활하게 한다.

4) 착색(coloring)

색지를 만들 때 수해기속에서 염료 또는 안료를 사용하여 착색하는 것으로, 안료나 염료는 무기성이 좋다.

5) 초지(paper making)

섬유를 엷은층으로 하여 여과하는 공정으로, 수해를 마무리한 펄프를 초지기의 철망위로 보낸다. 종이의 앞뒤는 초지기에서 만들어지고 망에 닿은 쪽이 안이 된다.

6) 코팅(coating)

종이의 섬유위에 안료를 접착제로 도포하는 것으로, 코팅지를 만들 때 필요하다. 이것은 지면을 백색으로, 평활하게 하고, 잉크의 흡수를 좋게 하여 농담의 재현성을 좋게한 종이다.

7) 윤내기(calendering)

초지에서 건조된 종이를 광택 로울러의 사이를 통과시켜 지면을 평활하게 하고, 광택을 갖도록 하는 공정이다.

4. 종이의 종류

종이의 종류는 대단히 많으며, 용도도 한 종류로 제한되어 있지 않다. 비록 포장용이라 할지라도 목적에 따라서는 고급인쇄를 해야할 때가 있으므로 고급종이를 사용하게 된다. 따라서 어떠한 목적에 따른 종이를 분류한다는 것은 매우 어려운 일이다. 단지 한 층의 지층으로 형성되어 있는 종이와, 초지한 젖은 종이를 몇 겹으로 압착시켜 1매의 종이로 만든 판지로 크게 나눌 수가 있다. 그러나 일반적으로 종이를 분류한다면 다음과 같다.

① 신문 두루마리 종이
② 인쇄나 필기 및 도안용지
③ 포장용지
④ 인쇄나 특수목적을 위한 엷은 종이
⑤ 가정용 백엽지
⑥ 기타용지

1) 인쇄용지

(1) 신문용지

신문은 윤전기로 고속인쇄를 하므로 종이의 인장강도와 잉크의 흡수성이 특히 좋아야 하고, 인쇄 후에 불투명도가 유지되어야 한다. 따라서 기계펄프(MP)가 신문용지의 주원료가 된다.

그러나 신문인쇄의 고급화와 주변재료의 발달 및 응용범위가 넓어짐에 따라 GP의 사용은 조각나무(chip)를 주원료로 사용한 RGP와 TMP의 사용으로 바뀌어지고 있다. SP는 고수율화한 것이 일부 사용되고 있으며, 점차 고급용지화 하고 있다.

(2) 상질지

인쇄용지의 분류기준은 화학펄프의 배합량으로 나타낸다. 따라서 화학펄프 100%에 전충제를 10~15%정도 가한 것으로, 인쇄용지 A급에 속한다. 이것은 불투명도와 유연성을 증가시키기 위하여 전충제를 20% 정도 가한 것도 있다. 상질지는 서적본문, 전표, 오프셋이나 볼록판인쇄용으로 많이 사용된다.

(3) 중질지

기계펄프와 중고종이의 배합율을 30% 미만으로 하고, 화학펄프를 70% 이상 한 것으로 인쇄용지 B급에 속한다.

품질이 좋은 것은 서적본문용으로, 품질이 떨어지는 것은 잡지본문등에 사용된다.

(4) 하급지

화학펄프가 40% 이상을 상갱지라하고 인쇄용지 C급으로 분류하며, 화학펄프가 40% 이하인 것을 갱지라하고 인쇄용지 D급으로 분류하며, 볼록판 인쇄 및 잡지등에 사용된다.

2) 표면도피지

(1) 아트지(Art paper)

상질지 또는 중질지에 도료를 도피한 것으로 광택을 낸 종이다.

아트지는 표지, 카달로그(Catalogue) 포스타(Poster) 및 삽화용으로 많이 사용한다.

(2) 코트지(Coated paper)

아트지와 같은 초지를 이용한 것, 표면도피지이지만 도피속도가 나쁘기 때문에 아트지보다 도피층의 두께가 얇은 종이.

3) 머신코트지(Machine coated paper)

MC지라고 하며 건조전 초지기에 직결되어 코팅(coating)이 된 종이로 카달로그, 서적본문에 많이 사용한다.

(4) 캐스트코트지(cast coated paper)

도피층을 거울면 모양으로 완성한 것으로, 평활하고 광택성이 높으며, 잉크 흡수율이 좋은 종이로 표지나 포스터에 많이 사용한다.

3) 기타용지

그라비어 인쇄에 맞도록 표면을 슈퍼칼렌더(supercalender)로 마무리한 것으로 평활하고 잉크 흡수성이 좋은 그라비어 용지와 증권용지, 인디안지, 마닐라지, 합성지 등이 있다.

5. 종이의 물리적 성질

종이는 다공질로서 어떤 종이는 구멍이 차지하는 면적이 전체의 50%에 달하는 것도 있다.

종이는 두께, 강도, 표면 같은 일반적인 특성과 인쇄적인 면에서 결의 방향, 앞뒤, 밀도같은 특성으로 나누어 생각할 수 있다.

1) 종이의 결

종이결은 기계초지한 종이에서 나타나는 특징으로 섬유(cellulose)가 초지기를 흐르고 있는 동안에 생기며, 흐르는 방향과 평행하게 되어 있다.

만약에 1매의 전지(fullsize paper)에서 긴변이 종이결에 평행되고 있으면 세로결(종목) 짧은 변에 평행되고 있으면 가로결(횡목)의 종이라고 한다.

따라서 세로결의 전지를 반으로 나누면 가로결이 되고 다시 나누면 세로결이 되어 전지와 같아진다.

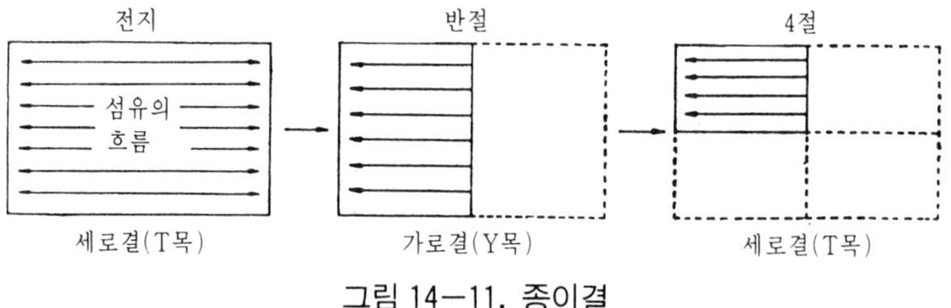

그림 14-11. 종이결

종이는 결이 있는 방향으로 찢어지기 쉬우며, 유연성은 결의 방향보다 직각방향이 크며, 또한 신축은 결의 방향보다 직각방향에서 크게 일어난다.

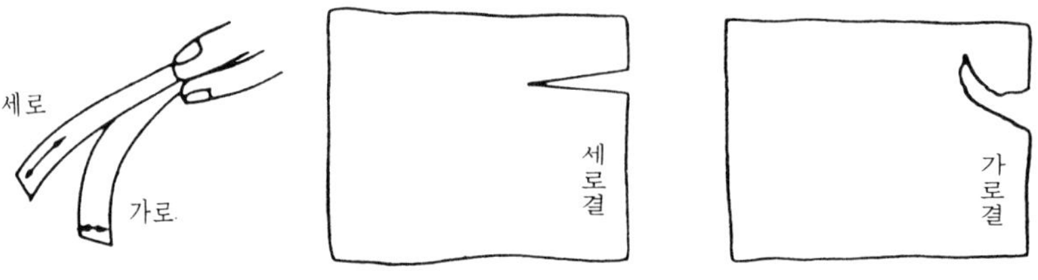

그림 14-12. 종이결 분별법

서적이나 잡지같은 페이지물 인쇄에서 종이결은 대단히 중요함으로 미리 접지 관계를 생각하여 필요한 결의 종이를 사용해야 한다.

2) 종이의 앞뒤

종이는 초지기의 와이어(wire) 위에서 만들어 지므로 앞뒤의 구조적 차이가 생기게 된다.

와이어는 가는 메쉬(mesh)로 되어 있고 진동하므로 비중이 크고 거칠은 것은 와이어쪽으로 침전되므로 와이어 사이드(wire side)는 표면(Field side)보다 거칠고 조성이 다르기 때문에 앞뒤의 인쇄효가가 다르다.

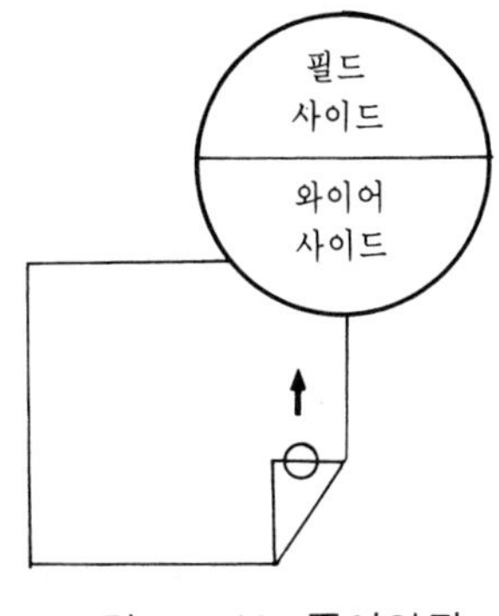

그림 14—13. 종이앞뒤

3) 시이즈닝(seasoning)

시이즈닝이란 용지를 인쇄에 적합하도록 온도와 습도를 조정하는 것이다.

일반적으로 용지는 반복해서 습도변화를 주면 그 신축률이 감소되는 성질이 있다.

따라서 용지를 인쇄작업장의 온도와 습도에 적응시켜 종이버릇이나 신축을 최소화하는 것이다.

종이의 버릇에는

① 파도침이 있으며 이것은 수분분포의 불균일에 의한 것으로 종이결에 따라 파도가 생기는 것이다.

② 바가지가 있으며 이것은 종이의 주변에 파도침이 생기므로 바가지처럼 되는 것으로 중심보다 주변부의 흡수가 크므로 생기는 현상이다.

③ 바가지와 반대현상으로 종이의 주변부가 건조되므로 생기는 현상이 있으며 이렇게 산이 생기는 종이로 인쇄하면 물림쪽의 맞춤은 비교적 좋아도 중심부는 맞춤불량이나 주름이 생긴다.

④ 종이결을 축으로하는 카알(curl)은 습도에 이하는 경우가 많으나 종이 결과 직각인 방향을 축으로 하는 카알은 원지의 초지에서 문제가 있다.

4) 종이의 반사

종이의 반사광에는 표면반사와 내부반사가 있으며 인쇄물에서 망점과 망점 사이에 있는 백지에 닿은 빛은 종이의 내부에 투과되어 산란하며 그 일부는 망점의 아래에 도달하여 흡수되어 버린다.

그결과 망점사이의 백지부분에서는 같은 희기라 하여도 어둡게 보이며 빛이 투과가 깊으면 깊을수록 산란은 크게 되며, 그 결과 하이라이트(high light)부에서는 콘트라스트가 증가하고 샤도우(shadow)부에서는 콘트라스트의 저하를 가져온다.

따라서 전체로서는 어둡게 보인다. 백색안료는 섬유보다 반사광이 크므로 빛의 투과를 방지하는 작용이 있기 때문에 종이를 제조할 때 백색 안료의 종류나 양을 가지고 종이의 반사정도를 결정한다.

백색안료중에서 가장 반사광이 큰것은 이산화티탄(TiO_2)으로 콘트라스트가 높은 인쇄물을 만들 수 있다.

14—4. 인쇄잉크

인쇄잉크란 피인쇄체에 화선부를 형성하기 위한 색체로서 비이클(vehicle)에 안료(pigment)를 균일하게 분산시킨 것이며, 필요에 따라서 건조체(dryer) 콤파운드(compound)같은 보조제를 가한 것이다.

1. 인쇄잉크의 조성

인쇄잉크는 인쇄의 종류와 인쇄방식에 따라 요구되는 특성이 달라진다. 따라서 사용되는 재료도 다양하지만 기본적인 조성은 다음과 같다.

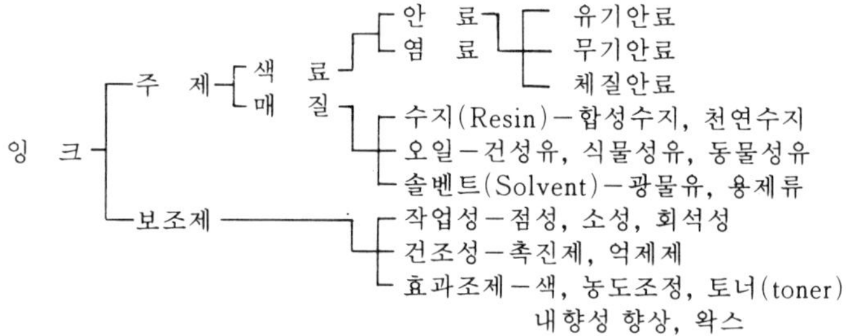

1) 색료(Color materal)

색료에는 안료(pigment)와 염료(dye)가 있으나, 인쇄잉크에 사용되는 것은 주로 안료이다.

안료는 잉크의 특성을 결정하는 것으로, 물에 녹지 않은 색소이며 무기안료와 유기안료가 있다.

일반적으로 무기안료는 열이나, 용해제에 견디는 힘이 강하나, 색의 선명도나 착색력이 유기안료에 떨어지므로 무기안료는 흑색안료인 카본블랙(carbonblack), 백색안료인 티탄화이트(titanium white), 적색안료인 홍분(산화 제이철), 청색안료인 감청(프로시안화제이철)등 몇가지 종류만 한정적으로 사용하고, 대부분 유기안료를 사용한다.

중요한 유기안료를 보면 다음과 같다.

① 리놀레드(Lithol red)

착색력, 은폐력이 크고 광택이 있으며, 작용성이 큰 잉크를 만들며, 여러 색조의 적색잉크를 만들 수 있다.

② 레이크레드(lake red)

착색력, 은폐력이 크며, 내광성은 리놀레드와 비슷하고 내열성, 내용제성은 양호한 적색잉크용이다.

③ 브릴리언트 카아민 6B(brilliant carmin 6B)

내열성, 내용제성이 크며 프로세스 마젠타(process magenta)의 주체안료이다.

④ 벤지딘이엘로우(benzidine yellow)

착색력, 내용제성이 우수한 황색안료로 내광성은 다소 떨어지나, 물, 기름, 유기용제류에 대한 저항력이 커서 번짐(bleeding)이나 변색이 없다.

⑤ 프탈로시아닌 블루(phthalo cyanine blue)

프로세스칼라(process color)의 사이안 안료로 널리 사용되며 내광성, 내용제성, 내열성이 우수하며, 선명하고 아름다운 색의 잉크를 만든다.

2) 비이클(vehicle)

비이클은 직접색을 나타내지는 않지만 색료를 잘 분산시켜 피인쇄체에 잘 전이시키고 고착화하는 역할을 한다.

이것은 인쇄방법이나 건조방법, 피인쇄체 등의 인쇄적성에 따라서 필요한 원료가 달라져야 한다.

인쇄잉크용 비이클은 광물유와 식물유로 크게 나누며, 고속인쇄 및 특수목적을 위한 합성수지 등이 사용된다.

이밖에도 인쇄적성에 알맞는 잉크를 만들기 위해서는 건조 조정제나 피막 건조제, 콤파운드(compound) 등의 보조제가 필요하다.

2. 인쇄잉크의 종류

1) 블록판용 잉크

볼록판 인쇄에는 인쇄속도가 느린 원압식 활판인쇄에서부터 초고속인쇄인 신문윤전인쇄까지 매우 다양하다. 따라서 볼록판용 인쇄잉크라 할지라도 매우 다양하다.

보통 활판잉크는 침투건조성으로 비교적 염가인 광물유를 사용하고, 여기에 소량의 아마인유와 바니스 또는 고착제로서 수지류를 첨가하며, 망목인쇄같이 비교적 정밀한 화선부의 인쇄용 잉크는 아마인유와같은 건성유와 바니스를, 신문윤전같은 초고속인쇄에는 속건성 잉크를 사용한다.

凸판용잉크로는 신문잉크(침투형), 활판잉크(증발형), 골판지잉크(산화형)등이 있다.

2) 히트세트잉크(Heat set ink)

윤전오프셋용 인쇄잉크로서 비이클은 용제를 함유한 수지로 되어 있으며, 건조는 용제의 증발에 의한 것으로 건조장치가 필요하다.

건조장치의 온도는 잉크속의 용제가 증발되고, 다시 비이클이 안료를 싸서 피막을 형성하는데 필요한 높은 온도가 되어야 한다.

히트세트잉크는 비이클로서 열가소성수지를 사용하기 때문에 산화중합은 일어나지 않는다.

열가소성수지는 270℃~290℃나 240℃~260℃ 등의 끓는 점의 범위가 좁은 석유계의 용제에 용해시킨 바니스를 사용하며, 수지는 석유에 대한 용해성이 좋고 내유화성이 좋은 고점도 로진변성페놀수지(phenol resin)를 일반적으로 사용한다.

3) 속건성 잉크(quick set ink)

오프셋잉크의 주류를 이루는 것으로, 비이클은 건성유나 용제속에 분자량이 큰 로진변성페놀 수지를 분산시킨 것이다.

코오트지에 인쇄하며 건성유나 용제의 침투가 급격히 일어나서 표면에 수지성분만이 남아 피막을 형성한다.

이것은 내습수성, 전이성, 화선의 재현성이 뛰어나며, 잉크세트가 신속하고 광택이 좋은 잉크다.

4) 촉매잉크

윤전오프셋잉크용 잉크로 잉크속에, 열에 의하여 활성화되는 산화중합촉매를 사용함으로, 낱장오프셋에서 주로 사용하는 산화중합형 잉크처럼 산소에 의한 중합촉진을 하는 것이 아니라, 건조장치내의 열이 비이클이나 수지를 중합시키는 것으로, 건조중에 용제증기를 내지않은 특징이 있다.

따라서 무용제 잉크라고도 한다.

5) UV(자외선) 잉크

UV잉크는 빛경화성인 비이클의 잉크로, 인쇄한 다음 자외선을 가하여 비이클을 경화시킴으로서 건조하는 속건성 잉크다. 이것은 금속인쇄, 포옴인쇄, 또는 얇은종이의 인쇄에 폭넓게 사용되고 있다.

UV잉크의 조성은 프리폴리머(prepolymer), 모노머(monomer), 안료, 안정제, 빛중합개시제, 그밖의 보조제로 되어 있다.

여기에서 프리폴리머와 모노머는 일반잉크에서 바이클에 해당되며 빛중합개시제, 안정제는 드라이어, 억제제에 해당되는 것이라고 말할 수 있다.

안료는 빛에 의하여 어떠한 반응을 촉진하거나 더디게 해서는 안되며, 프리폴리머는 자외선에 의하여 잉크를 건조고화시키는 감광성물질이다.

단, 모노머는 일반수지형 잉크에서 솔벤트나 건성유처럼 점도를 조절하는 것이며, 광중합개시제는 자외선을 흡수해서 레디켈(Radical)을 생성하여 프리폴리머나 모노머의 중합개시제로 되는 것으로, 일반 수지형 잉크의 아마인유와 같은 건성유 산화중합을 촉진하는 드라이어에 해당된다. 안정제는 비이클의 암반응 방지를 위한 것으로, 열반응에 대한 안정성을 높이고 UV광원에 의한 반응을 방해해서는 않되는 것으로 일반수지형 잉크의 건조억제제와 비슷한 역할을 하는 것이다.

따라서 일반잉크와 혼합해서 사용할 수 없으며, 별도의 시설이 필요하다.

이밖에도 특수목적에 사용되는 잉크로 금 및 은 잉크가 있으며, 형광잉크, 자성잉크, 수표, 어음 등 위조방지에 사용하는 안전잉크, 플라스틱용 잉크, 컴퓨터에서 온라인으로 처리, 자기문자나 광학적문자 등에 필요한 드롭아우트칼라 잉크가 있다.

드롭아우트 칼라잉크(drop out color ink)는 기계의 감도영역밖의 색을 이용하는 것으로, 인간의 눈에는 식별이 되고 기계에서는 식별하지 못하는 색이다.

3. 인쇄잉크의 건조

인쇄잉크는 정전인쇄(electrostatic printing)같은 특수 인쇄용잉크도 있으나, 보통은 유동성잉크를 피인쇄체에 인쇄한 후, 고체상태로 변화시켜주는 것을 잉크의 건조라고 한다. 잉크의 건조방법에는 증발에 의한 건조(drying by evaporation), 침투에 의한 건조(draying by penetration), 화학반응에 의한 건조, 수지추출에 의한 건조, 분산수지의 겔화(Gel)에 의한 건조, 고화(응고)에 의한 건조 등으로 나눌 수가 있다.

1) 증발에 의한 건조

잉크의 매질은 고체인 수지와 용제로 되어 있으므로 용제를 증발시켜 건조피막을 만드는 것이다.

수성잉크(water color ink)나 알코올잉크(alcohol colorink)는 인쇄 후 용제가 상온에서 증발하기 때문에 간단하나, 인쇄기계가 특수해야지만 인쇄중에 증발이 되지 않고 인쇄되는 단점이 있다.

건조에 영향을 미치는 것은 용제의 증기압, 수지와 용제와 안료의 상호작용등이 있으며, 잉크중에서 혼합용액이 단일 용제용액에서 보다 증기압이 떨어지게 되고, 증기압이 낮으면 건조성이 느려진다. 따라서 용제의 용해성과 혼합종류에 의하여 건조성을 조정할 수 있다.

벤젠을 용해제로 사용할 때 70%의 수지를 합유하면, 순용제의 80%정도 증기압을 가지게 된다.

또한 인쇄된 판을 직접 가열하거나 열풍을 보내어 건조시킨다.

2) 화학반응에 의한 건조

이것은 건성유 지방산의 산화중합에 의하여 피막이 고체화하는 것이다. 먼저 건성유의 2중결합에 산소가 부가하여 산화물질을 만든다음,

다시 분해하여 생긴 레디켈이 지방산의 불포화 부분에 부가반응을 하여 산소결합, 에텔(ether)결합, −C−C−결합을 하여 중합된다.

3) 구성성분에 의한 건조

매질은 일반적으로 불포화정도가 크면 그만큼 건조속도가 빨라지며, 또한 비공액계의 물질보다 공액계의 물질의 건조속도가 빠르다. 또한 금속을 포함하고 있는 무기안료는 건조속도를 빨라지게 하며, 산성계통의 안료는 속도를 느리게 한다.

이러한 원인은 드라이어를 흡수하거나 드라이어 금속과 반응할 때 드라이어를 불용해성으로 만들기 때문이다.

드라이어는 건성유의 산화중합 촉진제 역할을 한다.

$$\begin{array}{l} ROOH+M^{++}\rightarrow RO\bullet+OH^{-}+M^{+++} \\ ROOH+M^{+++}\rightarrow ROO\bullet+H^{+}+M^{++} \\ \hline 2ROOH \longrightarrow RO\bullet+ROO\bullet+H_2O \end{array}$$

위 반응에서 생긴 활성화 산소나 기(Redical)들이 지방산을 중합시켜 건조를 돕게되는 것이다.

이러한 중합반응에 방향족 계통의 아민(amines)을 첨가하면 지방산과 산소와의 결합을 방해하므로 건조되는 것을 억제하게 된다.

4. 인쇄잉크의 전이

인쇄기를 구조상으로 볼 때, 잉크묻힘로울러가 고무로울러와 금속로울러에 연결되어 잉크통에서 인쇄판까지 잉크가 전이될 때 커다란 중력과 응집력을 받게되며, 대략 174poise의 잉크가 매초당 2.6×10^{9}erg의 에너지를 흡수한다고 한다.

이러한 에너지의 일부는 잉크의 내부를 파괴하고, 대부분은 열의 형태로 변환되어 잉크의 전이에 영향을 준다.

또한 오프셋인쇄에서 로울러의 접촉폭은 로울러전체의 5% 이하가 되므로 잉크가 받는 단력(point pressure)은 대단히 크다.

인쇄잉크의 전이를 측정하는 방법은 인쇄전 후의 판무게를 측정하는 방법, 인쇄전 후의 피인쇄체 무게를 측정하는 방법, 염료를 잉크중에 혼합하여 인쇄된 인쇄물의 색상을 비교하여 측정하는 방법등이 있다.

울산(olsson)이나 필(pihl)에 의하면

$$V=\frac{y}{x-y}=\frac{\text{종이에전이된잉크량}}{\text{판에남은잉크량}}\times100\text{으로 전이 계수}$$

(x=판에 전이된 잉크량)

를 정하였다.

인쇄할 때 잉크전이중에서 가장 중요한 것은 잉크의 유동성이며, 종이의 평할도와 압통, 그리고 판통의 곡율에도 관계가 된다. 원통에서 평면으로 전이할 때가 가장 전이성이 좋으며, 그 다음이 평면에서 원통으로 전이될 때, 그리고 가장 전이성이 나쁜 것은 원통에서 원통으로 전이될 때다. 또한 인쇄속도나 인쇄압, 등에도 영향을 받는다.

잉크는 전이면에 잘 부착하고 부착속도가 빨라지도록 계면활성제(surface tant)를 잉크에 첨가하여 계면상태를 변화시킬 수가 있다.

5. 잉크의 색

인쇄잉크의 색은 일반적으로 색료인 안료와 염료가 나타낸다.

그러나 인쇄잉크와 인쇄된 피인쇄물과의 색은 매우 다르게 된다.

잉크피막의 두께는 매우 얇지만 피인쇄물의 표면상태, 안료의 분산층을 투과하는 분광에 의한 색상변화, 중첩 인쇄할 때에 잉크의 투명도 등에 관계가 있다. 잉크는 입자성물질로서 몇 가지의 색이 중첩되어 복잡한 산란을 하기 때문에, 입자의 크기에 따라 부분적으로 색이 달라지게 된다.

투과망점의 색이 투과 연속계조의 색과 다른데 대하여, 반사망점의 색은 반사연속계조색과의 관계가 투과 때와는 달리, 반사연속계조의 색과 투과 망점의 색 중간정도가 된다. 이렇게 색이 달라지는 것은 종이의 내부에서 일어나는 내부반사 때문이다.

또한 잉크의 색에는 포화색(saturated color)과 기조색(ground state color)이 있다. 포화색이란 잉크피막이 충분히 두꺼운 때의 잉크색이며, 기조색이란 피인쇄체의 영향이 나타나는 얇은 피막인쇄의 색을 말한다. 따라서 인쇄물의 색을 포화색과 기조색의 조합이라고 생각할 수가 있다.

예를 들면 블루우(blue)가 들어있는 레드(red)잉크를 사용하여 보통의 피막두께로 인쇄하면 레드로 보이지만, 피막두께를 얇게하면 핑크(pink)색으로 보인다.

안료밀도가 10%인 잉크에서는 피막의 두께가 13nm에서 15nm로 되었다해도 색의 변화가 없으나, 안료밀도가 30%인 잉크에서는 색의 변화가 일어난다.

6. 인쇄잉크의 특성

1) 레올로지(rheology)

모든 물체는 액체로서의 성질과 고체로서의 성질(탄성)을 동시에 가지고 있다. 이것을 점탄성이라 하며, 이것에 대한 학문을 레올로지라 한다.

인쇄잉크는 안료를 열중합유나 수지의 농축용액인 바니스(vanish)속에 분산시킨 것으로, 본질적으로는 유동하는 물체이지만 종이 등 피인쇄체의 표면에 인쇄되면 바니스 성분은 침투, 건조등에 의하여 고화되

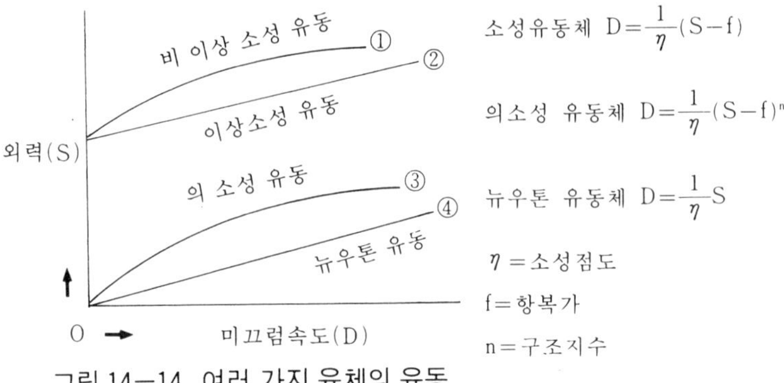

그림 14—14. 여러 가지 유체의 유동

서 안료가 고착된다. 이렇게하여 생긴 인쇄물의 잉크는 이미 고체상태이다. 이와같이 인쇄잉크는 특유의 레올로지적 성질을 가지고 있다.

2) 잉크의 유동성

액체는 일반적으로 외력 S가 가해지면 변형되어 그 조직속에 미끄럼속도 D가 생긴다. 이외력과 미끄럼속도 D와의 관계는 유체의 종류에 따라 다르게 된다.

물이나 알코올, 저농도의 바니스 등은 뉴우톤 유동을 나타내지만, 인쇄 잉크의 대부분은 소성유동을 나타내게 된다.

인쇄잉크는 외력을 가해도 물과같이 변형이 즉시 일어나는 것이 아니고, 어떤 한도 이상의 힘이 가해져야 비로서 변형을 일으키는데, 이 변형이 시작되기까지 가해진 힘을 항복가(yield value)라고 한다.

표 14—4. 잉크의 점도 및 항복가

잉 크	점 도	항복가(dyn/㎠)
프렉스 잉크	1~2	
그라비어 잉크	0.5~2	20
신문용지 잉크	4~50	200
잡지용 잉크	10~100	2,000
볼록판용 잉크	500~1,000	
평판 잉크	300~3,000	10,000
로울러코오팅	5	85

3) 틱소트로피(Thixotropy)

온도가 일정한 경우라도 인쇄잉크를 교반하거나 기계적인 힘을 가하면 유동성이 좋게되고, 방치해두면 유동성이 나빠 마치 고체와 같은 외관을 나타내는 것을 말한다. 인쇄에 있어서는 로울러가 잉크를 연육하므로, 잉크는 항상 유동상태로 피인쇄체에 전이된다. 한편 인쇄되어 버리면 급격히 유동성을 잃어 버리므로 다음 실린더의 인압에서는 영향을 받지 않는 것이 바람직하다.

코오트지용의 히이트세트잉크(heat set ink)는 커다란 틱소트로피를 가지고 있기 때문에 선명하고 깨끗한 인쇄물을 얻을 수 있으며, 신문이나 비코오트지용 잉크는 틱소트로피가 크지 않다. 틱소트로피가 크면 택(tack)도 높게되어 신문이나 비코오트지에서는 종이 벗겨짐이나 표면 파괴를 일으킬 우려가 있다.

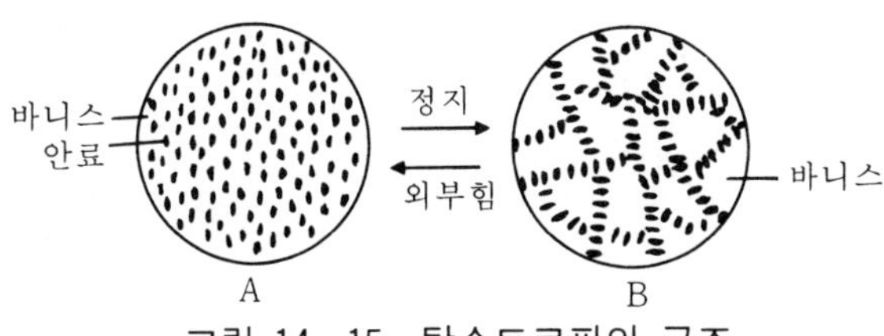

그림 14—15. 탁소트로피의 구조

4) 택(Tack)

택이란 두 면사이에 있는 얇은 잉크피막을 급격히 당겨 띠어내는데 필요한 힘을 말한다.

다색 인쇄에 있어 이미 인쇄되어 있는 피인쇄체에 다음 잉크의 전이 정도를 결정하는 중요한 물리량이다. 또한 택은 인쇄화상의 선예도에도 큰 관계가 있다. 웨트인쇄(wet printing)에서는 뒤로 갈 수록 잉크의 택을 낮게 한다.

잉크자체가 가지고 있는 점도와는 달리 잉크의 택은 같은 잉크라 할지라도 인쇄조건에 따라 크게 변화한다.

잉크의 택은 인쇄속도가 빠를수록 크게 되며, 만약 점도(viscosity)가 높은 잉크를 사용하여 고속인쇄를 하면 잉크의 택이 매우 크게 되어 종이 벗겨짐이 생긴다.

인쇄기의 발열, 실온의 상승 등이 잉크 속의 용제증발을 가속시켜, 그 결과로 인쇄중의 잉크가 세트(set)를 일으켜서 고장을 일으키며, 잉크의 택은 크게 된다.

오프셋인쇄에서 잉크의 유화현상은 잉크의 택을 감소시킨다.

잉크피막이 얇게되면 분열저항이 크게 되어 잉크택이 증가하므로, 모든 다색인쇄에서 필요한 색농도를 얻기 위하여 잉크의 냄량을 변화시키면 잉크의 택도 변한다. 다시 말해 택의 변화요인은 인쇄잉크, 인쇄기의 속도, 용제의 증발, 물의 흡수, 틱소트로피, 잉크피막의 두께 등 여러 가지가 있다.

제 15 장
인쇄관리

제15장 인쇄관리

15—1. 원고관리

1. 인쇄용 원고

메모지나 원고지 등에 필기구를 사용하여 작성된 원고는 직접 인쇄물 제작용으로는 사용할 수가 없으므로, 이러한 원고는 인쇄 가능한 완전 원고로 재편집되고 다듬어져야 한다.

원고를 분류하는 방법에는 여러 가지가 있으나, 일반적으로 다음과 같이 나눌 수가 있다.

① 문자원고(letter copy)
② 시각원고(visual copy)
③ 반시각원고(semi visual copy)
④ 보조 요소(support essential element)

1) 문자 원고(letter copy)

문자원고는 농담을 가지고 있지 않으므로 선화원고(line copy)라고도 하며, 종이나 인화지 같은 반사원고(reflection copy)와 필름등의 투과원고(transparent copy)로 다시 분류할 수가 있다.

일반적으로 문자원고는 반사원고가 대부분을 찾이하며, 문자를 만드는 방법에 따라 레타링(lettering)이나 직접 손으로 쓴 손쓰기 원고가 있

표 15—1. 사진식자의 글자크기(급수와 포인트 및 호수)의 관계

급수	근사포인트	근사호수활자	급수	근사포인트	근사호수활자
7	5		24	16	3호
8	5.5	7호	28	18	
9	6		32	22	2호
10	7		38	26	1호
11	7.5	6호	44	31	
12	8		50	34	
13	9		56	38	
14	10		62	42	초호
15	10.5	5호	70	50	5호 5배
16	11		80	57	
18	12		90	64	5호 6배
20	14	4호	100	71	

으며, 활자조판으로 인쇄한 활자 원고, 청타기로 제작한 청타 원고, 인화지나 필름에 직접 사진식자한 식자원고 등 여러 가지 종류의 문자원고가 있다.

사진식자는 할로겐화은 같은 감광성 물질을 가지고 사진적인 처리방법으로 문자를 얻는 것이므로, 문자면은 완전민판(solid)으로 되어 있어 청쇄문자와 함께 가장 좋은 문자원고로 이용된다. 그러나 전산사식으로 제작된 문자원고는 문자면이 도트(dot)로 되어 있기 때문에, 교정용 프린터로 출력한 문자원고를 직접 인쇄원고로 사용하기는 어렵고, 고출력의 레이저프린터(leisure printer)로 출력해야만 비로서 인쇄원고로 사용할 수가 있다.

2) 시각원고(visuar copy)

시각원고는 손으로 그리기에 의한 일러스트레이션(illustration)과 사진원고가 있으며, 사진원고는 다시 컬러원고(color copy)와 흑백원고(mono copy), 반사원고와 투과원고로 분류하게 된다. 시각원고는 문자 같은 선화 원고에 대하여 연속계조원고라고 하며, 상업인쇄물에 필요한 원고의 대부분을 차지하게 된다.

연속계조원고(continuous tone copy)는 밝기(계조, 농담)의 정도가 연속적으로 변화하는 원고로, 제판카메라나 스케나(scanner) 같은 것을 이용하는 제판작업이 필요하게 되며, 문자원고의 재현에 비하여 대단히 복잡한 재현 관리가 필요함으로 인쇄적성원고와 인쇄 비적성 원고로 또다시 나누게 된다.

그러나 이러한 한계는 제판카메라나 사진제판의 발달과 전자제판의 발달로 점차 인쇄적성(printability)원고화 하고 있다.

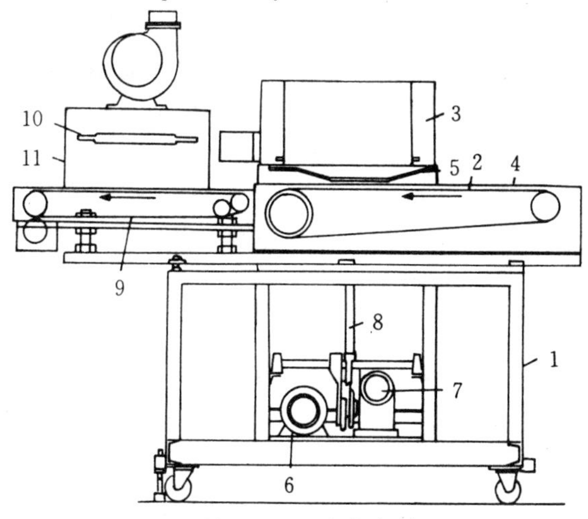

그림 15—1. 반시각 원고

3) 반시각원고(semi vesual copy)

인쇄원고 중에서 문자원고와 시각원고의 중간에 해당되는 것으로, 각

종 그래프(graph)나 차드(chart), 각 종 제도같이 연속계조의 농담을 갖지는 않으나, 시각적인 요소를 많이 가지고 있으며, 단독으로 사용되기 보다는 문자와 같이 사용되는 것이 일반적이다.

4) 보조 요소(support essential element)

일반적인 원고는 그 자체가 인쇄매체로서 기능을 수행하지만, 이것은 다른 원고의 효과를 증대시키거나 인쇄물의 부가가치를 높여주는 역할을 하는 것으로, 예를 들면 색판을 밑으로 깔아 문자를 강조한다든가 지문(ground tint)이나 장식괘선(fancy rule)을 사용하여 미술적효과를 높이는 등의 역할을 가지는 것이다.

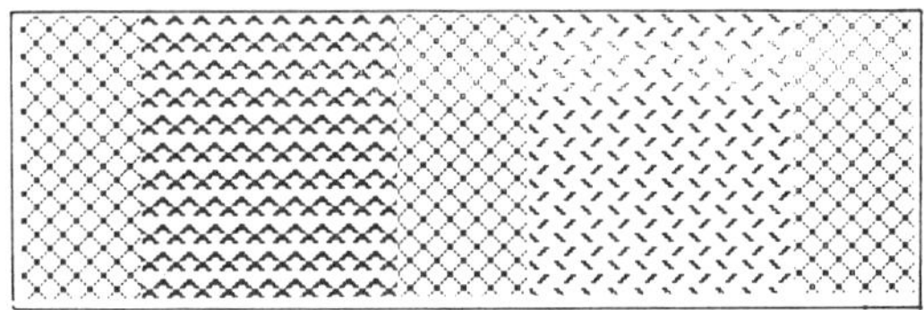

그림 15—2. 여러 가지 지문

이러한 보조요소를 만드는데 필요한 재료는 매우 다양하다.

(1) 인스턴트레터링(instant lettering)

캐치프레이즈나 마크 혹은 로고타이프(logo type) 등의 문자를 만드는데는 이미 제작되어 있는 인스턴트 레터링을 사용하는 것이 이상적이다. 이것은 문자형의 종류도 다양하고, 여러 가지로 짜 맞추기가 수월하기 때문이다.

또한 문자 뿐만아니라 여러 가지 마크나 화살표, 장식괘나 약물(signs)등의 종류도 다양하게 개발되어 사용되고 있다.

그림 15—3. 인스턴트레터링

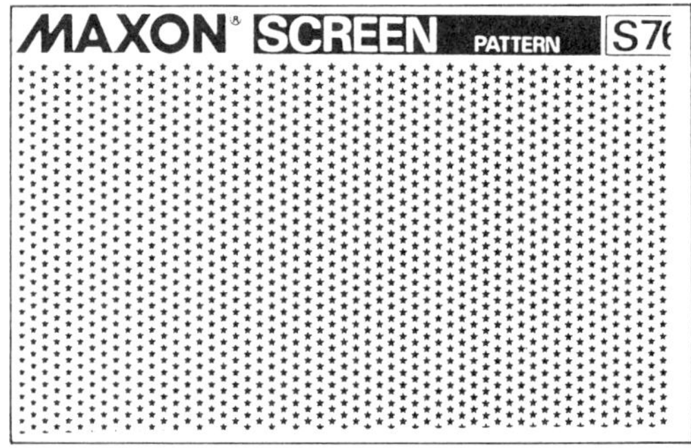

그림 15—4. 스크린톤

(2) 스크린톤(screen tone)

여러 가지 선이나 무늬등을 쉽게 작성하는 방법으로 스크린톤이 사용되며, 간단한 방법으로 매우 큰 인쇄효과를 얻을 수가 있다.

(3) 인스턴 텍스 (instant tax)

이것은 필요한 부분에 접착시켜 필요한 모양을 전사하는 것으로서, 프리핸드의 레터링이나 일러스트레이션(illustration)의 효과를 높이며, 또한 겹쳐 사용하면 뜻밖에 좋은 결과를 얻을 수가 있다.

(4) 마스킹 필름

오려내기용의 마스크나 네가타이프의 제판에서 사진판 위치를 빼내는 등의 경우에 사용되며, 사용방법은 스크린톤과 마찬가지로 오려내는 사진의 경우, 사진 위에 투명한 필름을 놓고 그 위에 마스크 필름을 겹친 다음 디자인칼이나 이그잭트칼로 불필요한 부분을 오려낸다.

2. 완전원고

어떠한 것이 완전 원고인지를 간단하게 말하기는 매우 어려우나, 일반적으로 작업지시서에 의하여 즉시 제판에 착수할 수 있는 상태의 원고를 가지고 말할 수 있다.

특히 칼라원고에서 제판작업에 주의해야할 여러 가지의 문제점이나 색수정에 대한 경우, 컬러가이드(color guide)같은 구체적인 지시사항들이 알기 쉽고 객관성 있게 제시되어야 하며, 더 나아가 가장 적합한 제판 방식을 지정하여 주는 것도 바람직한 것이다.

1) 2 공정(indirect)제판에 알맞는 원고

마스킹이나 레타치(retouch)에 의한 원고의 색상을 수정할 필요가 있을 경우 또는, 합성이나 이중노광등의 과정이 필요한 것은 2공정제판으로 하는 것이 바람직하다. 특히, 합성같은 경우는 합성시킬 사진을 윤각에 따라 도려내는 마스크를 만든다음, 이것을 밀착반전하여 합성할 사진만을 빼낸 컷판을 만든다. 이것을 다시 합성하여 리즈필름을 만들고, 2중 노광을 하는 여러 공정을 걸쳐야 하므로 2공정제판에 알맞는 원고라고 할 수 있다.

2) 다이렉트(direct)스크린제판에 알맞는 원고

이러한 원고는 농도영역(density range)이 비교적 알맞는 원고가 좋으며, 노광이 과도하거나 농도영역이 너무 좁은 원고는 적당치 못하다. 또한 칼라바란스가 알맞으며 흠이나 더러움이 없어 에어브러쉬 작업이 필요없는 원고가 적합하다.

이것은 1공정이기 때문에 수정이 매우 곤란하며, 하이라이트 부분이 풍부한 원고가 적합하다.

3. 대지(layout sheet)작성

대지는 인쇄편집을 위한 위치맞춤 용지를 말하며 완전원고작성을 위한 대지와 필름처리가된 것을 가지고 빛쬠용 원판 필름을 만들기 위한

판면선
마무리선
(마무리 치수)
(판면치수)
기본선
(마무리 치수)
(판면치수)
(중심선)
연필선
먹선
(레지스터 마크)
(각 가늠표)

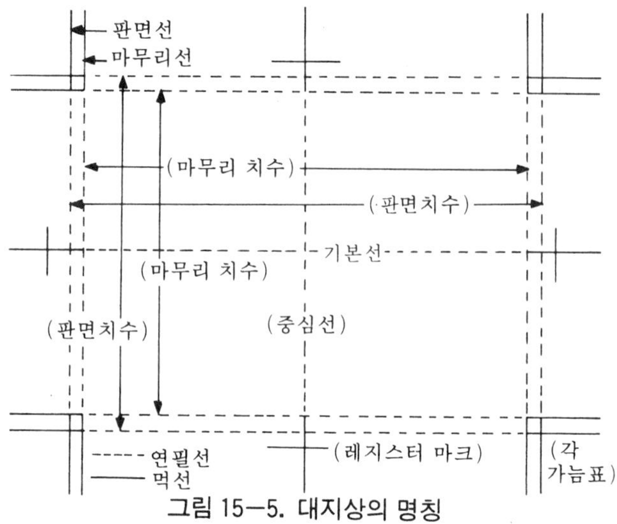

그림 15—5. 대지상의 명칭

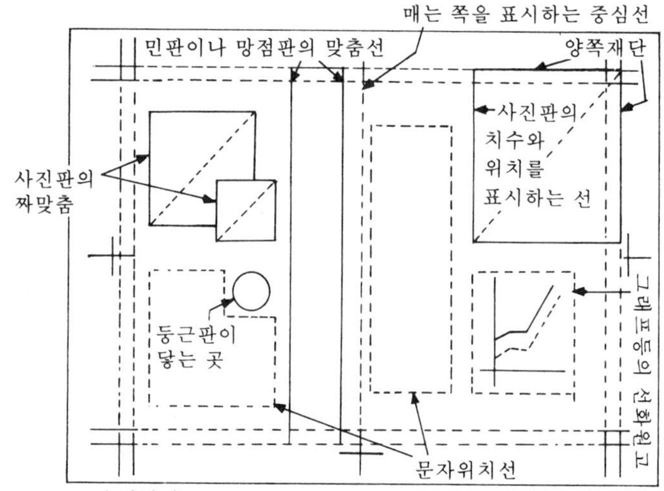

매는 쪽을 표시하는 중심선
민판이나 망점판의 맞춤선
양쪽재단
사진판의 치수와 위치를 표시하는 선
사진판의 짜맞춤
둥근판이 닿는 곳
그래프등의 선화원고
문자위치선

연필선
먹선
그림 15—6. 광고물 대지작성

위
판면치수
모서리 가늠표
면주
마무리치수
홈(3㎜)
판면치수
마무리치수
매는쪽
자면상하
바깥쪽 띄우기
매는쪽 띄우기
바깥쪽 띄우기
중심 가늠표
자면좌우
아래
놈브르

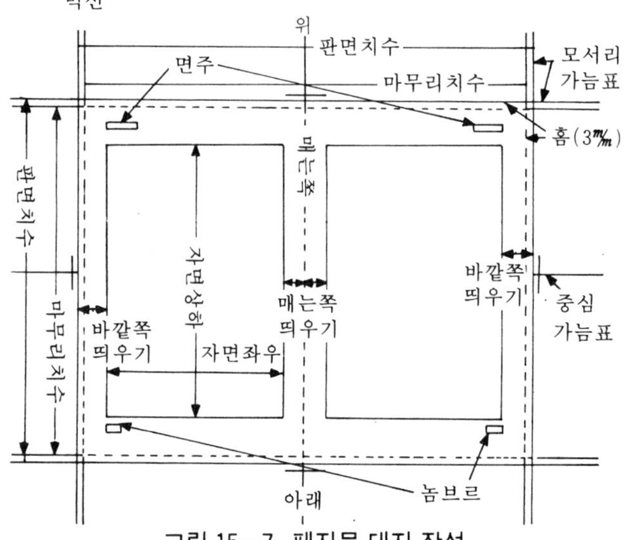

그림 15—7. 페지물 대지 작성

필름편집용 대지로 크게 나눌수 있으며 그밖에도 카메라작업을 위한 대지와 빛쬠을 정확하게 하기위한 대지등 사용목적에 따라 여러종류의 대지작성이 있으나 여기에서는 원고작성을 위한 대지를 말하는 것이다.

연속계조의 원고와 비연속계조 원고, 반사원고와 투과원고, 단색원고와 칼라원고를 같은 방법으로 처리하기는 매우 어려우므로 처리가능한 몇종류의 원고로 분류 정리하여 각각의 인쇄원고로 완성시킨다음 완전인쇄원고를 만들기위하여 통합을 해야하며 이때 필요한것이 대지 작성이다. 따라서 대지작성은 제판, 인쇄, 제본 등의 인쇄전공정에 적합한 대지작성이 필요하다.

대지는 제판에서 필름나누기나 인쇄 후 재단의 간격을 참작하여 완성선보다 약 3mm 정도 크게 하여 판면선을 만들고, 완성치수와 판면치수의 바깥쪽과 상·하·좌우의 중심선에 각각 가늠선을 먹선으로 그려넣는다. 이 먹선은 레지스터마크(resist mark)로서 제판이나 인쇄·제본과정에서 중요한 역할을 한다.

대지작성에는 보통 문자나 컷과 같이 계조(gradation)가 없는 원고를 하나로 통합하고, 사진같은 연속계조원고(continuous tone)는 들어가는 위치와 크기를 먹선으로 그린다.

그림 15－6은 전단이나 광고물 등의 대지작성으로서 그 한장의 지면을 자유롭게 사용하여 캐치프레이즈(catch phrase), 사진, 마크, 회사명, 상품명 등의 원고가 여러가지 형태로 레이아웃(layout)되고 있는데 대하여, 그림 15－7은 책같은 출판물의 대지작성으로 한 페이지에 들어가는 문자의 크기, 행수, 행간 및 짜는 법, 판면(type area), 면주, 놈브르(nombre) 등의 정해진 체제에 따라 레이아웃을 정하게 된다.

또한 사용되는 대지용지는 약간 두껍고 신축이 없어야 하며, 순백으로 평활성이 좋고 잉크나 먹물을 잘 흡수해야 하며, 번지지 않아야 한다.

15－2. 계수관리

인쇄에서 가장 중요한 것은 원고가 가지고 있는 모든 조건을 충실하게 재현시키는 것이지만, 인쇄는 대단히 복잡하여 여러 공정을 걸치는 데에서 일어나는 왜곡성과, 원고를 구성하고 있는 재료와 재현되는 재료들의 불일치로 인하여 현실적으로 완전 재현은 매우 어려운 일이다.

특히, 칼라투과원고의 재현에 있어서는 원고의 투과광과 인쇄물의 반사광이용에 따른 시각차이, 이들이 표현할 수 있는 가능한 농도영역의 차이, 염료에 의한 투과원고의 발색과 안료(색체)에 의한 인쇄물의 발색차이, 더나아가 연속계조와 비연속계조의 색상이나 계조(gradation)의 표현 가능한 범위에 대한 차이 때문에 더욱 어렵다.

또 같은 인쇄물에서도 교정인쇄와 본인쇄가 여러 가지 조건으로 인하여 일치할 수 없는 한계 때문에, 원고가 가지고 있는 색상(hue)이나 계조를 완전히 재현시킬 수는 없으나, 가능한한 좋은 인쇄물을 얻기 위해서는 각 공정에서 필요한 관리용 스케일과 농도계(densito meter)를 사용하여 계수관리를 철저히 하는 것이 필요하다.

이러한 관리는 크게 사진제판에서의 품질관리와 인쇄에서의 품질관리로 크게 나눌 수가 있으며, 중요한 것을 예로 들면

① 인쇄판 빛쬠에서 정확한 필름망점 재현을 위한 노광량관리
② 칼라바란스관리
③ 계조관리
④ 도트게인(dot gain)관리
⑤ 슬러(Slur)와 더블링의 관계
⑥ 망점의 해상력
⑦ 트래핑(trapping)
⑧ 농도범위
⑨ 인쇄맞춤 등에 대한 관리를 철저히 하는 것이 필요하다.

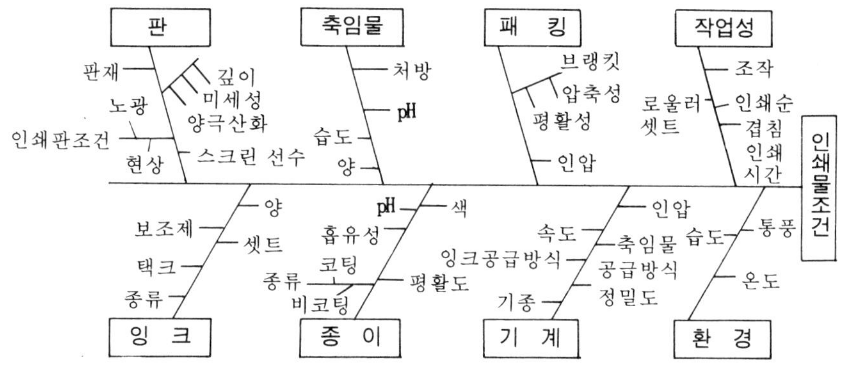

그림 15-8. 인쇄물 품질결정 요소

1. 노광량 스케일(Scale)

오프셋인쇄의 공정관리에서 가장 중요한 것은 인쇄판의 망점재현을 충실하게 관리하는 것이며, 이에 필요한 스케일을 노광량 스케일이라고 한다.

일반적으로 오프셋 인쇄에 필요한 필름원판은 하이콘트라스트의 리즈형필름(Lith film)을 사용한다. 그러나 같은 리즈형필름을 사용했다 할지라도 카메라로 촬영된 망점은 소프트도트(soft dot)와 하드도트가 공존함으로써, 망점자체에 농도 차이가 있으므로 빛쪼임할 때 노광량에 의해서 망점의 크기에 변화가 발생하게 된다.

그러나, 밀착반전해서 얻어진 망점은 하드도트(Hard dot)로서 충분히 영글었기 때문에 망점의 크기가 같게 나타나므로, 이 두 종류의 망점

을 인쇄판에 노광하면 망점의 크기가 서로 다른 방식으로 나타나게 된다. 따라서 이러한 제판공정의 망점 재현을 관리하는 스케일이 노광량 조절 스케일이다. 이 스케일은 1948년 LTF(현재 GATF : Graphic Arts Techenical Foundation)에서 발표한 것으로 당시에는 난백판이나 평凹판 등의 제판에 이용되었다.

표 15-2. 그레이스케일의 농도 및 노광계수

Step No.	1	2	3	4	5	6	7	8	9	10
농 도	0.15	0.30	0.45	0.60	0.75	0.90	1.05	1.20	1.35	1.50
노광계수	1.4	2.0	2.8	4.0	5.6	8.0	11.2	16.0	22.4	32.0

이것은 연속계조의 그레이스케일(gray scale)로 되어 있으며, 일반적으로 1단계마다 0.15의 농도차이를 가지며, 1계단의 노광량을 증가시키려면 노광량이 1.415배(약 1.4배)가 증가되도록 노광량을 조절하게 되어 있다.

만일 2단계의 노광량이 증가하면 농도 차는 0.3이 되고 노광량은 2배가 된다.

이와같이 하여 노광된 스케일의 단계번호를 보며, 노광량의 과부족은 물론 정량적인 것도 알아낼 수가 있다.

이 스케일은 빛쬠할 원판필름의 화선부 가까이에 붙어 사용하며, 현상에서 노광량을 확인하고 지워버린다.

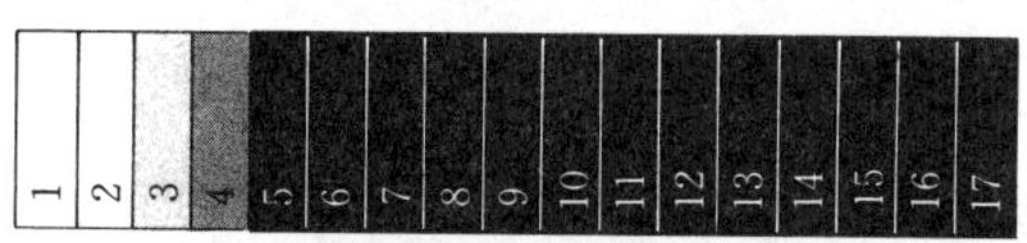

그림 15-9. PS스텝가이드

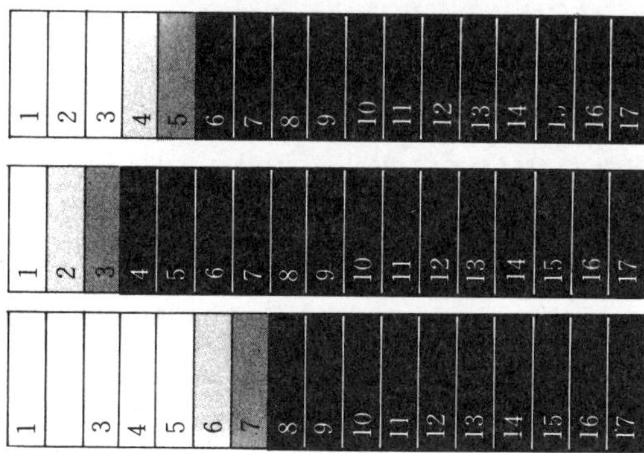

그림 15-10. PS스텝가이드 노광예

P.S판이나 기타 감광액을 도포한 금속판에 노광량스케일(control scale)을 노광해서 현상, 마무리를 하면, 그림 15-10과 같은 화상이 얻어진다. P.S스텝가이드(step guide)는 작은 숫자쪽이 하얗게 되고 큰 숫

자 쪽은 어둡게 되며, 중간부분은 흐린부분이 되고, 실제 망점에서는 이 중간(흐린부분) 농도에 해당되는 망점이 점(dot)으로 될 것인가 아닌가의 한계가 된다. 따라서 노광 현상의 조건을 결정할 때는 완전히 희게 빠진 스텝이라든가, 완전히 흑으로된 스텝의 번호를 인쇄판 조건으로 결정한다.

또한 PS판의 종류에 따라 같은 노광량과 스케일을 사용해도 희게 빠지는 스텝이 다르며, 흰 부분이 많으면 그 PS판의 감도가 높으며, 네가형 PS판에서는 스텝의 번호가 큰 쪽(농도가 높은 쪽)이 반대로 희게 빠진다.

PS판을 현상했을 때 노광량이 부족하면 망점이나 문자가 굵고, 바탕오염의 원인이 되며, 또한 노광량이 과도일 때도 작은 점이나 문자가 날아가서 완전한 망점이나 문자의 재현이 어렵다.

따라서 지정된 인쇄판과 주어진 조건에서 스케일을 사용하여 정확한 노출 조건을 결정해야 한다.

노광량 스케일은

① GRETAG의 PCW(plate control wedge)

② 코닥의 Step tablet No. 2

③ 후지의 PS Step Guide,

④ GATF의 Sensitivity Guide

등과 같이 노광량의 계산이 편리하도록 일정한 제품으로 제작해서 시판하는 것이 있으므로 이들 중 적절한 것을 선택하여 사용하면 편리하다.

적정노광량을 예를 들어 계산하여 보면, 사용하는 PS판의 노광 관리기준이 일정한 현상조건에서 스텝번호 6으로 결정되었다고 하고, 40초 노광했을 때, 사용할 동일 PS판의 스케일 스텝 4번에서 하얗게 빠졌다면 6번에서 하얗게 되는데 필요한 적정노광량은 다음과 같이 구할 수가 있다.

스텝 4와의 농도차가 0.3(0.90−0.60)이므로,

노광량은 2배($\frac{8.0}{4.0}$)가 되므로,

노광량은 40초×2=80초가 되어 적정노광량은 80초가 된다.

그러나 실제 인쇄판 제판에서 스케일 관리폭을 너무 좁게 잡는 것보다는, 품질에 크게 영향을 주지 않는 범위 내에서 허용한계를 주어 관리기준으로 하는 것이 바람직하다.

PCW(Plate Control Wedge)는 특수하게 망점 Wedge의 부분이 설정되어 있는데, 이것은 스크린선수가 다른 12 단계의 스케일이 아래 위로 나누어져 있는 것으로, 한 쪽은 300선, 다른 한 쪽은 150선으로, 스케일

이 같은 단은 망점의 퍼센테이지(%)가 같게 되어 있다. 이 스케일은 조금 떨어져보면 농도가 동일하게 보인다. 같은 면적이라도 150선과 300선의 망점은 같은 량으로 확대 축소가 될 경우 300선의 망점이 150선의 망점보다 면적의 변화 정도가 크게 된다. 따라서 제판공정에서 망점의 변화는 위 아래 2개의 스케일 농도가 시각적으로 다르게 보이게 끔 해주므로 매우 적은 변화에 대한 망점의 관리를 시각적으로 할 수 있게 한다.

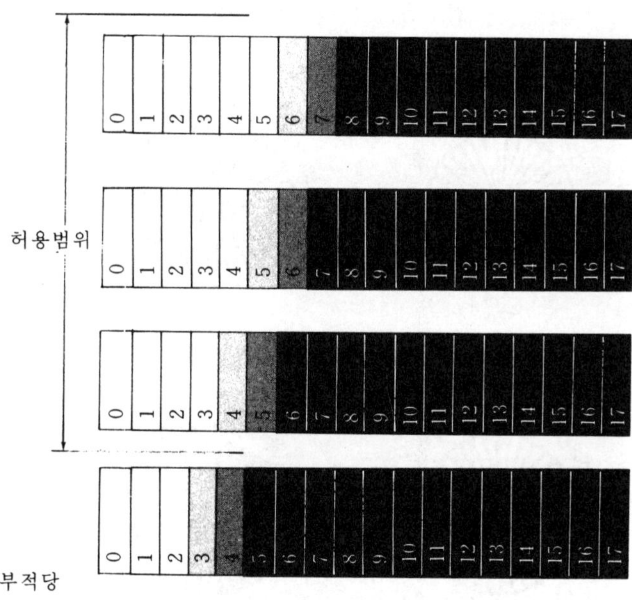

그림 15-11. 노광량의 허용범위

또한 중요한 것은 교정인쇄판과 본인쇄판을 같은 조건으로 제판하면 같은 결과를 얻을 수가 없는 점이다.

이것은 인쇄하는 인쇄기와 교정기가 가지고 있는 구조적인 차이로서, 예를 들면,

① 인쇄기의 형태차이

② 인쇄속도의 차이

③ 색의 겹침에 대한 차이

그 밖에도 여러 가지의 차이에 의하여 본인쇄기에서의 망점 퍼짐량(dot Gain)이 교정기에서의 것보다 크기 때문에, 교정 인쇄 보다도 더 강하고 어둡게 인쇄되어 진다. 따라서 이러한 요인을 해결하기 위해서는 본인쇄판의 망점을 약간 작게 해야 됨으로 본인쇄판의 노광량을 약간 많게 하여야 한다. 예를 들어 교정판에서 5~6단이 하얗게 빠졌다면 본인쇄판에서는 6~7단이 하얗게 빠지게 해야 한다.

2. 스타타겟(star target)

스타타켓은 원형속에 36개의 흑백선이 방사모양으로 배열된 것으로,

① 망점의 퍼짐(dot gain)

② 슬러(slur)

③ 더블링(doubling)등을 체크하는데 효과적이다.

스타타켓에는 포지용과 네가용이 있으며, 사용방법은 인쇄용지의 물림끝 여백부에 첨부하여 인쇄한다.

인쇄된 스타타겟의 화상은 중심부에 잉크가 메워지는 방향을 보고 망점의 퍼짐량과 방향을 알 수가 있다.

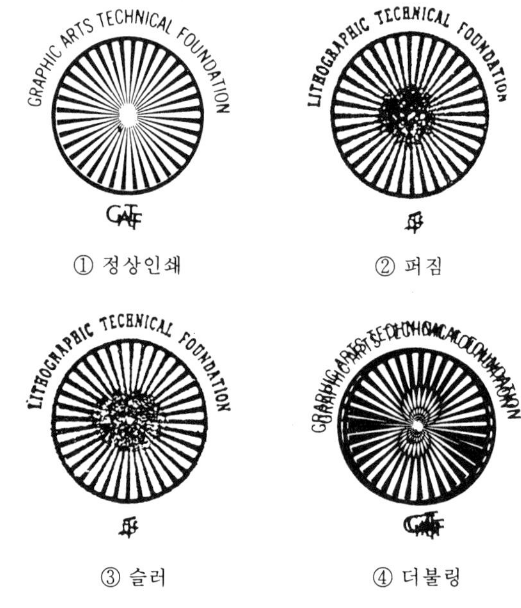

그림 15—12. 스타타겟의 인쇄 모양

그림 15—12의 ①은 정상적으로 인쇄된 것을 나타내며, ②는 중심의 잉크가 메워져 있는 것으로 인쇄시에 잉크가 균일하게 퍼저 인쇄되고 있는 것이며, ③은 잉크의 퍼짐이 한 쪽 방향으로 나타나 있는 것으로, 타원의 긴축에 대해 직각방향으로 슬러가 일어나고 있는 것이다. ④에서는 더블링이 발생한 것을 보여주는 것이다.

또한 이 스타타겟은 인쇄물의 해상력(resolving power)을 측정할 수 있다. 현미경속에 장치된 스케일로 중심부가 퍼져있는 상태를 측정하여 해상력을 정량적으로 알아낼 수가 있다.

36개의 흑선이 원둘레 3.14인치(직경/인치)에 있으므로 36/3.14= 11.47이 되고 이때 11.47을 스타타겟의 상수라고 한다.

$$해상력(선수/인치)=\frac{11.47}{중심흑화부의직경}$$ 에서

해상력을 구할수가 있다.

예를 들어 중심부의 흑화직경(fog diameter)이 0.01인치라고 하면

$\frac{11.47}{0.01}$=1147선/인치가 된다.

일반적으로 스타타겟으로 측정할 수 있는 최대 해상력은 1300선/인치이며, 인쇄관리에서 스타타겟을 단독으로 사용하기 보다는 여러 종류의 스케일과 같이 사용하는 것이 일반적이다.

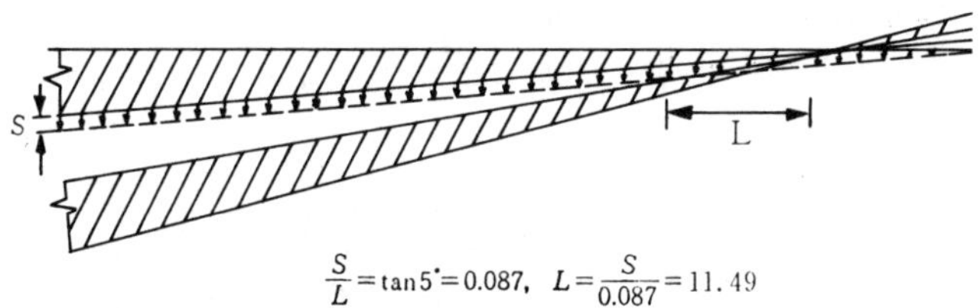

$\frac{S}{L}=\tan 5^{\circ}=0.087,\ L=\frac{S}{0.087}=11.49$

3. 시그널스트립(Signal Strip)

이것은 1964년경 미국에서 발표된 것으로, 인쇄물의 품질관리를 위하여 고안된 것이다.

이것은,

① 플레이트가이드(Plate guide)부

② 프린트게인(print gain)부

③ 프린트슬러(print slur)부

로 구성되어 있으며, 이것은 모두 망점크기의 변화에 대해서 극히 세밀한 선의 망점과 선의 패턴(pattern)으로 구성되어 있다.

오프셋인쇄에서 인쇄용지, 잉크 및 인쇄면적, 스크린 선수, 인쇄기 등의 조건에 따라 망점의 퍼짐이 달라진다. 예를 들면, 코트지(coated paper)보다는 부드럽고 면이 거칠은 종이에 인쇄할 경우 망점의 퍼짐이 크게 일어나며, 교정인쇄보다 4색기 또는 윤전 오프셋기가 망점의 퍼짐이 크게 일어난다. 시그널스트립은 이러한 것을 고려해서 제작되었다.

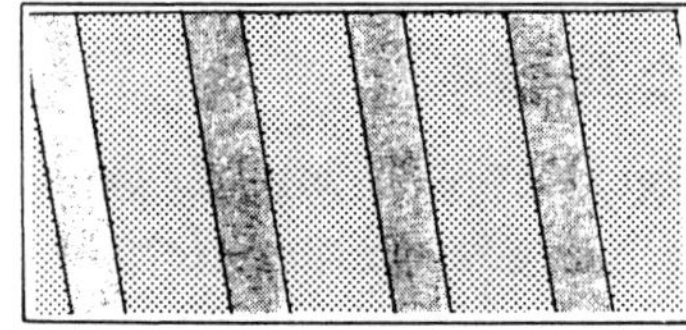

플레이트 가이드부

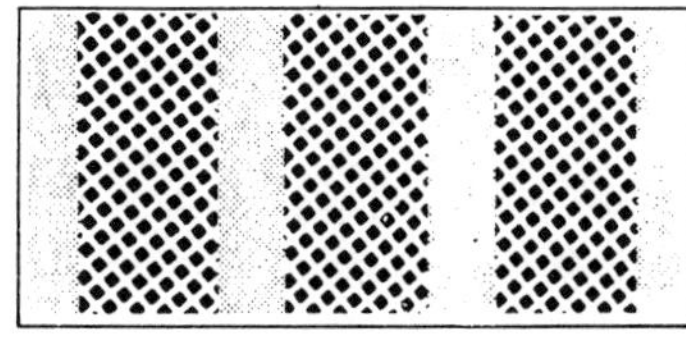

프린트 게인부

프린트 슬러부

그림 15-14. 시그널스트립의 각부분 확대도의 예

시그널스트립은 롤형태로 되어 있기 때문에 필요한 만큼 일정한 길이로 잘라서 인쇄용지의 폭에 맞춰 제판할 때 첨부한다. 또는 Y, M, C, BK의 각 판마다 중복되지 않게 일열로 배열할 수도 있다.

일반적으로 인쇄조건의 안정성 면에서 보면 물림쪽에 위치하는 것이 좋으나, 종이의 신축이나 더블링의 체크에는 물림 끝쪽이 좋다. 그러나 실제로는 여백이 허용되는 곳에 붙이게 된다.

인쇄공정이전에는 시그널스티립의 플레이트 가이드 부분을 보면되고, 인쇄 후에는 프린트게인부분과 슬러부분을 관찰하면 된다.

1) 플레이트가이드 부분의 변화

아무런 변화가 없으면 인쇄판에 있는 망점과 필름에 있는 망점이 같은 크기로 노광이 적정이다.

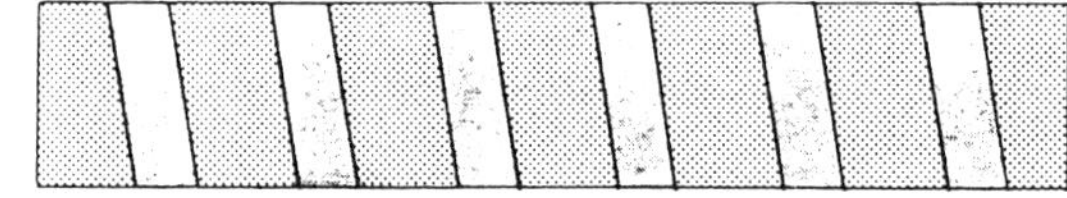

그림 15—15. 적정노광의 경우

노광이 너무 많으면 가는 줄무늬가 밝게 보이며, 인쇄판의 망점은 필름의 망점보다 작게 되어 있다.

그림 15—16. 노광 과도의 경우

반대로 노광량이 너무 부족하면 가는 줄무뉘가 어둡게 보이며, 인쇄판의 망점이 필름의 망점보다 커진다.

그림 15—17. 노광부족의 경우

2) 프린트게인부분의 변화

이것은 인쇄된 망점이 망점퍼짐의 허용범위내에 있는가를 판정하는 것으로, 인쇄 도중에 망점을 올바르게 안정시키는 시각적 판정용에 이용할 수 있다.

시그널스트립에서 망점재현을 고려한 망점의 굵기 범위내에서 인쇄되었으면 아무런 무늬가 보이지 않는다.

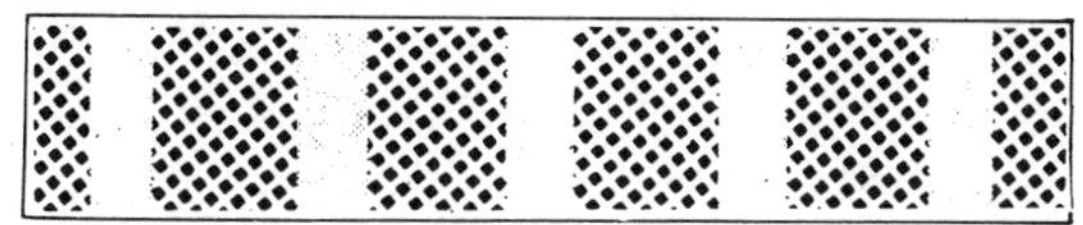

그림 15-18. 망점의 크기가 충분히 형성되지 않은 경우

가는 줄무늬가 밝게 보이면 망점은 시그널스트립의 범위까지 충분히 커지지 못했음을 나타내는 것이다.

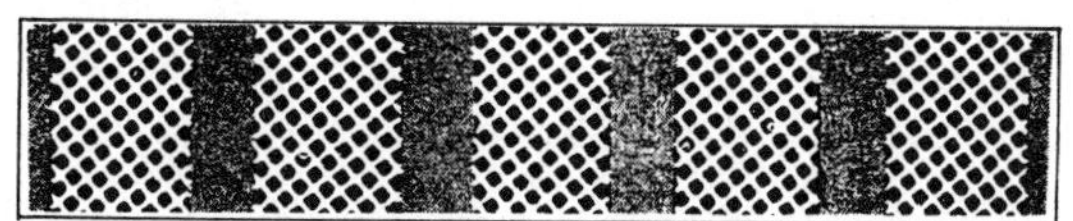

그림 15-19. 망점의 크기가 적정인 경우

반대로 가는 줄무늬가 어둡게 보이면 인쇄된 망점이 지나치게 퍼진 것을 나타낸다.

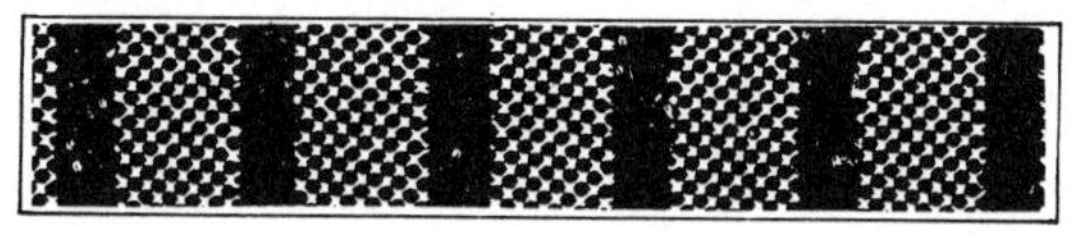

그림 15-20. 망점이 퍼진 경우

3) 프린트 슬러부분의 변화

인쇄가 진행중에 슬러가 일어나고 있는 것을 신속하게 알아낼 수가 있는 것으로, 슬러가 실린더의 주변방향인지 또는 가로(횡) 방향인지를 무늬의 상태로서 알 수가 있다.

아무런 무늬가 나타나지 않으면 인쇄는 정상이다.

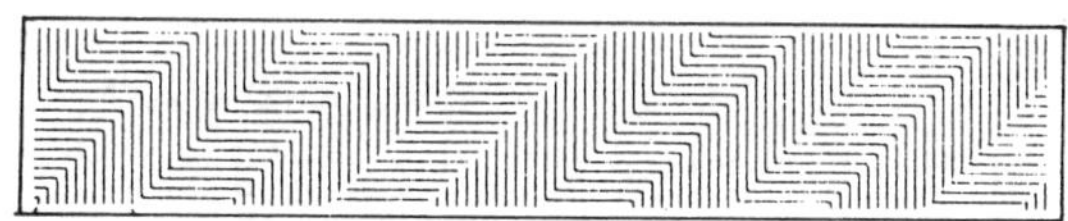

그림 15-21. 인쇄가 정상인 경우

그림 15-22와 같은 무늬가 보이면 슬러는 실린더의 주변방향에서 일어나고 있다는 것을 말해주는 것이다.

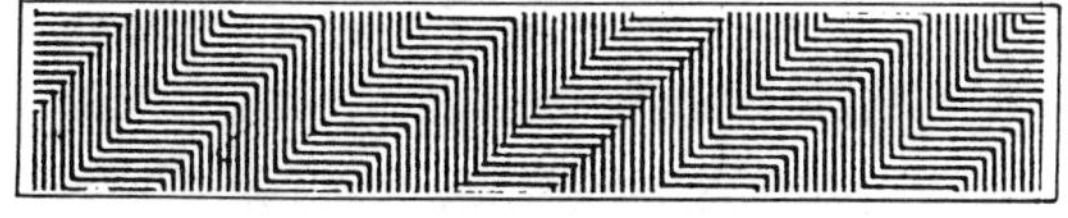

그림 15-22. 실린더의 주변방향으로 일어나는 슬러의 경우

그림 15-23과 같은 무늬가 보이면 슬러는 가로(횡) 방향으로 일어나

고 있는 것을 보여주는 것이다.

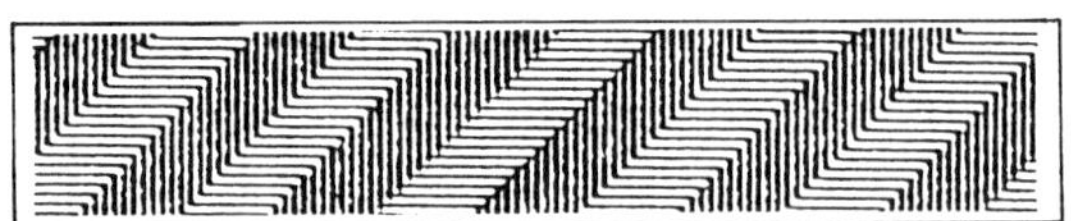

그림 15—23. 가로방향으로 슬러가 일어나는 경우

4. GATF의 도트게인 스케일(Dot gain scale)

GATF에서는 1965년에 시그널스트립과 같은 원리로 인쇄물의 품질을 정량적으로 관리할 수 있는 도트 게인 스케일을 고안해 냈다.

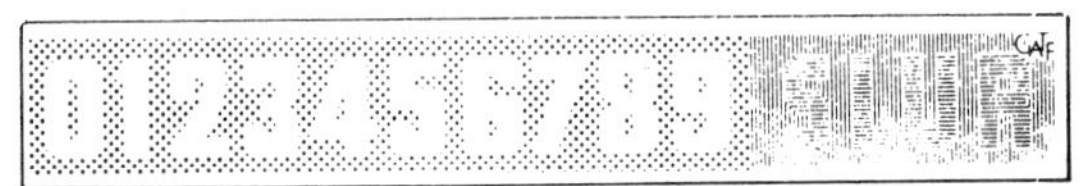

그림 15—24. 돗트 게인 스케일

이것은 망점의 면적변화와 농도를 농도계를 사용하지 않고 시각적으로 판정할 수 있도록 고안된 것으로, 이것은 네가티브 또는 포지티브의 형태로서 인쇄용지의 여백에 인쇄한다.

이 스케일을 육안으로 확인함으로써 네가티브나 포지티브의 제판, 빛쬠의 상태, 인쇄판, 교정, 인쇄등에서 망점의 퍼짐정도나 감소정도를 알 수 있게 되어 있다.

이것은

① 도트게인 스케일(dotgain scale)

② 슬러게이지(slur)

③ 스타타겟(star target)

의 세부분으로 구성되어 있다. 이것의 원리는 시그널스트립과 같은 것이나, 거친 선수의 망점보다 가는 선수의 망점쪽이 망점퍼짐에 대해 민감한 점을 응용한 것이다.

이것은 200선의 스크린으로 스텝마다 농도가 변해가도록 10단계로 되어있고, 0에서 9까지의 숫자는 65선 스크린의 망점안에 들어있으며, 숫자의 형태가 육안으로 보이지 않은 스텝으로 인쇄상태를 관리하도록 되어 있다. 즉, 보이지 않은 숫자가 큰 쪽으로 가면 갈수록 망점의 퍼짐이 크게 일어나는 것이다.

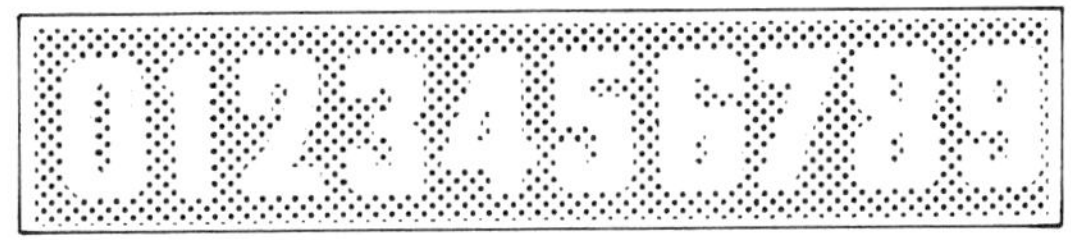

그림 15—25. 정확하게 인쇄된 Dot gain scale

스케일에서는 1~7의 숫자가 있는 단계는 1스텝마다 3~5%의 망점퍼짐이 나타나도록 되어 있고, 7~9 스텝에서는 5% 이상의 망점퍼짐이 되도록 설계되어 있다. 이 도트게인 스케일에서는 슬러게이지도 함께 구성되어 있는데, 확대해 보면 가로선은 SLUR이라는 문자를 형성하도록, 세로선은 그 바탕을 이루도록 되어 있다.

이 두 가지 선의 굵기는 같으므로 두 선이 같은 농도로 인쇄되면 SLUR라는 문자는 보이지 않으며, 슬러가생기면 두 선의 농도가 달라지므로 SLUR라는 문자가 바탕보다 엷어지거나 진해져서 육안으로 볼 수 있게 된다.

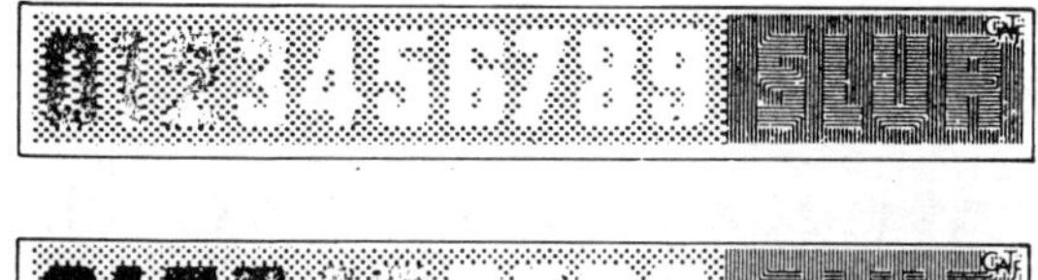

그림 15—26. 슬러가 일어난 Dot gain scale

또한 망점의 더블링도 중복인압이 걸리기 때문에 SLUR라는 문자가 보이게 되지만, 망점을 확대하여 보면 두 종류의 망점이 보이므로 슬러와는 구별이 된다. 도트게인 스케일은 인쇄중에 망점재현을 관리하기 위해 고안된 것이지만,프린터에서 밀착반전이나 인쇄판의 망점변화를 관리하기 위해서도 사용될 수 있다. 포지티브인쇄판에서 그 부근에 있는 숫자가 보이지 않은 것이 정상이며, 한 스텝 이상 안보이는 숫자가 이동하는 경우는 포지티브인쇄판의 노광과도이거나 밀착이 불안전한 원인으로, 망점이 가늘어지고 있음을 나타내는 것이다.

그림 15—27. 망점퍼짐이 발생한 Dot gain scale

인쇄에서는 망점이 일반적으로 굵어지는 경향이 있으므로, 인쇄물의 망점재현관리에 필요한 표준조건을 잘 설정해 두는 것이 필요하다.

인쇄 중 망점의 변화가 일어나면 곧 숫자가 이동하므로 인쇄기의 관리가 쉬우며, 인쇄물에서 숫자가 보이지 않게 되는 것은 일반적으로 코트지의 경우 4~7 사이에 들어 있으면 되고, 좀더 표면이 거친 용지는 1~2단계 더 높은 숫자가 된다.

인쇄중에 숫자가 최초에 설정한 조건보다 큰 쪽으로 이동하면 잉크의 공급량이 늘어나거나 잉크가 완화된 것, 또는 잉크와 축임물의 불균형,

인압의 변화등에 원인이 있는 것이며, 작은 숫자로 이동하면 이와 반대 현상이 일어난 것이다.

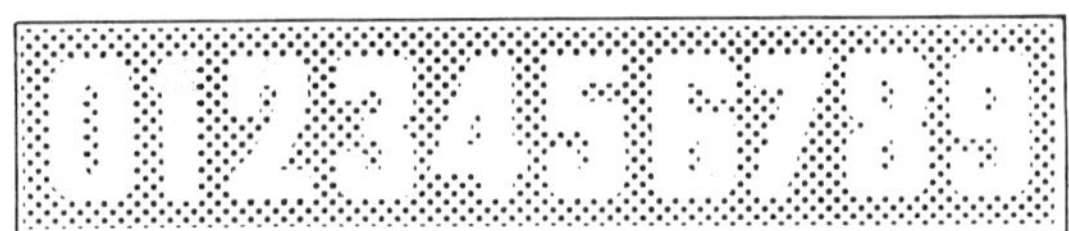

그림 15-28. 판이 마모된 상태의 Dot gain scale

15-3. 교정 관리

1. 교정(proof)의 목적

인쇄산업이 제품을 생산하는 제조산업인 것은 틀림없으나, 불특정인을 상대로 하는 타산업과는 근본적으로 달리하고 있다. 인쇄는 반드시 주문자가 필요한 수주산업으로서 사용시기와 사용목적, 그리고 필요로 하는 상대가 정해져 있으며, 이러한 조건이 충족되지 못하면 전혀 쓸모 없는 생산품이 되어 버리므로 재고가 있을 수 없다.

품질 또한 규격화 시킨다는 것은 인쇄물 특정상 대단히 어려운 일이다. 따라서 공정관리를 위해서나 발주자에 대한 상품견본으로서 교정인쇄(proof print)물은 대단히 중요한 역할을 하게 된다.

1) 공정관리를 위한 교정

일반적으로 인쇄물은 여러 종류의 문자와 크고 작은 사진들이 복잡하게 배치되어 있으며, 또한 여러 가지 색상과 계조를 달리하고 있으므로, 원고에서부터 인쇄기계를 걸쳐 인쇄물이 되어 가공될 때까지 매우 복잡하고 많은 공정을 걸쳐야 하며, 각 각의 공정에서 잘못될 수 있는 여지가 항상 있다. 예를 들면,

① 글자의 잘못
② 사진들의 배치
③ 각 판의 맞춤
④ 톤바란스 및 칼라바란스
⑤ 인쇄물 가공

2) 발주자를 위한 교정

인쇄물의 평가는 객관적인 평과와 주관적인 평가의 양면성을 강하게 가지고 있는 특수성을 지니고 있으며, 주관적인 평가는 발주자의 감각적 평가에 의존하는 것이 일반적이다.

그러나 평가의 기본이 되는 원고는 기능면에서는 완전한 원고가 될 수 있으나, 감각적인 면에서는 완전한 원고를 만든다는 것은 매우 어려운

일이며, 원고의 종류에 관계없이 인쇄물로 재현(reproduction)시킨다는 것은 더욱 어려운 일이다. 뿐만 아니라 원고로서 갖는 시각적 감각과 인쇄물로서의 시각적 감각에 대한 차이가 또한 크다.

따라서 완성된 인쇄물을 수정 보완한다는 것은 불가능하므로, 완성된 인쇄물을 만들기전에 수수자와 발주자 사이에 공감하고 승복할 수 있는 계약서적인 교정인쇄물이 필요하게 된다.

2. 본인쇄와 교정인쇄의 차이

일반적으로 교정기(proof press)는 평평한 압반과 실린더모양인 압통으로 되어 있으므로 인쇄압이 약하며, 또한 교정인쇄는 앞의 색이 건조된 상태에서 다음 색이 인쇄되는데 대하여, 본인쇄는 건조되지 않은 상태에서 인쇄가 된다.

낱장 오프셋인쇄기나 오프셋윤전인쇄기는 고속인쇄로서 교정기와의 속도가 매우 다르며, 사용잉크의 차이, 망점재현성의 차이가 난다. 또한 축임물(dampening water)량도 교정인쇄보다 본인쇄가 많아진다.

또한 인쇄판을 만들기 위한 빛쪼임에서 교정판보다 본인쇄판의 빛쬠량을 크게함으로 망점재현의 차이가 생긴다.

3. 교정인쇄관리

가능한 교정인쇄와 본인쇄의 차이를 줄이기 위해서는, 각 공정마다 필요한 계수관리 스케일을 적절히 사용하여 망점 재현곡선이나 트래핑(trapping)망점농도(dot density), 민자농도(solid density), 하이라이트(highlight) 등의 문제점을 최소화 하는 것이다.

1) 민자농도 및 망점농도 관리

① 민자농도의 설정기준을 정하고 관리기준에서 벗어난 것은 다음 공정으로 넘기지 않는다.

② 농도계(densitometer)를 활용하여 기술향상을 도모한다.

③ 개별과 단체별로 품질 점검을 하며, 유화(emulsion)된 잉크를 사용하지 않는다.

2) 각 각의 공정관리

① 사용한 스케일을 조사하여 문제점을 개선한다.

② 농도계를 사용하여 문제점을 파악 개선한다.

3) 본인쇄관리

① 인쇄압(printing pressure)

압통 부랭킷통, 판통을 잘 준비하며, 인압의 기준치를 잘 정하고 정해진 주기로 인쇄물을 점검하여 안정된 인쇄물을 얻도록 한다.

② 사용잉크

잉크에 의한 재현성을 점검하기 위하여 같은 스케일을 같은 조건으로 인쇄하고, 이것을 비교하여 보다 효과가 좋은 잉크를 선택한다.

③ 축임물(damping water)

적절한 축임물기구(모루톤방식, 덤프닝스리브방식(dampening sleev), 부러쉬방식, 달그렌방식(Dahlgren))를 사용하며, 축임물의 PH나 량을 적절히 조절하여 좋은 망점을 얻도록 한다.

④ 인쇄기계의 정비

가장 양호한 상태를 유지할 수 있도록 정비 점검을 철저히 한다.

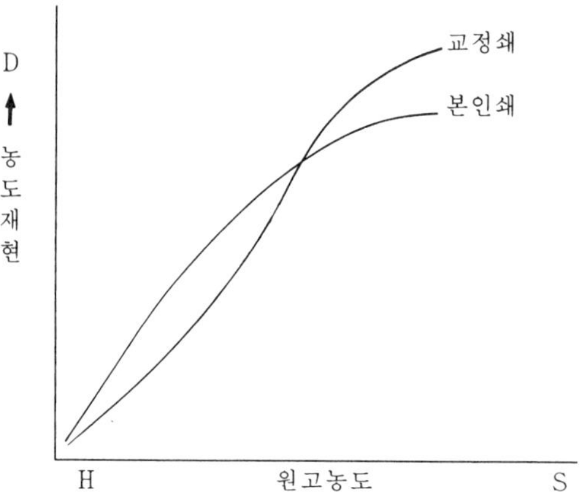

그림 15—29. 교정쇄와 본인쇄의 차이

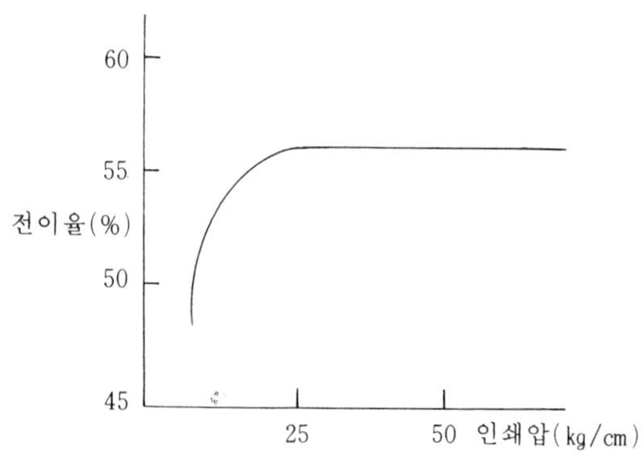

그림 15—30. 인쇄압과 잉크 전이율 관계

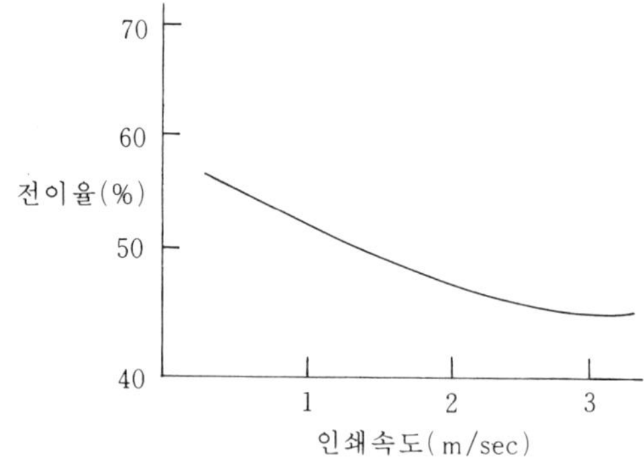

그림 15—31. 인쇄속도와 잉크 전이율 관계

15—4. 측정관리

인쇄는 모방과 창조의 조화를 필요로 하는 학문으로 한장의 인쇄물을 창조해 내는데는 수없이 많은 재료와 기계기구가 필요하므로 한치의 오차(error)도 허용되지 않은 측정관리가 필요하다.

예를 들면 각종 인쇄재료의 조제를 위한 용액의 농도관리, 정확한 통꾸밈(cylinder arrangement)을 위한 블랭킷(blanket)이나 실린더(cylinder) 측정 및 올바른 계지(gauge)사용, 사진필름이나 인쇄물의 농도측정을 위한 농도계(densito meter) 등이 있다.

1. 농도계(densito meter)

사진농도는 염료와 광학필터(optical filter)의 광학적 농도와는 얼마간 다른부분이 있다. 현상(development)에 의한 농도는 은입자가 고립 또는 교착상해서 화상을 형성하기 때문에 입자의 크기나 그 분포에 따라 산란성이 다르다.

따라서 산란광과 대색상이 공존하기 때문에 사진농도의 평가는 기하광학적조건(광선의 진행방향)과 분광학적조건(색의 영향)을 같이 생각해야 한다.

사진농도 측정은

① 시각적 • 편광프리즘으로 표준농도비교
 • 표준광학계와 비교

② 광전계 • 눈금식(analog)
 • 디지털식(digital)

현재 사용되는 농도계는 대부분 광전계의 디지털식 농도계이다. 이것은 빛을 전기로 변환시키는 광전관을 사용하여 시료가 있을때의 전류값과 없을때의 전류값의 차이를 대수(log)처리하여 디지털(digital)화 한 것이다.

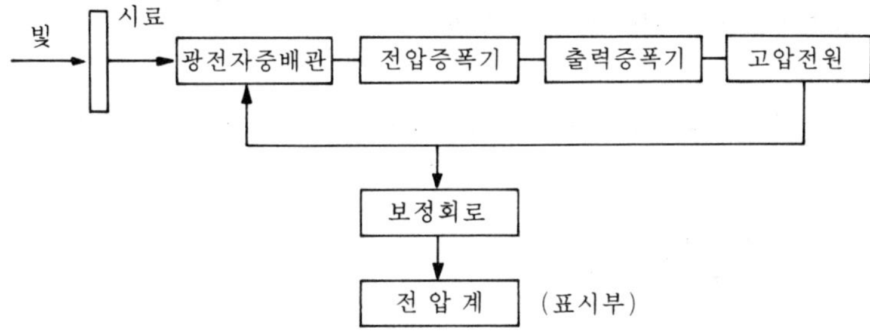

그림 15-31. 광전식 농도계의 기본구성

시료(sample)에 입사된 광속(light beam)은 입사된 방향뿐만 아니라 모든 방향으로 산란된다. 따라서 평행 광량만을 측정하는것과 산란광까지를 합친 전체 투과광량을 측정한것에 따라 농도의 차이가 달라진다.

이때 평행농도(Dll)와 확산농도(D#)와의 비율을 Q핵타(Factor)라고 한다.

$$Q=\frac{D\parallel}{D\#}$$

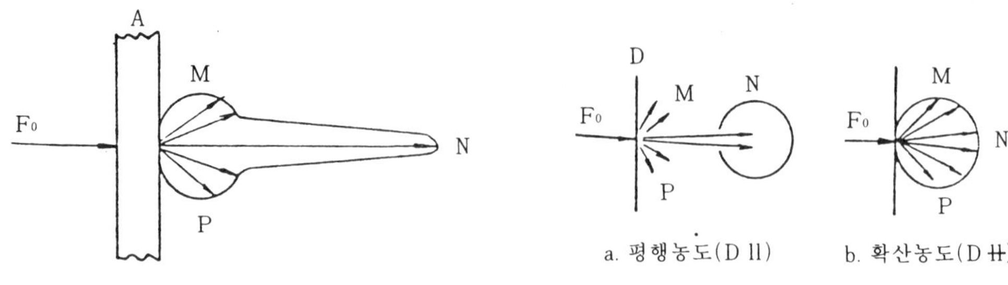

그림 15—32. 투광광의 방향성

그림 15—33. 평행농도와 확산농도

그러나 확산농도와 평행농도를 분리해서 측정하는 것은 매우 어려우므로 실제적인 농도계는 두 농도를 혼합시킨 형태로 측정하고 있다.

광전식농도계는 반사농도계(refection densitometor), 투과농도계(transmission densitometer), 투과반사겸용 농도계가 있으며 분해필터(color seperation filter)를 사용하여 흑백과 컬러를 동시에 측정할 수가 있다.

측정할때 중요한 것은 전압의 안정을 위해 전원을 넣은 후 5분정도 있다가 사용해야 되며 0점조정과 필름포그(fog) 농도 처리를 정확하게 해야 한다. 또한 반사농도계에서 측정기준판의 관리가 잘 이루어져야 한다.

농도계를 사용해서 품질관리를 해야 할 경우는 대단히 많으며 몇 개의 예를 들어보면

① 투과 및 반사원고의 농도를 측정하여 원고의 농도역(DR$_0$)을 측정하고 필요한 노출의 양을 결정한다.
② 연속계조의 농도관리와 망분해의 망점(dot)관리를 한다.
③ 자동현상기의 현상액을 관리한다.
④ 원색제판에 필요한 마스크가 정상적인 농도를 가지고 있는지를 점검관리한다.
⑤ 스캐너(scanner)등의 분해작업기준을 결정하기 위해 농도계수관리를 한다.
⑥ 교정인쇄 및 본인쇄의 공정을 관리하기 위한것 등 그 범위가 대단히 크다.

그림 15--34. 투과농도계

2. 마이크로미터(micro meter)

마이크로미터는 나사(thread)의 정확한 피치(pitch)를 이용하여 치수를 측정하는 기구로서 슬리브(sleeve) 위에 0.5㎜의 눈금이 25㎜ 새겨져 있다.

1피치를 정확하게 0.5㎜로 하고 팀블(thimble) 둘레를 50등분하면 한 눈금은 0.01㎜가 되므로 0.01㎜까지 정확히 측정할 수 있다.

마이크로미터는 정밀한 측정기임으로 잘못 조작하면 더 큰 오차(error)를 발생시킬 수가 있다.

먼저 0점조정을 정확히 해야한다.

0점 조정은 먼저 안빌(anvil)과 스핀들(spindle)의 끝에 이물질이 없나를 확인한 다음 가볍게 2~3회 반복하여 0점 조정을 하고 0점이 맞지 않을 때는 0점 조정용 키(key)를 슬립(slip)위의 0점 구멍에 넣어 슬립을 이동 영점을 조정한다.

시료의 측정은 가볍게 하고 결과의 눈금을 읽는다.

예를들어 슬립의 눈금이 0점에서 3번째라고하고 팀블(thimble)위에 눈금이 10을 표시했다면 0.5×3+0.01×10=1.6㎜가 된다.

블랭킷이나 패킹지는 탄성이 있으므로 주의해서 측정해야 한다.

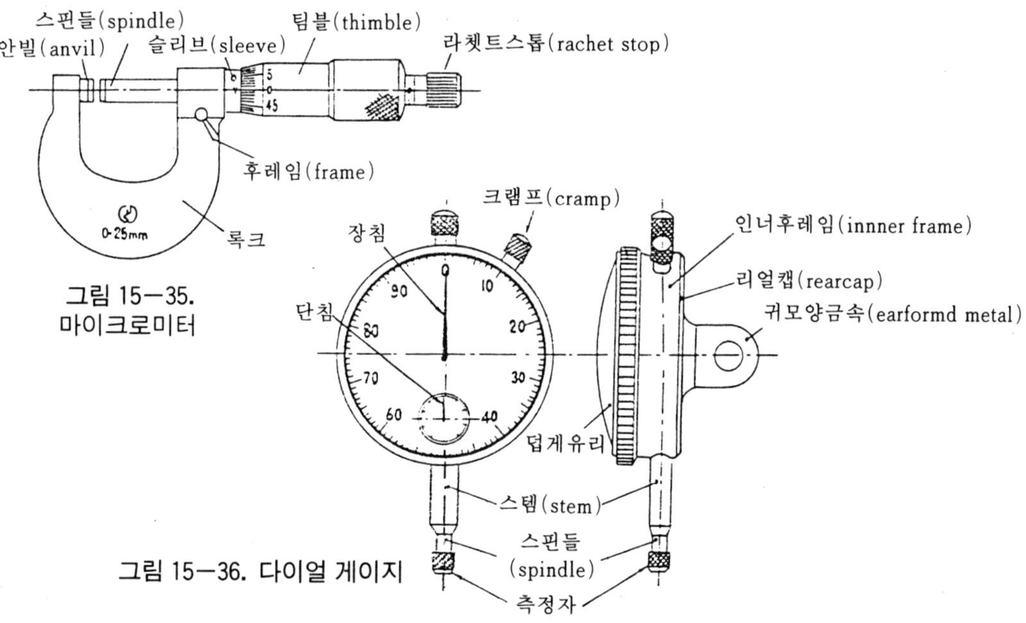

그림 15—35. 마이크로미터

그림 15—36. 다이얼 게이지

3. 실린더 게이지(cylinder gauge)

이것은 다이얼 게이지(dial gauge)의 일종으로 장침의 1눈금은 1/100㎜, 단침의 눈금은 장침 1회전을 나타내도록 되어 있어 쉽게 통꾸밈에 사용할수가 있다. 이밖에도 로울러압력 게이지(roller impression gauge), 종이두께 측정기(micro meter for paper) 등이 있다.

제 16 장

인쇄과학

제16장 인쇄과학

16—1. 사진과 인쇄

1. 감광이론

할로겐화은은 약 350nm~480nm(nm=10^{-7}cm) 파장의 빛에 감광하여, 그 표면이나 내부에 미소한 은핵을 형성한다. 이 핵이 어느 크기로 되면 할로겐화은결정은 이 장소에서 현상을 시작하는데, 이것을 잠상핵(Latent image speck) 혹은 현상핵이라고 한다. 또한 노광되어 현상핵이 된 할로겐화은결정을 잠상(latent Image)이라고 부른다.

1938년에 영국의 제니(R.W Gurney)와 모트(N. F Matt)는 잠상현상이론을 제창했다. 이것은 먼저 할로겐이온(X^-)에 광량자(hv)가 흡수되어 전자(e^-)가 유리된다.

$$X^- + hv \rightarrow X + e^- \cdots\cdots(16-1)$$

이때 생성된 전자를 광전자라하고 전자가 빠진 구멍(이 경우 할로겐원자)을 정공(positive hole)이라고 한다.

광전자는 결정속의 불안정 개소의 트랩(trap)에 포획되는데, 이 장소는 음(—)으로 대전된다. 이 전자가 잡힌(포획)장소를 감광핵(sensitivity speck)이라고 하고, 이러한 과정을 전자과정이라고 한다.

다음에 할로겐화은격자 사이에 존재하는 은이온(Ag^+)이 감광핵에 포획되어 전자에 끌리어가서 은원자 한개가 형성된다.

$$Ag^+ + e^- \rightarrow Ag(\text{pre latent image speck})\cdots\cdots(16-2)$$

격자간의이온 감광핵에 포획된 전자 은원자 또는 초잠상핵

이 과정을 이온과정이라고 하며, 더욱 정공은 할로겐원자의 상태나 할로겐분자(X_2)로된 다음에, 결정의 바깥젤라틴등의 할로겐수용체에 흡수되어 계외로 없어진다. 감광핵에 생긴 은원자는 제2의 광전자를 포획하는데, 감광핵은 음(—)에 대전하고 격자간 이온을 끌어당겨 다시 은원자가 생긴다. 이와같은 과정이 반복되어 감광핵에는 어느 크기의 은핵이 생겨서 잠상핵으로 된다.

$$Ag + e^- \rightarrow Ag^- \cdots\cdots(16-3)$$

$$Ag^- + Ag^+ \rightarrow Ag_2(\text{sub latent image speck})\cdots\cdots(16-4)$$

$Ag_2+e^- \rightarrow Ag^-_2$……(16−5)
$Ag^-_2+Ag^+ \rightarrow Ag_3$(neutral latent image speck)……(16−6)

광전자가 이 이상 오지않은 경우에는 이것은 격자간 은이온을 흡수하여 Ag^+_4로 되어 안전하게 존재하며, 이 Ag^+_4가 잠상핵의 최초의 크기로 생각된다.

$Ag_3+e^-\rightarrow Ag^-_3$……(16−7)
$Ag\ \ +Ag\rightarrow Ag_4$(latent image spek)……(16−8)

2. 콘트라스트(contrast)

노광량에 대한 농도의 증가율을 콘트라스트라고 하며, 표시하는 량으로서는 그림 16−1에 표시한 것처럼 특성곡선의 직선부 혹은, 변곡점 P와 접선의 기울기로서 $\gamma=\tan\theta$가 된다.

감마값은 간단한 개념이지만, 사진의 상태재현에 기여하는 특성곡선의 발과 어깨부분의 콘트라스트가 고려되어 있지 않기 때문에 실제적인 것은 아니다.

그림 16−2에서처럼 감마값이 동일하여도 필름의 농도역이 다를 때가 있다.

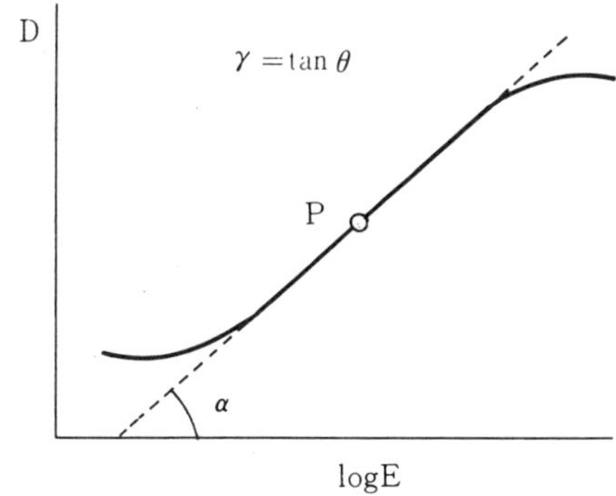

그림 16−1. 감마값(r)을 구하는 법

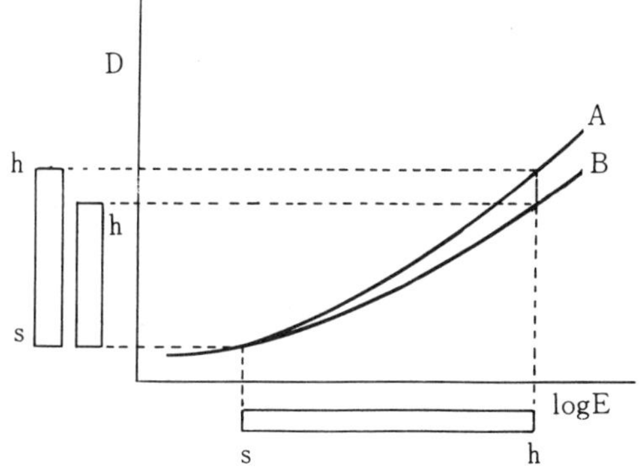

그림 16−2. 감마값은 동일하나 농도역이 다른 경우

따라서 실제로 사용되는 특성곡선의 콘트라스트를 나타내는 량으로서, 콘트라스트인덱스(Contrast index : CI)와 베타값(Beta value : β)이 있다.

CI는 그림 16−3에서처럼 최소 농도 축위에 한 점을 정하고, 이것을 중심으로 반지름 0.2와 2.2의 원을 그리고, 이것과 특성곡선과의 교차점 m과 n을 연결하는 직선의 연장이 처음 정한 점을 통과할 때 CI=tan θ로 표시한다.

이 량은 복잡한 개념이지만, 그림 16－4의 콘트라스트인덱스미터(contrast index meter)를 사용하여 간단하게 구할 수가 있다.

이것은 투명지지체에 특성곡선의 눈금을 맞춰서 ΔlogE＝2.0의 길이를 취한 것으로, 특성곡선의 베이스농도 +Fog 농도의 축위에 수평선을 겹쳐놓고 특성 곡선과 작은 원 및 큰 원과의 교차점 눈금이 같게 되도록 미터를 좌우로 움직여 그때의 눈금을 읽으면 된다.

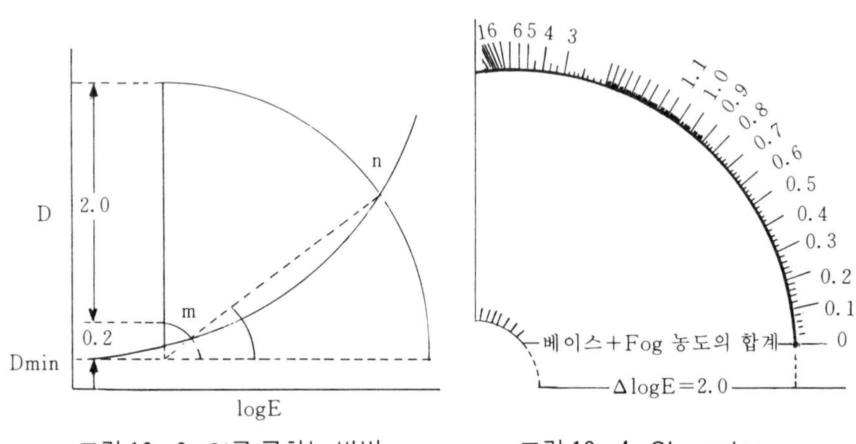

그림 16－3. CI를 구하는 방법　　그림 16－4. CI－meter

또한 근사값을 구하는 방법으로 그림 16－5에서 최소농도인 0.2에 점 m을, 이것을 중심으로 반지름 2.0의 원을 그리고 특성 곡선과의 교차점을 n으로 하였을 경우, 직선 mn의 기울기를 CI의 근사값으로 정하는 것이다.

베타값을 그림 16－6에 표시한 것처럼 최소농도축상 0.1의 농도 m점보다 가로축에 1.5눈금(이것은 노광량으로 약 32배에 해당됨)의 점 n을 취하고, 직선 nm의 기울기로 나타낸다.

$$\beta = \frac{a}{b} = \tan\theta$$

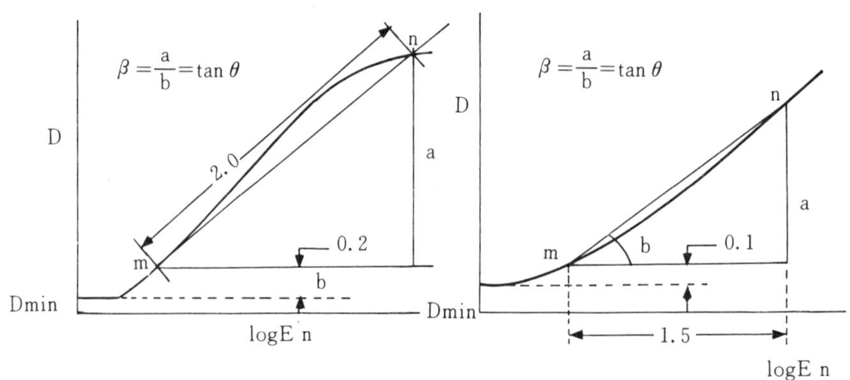

그림 16－5. CI의 근사값 구하는 법　　그림 16－6. 베타값 구하는 법

3. 감광유제증감(Sensitization)

염화은은 무색으로서 흡수파장영역은 자외선으로부터 390nm, 브롬화은은 황색으로서 435nm이며, 요오드화은은 황색으로 520nm의 흡수파장을 가지고 있다.

AgBr과 AgI를 혼합한 고감도인 필름유제의 경우에도 흡수파장은 520nm 정도로 녹색광이나, 적색광으로는 할로겐화은이 감광화되지 않는다.

따라서 할로겐화 은유제가 최적의 상태에 있다 할지라도 이유제는 전 가시과선에 대한 감광성을 갖지 못하므로 증감을 시켜야 하며 증감법에는 크게 화학증감(chemical sensitization)과 분광증감(spectral sensitization)으로 나눌 수 있으며 화학증감은 유제입자를 가장 효율적인 분광흡수상태로 하는 것으로 유제를 열처리하여 유제중의 결정이 빛에 대한 감도를 크게하는 화학숙성이 있다.

이때 사용되는 화학증감제는 유황증감제(표면잠상형성증가 $Na_2S_2O_3$ +gelatine), 환원증감제(표면잠상과 내부잠상을 동시에 높임)와 중금속증감제(고유감도상승) 등이 있다.

분광증감은 정상적으로 흡수하지 못하는 분광영역의 빛을 흡수 할 수 있도록 하는 증감이다.

다시 말하면 이렇게 부족된 파장을 흡수하기 위해 녹색이나 적색색소를 사진유제에 첨가하여, 가시광의 영역을 전부 흡수할 수 있도록 하는 것을 감광색소(sensitivity dyestuff) 또는 증감색소라고 한다. 1873년 보겔(H. W Vogel)은 콜로이드 건판을 만들때, 유제층 중의 할레이션을 감소시키기 위해서 미지의 황색색소를 유제중에 첨가하여 태양광에 방치하니, 녹색에 대한 감광성이 있다는 것을 우연히 발견하게 되었다.

이 후 감광색소에 대한 연구가 계속되어 수없이 많은 감광색소가 발견되었다.

증감색소의 역활에 대한 모트(Mott)의 이론에 의하면 색소는 단순히 광을 전달하는 매개체의 역활만을 할뿐, 할로겐화은과 화학적인 반응에 의해서 증감되는 것이 아니다. 다시 말하면 광의 전자가 공명에 의해 에

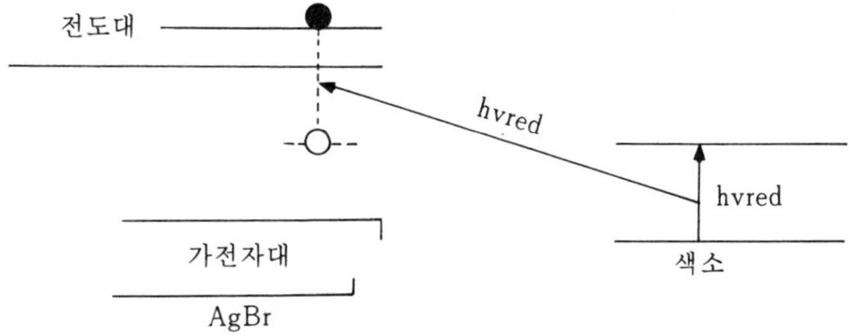

그림 16-7. 공명전달기구

너지를 전달하는 것으로 그림 16−7과 같다.

광학증감제는 화학적으로 순수해야 하며 적은 량이라도 불순물이 있으면 증감영역과 증감극대의 위치에 현저한 변화가 온다. 유기용제는 메칠알코올, 에칠알코올이나 아세톤이 사용되며, 색소사용량은 할로겐화은 몰(mole) 당 30∼300㎎이 가장 알맞는 농도로서, 그 이상은 증감률이 감소한다.

초기에는 녹색증감을 목적으로 에오신, 에리스로이신이 1883년에 광학증감제로 이용되었다.

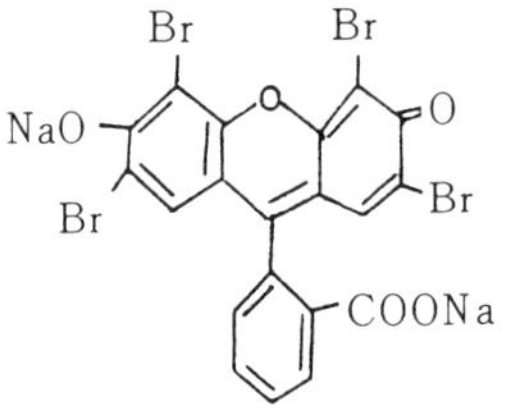

에오신

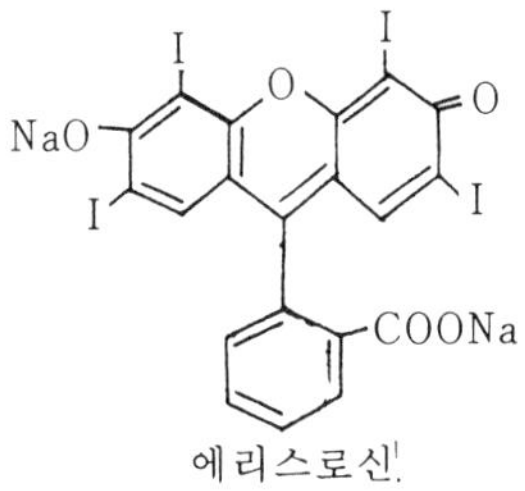

에리스로신

최근에는 메로시아닌 종류의 증감제가 사용되고 있다. 이것은 이온화하지 않은 색소 즉, 아민그룹$(=N-(C=C)_n-C=O)$에 의한 특징으로, 메로시아닌은 비교적 단파장에 대하여 특히 유효한 증감제이며, 시아닌 색소의 공유결합비닐그룹(−CH=C−)이 하나 증가함에 따라 흡수극대범위는 100nm씩 장파장쪽으로 이동된다.

따라서 증감확대는 긴결합의 합성에 의하여 가능하게 되며, 다른 색소와 함께 사용함으로서 증감효과가 더욱 증가한다.

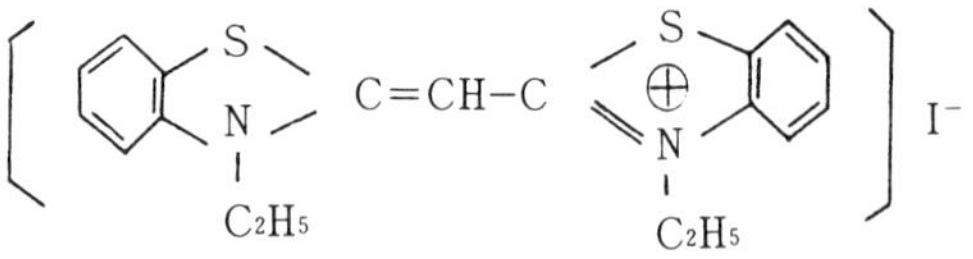

대칭시아닌(모노메티렌)증감색소

4. 천연색사진

할로겐화은은 원래 청색과 자외선에 감광되기 때문에 모든 유제층은 약간의 청감성을 가지므로 녹감유제층 위에 황색필터를 넣어 청색(BL)과 자외선이 다른 유제층에 영향을 주지 못하도록 한다. 녹(green), 청(blue), 적색(red)의 물체를 사진찍으면 청색광은 다른 유제층에 영향을 주지 않고 청감층유제만을, 녹색광은 녹감층유제에만 잠상(latent image)을 만든다.

마찬가지로 적색광은 적감층유제에만 잠상을 만든다. 코닥크롬, 엑타크롬, 아그파같은 칼라포지의 리버설(reversal)에서는 먼저 잠상이 흑백 현상액에서 색소 생성이 없이 노광된 할로겐화은을 현상한 다음에 노광이나 화학적인 방법으로 남아있는 할로겐화은을 현상될 수 있도록 활성화한다. 천연색의 색상을 나타내게 하는 천연색 현상제가 존재하면, 청감층에 있는 활성화된 할로겐화은은 황색 색소를 만들면서 현상된다.

마찬가지로 녹감층에서는 마젠타(magenta)가, 적감층에서는 샤이안(cyane)이 만들어진다. 다음 단계에서는 현상된 은을 제거하고 마젠타와 샤이안을 합하면 청색이 되고, 황색과 샤이안을 합하면 녹색이, 황색(yellow)과 마젠타를 합하면 적색이 된다.

또한 피사체가 흰색은 필름에 있는 할로겐화은이 흑백현상액(1차 현상액)에서 모두 소모되고, 천연색현상(2차 현상)에서는 어떠한 색소도 만들어지지 않는다.

반대로 흑색에서 할로겐화은은 2차현상시에 모두 사용되며 황색, 마젠타, 샤이안이 중첩되어 검은색을 나타낸다.(그림 3－21 천연색포지참조)

만약 발색제(coupler)가 유제층에 들어있다면 세 개의 유제층은 그림 16－8과 같이 천연색 현상제에 의하여 직접 네가를 얻게된다.

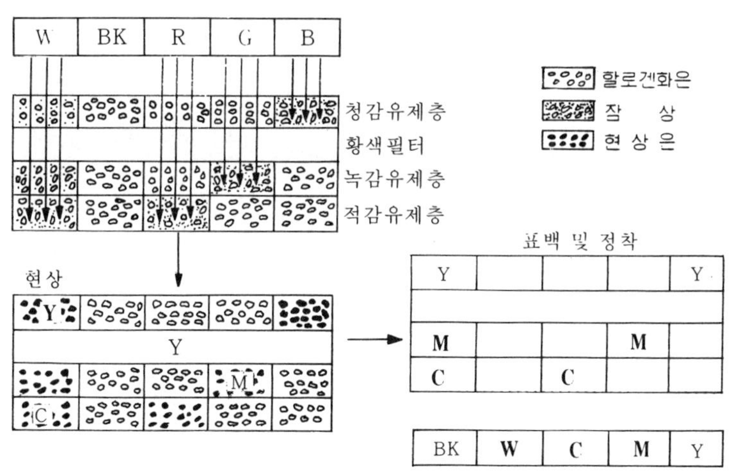

그림 16－8. 천연색 네가상재현(그림 3－21 천연색 네가 참조)

발색제(coupler)의 가시광 흡수 스팩트럼의 특성은 발색된 황색은 400～500nm에서 마젠타색은 500～600nm, 샤이안색은 600～700nm영역에서 최대 흡수 파장을 나타내며, 이러한 발색제가 사진유제에 혼합되어 젤라틴내에서 고정되므로, 확산되지 않기 위해서는 발색제 구조내에 긴사슬의 알킬기($C_{12}－C_{18}$)를 가지고 있어야 한다.

발색제는 용해도에 따라 수용성과 유용성으로 나누어 진다. 수용성발색제는 발색제내에 수용성기(−COOH나 $-SO_3H$)를 내포하고 있으며, 유용성발색제는 일반적으로 긴사슬알킬기(C_{12}−C_{18})를 가지고 있다.

발색현상에서는 현상주약산화물과 발색제(coupler)가 반응하여 색소상을 만들기 때문에, 이 때 사용되는 발색제의 종류에 따라 다음과 같이 색이 정해진다. 다음은 디에칠파라페닐렌디아민(diethyl−P−Phenylene diamines)의 유도체를 사용한 경우의 샤이안발색반응의 예로 다음과 같다.

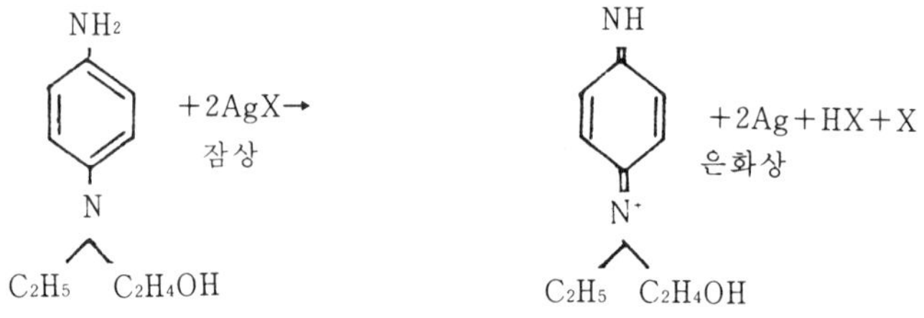

NH_2
$+2AgX \rightarrow$
잠상
N
C_2H_5 C_2H_4OH
발색현상주약

NH
$+2Ag+HX+X$
은화상
N^+
C_2H_5 C_2H_4OH
발색현상주약산화물

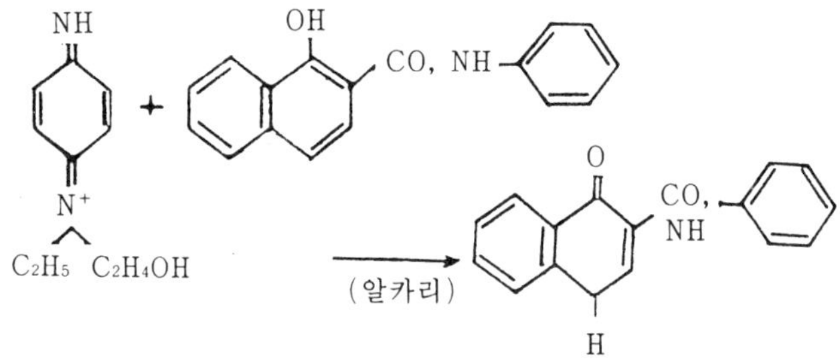

NH
OH
CO, NH
N^+
C_2H_5 C_2H_4OH
O
CO, NH
(알카리)
H
샤이안발색제

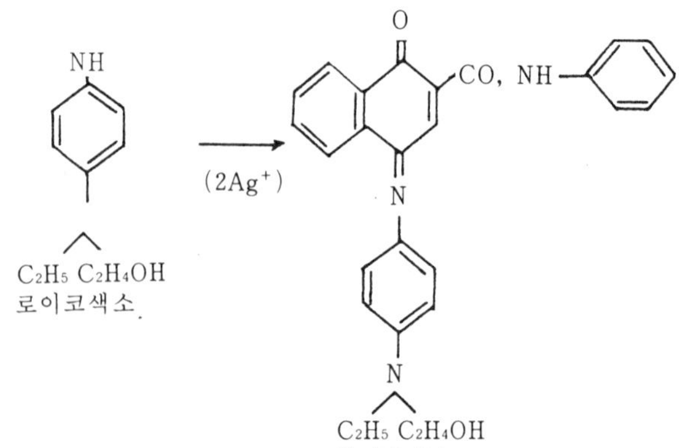

NH
O
CO, NH
$(2Ag^+)$
N
C_2H_5 C_2H_4OH
로이코색소
N
C_2H_5 C_2H_4OH
샤이안색소

표 16—1. 내식발색제

종 류	형 태	예
황 색 발 색 제	C_6H_5-C-CH_2-C-NH-R (C=O, C=O)	C_6H_5-C-CH_2-CO-NH-C_6H_4-NH-CO-CH_2-O-C_6H_3($_tC_5H_{11}$)($_tC_5H_{11}$)
		C_6H_4(Cl)-$COCH_2CONH$-C_6H_4-O-$C_{11}H_{29}$
마 젠 타 발 색 제	(benzofuran, O)-$COCH_2CN$	$C_{17}H_{35}CONH$-(benzofuran, O)-$COCH_2CN$
	R-N-N, O=C C-R′, H_2	C_6H_5-N-N, O=C C —$NHCOC_{17}H_{35}$, C, H_2
샤 이 안 발 색 제	OH, B, A (phenol)	OH, $NHCOC_3H_7$, $C_{17}H_{35}CONH$ (phenol)
	OH, CONHR (naphthol)	HO, $CONHC_{18}H_{37}$ (naphthol)

표 16—2. 외식발색제

종 류	구 조	명 칭
황 색 발 색 제	C_6H_5-$COCH_2CONH$-C_6H_4-NH-SO_2-C_6H_4-CH_3	4-(φ-Toluenesulfonylamino)-ω-benzoyl-acetanilide
마 젠 타 발 색 제	O_2N-C_6H_4-NH-C-CH_2, N C=O, N, Cl Cl, Cl	1-[2, 4, 6-Trichlorophenyl]-3-φ-nitroanilino-2-pyrazoline-5-one
샤 이 안 발 색 제	OH CH_3, Br, Br, OH (naphthalene)	2, 6-Dibromo-1, 5-dihydroxy-naphthalene

16－2. pH와 인쇄

두 개의 시험관에 아연(Zinc)조각을 각각 넣고 한 개의 시험관에는 1%의 초산용액을, 다른 시험관에는 1%의 황산용액을 넣은 다음 잘 관찰하면, 황산용액의 시험관에서는 활발한 화학반응을 볼 수가 있는데, 이러한 두 시험관의 화학반응 차이는 pH값에 의한 것이다.

1. pH의 기초

순수한 물은 25℃에서 물 1ℓ 중에 $[H^+]=[OH\ ]=10$ mol/ℓ로 전리하기 때문에 약한 전해질이며, 산과 염기로 작용한다. 따라서 물을 양쪽성 용매(amphiprotic solvent)라고 하며 H^+이온과 OH^-이온의 양이 같으므로 전기적으로는 중성이다.

$$H_2O \rightarrow H^+ + OH^-$$

$$PKw = PH + POH$$

$$PH = -\log[H^+] = \log\frac{1}{[H^+]}$$

$$PH + POH = 14$$

$$PH = 14 - POH$$

따라서 $[H^+]$가 10^{-1}이면 PH=1이 되여 강산이 되며, 10^{-14}이면 PH는 14가 되어 강알카리가 된다.

산(acid)은 수용액중에서 $H^+(H_3O^+)$을 낼 수 있는 물질이며, 염기(base)는 수용액에서 OH^-을 낼 수 있는 물질로 수용액에서 전리하는 물질만이 이러한 성질을 가지고 있다. 또한 전리되지 않는 분자와 이온은 서로 평형에 있으며 강전해질은 같은 몰농도의 약전해질보다 더 많은 이온을 생성한다.

$HCl \rightarrow H^+ + Cl^-$(강전해질)

$CH_3COOH \rightarrow H^+ + CH^3COO^-$(약전해질)

$NaOH \rightarrow Na^+ + OH^-$(강전해질)

$NH_4OH \rightarrow NH_4^+ + OH^-$(약전해질)

산과 염기가 반응하면 물과 염이 생긴다.

$$NaOH + HCl \rightarrow NaCl + H_2O$$

그림 16－9는 인쇄에서 많이 사용되는 용액의 산성도를 나타낸 것으로, PH6의 용액은 PH5인 용액을 10배로 묽히면 되고, PH가 2인 용액은 PH가 4인 용액의 산성도 보다 100배가 크다. 황산구리용액의 도금통에 직류전기를 걸고 ＋극에는 구리조각을, －극에는 열쇠(도금할 물질)를 걸면 열쇠의 표면에 엷은 구리피막이 형성된다.

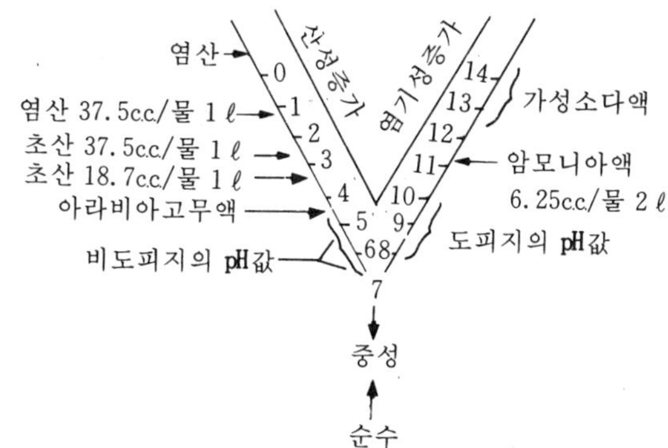

그림 16—9. 인쇄에 이용되는 용액의 PH값

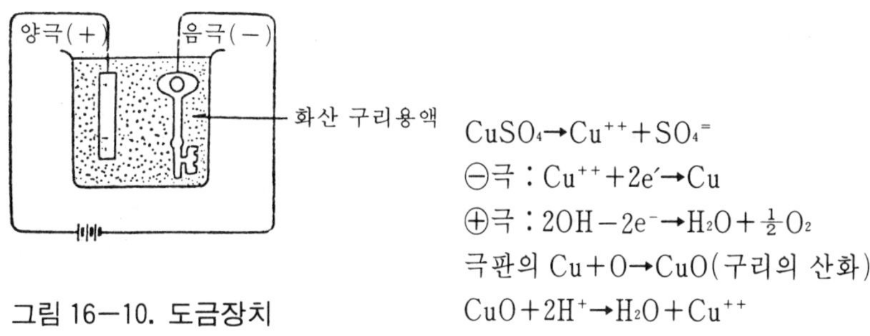

그림 16—10. 도금장치

2. PH의 영향

제판공정이나 인쇄공정에서 PH의 변화가 품질관리에 중요한 역활을 할 때가 많으며, 그중에서 대표적인 것을 들어보면 다음과 같다.

1) 종이와 잉크건조

종이의 PH값은 필요한 종이를 중류수에 끓인 후 그 추출액을 메틸오랜지(methyl orange)같은 지시약(indicator)을 한 방울 떨어트린다음 규정알카리를 가지고 중화적정법으로 측정하는 방법이 있으며 또는 간단한 방법으로 PH시험지를 사용하는 것과 PH미터기를 사용하여 전기적으로 측정하는 방법이 있다.

일반적으로 비도피지나 마닐라지(manila paper)는 PH가 5~7정도이며, 아트지와 같은 도피지는 PH가 8~10으로 알카리성이다. 따라서 종이의 PH가 인쇄잉크의 건조에 영향을 주게 되며, 종이의 알카리성이 증가하면 잉크의 건조가 빨라지는데 PH가 8.0 정도이면 적당하다.

그러나 코오팅제에 가해지는 안료(pigment)가 탄산칼슘과 같이 알카리성으로 작용하는 것은 오프셋인쇄의 축임물을 중화시켜 문제가 야기되며, 특히 알카리성이 지나칠 경우에는 잉크의 건조가 너무 빨라 초오킹(chalking)같은 여러 가지 문제를 일으키기 쉽다.

2) 평판인쇄에서의 축임물

평판인쇄에서는 반드시 축임물을 사용하는데, 순수한 물이 아니고 아라비아고무나, CMC(Sodium Carboxy methyl cellulose) 같은 약품을 물에 용해해서 사용하며, 중성에 가까운 약 산성으로 만든다. 이 축임물은 산성도가 크면 잉크의 건조가 늦어지고 판의 내식막(acid resist)을 약화시킬 염려가 있으며, 알카리가 증가하면 화선이 굵어지고 고무의 불감지 효과를 잃어 비화선부의 더러움이 생길 염려가 있다.

이밖에도 각종 약품의 보존이나 특성증가에 PH가 미치는 영향은 대단히 크다.

16—3. 계면활성과 인쇄

인쇄공정에서 일어나는 여러가지의 변화는 대부분이 표면에서 일어나는 것이다. 색재와 피인쇄체, 인쇄판의 감광화 및 그 처리, 축임물이나 약품에서 계면현상이 존재하고 있다.

2개의 상(phase)(기체와 액체, 고체와 액체, 액체와 액체)의 계면(interface)에서 그 계면적을 적게 하려고 하는 힘을 계면장력(interface tension)이라고 한다. 이것은 계면상에서 임의 직선단위의 길이에 직각으로 계면에 평행한 방향으로 움직이는 힘을 가지고 나타내며 다인(dyne/㎠)의 단위로 표시한다.

또한 액체표면의 장력(액체와 기체)을 특히 표면장력(surface tension)이라 한다. 그러나 서로 용해하는 액체끼리는 경계면이 존재하지 않으므로 계면장력은 0이 된다.

물은 벤젠 등의 유기액체보다 훨씬 큰 표면장력을 가지고 있다. 이것은 물분자들이 수소결합(hydrogen bond)으로 강하게 결합되어 있고, 내부의 물분자를 표면으로 가지고 가는데는 큰일이 필요하기 때문이다. 물에 비누를 소량첨가하면 물의 표면장력은 크게 떨어진다.

소금과 같은 단순한 염류를 물에 녹이면 용액의 농도는 표면보다 내부가 높다. 이것은 단순한 이온이 물분자의 수소결합보다 강한 힘으로

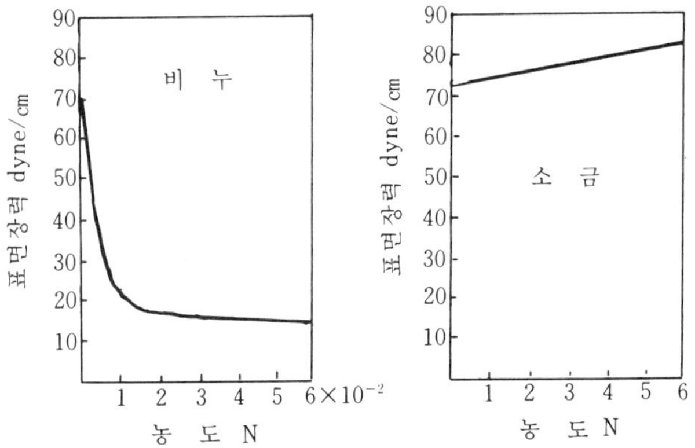

그림 16—11. 비눗물과 소금물의 표면장력과 농도의 관계

물분자와 결하하고 있기 때문에 이온을 용액 내부에서 표면으로 이동시키는데는 물분자 때보다 더 많은 에너지가 필요하기 때문이다.

1) 계면활성제(surface active agent)

소량의 계면활성제를 액체에 넣어주면 표면장력과 계면장력이 현저하게 떨어지는 성질이 있다(무기염류를 첨가하면 올라간다). 장력이 떨어지는 것은 액체경계면에서 새로 첨가된 물질이 내부로 흡착된 것을 말하는 것이다.

일반적으로 계면활성제는 비누와 같이 그 분자의 한 끝에 알킬이나 페닐 등의 소수성(hydrophobic) 탄화수소와 카르복실기, 아미노기 같은 친수성(hydrophilic) 그룹을 갖는 것으로 비누, 알킬슬포네이트, 고급알코올, 황산에스테르 등이 있으며 세척제, 유화제, 습윤제, 도료, 인쇄잉크 등에 사용된다.

2) 유화(emulsifying)

어떤 액체가 다른 액체속으로 분산하여 안정화 된 상태를 말하며 평판오프셋에서 잉크 묻힘로울러 위의 잉크는 축임물과 끊임없이 접촉하므로 잉크에 물이 혼합되어 기름속에 물방울(W/O)형인 유탁액이 되고 축임물에는 잉크가 분리되어 나와서 물속의 기름방울(O/W)형인 현탁액이 된다.

일반적으로 잉크의 유화가 너무 적으면 잉크의 전이가 나빠지며 지나치면 바탕에 더러움의 원인이 되며 인쇄물의 색상을 탁하게 한다.

3) 접촉각(contact angle)

액체는 접촉하는 고체면의 종류에 따라 물방울의 형태가 다르게 정지된다. 정지된 상태에서 물방울이 수평한 고체면과 만드는 각도(θ)를 접촉각(contact angle)이라고 한다. 이 각도가 적을수록 습윤성이 크며 각의 크기는 액체와 고체간의 계면장력에 의해 정해지며 그 종류에 따라 다르다.

일반적으로 액체가 고체를 축임(Wetting)할 경우는 예각, 그렇지 안을때는 둔각이다. 따라서 고체에 대한 축임방법을 정하기 위해서는 접촉각을 측정한다.

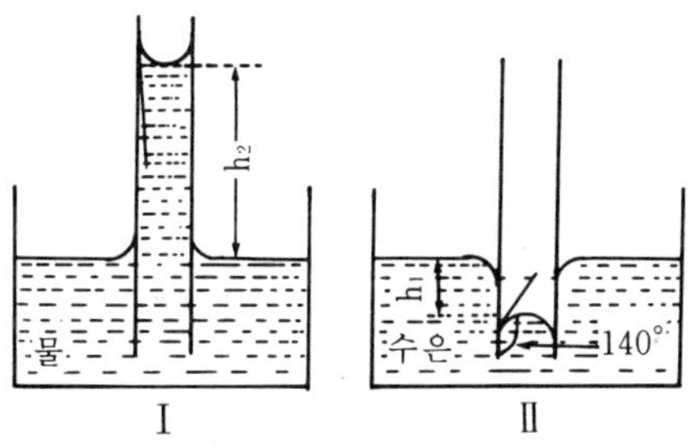

16-12. 물과 유리, 수은과각의 접촉각

액체가 고체를 완전히 축이는 경우 액체는 같은 모양으로 퍼져 접촉각은 0°가 된다. 만약 접촉각이 180°이면 전혀 축여지지 않은 경우이다.

예를 들면 물과 유리의 접촉각은 보통 9°이고 유리가 충분히 깨끗할 때는 거의 0°이며 유리와 수은(Hg)의 접촉각은 약 140°이다. 따라서 물은 유리를 젖게 하고 수은은 유리를 젖게 하지 못한다.

접촉각 측정방법에는 액적법(직접법)과 소적법이 있다.

① 액적법

액체한바울을 평면판위에 떨어뜨리고 직접 접촉각을 측정하는 것으로 액적(drop)의 방울바닥 2a 및 높이 h를 측정하여

$\tan\frac{\theta}{2}=\frac{h}{a}$에서 접촉각 θ을 구한다.

② 소적법

이것은 액적이 너무 작으면 증발하기 쉽고 높이나 모양이 변형되어 높이(h)를 구하기가 어렵다. 따라서 a와 액적의 체적 V를 측정하여 높이(h)를 구한 다음 접촉각 θ를 구한다.

$$h^3+3ha^2=6\frac{v}{\pi}$$

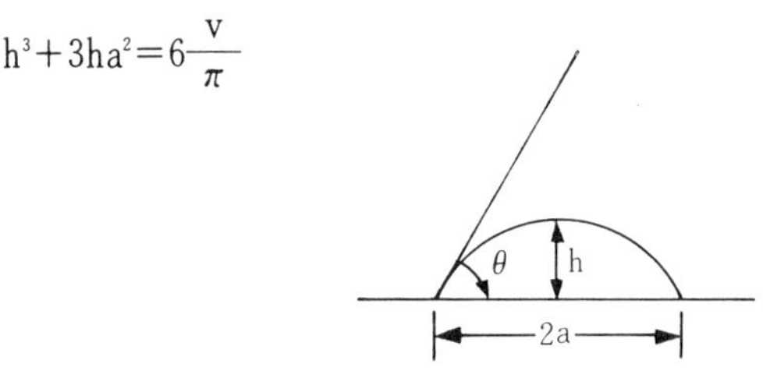

그림 16—13. 접촉각

인쇄에서 계면활성제의 역할은 기포제나 기포제거제, 유화제나 유화파괴제, 분산제, 침투제, 습윤제, 정전기 방지제 등이 있다.

16—4. 색과 인쇄

1. 빛의 성질

빨간유리에 백색광을 비추면 적색광만이 유리 뒷면에 있는 지면에 나타난다. 이것은 백색광속의 녹색광과 청자색광이 빨간유리에 흡수되고, 나머지 적색광만이 유리를 통과한 것이다. 물체가 이와 같이 특수한 색광만을 택해서 흡수하는 것을 선태흡수라고 한다.

금속이나 자기류를 제외하고는 반사광이 비교적 적고 대부분 흡수하거나 투과를 하게되며, 색이 있는 유리나 젤라틴막은 색필터로서 가시스펙트럼(visible wave spectrum)을 선택흡수하고 나머지는 투과된다.

흑백인쇄물에서 빛의 역활을 보면, 잉크 막면에 입사한 빛의 일부는 일차적으로 잉크막표면의 비이클(vehicle)에서 표면반사를 일으키고,

대부분의 빛은 잉크 내부로 들어가며 비이클에서 투과와 안료에서 표면반사를 계속하면서 지면에 도달하게 된다. 여기서 반사하는 빛은 다시 같은 방법에 의하여 잉크피막을 빠져나오게 된다.

그러나 여러 경로를 걸치는 동안 흡수되는 빛은 늘고, 표면반사광은 항상 입사광과 같은 색이며, 일반적으로 입사광은 백색이므로 표면반사광도 백색이 된다. 따라서 잉크막이 두꺼우면 안료의 수가 늘어 흡수량이 증가하고, 반사광이 줄어 들기 때문에 검은 정도가 크게 나타나므로 농도가 높아지게 된다.

한편 잉크피막의 평활도에서도 농도의 변화가 일어난다. 잉크의 피막이 거칠면 표면에서의 난반사가 일어나고, 이 난반사광은 우리 눈에 감지되는 량이 정반사에 비하여 많으므로, 잉크의 농도를 떨어뜨리게 된다.

2. 색(color)

빛의 스펙트럼(spectrum)의 조성차에 의하여 성질의 차가 인정되는 시각적 감각의 특성이다.

우리의 눈은 어떠한 차이를 색과 형태에 의해서 감지하므로 색은 시각의 기본적 요소 중 하나로 되어 있다.

눈의 망막에는 추상체와 간상체라는 두 종류의 시세포가 있는데, 태양이나 전등같은 밝은 조명에서는 추상체가 작용하여 색지각을 만들지만, 달빛과 같이 어두운 조명에서는 간상체가 작용하여 흑백사진과 같은 무채색의 시각을 만든다.

빛은 전자기적 진동 다시말하면 전자기파이며 그 파장은 400nm~700nm 사이가 가시광선이 된다.

물채색을 대별하면 흰색, 회색이나 검정색과 같이 채색을 가지지 않은 무채색과 빨강, 파랑 등과 같이 채색을 가지는 유채색의 두 가지로 나누어진다.

유채색은 색의 밝기라는 명도(brightness)와 빨강, 파랑, 노랑처럼 색의 특성을 부여하는 색상(hue), 또 색의 강약을 나타내는 채도(포화도)(saturation)의 3요소를 전부 가지고 있는 것이고 무채색은 명도만 있고 다른 두 요소는 없는 특별한 색이라고 할 수 있다.

광원색의 성질도 기본적으로는 무채색과 같으나, 밝기를 물체 고유의 명도라는 형태가 아니라 빛의 밝기를 가지고 있으므로 측광량으로서 분리되는 것이 다르다고 할 수 있다.

색을 혼합하면 다른색이 되는데 혼합 방법에는 두가지가 있다. 색광을 스크린에 투영하여 혼합하면 밝은색이 되는 가색혼합법(additive color mixture)과 제라틴색필터를 겹치거나 그림물감을 혼합하므로 어두운 색으로 되는 감색혼합법(subtractive color mixture)이 있다.

3. 색의 3요소

색에는 색상, 명도, 채도의 3요소가 있으며, 이것을 색의 3속성(three elements of color)이라고 한다.

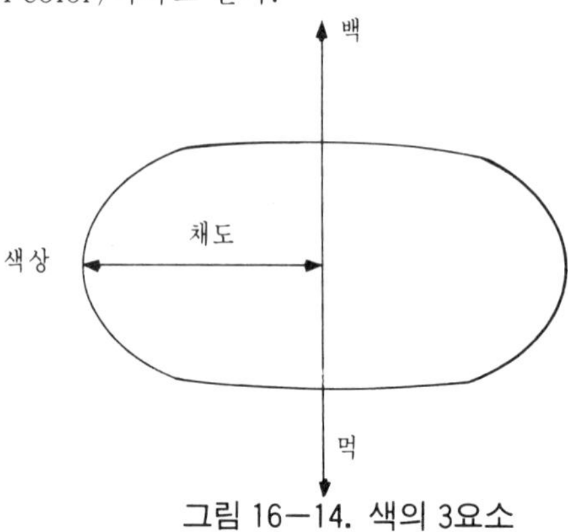

그림 16—14. 색의 3요소

1) 색상(hue)

색상이란 적색이나 청색같이 색의 종류이며, 색의 종류를 나타내는 방법으로는

① 색의 이름으로 나타내며 그 정도는 먼셀색표계, 오스트발트색표계, CIE표색계등으로 인쇄관계에서는 GATF(Graphic Arts Technical Foundation)의 표색계등이 이용된다.

② 색온도로 나타내며, 색온도라는 것은 그 자체의 온도가 아니라, 완전 흑체라고 하는 가상물체를 가열하면 온도에 따라 색의 변화가 생기므로, 색에 따른 흑체의 온도를 색온도라고 하고, 절대 온도(K°)로 나타낸다.

③ 빛의 파장으로 나타내며, 백색광을 프리즘을 통하여 분광하면 여러 가지의 색으로 나타나는데 이 색들의 파장은 서로 다르다.

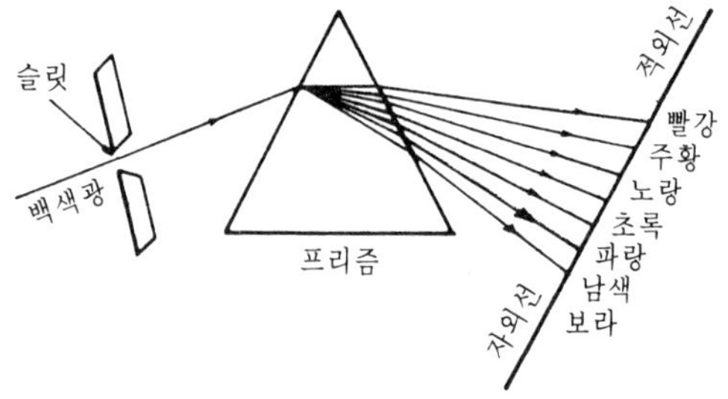

그림 16—15. 프리즘에 의한 빛의 분산

2) 명도(brightness)

색의 밝기로서 이것을 0에서 10까지 나누어 표지하며, 명도가 10일 때 완전 백색이며, 0일 때는 완전 먹색이 된다.

3) 채도(saturation)

색의 선명도이며 스펙트럼의 색이 가장 채도가 높다. 이것에 흰색이나 먹색을 혼합하면 채도는 낮아지고 채도를 나타내는 값도 작아진다.

4. 색표시

우리가 기억하고 있는 색의 수는 수십 종류에 불과하나 두가지 색을 나란히 놓고 양쪽이 같은 색인가를 판단하여 식별한다면 칠백만 이상이라고 한다.

이와같이 방대한 색의 수를 분류하는데 일일이 색명을 붙일 수 없으므로 과학적인 표색 방법을 사용할 수 밖에 없다.

표색 방법에는 여러가지가 있는데 그중에서도 먼셀표색계, 오스트발트표색계, CIE표색계(국제 조명위원회 표색계)의 3종류가 흔히 사용되며, 먼셀표색계와 CIE표색계는 한국공업규격(KS)에 채용되어 있다.

1) 먼셀표색계(Munsell system)

색을 HV/C의 형태로 나타낸다. 여기서 H는 색상, V는 명도, C는 채도를 나타낸다.

색상을 R(빨강), YR(주황), Y(노랑), GY(연두), G(녹색), BG(청녹), B(파랑), PB(남색), P(보라), RP(자주)의 10종으로 나누어 원주상에 같은 간격으로 배치하고(색상환) 다시 한기호의 범위를 10등분하

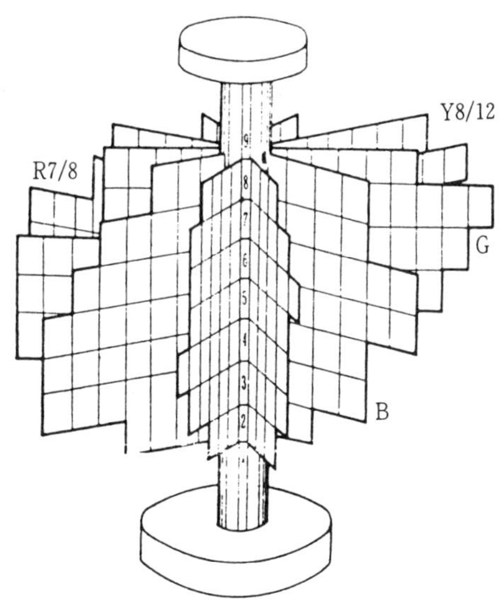

그림 16-16. 먼셀 색 위치

여 1에서 10까지의 번호를 붙인다. 예를들면 5R은 빨강의 중앙에 위치하는 대표적인 빨간색상을 의미한다.

명도는 순백을 V=10으로, 순흑은 V=0으로 하고,그사이를 밝기 감

각에 따라 숫자로 분활한다. 채도는 색감의 정도를 무채색 C=0에서 시작하여 점점 숫자를 늘려간다. 예를 들면 순수한 적색은 H가 5R, V가 4, C가 14로, 5R4/14로 표시한다. 또한 밝은 회색은 H와 C가 없고 V가 8로, N8로 표시된다.

2)오스트발트 표색계(ostwald system)

색상환을 Y(노랑), O(귤색), R(빨강), P(보라), U(파랑), T(청녹), G(녹색), LG(연두)의 8색상으로 만들고 각각을 다시 3개로 분활한다.

각색상의 순색과 흰색, 검정의 혼합에 의하여 같은 색상의 색을 만드는 것으로하여 순색함유량을 F, 흰색함유량을 W, 검정함유량을 BK로 하면 각색에 대하여 F+W+BK=100%가 되도록 분배한다.

예를 들면 어두운 보라는 색상이 2P, W가 3.5%, BK이 86%로 2Ppi로 표시한다. 이때 기호 P는 W를, 기호 i는 BK를 나타낸다.

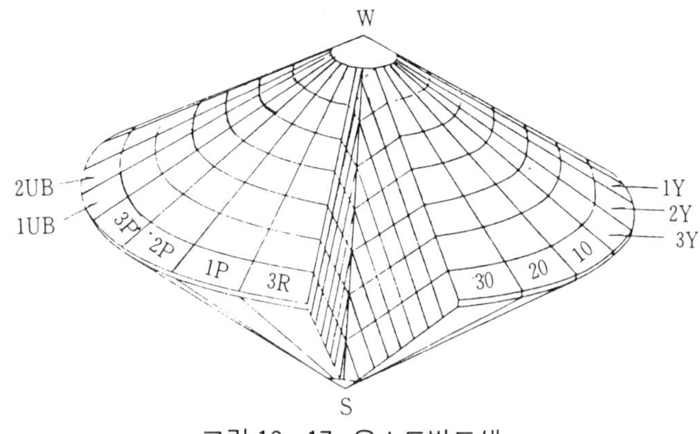

그림 16-17. 오스트발트색

3) CIE 표색계

이 표색계는 색의 심리 물리학에 입각한 것으로 색지각을 만드는 빛의 스펙트럼 특성을 물리적으로 측정하고 세밀한 계산을 하여 ,X, Y, Z로 표현하는 것이다.

인간의 눈에는 삼색(R. G. BL)의 자극세포가 있어 이것에 의한 자극이 합성되어 여러 가지 색을 느끼게 되므로, 개개의 색을 식별하는데는 분광분포를 가진 광원, 반사하여 오는 색광, 표준적인 감도를 가진 사람의 세가지 요소가 필요하다.

색표시 방법에는 가색혼합에 필요한 삼원색(적, 녹, 청자)으로 표현하는 삼각좌표가 있으나 모든 색에 적용되지 않으므로 사용적 제한을 받는다.

모든 색에 적용되는 색표시계로서는 분광색을 이용하는 것이 좋다. 이 스펙트럼의 삼원색은 이론적인 계산만으로 생각되는 색이며 X, Y, Z의 기호로 나타낸다. CIE 표색계가 X, Y, Z 표색계라고 하는 것은 기준

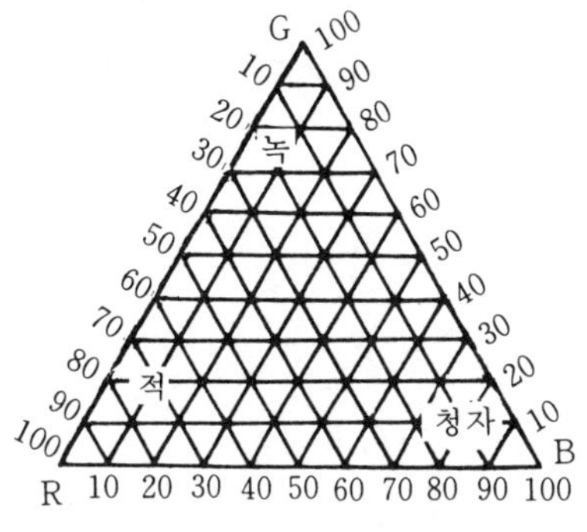

그림 16－18. 3원색 3각 좌표

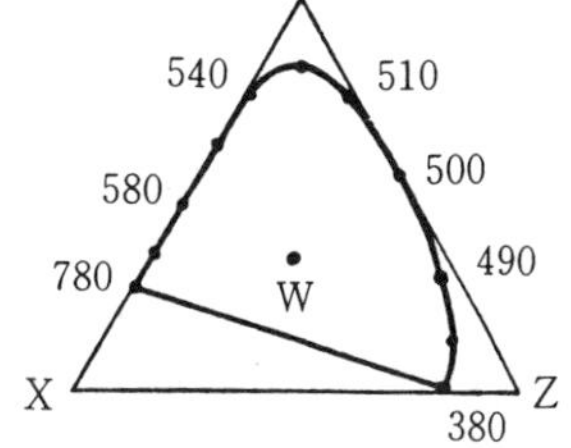

그림 16－19. X Y Z 3각 좌표

으로서 X, Y, Z의 삼색을 사용하기 때문이다.

이들 세 표색계중에서 CIE계는 가장 과학적이며 표색의 기본이 되며, 주로 광원이나 칼라 TV에 이용되며 먼셀, 표색계는 알기쉽고, 다루기 쉬우므로 일반적으로 널리 이용되고(도색이나, 염색등), 오스트발트 표색계는 주로 미술계에서 사용되며, 세개의 표색계는 서로 환산이 쉽게 이루어지도록 되어 있다.

5. 색측정

색의 측정방법에는 다음의 세 가지 방법이 일반적으로 사용된다.

1) 혼합등색방법

이 방법은 시각적인 측정방법으로 측정하려는 색시료를 이미 수치를 아는 색판과 장치를 이용하여 비교 분석하는 것으로, 측정자의 색감각 차이에 따라 결과가 흐트러지는 결점이 있다.

2) 분광방법

가장 정확한 방법으로, 분광광도계를 사용하여 투과광의 경우는 투과곡선을, 반사광의 경우는 반사곡선을 그려서 개개의 곡선에서 색의 요소를 측정하는 방법이다.

3) 명도측정방법

이 방법은 색필터와 물리적 감광장치(광전관등)를 잘 사용하여 사람눈의 스펙트럼 감도곡선과 같은 감광특성을 주고, 이것에 의해 측정하는 방법이다.

6. 색재의 성질

GATF(Graphic Arts Technical Foundation)에서는 인쇄잉크의 색상, 회색도, 효율 같은 색 특성을 3색의 필터〔(No25(R), No58(G), No 47(B)〕를 가지고 있는 반사농도계로 농도값을 측정하고 이것으로 부터 색상오차(HueError), 회색도(Grayness), 그리고 효율(efficiency)등의 값을 구하여 잉크의 평가를 한다.

샤이안(C) 잉크를 가지고 예를 들면 각 필터에 의한 측정값이 최고값(H)은 R필터, 중간 값(M)은 G필터, 최저값(L)은 B필터임을 표 16-3에서 나타내고 있다.

이 H. M. L값을 사용하여 다음과 같은 결과를 얻을 수가 있다.

색상오차(Hue Error)$=\frac{M-L}{H-L}\times100$에서 $\frac{0.6-0.3}{1.3-0.3}\times100=30\%$

그레이네스(Grayness)$=\frac{L}{H}\times100$에서 23%

효율(efficiency)$=1-\frac{H+L}{2H}\times100$에서 65%

색상오차는 적을수록 이상적인 잉크에 접근하며, 그레이네스 역시 적을수록 색의 채도가 높다. 따라서 이상적인 잉크라면 색상오차와 회색도는 0%, 효율은 100%가 되어야 하지만, 실제로는 불가능하므로 여러가지 방법을 통하여 색수정을 하게 된다. 3원색잉크중에서 비교적 이상적인 잉크에 가까운 것은 엘로우(Y잉크) 잉크다.

표 16-3. 측정한 농도 값

필 터	R	G	B
Y 잉크	0.0	0.1	1.2
M 잉크	0.1	1.3	0.7
C 잉크	1.3(H)	0.6(M)	0.3(L)

16-5. 종이시험

1. 종이시험

1) 종이신축시험

종이가 수분을 흡수하면 섬유가 팽창하므로 종이가 늘어나고, 반대로 필요이상의 수분을 잃으면 섬유가 서로 부착해서 종이는 줄어든다. 이와 같은 습도변화의 영향을 받지 않게 하려면 시즈닝을 해야한다.

종이의 신축도를 측정하려면 종이신축기(paper expansion and shrinkage tester)를 사용한다. 이것은 가로, 세로의 신축도를 백분율로 측정할 수 있도록 되어 있으며, 시료를 측정부의 상하에 고정시켜 종이폭 2.5㎝에 대해서 50㎏의 중량을 걸고, 상대습도를 50~80%로 조절한 다음 평행상태에 도달했을 때 시료의 신축을 측정한다.

2) 종이의 평활도

종이의 평활도는 배크평활도시험기(Bekk Smoothness tester)를 사용하며, 이 원리는 중앙에 작은 원의 구멍을 뚫은 유리위에 시험조각을 놓고, 고무판으로 눌러 흡입시킨다. 그러면 평활도가 나쁜 종이는 일정량의공기를 짧은 시간에 흡입하고, 평활도가 좋은 종이는 흡입시간이 오래 걸린다.

그림 16-20. 베크평활도 시험기

3) 흡유도

종이에 전이한 인쇄잉크가 종이표면에 흡수되는 속도를 측정한다. 흡수가 너무 빠르면 인쇄면이 초킹(chalking)화 해서 잉크가 벗어지기 쉽게 되며, 반대로 늦으면 건조가 불충분해서 뒷묻음이 일어나기 쉽다. 유흡수미터(oilabsorbency meter)는 일정압력으로 시험조각에 전이된 유지막을 빛에 반사시켜 반사량의 변화를 측정한다.

4) 광택

광택을 측정하는데는 광택계(gloss meter)를 사용하며, 그 원리는 반사광의 반사빛을 측정한다. 종이의 광택은 초지기의 광택부 및 슈퍼갤린더(super calende) 등에서 낸다.

5) 수분

시료를 105±3℃가 될 때까지 건조하고, 건조전과 건조후의 중량차이를 구해 시료에 대한 백분율로 나타낸다.

6) PH값

종이의 PH값은 잉크건조와 크게 관련된다. 시료를 잘게 잘라서 정량의 중류수를 넣은 비이커속에서 약 1시간 정도 추출하고, 그 추출액을 PH미터로 측정한다.

2. 인쇄잉크 시험

1) 점도(viscosity)

점도는 인쇄잉크가 나타내는 유동성의 크기로, 잉크의 점도를 측정하는데는 일반적으로 회전형의 점도계(Rotational viscometer)를 사용한다.

일정속도로 회전하고 있는 회전자를 측정하려는 잉크속에 넣으면, 잉크점도의 저항을 받아서 회전자가 트러져 눈금위에 나타난다.

그림 16-21. 회전점도계

2) 택(tack)

택이란 잉크의 얇은 막을 찢을 때 잉크가 가지는 저항성으로서, 점도와는 다르다. 택의 측정은 잉코미터(Inkometer)를 사용한다.

금속로울러의 축은 고정되고 고무로울러는 금속로울러에 접촉하면서 그 주위를 회전한다. 택이 높은 잉크의 경우 그림에서 θ 각도가 크게 된다.

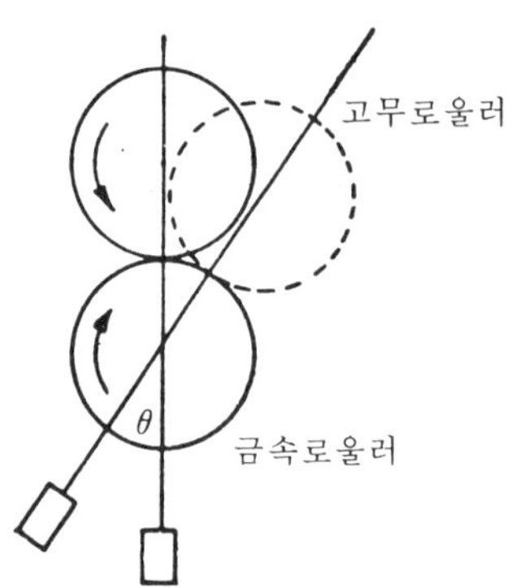

그림 16-22. 잉크미터

그림 16-23. 잉크건조도시험기

3) 건조속도

일정속도로 회전하는 드럼에 잉크로 민짜판(solid)을 인쇄한 종이를 감고, 다시 그 위에 백지를 겹쳐서 그 위에 침을 대고 회전시키면 잉크가 건조되었을 때 백지위에 침의 자국이 나지 않게 된다.

4) 내광성(light-fastness)

인쇄잉크의 내광성은 백지위에 민자인쇄를 하고, 햇빛에 쪼이거나 퇴색시험기를 사용하여 변색 또는 퇴색한 시간으로 측정한다.

5) 내산성(acid resistance)

백지에 민자인쇄를 하고 건조한 후 20~50℃로 2%의 황산수용액에 적신 다음 종이 및 용액의 색변화를 관찰하여 내산성을 테스트 한다. 평판인쇄에서는 산성의 축임물을 사용하므로 충분한 주의가 필요하다.

부 록

1. 세계 인쇄사 연표

105 〔중국〕 채륜(蔡倫), 종이의 초조법을 발명함.

740~50 〔중국〕 당나라 현종(玄宗)시대에 목판으로 문자의 인쇄를 시작함.

802 〔한국〕 신라 애장왕(哀莊王) 3년, 대장경이 조판됨.

1021 〔한국〕 고려 현종(顯宗) 12년, 제1차 '대장경 간각(刊刻)'이 시작됨.

1041 〔중국〕 필승(畢昇)이 찰흙으로 초벌구이 활자를 만듦. 모양이 납작하고 바둑알같이 생겼을 것으로 짐작되는 세계 최고의 활자, 그러나 실용에 적합하지 않아 널리 사용하지 못했음.

1087 〔한국〕 고려 선종(宣宗) 4년 2~4월, 대장경이 제작 완료됨.

1145 〔한국〕 고려 인종 23년 12월, 김부식(金富軾)이 《삼국사기(전 50권)》를 지음.

1234 〔한국〕 고려 고종 21년 6월 26일, 《고금상정예문(古今詳定禮文 50권)》이 주자(금속주조활자)로 인쇄됨. 이것이 기록으로 전하는 세계 최초의 금속활자 인쇄본임.

1236 〔한국〕 고려 고종 23년 10월, 강화도에 대장도감을 두고 대장경판을 다시 조각함.

1251 〔한국〕 고려 고종 38년, 대장경 조판이 끝남(현재 81,137매가 전함)

1336 〔독일〕 뉘른베르크에서 독일 최초의 수공식 제지공장이 세워짐.

1377 〔한국〕 고려 우왕(禑王) 3년 7월, 백운화상 경한(景閑)의 《불조직지심체요절(佛祖直指心體要節)》이 간행됨(이 책은 현존 세계 최고의 금속활자본으로서 프랑스 국립도서관에 소장되어 있음).

1392 〔한국〕 고려 공양왕(恭讓王) 4년, 서적원(書籍院)이 설치됨.

1395 〔한국〕 조선 태조(太祖) 4년, 서적원에서 목활자가 제조됨.

1403 〔한국〕 조선 태종(太宗) 3년 2월, 주자소를 설치(현 서울 중구 주자동 극동빌딩터), 계미자(癸未字·銅活字)가 주조됨.

1430 〔독일〕 최초로 조각동판을 제작함. 그러나 현존하는 연대가 명백한 최고의 조각동판화는 1446년작의 〈그리스도 태형도〉로 베를린에 보존되어 있음.

1434 〔한국〕 조선 세종 16년 3월, 갑인자(甲寅字·동활자)를 만들어 《자치통감》을 인쇄함.

1436 〔한국〕 조선 세종 18년, 병진자(丙辰字·납활자)를 만듦.

1438 〔독일〕 스트라스브르크에서 요한 구텐베르크(Johannes Gutenberg)가 콘라드 저스바하에게 압착기와 흡사한 목제인쇄기를 제작시킴.

1443 〔한국〕 조선 세종 25년 12월, 《훈민정음》 28자를 창제함.
1449 〔한국〕 조선 세종 31년, 《석보상절》이 갑인자로 인쇄됨.
1452 〔한국〕 조선 문종(文宗) 2년 2월, 김종서(金宗瑞) 등이 《고려사절요(35권)》를 찬진(撰進)함. 《세종실록》 편찬이 시작됨.
1453 〔한국〕 조선 단종(端宗) 1년, 박연(朴堧)이 《세종어제 악보》를 인쇄, 널리 펴기를 주청하여 허가됨. 6월, 악보가 출반됨.
1455 〔독일〕 피터 쇠페르는 구텐베르크가 착수한 《42행성서》의 간행사업을 계속하여 완성함. 주조납활자판으로 인쇄한 현존 세계최고의 미본(美本)임.
1458 〔한국〕 조선 세조 4년 1월《국조보감(國朝寶鑑) 7권》이 완성됨. 4월 《대장경(50부)》가 해인사에서 인쇄됨, 장경판고가 해인사에 건립됨. 이해 무인자(戊寅字·銅活字)가 주조됨.
1460 〔한국〕 조선 세조 6년, 주자소와 교서관(校書館)이 통합되어 본 활자본을 인쇄간행하는 국립인쇄 출판 기관으로 발족됨.
1465~80 〔유럽〕 주조납활자에 의한 활판 인쇄의 신기술이 점차 유럽 각지로 퍼져 나감.
1476~77 〔영국〕 윌리엄 캑스턴이 제자 윙킨드 월데를 데리고 보루주에서 런던으로 귀환, 웨스트민스터사원의 부속 빈민 구제소 내에 활판인쇄소를 개설함(영국에서의 활판인쇄소의 시초). 1477년 11월 18일에 《철인어록》을 간행, 발행 년월일을 명기한 영국 최고의 간행본으로 기록됨.
1480 〔독일〕 드라이포인트(drypoint)의 오목판이 시작됨.
1495 〔한국〕 조선 연산군(燕山君) 1년, 인경자(印經字)병용 한글 목활자가 제조됨.
1516 〔한국〕 조선 중종(中宗) 11년 1월, 주자도감설치로 병자자(丙子字·銅活字)가 주조됨
〔독일〕 알프레드 뒤러가 최초로 제작 연대가 들어 있는 오목판 장서표를 완성.
1529 〔프랑스〕 조프로아 트리가 《샹플르리(Champ Fleury)》의 초판을 간행함. 활자 서체 고안 사상 가장 중요한 고전적 문헌.
1561 〔인도〕 포르투갈 선교사가 인도의 고아(Goa)에 서양식 활판술을 전함.
1580 〔한국〕 조선 선조(宣祖) 13년, 경진자(갑인자의 改鑄)가 주조됨.
1589 〔중국〕 천주교 선교사가 중국에 서양식 활판술을 전함.
1593 〔일본〕 천황의 칙명에 의해 조선전래의 동활자판을 사용하여 《고문효경(古文孝經)》의 시험인쇄를 궁중에서 실시함. 후세의 서지학자는 이것을 《문록칙판(文祿勅版)》이라 일컬음.
1595~96 〔일본〕 교토에서 사원판(寺院版)과 방각판(坊刻板) 서적을

목활자로 간행함(일본 최초의 목활자판).

1599 〔한국〕 조선 선조 32년, 훈련도감자 병용, 한글 활자(木活字)가 제조됨(이후 약 60년간).

〔영국〕 《비전(秘傳)의 서》라는 제목의 책 중에 '동 또는 철에 강한 물로 조각한다'는 귀절이 있는데 금속판면에 부식액을 작용시켜서 선화를 조각하는 고안이라고 생각됨.

1618 〔한국〕 조선 광해군 10년 7월, 무오자(戊午字·銅活字)가 주조됨.

1620 〔네덜란드〕 암스테르담의 유명한 지도인쇄업자 빌헤름 브라우가 목제 수동인쇄기의 압반의 하강장치와 판반의 왕복장치의 기구를 크게 개량함.

1652 〔한국〕 조선 효종(孝宗) 3년, 인조실록자(木活字)가 제조됨.

1660 〔한국〕 조선 현종(顯宗) 1년, 효종실록자(木活字)가 제조됨.

1668 〔한국〕 조선 현종 9년, 무신자 병용한글활자(銅活字)가 주조됨.

1684 〔한국〕 조선 숙종 10년, 이해 이전에 전기(第一) 교서관(운각) 인서체자(印書體字·銅活字)가 주조됨.

1690 〔미국〕 17세기말부터 18세기에 걸쳐 제지기술자가 바다를 건너와 1690년 네덜란드인의 손으로 펜실베니아주 셔먼타운에 작은 제지공장이 세워짐.

1693 〔한국〕 조선 숙종 19년 원종자 병용 한글활자(銅活字)가 주조됨.

1723 〔한국〕 경종(景宗) 3년, 이해 이전에 제2교서관(운각) 인서체자(印書體字)가 주조됨.

1727 〔독일〕 요한 빌헬름 슐체가 은염류가 광선에 의해 흑색으로 변하는 사실을 발견함.

1739 〔영국〕 에딘버러의 귀금속세공사 윌리엄 제드(William Ged)가 석고형으로 연판을 주조하여 논파렐(Nonpareil : 6포인트 크기) 활자의 소책자를 복제 간행함. 연판주조의 선구자.

1755 〔영국〕 윌리엄 브랙크웰이 런던의 클라켄웰구 내에 최초의 인쇄잉크 제조 판매를 기획함. 제품은 먹잉크.

1768 〔이탈리아〕 장 밥티스트(Jean Baptiste)가 애쿼틴트(aquatint) 오목판을 제작함.

1777 〔한국〕 조선 정조(正祖) 1년 8월, 활자 15만자를 새로 주조함(丁酉字).

1782 〔한국〕 조선 정조 6년, 재주 한구자(韓構字·銅活字)가 주조됨.

1792 〔한국〕 정조 16년 6월, 왕의 명에 의하여 생생자(生生字·木活字)를 만듦. 이 해 기영(箕營·木活字)가 주조됨.

1795 〔한국〕 조선 정조 19년, 초주 정리자(整理字) 병용 한글 활자(銅活字)가 주조됨.

1797 〔한국〕 조선 정조 21년, 춘추강자(春秋鋼字·鐵活字)가 주조됨.

1797~98 〔독일〕 알로이스 제네펠더(Alois Senefelder)가 '화학적 신인쇄법'(석판술)을 발명하고 목제인쇄기 스탄겐프레스(Stangenpresse)를 제작

1800 〔영국〕 찰스 스탠호프(Charles Stanhope) 백작이 발명한 레버장치를 이용하여, 철제 수동인쇄기를 완성하고 런던의 로버트 워커(Robert Walker)의 공장에서 발매하기 시작. 런던의 불머인쇄소에 제1호기 설치. 시간당 편면 200~300매 인쇄.

1804 〔미국〕 찰스 존슨(Charles Johnson)이 최초의 인쇄잉크 제조 판매를 개시함. 제품은 먹색잉크

1805 〔독일〕 헬만 요셉 미테라교수가 알로이스 제네펠더가 발명한 '화학적 신인쇄법' 또는 '석판인쇄'에 대해 〈Lithography〉(석판술)이라는 명칭을 부여함.

1806 〔프랑스〕 루파로아가 강오목판을 만듦.

1810 〔독일〕 알로이스 제네펠더가 헬만 조셉 미테라교수 및 제네펠더의 제자 프란츠 와이즈하우프트와 협력하여 철제 석판수동인쇄기를 완성함.

1813 〔미국〕 보스턴의 오티스 태프츠가 토글 조인트(toggle joint)를 조합한 러버를 이용하여 수동인쇄기의 압반을 승강시켜 힘을 경제적으로 사용하여 가압하는 기구를 고안함.

1814 〔영국〕 프리드리히 쾨니히가 《런던 타임즈》사의 의뢰에 따라 2본압통 2방향 교대급지의 복동(複動) 원압인쇄기 2대를 제작하여 동사의 인쇄공장에 설치함. 시간당 편면 1,000~1,200매 인쇄.

1816 〔한국〕 조선 순조 16년, 김정희(金正喜)가 북한한 '진흥왕수비'의 68자를 판독함. 이 해 전사자(全史字)가 동활자로 주조됨.

1817 〔독일〕 제네펠더가 석판 대신에 아연판을 사용하여 금속평판을 시험 제작함.

1826 〔프랑스〕 조셉 니세폴 니에프스(Joseph Niccphore Niepce)가 사진응용의 오목판인 헬리오그래피(Heliography)를 만듦(루이 12세의 재상 Georges d' Ambois의 동판 초상화를 복제).

1829 〔프랑스〕 리옹(Lyon)의 활판업자 클로드 주노가 프랑스 정부로부터 습식지형의 연판주조법 특허를 얻음. 지형법에 의한 연판주조법의 시초가 됨.

1832 〔독일〕 구스타프 쟈코가 중크롬산 칼륨의 감광성을 발견하고 《광선의 화학적 작용》을 간행함.

1837 〔프랑스〕 고디프로아 엥겔망(Godefroi Engelmann)이 다색석판법을 완성하여 특허를 얻어내고 크로모석판(Chromolithography)이라 명명함.

〔미국〕 조셉 퍼킨스가 강오목판의 특수전사법을 발명하고 강오목

판의 복제법을 완성함.

1841 〔영국〕 윌리엄 서베이지가 《인쇄술 사전》을 런던에서 간행함.

1842 〔영국〕 식자기와 해판기의 두 기계를 1조로 한 〈피아노타이프〉를 런던의 페밀리 헤럴드사에서 제작하였음. 시간당 5,000자의 식자를 할 수 있는 최초의 실용적인 식자기임.

1843 〔한국〕 조선 헌종(憲宗) 9년, 활자 160,448개가 주조됨.

1844~52 〔독일〕 프리드리히 케러가 쇄목기(碎木機)를 발명(1844)함. 그 후 하인리히 펠터가 이를 개량하여 실용화(1852)하고 나서부터 쇄목펄프의 사용이 가능해짐.

1851 〔미국〕 조지 골든(George. P. Golden)이 세로형의 평압인쇄기(foot press)를 완성함.

〔영국〕 프레데릭 스코트 아처(Flederick Scott Archer)가 콜로디온 습판사진법을 발명하여 《The Chemist》지에 발표함.

1852 〔영국〕 윌리엄 탈보트(Willam Henry Fox Talbot)가 크롬산염류와 젤라틴 콜로이드와의 광화학적 변화를 연구하여 포토그래픽 엔그라빙(사진조각판)을 발명함(산분식그라비어의 전신).

〔오스트리아〕 지글이 석판평대인쇄기를 완성함.

1858 〔한국〕 조선 철종(哲宗) 9년, 재주정리자(銅活字) 및 삼주한구자(三鑄韓構字)가 동활자로 주조됨.

〔영국〕 요크셔 오트레이의 윌리엄 다운슨 목공장에서 직공장인 데이비드 페인이 일종의 정지원통 인쇄기를 고안함. '워프데일'이라고 불리는 정지원통인쇄기의 원조임.

1861 〔영국〕 3월, 런던의 왕립학회에서 제임스클라크 맥스웰이 〈3원색에 관하여〉라는 제목으로 강연을 하고 가색법에 의한 3색복제를 실험함. 나비형으로 묶은 무늬있는 색리본을 3색분해하여 분해네거티브에서 투명포지티브를 만들고, 이것을 3개의 환등기로 본래의 분해용 필터를 통해 백색스크린에 중첩 영사하여 원색을 재현함. 그러나 감광유제와 렌즈 등의 결함 때문에 그 결과가 완전하지 못하였음.

1865 〔독일〕 프랑스인 테시 드 모타이와 마레샬이 금속판을 감광막 지지체로 하는 콜로타이프법을 발명함. 단 콜로타이프의 기초가 된 일종의 사진석판법은 이미 1855년에 화학기사 포아테방이 소개한 바 있음.

1867 〔미국〕 미국의 화학자 벤자민 테일만이 목재펄프 아황산법을 발명하여 11월에 특허권을 얻음. 설페이트 펄프(Sulfite Pulp)의 제조가 이때부터 가능하게 됨.

1869 〔프랑스〕 루이 듀코 듀 오롱이 감색법으로 3색인화를 최초로 만듦. 손으로 그린 원형스펙트럼의 채색화를 원도로 하여 3색 카본

인화지를 만들고 이것을 겹쳐서 스펙트럼의 색채를 재현하고 이어서 다색석판화를 3색석판으로 시험인쇄함.

〔독일〕 뮌헨의 요제프 알버트가 유리판을 재료로 하여 콜로타이프법을 처음으로 소개함.

1870 〔프랑스〕 루이 듀코 듀 오롱이 적·녹·청색의 색필터를 사용하여 색분해하는 3색판법의 특허를 1868년에 취득하고 다색인쇄의 크로모석판화를 3색 모랫발 석판에 복제 시험인쇄함.

1871 〔미국〕 뉴욕의 로버트 호사에서 두루마리지 활판윤전기를 제작함(동사 최초의 두루마리지 윤전기임). 시간당 4면 신문 12,000~14,000매 인쇄.

1875 〔일본〕 1월, 이탈리아인 동판조각의 명수 에드윌드 키요소네가 일본에 옴. 일본에 본격적으로 동판조각 기술이 전해진 것은 이때가 최초임.

1876 〔일본〕 2월, 지폐료(인쇄국의 전신)에서 석판인쇄사 미국인 찰즈 폴라드를 고용하여 지폐료의 조각국에서 석판술 연구를 개시함.

1879 〔체코〕 칼 클리취가 산분식그라비어를 발명함.

1880 〔한국〕 조선 고종(高宗) 17년, 최지혁(崔智爀)글씨의 한글활자본 《한불자전(韓佛字典)》이 일본 요코하마에서 인쇄됨. 최초의 한글 납활자본임.

1881 〔한국〕 조선 고종 18년 일본어의 《조선신보》를 부산 일본상공회의소에서 발행.

〔미국〕 프레드릭 아이브즈(Frederic Eugene Ives)가 엽록소와 에오신으로 증감한 감광판을 사용하여 3색판용의 분해 네거티브를 만들고 3색판을 시험 제작함. 또 하프톤(halftone)이라는 이름을 처음 사용함.

1882 〔한국〕 조선 고종 19년 서상륜(徐相崙), 백홍준(白鴻俊) 등의 힘으로 한글자본을 만들어 일본 요코하마에서 활자 4만자를 주조하여 중국 동베이의 선양에서 《누가복음》인쇄. 최초의 순한글 납활자본임.

1883 〔한국〕 조선 고종 20년 10월, 박문국에서 우리나라 최초의 신문인 순한문 《한성순보》를 발간함(일제 수동발틀식 활판기로 인쇄).

1884 〔한국〕 조선 고종 21년, 광인사인쇄공소에서 근대식 인쇄기 및 납활자를 사용함.

1885 〔미국〕 린 보이드 벤톤(Linn Boyd Benton)이 활자자모(또는 자모 제작용 수골)의 조각기를 완성하고 영·미 양국의 특허를 얻음.

1886~90 〔미국〕 오토머 머겐탈러가 발명한 라이노타이프를 미국 각지 신문사에서 처음으로 사용함. 머겐탈러가 〈밴드머신〉이라고 최초

의 연속활자 자동주식기를 발표한 것은 1884년이며 현재의 라이노타이프가 실제로 완성된 것은 1890년임.

1886 〔미국〕 미합중국의 활자주조업자들이 미국식 포인트(point)제에 의한 활자의 규격을 결정함.

1886~93 〔미국〕 레비의 망목스크린이 처음으로 소개됨. 루이스와 막스 레비 형제의 특허가 공표된 것은 1893년이며 조각기를 이용하여 완전한 망목스크린이 제작된 것도 이 전후임.

1888 〔체코〕 프스니크 교수가 수은법에 의한 평판을 소개함.

1890 〔한국〕 조선 고종 27년, 조선성교서회(현대한 기독교서회의 전신)가 창립됨(현존 최고의 출판사).

1891 〔한국〕 조선 고종 28년, 감리교 선교부출판사에서 배재학당 지하실에 인쇄소를 설치함.

1893 〔체코〕 칼 클리취(Karl Kliestsch)가 윤전식 그라비어(rotary photogravure)를 완성함

1895 〔독일〕 발더만이 금속평판 윤전인쇄기를 설계함.

〔영국〕 칼 클리취가 스트레이 형제의 경제적 후원을 얻어 명화 감상의 대중화를 목적으로 하여 8월에 랭카스터시에 렘브란트 오목판 인쇄회사를 창설함. 로터리 그라비어인쇄 공업화의 시초임.

1896 〔한국〕 조선 고종 원년(元年), 서재필(徐載弼)·윤치호(尹致昊)가 순한글의 《독립신문》(낱말 띄어쓰기를 최초로 시도함)을 창간함. 최초의 민간 신문임.

농상공부에 인쇄소를 설치하고 조각공과 인쇄공을 일본에서 초청.

1897 〔오스트리아〕 빈의 알토르 폰 휴블의 연구에 의하여 콜로디온 에멀션(collodion emulsion)법으로 3색판이 널리 실용화됨. 원색촬영용의 〈아이소크로매틱 콜로디온 에멀션〉은 1883년 뮌헨의 오이겐 알버트박사가 창제한 것임.

1899 〔한국〕 조선 광무 3년, 농상공부인쇄소에서 우리나라 최초의 우표〔李花郵票〕 시작품을 인쇄함.

1900 〔영국〕 인도에 근무하는 측량기사 반다이크(F. Vandyke)가 포지티브와 중크롬산 글루감광액을 사용하는 일종의 사진 평판법을 고안하고 〈반다이크 프로세스〉라고 이름붙여 발표함. 미국에서는 이미 1880년에 이것과 동일한 제판법 하고타이프가 특허됨.

1901 〔한국〕 조선 고종 광무 5년 2월, 전환국에 인쇄과를 둠. 이 해 3월, 농상공부 인쇄국을 폐지하고, 인쇄 시설을 전환국에 이설함. 11월, 지폐 견본품을 인쇄함.

1902 〔한국〕 조선 고종 광무 6년, 서울 마포 서강에서 양지를 만듦. 정부 직할 전환국 인쇄소가 창립됨.

1903 〔영국〕 빈 태생의 테오도르 라이히가 클리취가 발명한 로토그라비어를 개량, 실용화함.

1903~04 〔미국〕 시카고의 루벨(Rubel)이 1903년에 평대석판인쇄기의 실리더 인쇄의 과실에서 오프셋인쇄의 이점을 발견하고 1904년에 샤우드와 케록의 협력으로 시험기 1대를 제작함.

1905 〔한국〕 조선 고종 광무 9년, 《대한매일신보》 창간됨.

〔미국〕 뉴욕의 반다이크 그라비어사가 공장 작업을 개시함.

1906 〔한국〕 조선 광무 10년 일한도서인쇄소 설립(조선인쇄의 전신)

1908 〔미국〕 존 톰슨(Thompson)이 자동활자주조기를 발명하여, 영국의 특허를 받고 이듬해 다시 미국의 특허를 얻어 냄.

909 〔한국〕 조선 순종 융희 3년 6월, 1906년에 전소되었던 인쇄국의 인쇄공장을 비롯하여 새로 제지공장, 관서 등을 신축·완성하였다.

1910 〔한국〕 한일합방으로 탁지부 인쇄국이 조선총독부 인쇄국으로 바뀜.

〔미국〕 윌리엄 휴브너가 브라이슈타인과 제휴하여 브라이슈타인 특허회사를 설립하고 HB 프로세스의 특허권과 제판 장치를 판매함.

1911 〔한국〕 총독부 인쇄국을 폐지하고 총독관방총무국에 인쇄소를 설치함.

1912 〔한국〕 매일신보사에 프랑스 마리노니 윤전인쇄기 1대를 설치. 우리나라 최초의 신문윤전기임. 8월, 김진환(金晋恒)에 의해 석판인쇄 전문의 보진재 인쇄소 창립.

1915 〔영국〕 야곱 그라스와 윌리엄 그라스가 망포지티브를 사용하여 부식법으로 평오목판의 특허를 얻고 오프셋그라비어라고 명명함.

1919 〔한국〕 2울, 보성사(普成社) 인쇄소에서 〈3·1독립선언문〉을 인쇄함. 6월, 3·1독립선언문이 인쇄된 보성사 인쇄소 전소

일본의 왕세자가 신의주공장을 설립함. 국내최초의 장망식 제지공장으로서 두루마리지(포장지)를 생산.

1920 〔한국〕 《조선일보》 《동아일보》가 창간됨. 평화당·한성도서·대동인쇄·일본인 경영의 다니오카(谷岡商店)·대해당(大海堂) 등 인쇄소가 창립됨. 최초 사진제판 시설이 도입됨.

1923 〔한국〕 조선서적주식회사 설립. 총독부의 교과용도서 번역발행권과 판매권·관보·달력의 제조 판매권을 독점함.

1926 〔한국〕 12월에 최남선(崔南善)의 《백팔번뇌》가 최초로 본문 2색 인쇄 단행본으로 나옴.

1927 〔한국〕 경성인쇄직공조합 결성됨.

1932 〔한국〕 원색분해법 도입.

1933 〔한국〕 동아일보사에서 한글 명조서체를 공모. 이원모(李原模)

자본을 일본에 보내 한글 명조체 활자자모를 제작해 옴. 최초의 한글 명조체 활자임.

1936 〔한국〕 조선서적 주식회사가 서울 용산구 용문동에 인쇄공장을 신축이전하고 2색 오프셋인쇄기·2색활판기·자동접지기·자동장합기 등의 시설을 우리나라 최초로 도입 설치함.

1944 〔한국〕 북선화학제지 군산공장 제1호 초지기가 가동되어 인쇄용지(신문용지)를 생산함. 최초의 근대식 인쇄용지 제지공장임.

1949 〔미국〕 1월, 전자제판조각기 스캐너 그레이버(scanner graver)를 처음 실용화함.

1955 〔한국〕 4월, 서울공업고등학교(현 서울기계공업고등학교)에 인쇄과 설치. 삼화인쇄소(현 삼화인쇄주식회사)에서 인공분판부식에 의한 최초의 원색동판인쇄가 시작됨.

1959 〔일본〕 9월, 아사히신문사에서 도쿄 사포로 간 팩시밀리 송수신을 실시, 사포로에서 신문을 오프셋으로 제작.

1967 〔한국〕 삼화인쇄주식회사에서 우리나라 최초의 로랜드 4색 오프셋인쇄기를 도입함. 고려서적 및 삼화인쇄가 전자 색 분해기를 각 1대씩 도입함. 국내 최초의 컬러스캐너임.

1971 〔한국〕 10월, 장타이프사에 의해 국내 국산 사진식자기 5대가 완성됨. 11월, 주식회사 학원사에서 민간업체로는 우리나라 최초로 서적용 오프셋윤전기(BB타입 4×4색)를 도입함.

1973 〔한국〕 3월, 대한제본공업협동조합이 결성됨. 대한인쇄문화협회가 창립됨.

1977 〔한국〕 6월, 한국사진식자협회 창립됨.

1978 〔한국〕 3월, 신구전문대학·부산공업대학·인천공업전문대학에 인쇄과 개설됨.

1979 〔한국〕 10월, 한국일보사에서 우리나라 최초의 전산사식시스템인 HK-7910을 발표하여 전산사식시스템의 국산화시대가 열렸음.

1980 〔한국〕 1월, 한국사진식자개발상사에서 한국기계연구소와 공동으로 HK-1 사진식자기의 개발에 성공하여 상공부로부터 국산제 1호 업체로 지정됨.

1982 〔한국〕 10월, 삼화인쇄주식회사에서 민간업체로서는 우리나라 최초로 전산사식 시스템을 도입하여 조판의 전산화를 실현했음.

1983 〔한국〕 3월, 한국스크린인쇄공업협회 창립됨.

1984 〔한국〕 4월, 주식회사 광양사에서 우리나라 최초로 토털스캐너인 사이텍스사의 레스폰스 310시스템을 도입함.

• 조판·전산 활자대조표

급 수	Point	호 수
7	5	8
8	5.5	7
9	6	
10	7	
11	7.5	6
12	8	
13	9	
14	10	
15	10.5	5
16	11	
18	12	
20	14	4
24	16	4
28	18	
32	22	2
38	26	1
44	31	
50	34	
56	38	
62	42	초
70	50	
80	57	
90	64	
100	71	

2. 식자급수

	급
ABCDEFabcdef1234	7
ABCDEFabcdef1234	8
ABCDEFabcdef1234	9
ABCDEFabcdef1234	10
ABCDEFabcdef1234	11
ABCDEFabcdef1234	12
ABCDEFabcdef1234	13
ABCDEFabcdef1234	14
ABCDEFabcdef1234	15
ABCDEFabcdef1234	16
ABCDEFabcdef1234	18
ABCDEFabcdef1234	20
ABCDEFabcdef1234	24
ABCDEFabcdef1234	28
ABCDEFabcdef1234	32
ABCDEFabcdef1234	38
ABCDEFabcdef1234	44
ABCDEFabcdef1234	50
BCDEFabcdef1234	56
CDEFabcdef1234	62
DEFabcdef1234	70
EFabcdef1234	80
fabcdef1234	90
abcdef1234	100

3. 각종 괘선 및 지문

● 괘선

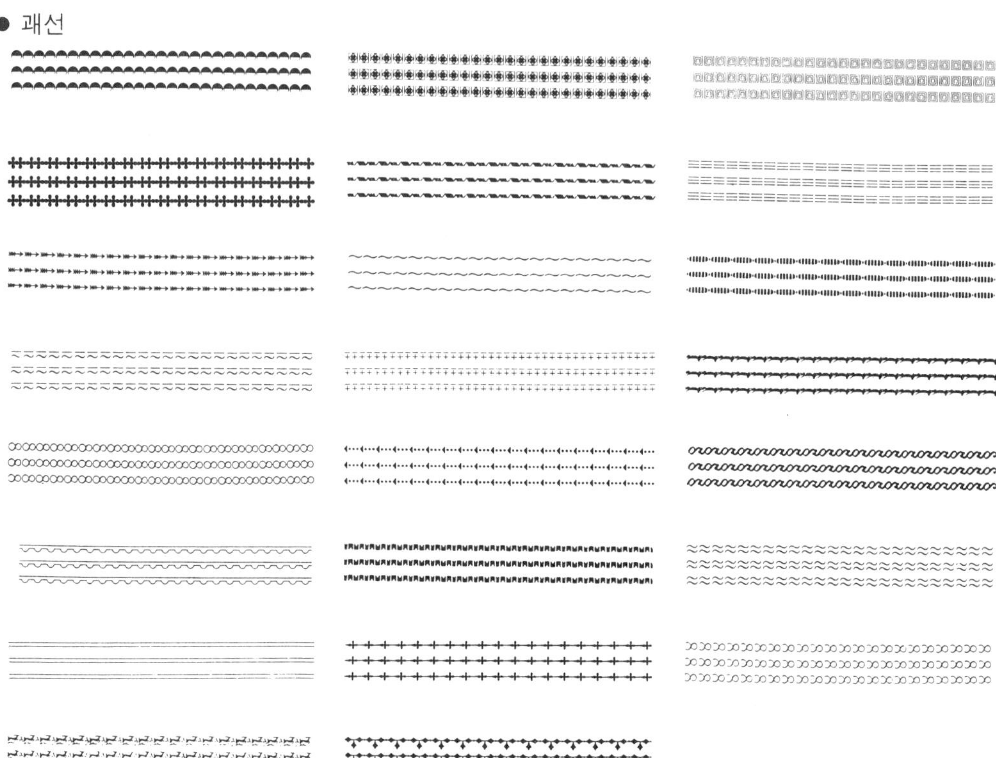

● 지문

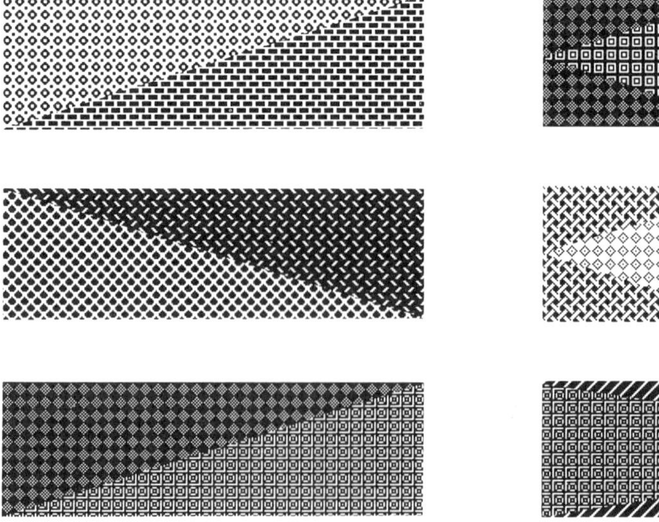

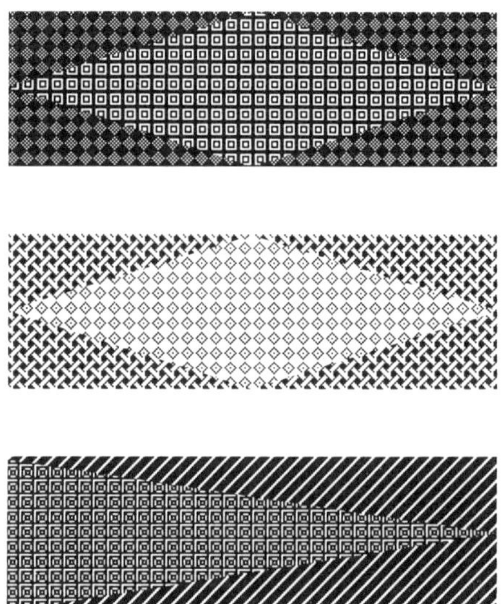

4. 스크린의 농담재현

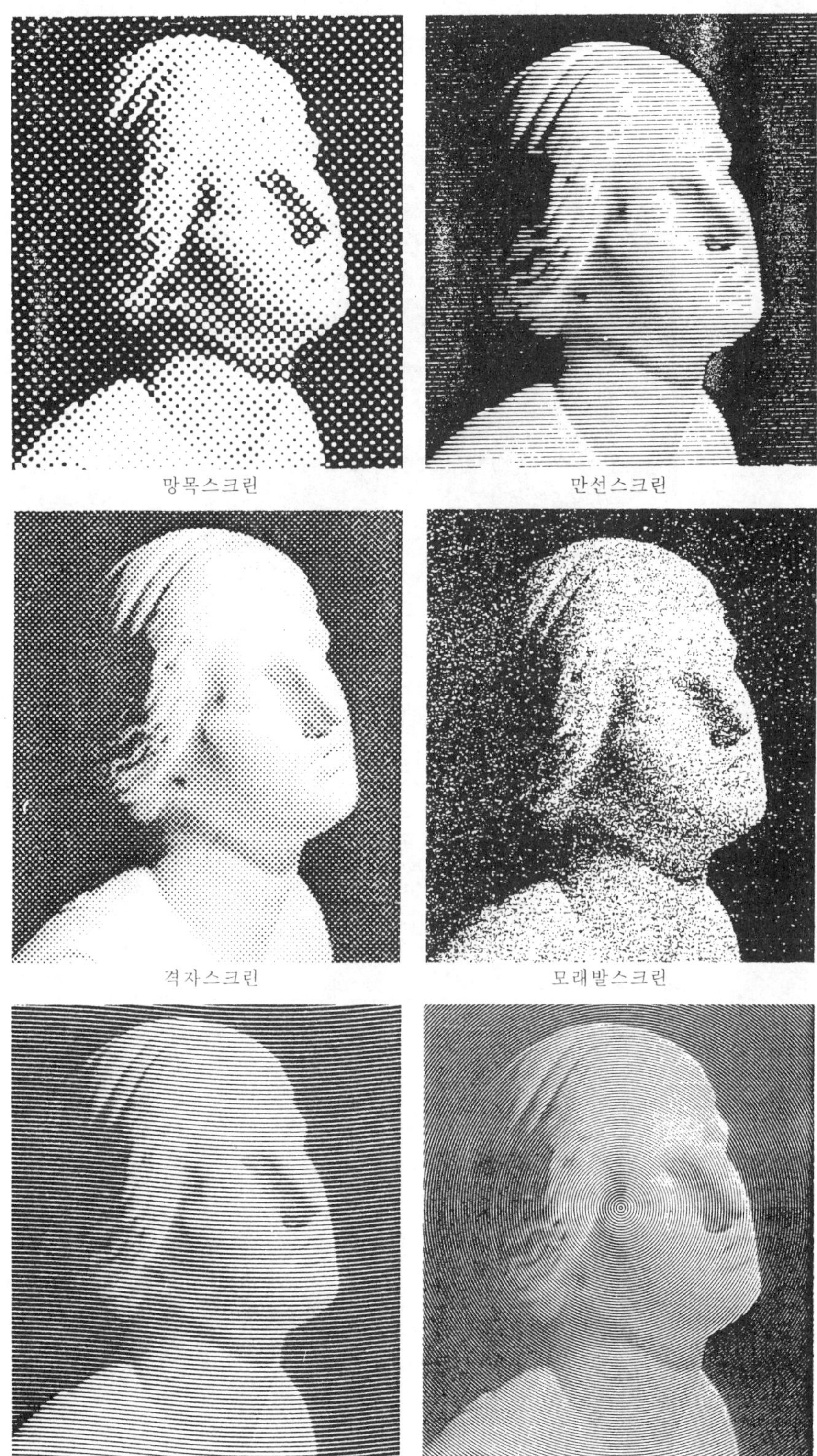

망목스크린 만선스크린

격자스크린 모래발스크린

파상스크린 동심원스크린

5. 망 촬 영

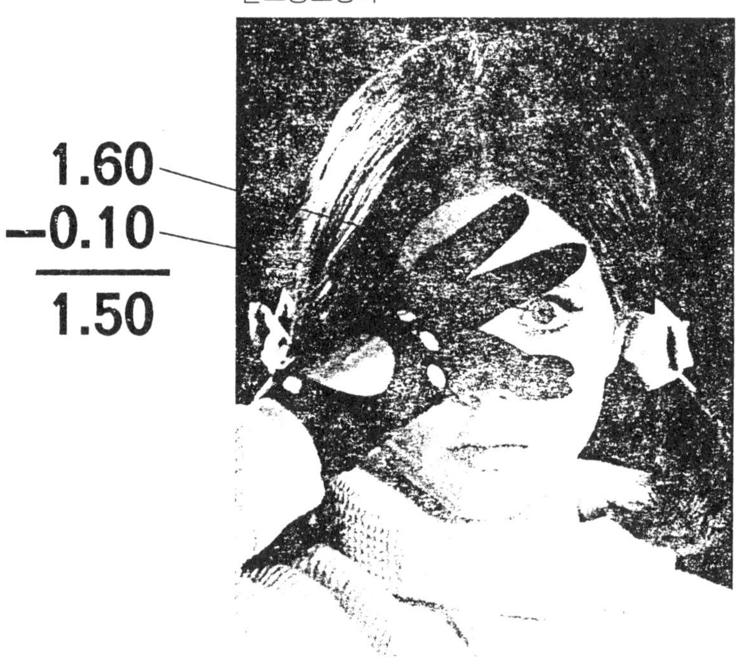

스크린농도영역

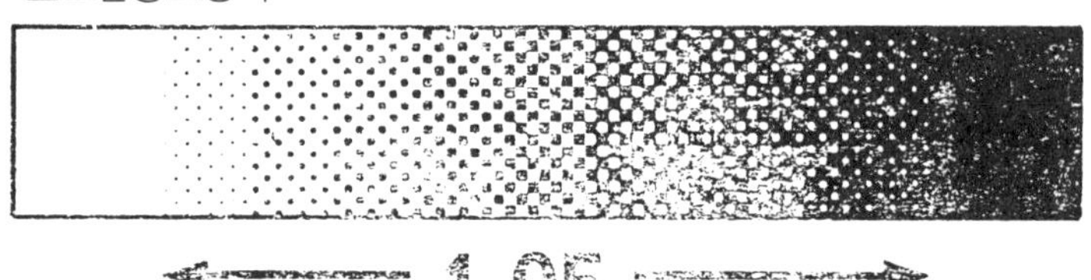

6. 판 싣는 방법

● 좌철 8페이지 같이걸이

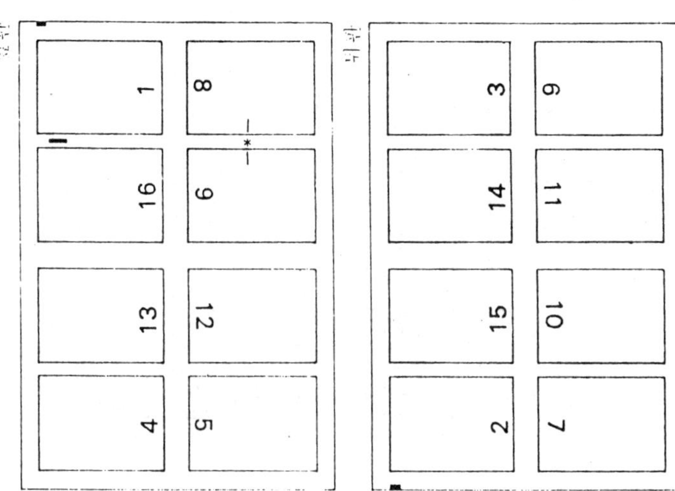

● 좌철 8페이지 따로걸이

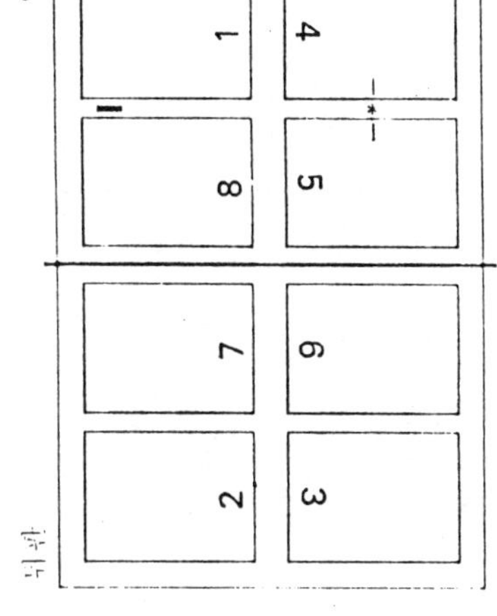

● 좌철 8페이지 따로걸이(가로쓰기 조판)

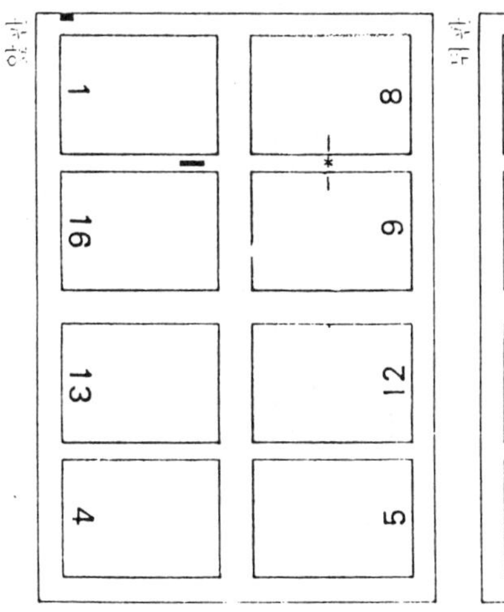

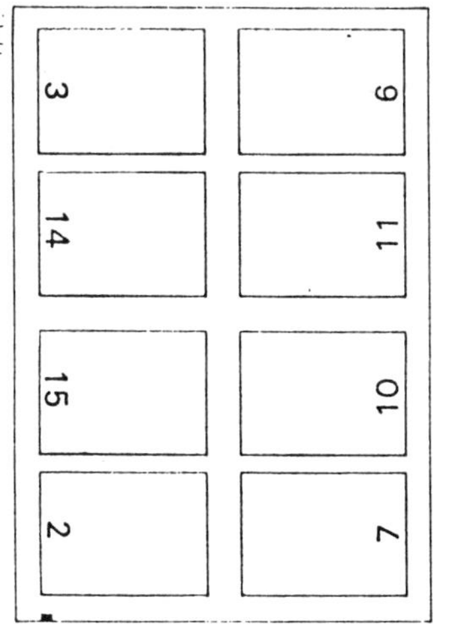

• 좌철 8페이지 같이걸이

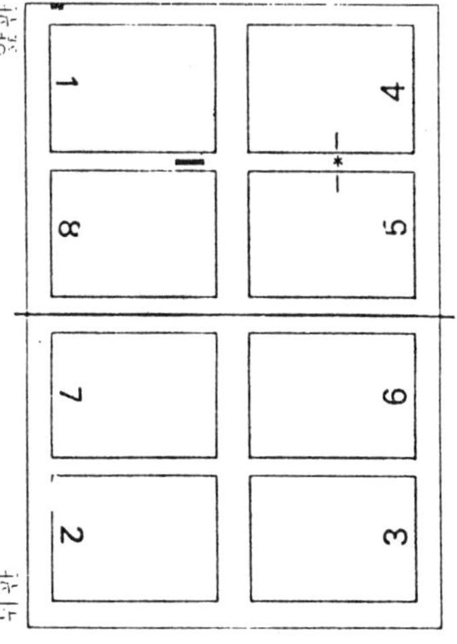

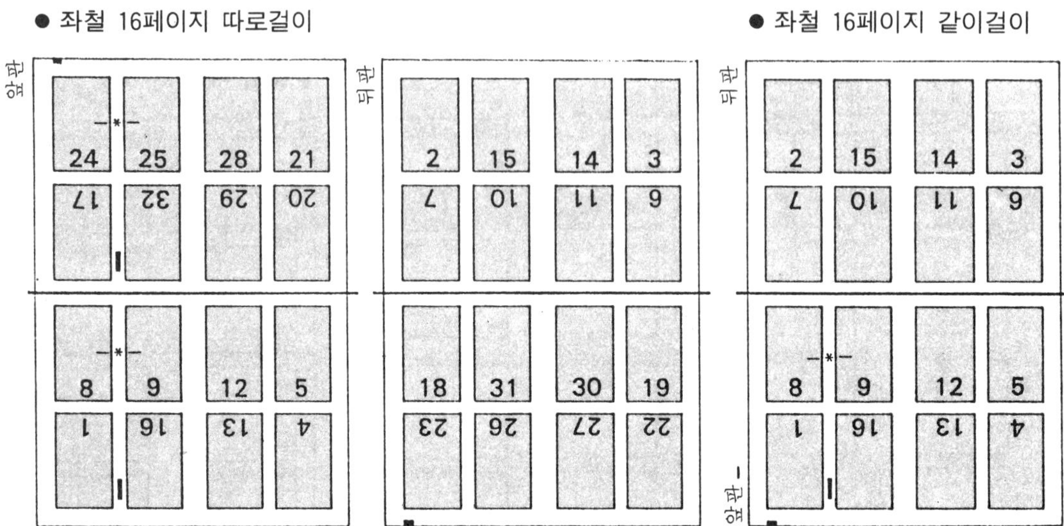
● 좌철 16페이지 따로걸이
● 좌철 16페이지 같이걸이
앞판
뒤판
뒤판
앞판

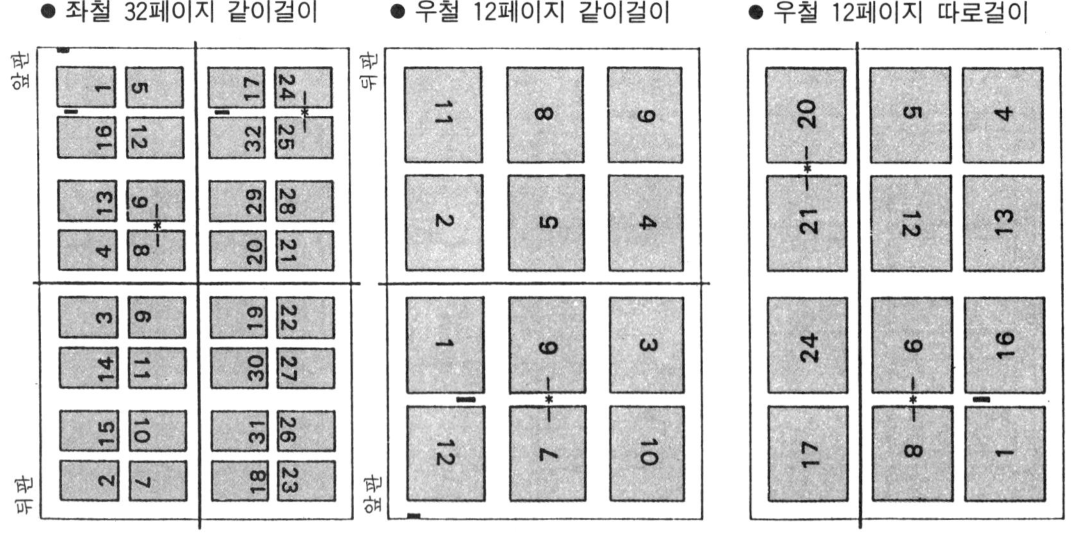
● 좌철 32페이지 같이걸이
● 우철 12페이지 같이걸이
● 우철 12페이지 따로걸이
앞판
뒤판
뒤판
앞판

7. 교정 기호표

기 호	지 시 내 용	참 고
	틀린 글자를 고치시오.	편집 핸드북 / rover i
	글자를 빼시오.	편집의 핸드북 / river
	삭제된 글자나 기호를 바로 살리시오.	편집 핸드북 / revease
	글자 사이에 글자나 기호를 삽입하시오.	편집 교정의 기호
	불량한 글자를 바꾸시오.	활자 문화 / broken
	자간, 행간을 띄우시오.	원고의 지정 / 본문의 교정
	자간, 행간을 붙이시오.	본 문의 교 정 / 원고의 지정
	적당히 떼시오.	원고의 지정
	다음 행으로 옮기시오.	본문의 교정 / 이 글은 다음 줄로 / to next line
	앞행으로 옮기시오.	이 글은 앞의 행으로 / remove to fore
	별행을 잡으시오.	본문의 지정과 본문의 / end. A
	글자나 행을 바꾸시오.	고원 정리 / trnasfer / the lines / replace
	줄을 이어 주시오.	본문 교정과 / 원고 지정과 / end. / next
	글자를 나란히 잡아 주시오.	출판문화 / crook
	대문자로 고치시오.	capital Capital
	소문자로 고치시오.	SMALL Small
	이탤릭체로 바꾸시오.	italic nkw
	볼드체로 바꾸시오.	bold bold
明	명조체로 바꾸시오.	편집 핸드북 明
고	고딕체로 바꾸시오.	편집 핸드북 고
!	지정된 부호를 넣으시오.	
	아래에 붙이시오. 위에 붙이시오.	

8. 종이 가공품 완성시 치수

(단위 : mm)

	A 열	B 열	허 용 차
0	841×1189	1030×1456	
1	594×841	728×1030	±4
2	420×594	515×728	
3	297×420	364×515	
4	210×297	257×364	
5	148×210	182×257	±2
6	105×148	128×182	
7	74×105	91×128	
8	52×74	64×91	
9	37×52	45×64	
10	26×37	32×54	±1
11	18×26	22×32	
12	13×18	16×22	

9. 본문용지 소요 연수 계산법

책의 판형	종이의 규격과 결	소요 연수 계산법
B 4판	B 전－가로결	페이지 수×부수÷16페이지
A 4판	A 전－가로결	÷1,000장(또는 500장)＝소요 연수
B 5판	B 전－세로결	
국 판	국 전－세로결	페이지 수×부수÷32페이지
A 5판	A 전－세로결	÷1,000장(또는 500장)＝소요 연수
4·6판	4·6전－가로결	
B 6판	B 전－가로결	페이지 수×부수÷64페이지
A 6판	A 전－가로결	÷1,000장(또는 500장)＝소요 연수

10. 판형에 맞는 종이의 결

판 형	절 수	결
4×6배판	16절	4×6전지 세로결
4×6판	32절	4×6전지 가로결
신 4×6판	30장형	4×6전지 세로결
크라운판	18절	4×6전지 가로결
국 판	국전지 16절	국전지 세로결
국 배 판	국전지 8절	국전지 가로결
국 판	4×6전지 25절	4×6전지 세로결

11. 용지 및 책자규격 일람표

● 용지규격 일람표

四六版	尺	3.60	1.80	1.20	0.90	0.72	0.60	0.51	0.45	0.40	0.36		五七版
尺	mm	**1090**	**545**	**363**	**272**	**218**	**181**	**155**	**136**	**121**	**109**	mm	尺
2.60	**788**	1切	2	3	4	5	6	7	8	9	10切	**939**	3.10
1.30	**394**	2	4	6	8	10	12	14	16	18	20	**469**	1.55
0.86	**262**	3	6	9	12	15	18	21	24	27	30	**313**	1.30
0.65	**197**	4	8	12	16	20	24	28	32	36	40	**234**	0.77
0.52	**157**	5	10	15	20	25	30	35	40	45	50	**187**	0.62
0.43	**131**	6	12	18	24	30	36	42	48	54	60	**156**	0.51
0.37	**112**	7	14	21	28	35	42	49	56	63	70	**134**	0.44
0.32	**98**	8	16	24	32	40	48	56	64	72	80	**117**	0.38
0.28	**87**	9	18	27	36	45	54	63	72	81	90	**104**	0.34
0.26	**78**	10切	20	30	40	50	60	70	80	90	100切	**93**	0.31
尺	mm	**636**	**318**	**212**	**159**	**127**	**106**	**90**	**79**	**70**	**63**	mm	尺
四六版		2.10	1.50	0.70	0.52	0.42	0.35	0.30	0.26	0.23	0.21	尺	五七版

● 책자의 규격표

판 형	통 칭	크기〔mm〕	크 기〔寸〕	판 형	통 칭	크기〔mm〕	크 기〔寸〕
A 0		841×1189	27.8×39.2	B 0		1030×1456	34.0×48.0
A 1		594× 841	19.6×27.8	B 1		728×1030	24.0×34.0
A 2		420× 594	13.9×19.6	B 2		515× 728	17.0×24.0
A 3		297× 420	9.8×13.9	B 3		364× 515	12.0×17.0
A 4	국 배 판	210× 297	6.9× 9.8	B 4		257× 364	8.5×12.0
A 5	국 판	148× 210	4.9× 6.9	B 5	4·6배 판	182× 257	6.2× 8.5
A 6	문 고 판	105× 148	3.5× 4.9	B 6	4 · 6 판	128× 182	4.2× 6.2
A 7		74× 105	2.4× 3.5	B 7		91× 128	3.0× 4.2
A 8		52× 74	1.7× 2.5	B 8		64× 91	2.1× 3.0
A 9		37× 52	1.2× 1.7	B 9		45× 64	1.5× 2.1
A 10		26× 37	0.86× 1.2	B 10		32× 45	1.05×1.5
신서적판	국 반 판	105× 148	3.4× 4.9	신서적판	4·6반 판	94× 128	3.1× 4.2
	18 절 판	176× 248	5.8× 8.2		신 4·6판	124× 176	4.1× 5.8
	三 五 版				3 · 6 판	103× 182	3.4× 6.0

12. 과잉농도영역과 푸레쉬량의 관계

기본푸레쉬 노광시간(초)	과잉농도영역에 대한 푸레쉬 노광시간								
	0	0.1	0.2	0.3	0.4	0.5	0.6	0.8	1.0
16	0	3 1/2	6	8	9 1/2	11	12	13 1/2	14 1/2
18	0	4	7	9	11	12	13 1/2	15	16
20	0	4	7 1/2	10	12	13 1/2	15	17	18
22	0	4 1/2	8 1/2	11	13	15	16 1/2	18 1/2	20
24	0	5	9	12	14 1/2	16	18	20	22
26	0	5 1/2	10	13	15 1/2	17 1/2	19 1/2	22	23 1/2
28	0	6	10 1/2	14	17	19	21	23 1/2	25
30	0	6 1/2	11	15	18	20 1/2	22 1/2	25	27
35	0	7	13	18	21	24	26	29	32
40	0	8	15	20	24	27	30	34	36
45	0	10	17	23	27	31	34	38	41
50	0	11	19	25	30	34	38	42	45
55	0	12	20	27	33	37	41	46	50
60	0	13	22	30	36	41	45	50	55
70	0	15	26	35	42	48	53	59	63
80	0	17	30	40	48	54	60	67	72

13. 망점 %환산표

망점농도	망점면적 %	망점농도	망점면적 %	망점농도	망점면적 %
0.00	0	0.20	37	0.70	80
0.01	2	0.22	40	0.74	82
0.02	5	0.24	42	0.78	83
0.03	7	0.26	45	0.82	85
0.04	9	0.28	48	0.86	86
0.05	11	0.30	50	0.90	87
0.06	13	0.32	52	0.95	89
0.07	15	0.34	54	1.00	90
0.08	17	0.36	56	1.10	92
0.09	19	0.38	58	1.20	94
0.10	21	0.40	60	1.30	95
0.11	22	0.42	62	1.40	96
0.12	24	0.44	64	1.50	97
0.13	26	0.46	65	1.70	98
0.14	28	0.48	67	2.00	99
0.15	29	0.50	68		
0.16	31	0.54	71		
0.17	32	0.58	74		
0.18	34	0.62	76		
0.19	35	0.66	78		

14. 농도·불투명도·투과율 환산표

(*D*=농도, *O*=불투명도, *T*=투과율)

D	O	T%	D	O	T%	D	O	T%	D	O	T%
0.00	1.00	100.0	0.46	2.88	34.7	0.92	8.32	12.0	1.38	23.99	4.2
0.01	1.02	97.7	0.47	2.95	33.9	0.93	8.51	11.8	1.39	24.55	4.1
0.02	1.05	95.5	0.48	3.02	33.1	0.94	8.71	11.5	1.40	25.12	4.0
0.03	1.07	93.3	0.49	3.09	32.4	0.95	8.91	11.2	1.41	25.70	3.9
0.04	1.10	91.2	0.50	3.16	31.6	0.96	9.12	11.0	1.42	26.30	3.8
0.05	1.12	89.1	0.51	3.24	30.9	0.97	9.33	10.7	1.43	26.92	3.7
0.06	1.15	87.1	0.52	3.31	30.2	0.98	9.55	10.5	1.44	27.54	3.6
0.07	1.18	85.1	0.53	3.39	29.5	0.99	9.77	10.2	1.45	28.18	3.5
0.08	1.20	83.1	0.54	3.47	28.8	1.00	10.00	10.0	1.46	28.84	3.5
0.09	1.23	81.3	0.55	3.55	28.2	1.01	10.23	9.8	1.47	29.51	3.4
0.10	1.26	79.4	0.56	3.63	27.5	1.02	10.47	9.6	1.48	30.20	3.3
0.11	1.29	77.6	0.57	3.72	26.9	1.03	10.72	9.3	1.49	30.90	3.2
0.12	1.32	75.9	0.58	3.80	26.3	1.04	10.95	9.1	1.50	31.62	3.2
0.13	1.35	74.1	0.59	3.89	25.7	1.05	11.22	8.9	1.51	32.36	3.09
0.14	1.38	72.4	0.60	3.98	25.1	1.06	11.48	8.7	1.52	33.11	3.02
0.15	1.41	70.8	0.61	4.07	24.6	1.07	11.75	8.5	1.53	33.88	2.95
0.16	1.45	69.2	0.62	4.17	24.0	1.08	12.02	8.3	1.54	34.67	2.88
0.17	1.48	67.6	0.63	4.27	23.4	1.09	12.30	8.1	1.55	35.48	2.82
0.18	1.51	66.1	0.64	4.37	22.9	1.10	12.59	7.9	1.56	36.31	2.75
0.19	1.55	64.6	0.65	4.47	22.4	1.11	12.88	7.8	1.57	37.15	2.69
0.20	1.59	63.1	0.66	4.57	21.9	1.12	13.18	7.6	1.58	38.02	2.63
0.21	1.62	61.7	0.67	4.68	21.4	1.13	13.49	7.4	1.59	38.90	2.57
0.22	1.66	60.3	0.68	4.79	20.9	1.14	13.80	7.2	1.60	39.81	2.51
0.23	1.70	58.9	0.69	4.90	20.4	1.15	14.13	7.1	1.61	40.74	2.46
0.24	1.74	57.5	0.70	5.01	20.0	1.16	14.45	6.9	1.62	41.69	2.40
0.25	1.78	56.2	0.71	5.13	19.5	1.17	14.79	6.8	1.63	42.66	2.34
0.26	1.82	55.0	0.72	5.25	19.1	1.18	15.14	6.6	1.64	43.65	2.29
0.27	1.86	53.7	0.73	5.37	18.6	1.19	15.49	6.5	1.65	44.67	2.24
0.28	1.91	52.5	0.74	5.50	18.2	1.20	15.85	6.3	1.66	45.71	2.19
0.29	1.95	51.3	0.75	5.62	17.8	1.21	16.22	6.2	1.67	46.77	2.14
0.30	2.00	50.1	0.76	5.75	17.4	1.22	16.60	6.0	1.68	47.86	2.09
0.31	2.04	49.0	0.77	5.89	17.0	1.23	16.98	5.9	1.69	48.98	2.04
0.32	2.09	47.9	0.78	6.03	16.6	1.24	17.38	5.8	1.70	50.12	2.00
0.33	2.14	46.8	0.79	6.17	16.2	1.25	17.78	5.6	1.71	51.29	1.95
0.34	2.19	45.7	0.80	6.31	15.9	1.26	18.20	5.5	1.72	52.48	1.91
0.35	2.24	44.7	0.81	6.46	15.5	1.27	18.62	5.4	1.73	53.70	1.86
0.36	2.29	43.7	0.82	6.61	15.1	1.28	19.05	5.2	1.74	54.95	1.82
0.37	2.34	42.7	0.83	6.76	14.8	1.29	19.50	5.1	1.75	56.23	1.78
0.38	2.40	41.7	0.84	6.92	14.5	1.30	19.95	5.0	1.76	57.54	1.74
0.39	2.46	40.7	0.85	7.08	14.1	1.31	20.42	4.9	1.77	58.88	1.70
0.40	2.51	39.8	0.86	7.24	13.8	1.32	20.89	4.8	1.78	60.26	1.66
0.41	2.57	38.9	0.87	7.41	13.5	1.33	21.38	4.7	1.79	61.66	1.62
0.42	2.63	38.0	0.88	7.59	13.2	1.34	21.88	4.6	1.80	63.10	1.59
0.43	2.69	37.2	0.89	7.76	12.9	1.35	22.39	4.5	1.81	64.57	1.55
0.44	2.75	36.3	0.90	7.93	12.6	1.36	22.91	4.4	1.82	66.07	1.51
0.45	2.82	35.5	0.91	8.13	12.3	1.37	23.44	4.3	1.83	67.61	1.48

(D=농도, O=불투명도, T=투과율)

D	O	T%	D	O	T%	D	O	T%	D	O	T%
1.84	69.18	1.45	2.14	138.0	0.72	2.44	275.4	0.36	2.74	549.5	0.182
1.85	70.79	1.41	2.15	141.3	0.71	2.45	281.8	0.35	2.75	562.3	0.178
1.86	72.44	1.38	2.16	144.5	0.69	2.46	288.4	0.35	2.76	575.4	0.174
1.87	74.13	1.35	2.17	147.9	0.68	2.47	295.1	0.34	2.77	588.8	0.170
1.88	75.86	1.32	2.18	151.4	0.67	2.48	302.0	0.33	2.78	602.6	0.166
1.89	77.62	1.29	2.19	154.9	0.65	2.49	309.0	0.32	2.79	616.6	0.162
1.90	79.43	1.26	2.20	158.5	0.63	2.50	316.2	0.316	2.80	631.0	0.159
1.91	81.28	1.23	2.21	162.2	0.62	2.51	323.6	0.309	2.81	645.7	0.155
1.92	83.18	1.20	2.22	166.0	0.60	2.52	331.1	0.302	2.82	560.7	0.151
1.93	85.11	1.18	2.23	169.8	0.59	2.53	338.8	0.295	2.83	676.1	0.148
1.94	87.10	1.15	2.24	173.8	0.58	2.54	346.7	0.288	2.84	691.8	0.145
1.95	89.13	1.12	2.25	177.8	0.56	2.55	354 8	0.281	2.85	707.9	0.141
1.96	91.20	1.10	2.26	182.0	0.55	2.56	363.1	0.275	2.86	724.4	0.138
1.97	93.33	1.07	2.27	186.2	0.54	2.57	371.5	0.269	2.87	741.3	0.135
1.98	95.50	1.05	2.28	190.5	0.53	2.58	380.2	0.263	2.88	758.6	0.132
1.99	97.72	1.02	2.29	195.0	0.51	2.59	389.0	0.254	2.89	776.2	0.129
2.00	100.0	1.00	2.30	199.5	0.50	2.60	398.1	0.251	2.90	794.3	0.126
2.01	102.3	0.98	2.31	204.2	0.49	2.61	407.4	0.246	2.91	812.8	0.123
2.02	104.7	0.96	2.32	208.9	0.48	2.62	416.9	0.240	2.92	831.8	0.120
2.03	107.2	0.93	2.33	213.8	0.47	2.63	426.6	0.234	2.93	851.1	0.118
2.04	109.6	0.91	2.34	218.8	0.46	2.64	436.5	0.229	2.94	871.0	0.115
2.05	112.2	0.89	2.35	223.9	0.45	2.65	446.7	0.224	2.95	891.3	0.112
2.06	114.8	0.87	2.36	229.1	0.44	2.66	457.1	0.219	2.96	912.0	0.110
2.07	117.5	0.85	2.37	234.4	0.43	2.67	467.7	0.214	2.97	933.2	0.107
2.08	120.2	0.83	2.38	239.9	0.42	2.68	478.6	0.209	2.98	955.0	0.105
2.09	123.0	0.81	2.39	245.5	0.41	2.69	489.8	0.204	3.99	977.2	0.102
2.10	125.9	0.79	2.40	251.2	0.40	2.70	501.2	0.200	3.00	1000.0	0.100
2.11	128.8	0.78	2.41	257.0	0.39	2.71	512.9	0.195			
2.12	131.8	0.76	2.42	263.0	0.38	2.72	524.8	0.191			
2.13	134.9	0.74	2.43	269.2	0.37	2.73	537.0	0.186			

15. 도량형 환산표

길 이

단 위	cm	m	인 치	피이트	야 드	마 일	자	간	정	리
1 cm	1	0.01	0.3937	0.0328	0.0109	…	0.033	0.0055	0.00009	…
1 m	100	1	39.37	3.2808	1.0936	0.0006	3.3	0.55	0.00917	0.00025
1 인 치	2.54	0.0254	1	0.0833	0.0278	…	0.0838	0.0140	0.0002	…
1 피이트	30.48	0.3048	12	1	0.3333	0.00019	1.0058	0.1676	0.0028	…
1 야 드	91.438	0.9144	36	3	1	0.0006	3.0175	0.5029	0.0083	0.0002
1 마 일	160930	1609.3	63360	5280	1760	1	5310.8	885.12	14.752	0.4098
1 (尺)	30.303	0.303	11.93	0.9942	0.3314	0.0002	1	0.1667	0.0028	0.00008
1 (間)	181.818	1.818	71.582	5.965	1.9884	0.0011	6	1	0.0167	0.0005
1 (町)	10909	109.091	4294.9	357.91	119.304	0.0678	360	60	1	0.0278
1 (里)	392727	3927.27	154619	12885	4295	2.4403	12960	2160	36	1

넓 이

단 위	평 방 자	평	단 보	정 보	평방미터	아 아 르	평방피트	평방야드	에 이 카
1 평 방 자	1	0.02778	0.00009	0.000009	0.09182	0.00091	0.98841	0.10982	…
1 평	36	1	0.00333	0.00033	3.3058	0.03305	35.583	3.9537	0.00081
1 단 보	10800	300	1	0.1	991.74	9.9174	10674.9	1186.1	0.24506
1 정 보	108000	3000	10	1	9917.4	99.174	106794	11861	2.4506
1 m^2	10.89	0.3025	0.001008	0.0001	1	0.01	10.764	1.1958	0.00025
1 a	1089	30.25	0.10083	0.01008	100	1	1076.4	119.58	0.02471
1 ft^2	1.0117	0.0281	0.00009	0.000009	0.092903	0.000929	1	0.1111	0.000022
1 yd^2	9.1055	0.25293	0.00084	0.00008	0.83613	0.00836	9	1	0.000207
1 acre	44071.2	1224.2	4.0806	0.40806	4046.8	40.468	43560	4840	1

부 피

단 위	홉	되	말	cm^3	m^3	ℓ	in^3	ft^3	yd^3	gal (미)
1 홉	1	0.1	0.01	180.39	0.00018	0.18039	11.0041	0.0066	0.00023	0.04765
1 되	10	1	0.1	1.8039	0.00180	1803.9	110.041	0.0637	0.00234	0.47656
1 말	100	10	1	18039	0.01803	18.039	1100.41	0.63707	0.02359	4.76567
1 cm^3	0.00554	0.00055	0.00005	1	0.00001	0.001	0.06102	0.00003	0.00001	0.00026
1 m^3	5543.52	554.325	55.4352	1000000	1	1000	61027	35.3165	1.30802	264.186
1 ℓ	5.54352	0.55435	0.05543	1000	0.001	1	61.027	0.03531	0.00130	0.26418
1입방인치	0.09083	0.00908	0.00091	16.386	0.00001	0.01638	1	0.00057	0.00002	0.00432
1입방피트	156.966	15.6666	1.56966	28316.8	0.02931	28.3169	1728	1	0.03703	7.48051
1입방야드	4238.09	423.809	42.3809	764511	0.76451	764.511	46656	27	1	201.974
1 gal (미)	20.9833	2.0983	0.20983	3785.43	0.00378	3.78543	231	0.16368	0.00495	1

무 게

단 위	그 램 (g)	킬로그램 (kg)	톤 (t)	그 레 인	온 스 (oz)	파 운 드 (ld)	돈 (匁)	근 (斤)	관 (貫)
1 g	1	0.001	0.000001	15.432	0.03527	0.0022	0.26666	0.00186	0.00026
1 kg	1000	1	0.001	15432	35.273	2.20459	266.666	1.6666	0.26666
1 t	1000000	1000	1	…	35273	2204.59	266666	1666.6	266.666
1 그 레 인	0.06479	0.00006	…	1	0.00228	0.00014	0.01728	0.00108	0.000017
1 온 스	28.3495	0.02835	0.000028	437.4	1	0.0625	7.56	0.0473	0.00756
1 파 운 드	453.592	0.45359	0.00045	7000	16	1	120.96	0.756	0.12096
1 돈	3.75	0.00375	0.000004	57.872	0.1323	0.00827	1	0.00625	0.001
1 근	600	0.6	0.0006	9259.556	21.1647	1.32279	160	1	0.16
1 관	3750	3.75	0.00375	57872	132.28	8.2672	1000	6.25	1

16. 대수표(1)

수	0	1	2	3	4	5	6	7	8	9	1	2	3	4	5	6	7	8	9
1.0	.0000	.0043	.0086	.0128	.0170	.0212	.0253	.0294	.0334	.0374	4	8	12	17	21	25	29	33	37
1.1	.0414	.0453	.0492	.0531	.0569	.0607	.0645	.0682	.0719	.0755	4	8	11	15	19	23	26	30	34
1.2	.0792	.0828	.0864	.0899	.0934	.0969	.1004	.1038	.1072	.1106	3	7	10	14	17	21	24	28	31
1.3	.1139	.1173	.1206	.1239	.1271	.1303	.1335	.1367	.1399	.1430	3	6	10	13	16	19	23	26	29
1.4	.1461	.1492	.1523	.1553	.1584	.1614	.1644	.1673	.1703	.1732	3	6	9	12	15	18	21	24	27
1.5	.1761	.1790	.1818	.1847	.1875	.1903	.1931	.1959	.1987	.2014	3	6	8	11	14	17	20	22	25
1.6	.2041	.2068	.2095	.2122	.2148	.2175	.2201	.2227	.2253	.2279	3	5	8	11	13	16	18	21	24
1.7	.2304	.2330	.2355	.2380	.2405	.2430	.2455	.2480	.2504	.2529	2	5	7	10	12	15	17	20	22
1.8	.2553	.2577	.2601	.2625	.2648	.2672	.2695	.2718	.2742	.2765	2	5	7	9	12	14	16	19	21
1.9	.2788	.2810	.2833	.2856	.2878	.2900	.2923	.2945	.2967	.2989	2	4	7	9	11	13	16	18	20
2.0	.3010	.3032	.3054	.3075	.3096	.3118	.3139	.3160	.3181	.3201	2	4	6	8	11	13	15	17	19
2.1	.3222	.3243	.3263	.3284	.3304	.3324	.3345	.3365	.3385	.3404	2	4	6	8	10	12	14	16	18
2.2	.3424	.3444	.3464	.3483	.3502	.3522	.3541	.3560	.3579	.3598	2	4	6	8	10	12	14	15	17
2.3	.3617	.3636	.3655	.3674	.3692	.3711	.3729	.3747	.3766	.3784	2	4	6	7	9	11	13	15	17
2.4	.3802	.3820	.3838	.3856	.3874	.3892	.3909	.3927	.3945	.3962	2	4	5	7	9	11	12	14	16
2.5	.3979	.3997	.4014	.4031	.4048	.4065	.4082	.4099	.4116	.4133	2	3	5	7	9	10	12	14	15
2.6	.4150	.4166	.4183	.4200	.4216	.4232	.4249	.4265	.4281	.4298	2	3	5	7	8	10	11	13	15
2.7	.4314	.4330	.4346	.4362	.4378	.4393	.4409	.4425	.4440	.4456	2	3	5	6	8	9	11	13	14
2.8	.4472	.4487	.4502	.4518	.4533	.4548	.4564	.4579	.4594	.4609	2	3	5	6	8	9	11	12	14
2.9	.4624	.4639	.4654	.4669	.4683	.4698	.4713	.4728	.4742	.4757	1	3	4	6	7	9	10	12	13
3.0	.4771	.4786	.4800	.4814	.4829	.4843	.4857	.4871	.4886	.4900	1	3	4	6	7	9	10	11	13
3.1	.4914	.4928	.4942	.4955	.4969	.4983	.4997	.5011	.5024	.5038	1	3	4	6	7	8	10	11	12
3.2	.5051	.5065	.5079	.5092	.5105	.5119	.5132	.5145	.5159	.5172	1	3	4	5	7	8	9	11	12
3.3	.5185	.5198	.5211	.5224	.5237	.5250	.5263	.5276	.5289	.5302	1	3	4	5	6	8	9	10	12
3.4	.5315	.5328	.5340	.5353	.5366	.5378	.5391	.5403	.5416	.5428	1	3	4	5	6	8	9	10	11
3.5	.5441	.5453	.5465	.5478	.5490	.5502	.5514	.5527	.5539	.5551	1	2	4	5	6	7	9	10	11
3.6	.5563	.5575	.5587	.5599	.5611	.5623	.5635	.5647	.5658	.5670	1	2	4	5	6	7	8	10	11
3.7	.5682	.5694	.5705	.5717	.5729	.5740	.5752	.5763	.5775	.5786	1	2	3	5	6	7	8	9	10
3.8	.5798	.5809	.5821	.5832	.5843	.5855	.5866	.5877	.5888	.5899	1	2	3	5	6	7	8	9	10
3.9	.5911	.5922	.5933	.5944	.5955	.5966	.5977	.5988	.5999	.6010	1	2	3	4	5	7	8	9	10
4.0	.6021	.6031	.6042	.6053	.6064	.6075	.6085	.6096	.6107	.6117	1	2	3	4	5	7	8	9	10
4.1	.6128	.6138	.6149	.6160	.6170	.6180	.6191	.6201	.6212	.6222	1	2	3	4	5	6	7	8	9
4.2	.6232	.6243	.6253	.6263	.6274	.6284	.6294	.6304	.6314	.6325	1	2	3	4	5	6	7	8	9
4.3	.6335	.6345	.6355	.6365	.6375	.6385	.6395	.6405	.6415	.6425	1	2	3	4	5	6	7	8	9
4.4	.6435	.6444	.6454	.6464	.6474	.6484	.6493	.6503	.6513	.6522	1	2	3	4	5	6	7	8	9
4.5	.6532	.6542	.6551	.6561	.6571	.6580	.6590	.6599	.6609	.6618	1	2	3	4	5	6	7	8	9
4.6	.6628	.6637	.6646	.6656	.6665	.6675	.6684	.6693	.6702	.6712	1	2	3	4	5	6	7	7	8
4.7	.6721	.6730	.6739	.6749	.6758	.6767	.6776	.6785	.6794	.6803	1	2	3	4	5	6	6	7	8
4.8	.6812	.6821	.6830	.6839	.6848	.6857	.6866	.6875	.6884	.6893	1	2	3	4	4	5	6	7	8
4.9	.6902	.6911	.6920	.6928	.6937	.6946	.6955	.6964	.6972	.6981	1	2	3	4	4	5	6	7	8
5.0	.6990	.6998	.7007	.7016	.7024	.7033	.7042	.7050	.7059	.7067	1	2	3	3	4	5	6	7	8
5.1	.7076	.7084	.7093	.7101	.7110	.7118	.7126	.7135	.7143	.7152	1	2	3	3	4	5	6	7	8
5.2	.7160	.7168	.7177	.7185	.7193	.7202	.7210	.7218	.7226	.7235	1	2	2	3	4	5	6	7	7
5.3	.7243	.7251	.7259	.7267	.7275	.7284	.7292	.7300	.7308	.7316	1	2	2	3	4	5	6	6	7
5.4	.7324	.7332	.7340	.7348	.7356	.7364	.7372	.7380	.7388	.7396	1	2	2	3	4	5	6	6	7

16. 대수표(2)

수	0	1	2	3	4	5	6	7	8	9	1	2	3	4	5	6	7	8	9
5.5	.7404	.7412	.7419	.7427	.7435	.7443	.7451	.7459	.7466	.7474	1	2	2	3	4	5	5	6	7
5.6	.7482	.7490	.7497	.7505	.7513	.7520	.7528	.7536	.7543	.7551	1	2	2	3	4	5	5	6	7
5.7	.7559	.7566	.7574	.7582	.7589	.7597	.7604	.7612	.7619	.7627	1	2	2	3	4	5	5	6	7
5.8	.7634	.7642	.7649	.7657	.7664	.7672	.7679	.7686	.7694	.7701	1	1	2	3	4	4	5	6	7
5.9	.7709	.7716	.7723	.7731	.7738	.7745	.7752	.7760	.7767	.7774	1	1	2	3	4	4	5	6	7
6.0	.7782	.7789	.7796	.7803	.7810	.7818	.7825	.7832	.7839	.7846	1	1	2	3	4	4	5	6	6
6.1	.7853	.7860	.7868	.7875	.7882	.7889	.7896	.7903	.7910	.7917	1	1	2	3	4	4	5	6	6
6.2	.7924	.7931	.7938	.7945	.7952	.7959	.7966	.7973	.7980	.7987	1	1	2	3	3	4	5	6	6
6.3	.7993	.8000	.8007	.8014	.8021	.8028	.8035	.8041	.8048	.8055	1	1	2	3	3	4	5	5	6
6.4	.8062	.8069	.8075	.8082	.8089	.8096	.8102	.8109	.8116	.8122	1	1	2	3	3	4	5	5	6
6.5	.8129	.8136	.8142	.8149	.8156	.8162	.8169	.8176	.8182	.8189	1	1	2	3	3	4	5	5	6
6.6	.8195	.8202	.8209	.8215	.8222	.8228	.8235	.8241	.8248	.8254	1	1	2	3	3	4	5	5	6
6.7	.8261	.8267	.8274	.8280	.8287	.8293	.8299	.8306	.8312	.8319	1	1	2	3	3	4	5	5	6
6.8	.8325	.8331	.8338	.8344	.8351	.8357	.8363	.8370	.8376	.8382	1	1	2	3	3	4	4	5	6
6.9	.8388	.8395	.8401	.8407	.8414	.8420	.8426	.8432	.8439	.8445	1	1	2	2	3	4	4	5	6
7.0	.8451	.8457	.8463	.8470	.8476	.8482	.8488	.8494	.8500	.8506	1	1	2	2	3	4	4	5	6
7.1	.8513	.8519	.8525	.8531	.8537	.8543	.8549	.8555	.8561	.8567	1	1	2	2	3	4	4	5	5
7.2	.8573	.8579	.8585	.8591	.8597	.8603	.8609	.8615	.8621	.8627	1	1	2	2	3	4	4	5	5
7.3	.8633	.8639	.8645	.8651	.8657	.8663	.8669	.8675	.8681	.8686	1	1	2	2	3	4	4	5	5
7.4	.8692	.8698	.8704	.8710	.8716	.8722	.8727	.8733	.8739	.8745	1	1	2	2	3	4	4	5	5
7.5	.8751	.8756	.8762	.8768	.8774	.8779	.8785	.8791	.8797	.8802	1	1	2	2	3	3	4	5	5
7.6	.8808	.8814	.8820	.8825	.8831	.8837	.8842	.8848	.8854	.8859	1	1	2	2	3	3	4	5	5
7.7	.8865	.8871	.8876	.8882	.8887	.8893	.8899	.8904	.8910	.8915	1	1	2	2	3	3	4	4	5
7.8	.8921	.8927	.8932	.8938	.8943	.8949	.8954	.8960	.8965	.8971	1	1	2	2	3	3	4	4	5
7.9	.8976	.8982	.8987	.8993	.8998	.9004	.9009	.9015	.9020	.9025	1	1	2	2	3	3	4	4	5
8.0	.9031	.9036	.9042	.9047	.9053	.9058	.9063	.9069	.9074	.9079	1	1	2	2	3	3	4	4	5
8.1	.9085	.9090	.9096	.9101	.9106	.9112	.9117	.9122	.9128	.9133	1	1	2	2	3	3	4	4	5
8.2	.9138	.9143	.9149	.9154	.9159	.9165	.9170	.9175	.9180	.9186	1	1	2	2	3	3	4	4	5
8.3	.9191	.9196	.9201	.9206	.9212	.9217	.9222	.9227	.9232	.9238	1	1	2	2	3	3	4	4	5
8.4	.9243	.9248	.9253	.9258	.9263	.9269	.9274	.9279	.9284	.9289	1	1	2	2	3	3	4	4	5
8.5	.9294	.9299	.9304	.9309	.9315	.9320	.9325	.9330	.9335	.9340	1	1	2	2	3	3	4	4	5
8.6	.9345	.9350	.9355	.9360	.9365	.9370	.9375	.9380	.9385	.9390	1	1	2	2	3	3	4	4	5
8.7	.9395	.9400	.9405	.9410	.9415	.9420	.9425	.9430	.9435	.9440	0	1	1	2	2	3	3	4	4
8.8	.9445	.9450	.9455	.9460	.9465	.9469	.9474	.9479	.9484	.9489	0	1	1	2	2	3	3	4	4
8.9	.9494	.9499	.9504	.9509	.9513	.9518	.9523	.9528	.9533	.9538	0	1	1	2	2	3	3	4	4
9.0	.9542	.9547	.9552	.9557	.9562	.9566	.9571	.9576	.9581	.9586	0	1	1	2	2	3	3	4	4
9.1	.9590	.9595	.9600	.9605	.9609	.9614	.9619	.9624	.9628	.9633	0	1	1	2	2	3	3	4	4
9.2	.9638	.9643	.9647	.9652	.9657	.9661	.9666	.9671	.9675	.9680	0	1	1	2	2	3	3	4	4
9.3	.9685	.9689	.9694	.9699	.9703	.9708	.9713	.9717	.9722	.9727	0	1	1	2	2	3	3	4	4
9.4	.9731	.9736	.9741	.9745	.9750	.9754	.9759	.9763	.9768	.9773	0	1	1	2	2	3	3	4	4
9.5	.9777	.9782	.9786	.9791	.9795	.9800	.9805	.9809	.9814	.9818	0	1	1	2	2	3	3	4	4
9.6	.9823	.9827	.9832	.9836	.9841	.9845	.9850	.9854	.9859	.9863	0	1	1	2	2	3	3	4	4
9.7	.9868	.9872	.9877	.9881	.9886	.9890	.9894	.9899	.9903	.9908	0	1	1	2	2	3	3	4	4
9.8	.9912	.9917	.9921	.9926	.9930	.9934	.9939	.9943	.9948	.8852	0	1	1	2	2	3	3	4	4
9.9	.9956	.9961	.9965	.9969	.9974	.9978	.9983	.9987	.9991	.9996	0	1	1	2	2	3	3	4	4

찾 아 보 기

(ㄱ)

(ㄴ)

(ㄷ)

(ㄹ)

(ㅁ)

(ㅂ)

(ㅅ)

(ㅇ)

(ㅈ)

(ㅊ)

(ㅋ)

(ㅌ)

(ㅍ)

(ㅎ)

□ 譯者 略歷 □

• 安　秉　烈

1942년 경기도 출생

국립공주사범대학 화학과 졸업

명지대 대학원 호학공업학과 졸업

서울기계공업고등학교 인쇄과 교수

영등포고등학교 교사

현 신구전문대학 인쇄과 교수

1종교과서 심사위원

인쇄기사 출제위원

<저서 및 논문>

"인쇄학 개론" 외 다수

印刷工學　　定價 23,000원

著 者 安　秉　烈

發行人 文　亨　振

1993년	3월	20일	제1판	제 1인쇄발행
1994년	1월	5일	제2판	제 1인쇄발행
1995년	1월	12일	제2판	제 2인쇄발행
1996년	2월	20일	제2판	제 3인쇄발행
1997년	1월	5일	제3판	제 4인쇄발행
1998년	1월	7일	제2판	제 5인쇄발행
2000년	1월	15일	제2판	제 6인쇄발행
2002년	2월	20일	제2판	제 7인쇄발행
2005년	2월	20일	제3판	제 1인쇄발행
2011년	10월	10일	제3판	제 2인쇄발행

版　權

檢　印

發行處 圖書出版 世　進　社

136-087 서울특별시 성북구 보문동 7가 112-8

(世進빌딩)

TEL : 922-6371~3, 923-3422・7224 / FAX : 927-2462

〈1976. 9. 21 / 登錄・서울 第 6-28號 / 登錄番號〉

ISBN 89-7121-290-X

http : //www/sejinbook.com

E-mail : sejinbook@hanmail.net